U0317597

资助项目：中国清洁发展机制基金赠款项目“安徽省适应气候变化策略研究(2013028)”
中国气象局气候变化专项“安徽省粮食作物未来气候风险预估及风险转移研究(CCSF201832)”
国家重点研发计划粮食丰产增效科技创新专项“江淮中部粮食两熟区周年光温水资源优化配置与抗逆减损关键技术研究(2017YFD0301301)”
安徽省气象科技发展基金“安徽省地市级气候变化影响评估报告(KM201605)”

安徽省气候变化评估报告

安徽省气候中心 著

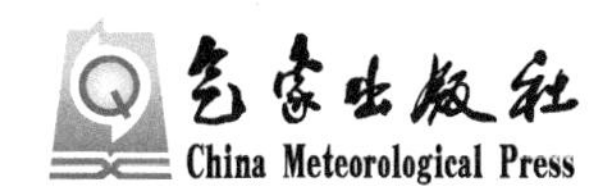

内容简介

本书对安徽省气候变化基本事实及未来趋势、影响与对策和分市情况进行了评估，是安徽省首部系统性的气候变化评估报告，可供安徽省各级决策部门以及国内气象、农业、水资源、生态环境、经济与社会发展等领域的业务、科研及教学人员参考使用。

图书在版编目(CIP)数据

安徽省气候变化评估报告/安徽省气候中心著．—北京：气象出版社，2020．12

ISBN 978-7-5029-7341-4

Ⅰ．①安… Ⅱ．①安… Ⅲ．①气候变化—评估—研究报告—安徽 Ⅳ．①P468．254

中国版本图书馆 CIP 数据核字(2020)第 243760 号

安徽省气候变化评估报告

ANHUISHENG QIHOU BIANHUA PINGGU BAOGAO

出版发行：气象出版社

地　　址：北京市海淀区中关村南大街 46 号　**邮政编码：**100081

电　　话：010-68407112(总编室)　010-68408042(发行部)

网　　址：http://www.qxcbs.com　**E-mail：**qxcbs@cma.gov.cn

责任编辑：杨泽彬　**终　　审：**吴晓鹏

责任校对：张硕杰　**责任技编：**赵相宁

封面设计：地大彩印设计中心

印　　刷：北京建宏印刷有限公司

开　　本：787 mm×1092 mm　1/16　**印　　张：**17.5

字　　数：450 千字

版　　次：2020 年 12 月第 1 版　**印　　次：**2020 年 12 月第 1 次印刷

定　　价：180.00 元

《安徽省气候变化评估报告》参编单位

编写单位：安徽省气候中心

贡献单位：(排名不分先后)

安徽省气象科学研究所
安徽省气象信息中心
寿县国家气候观象台
安徽农业大学资源与环境学院
安徽省水文局
合肥市气象局
芜湖市气象局
蚌埠市气象局
淮南市气象局
马鞍山市气象局
淮北市气象局
铜陵市气象局
安庆市气象局
黄山市气象局
阜阳市气象局
宿州市气象局
滁州市气象局
六安市气象局
宣城市气象局
池州市气象局
亳州市气象局

《安徽省气候变化评估报告》编写人员

领　　衔：田　红

执　　笔：田　红　邓汗青　唐为安　何冬燕　罗连升　王　胜
吴　蓉　陶　寅

贡　　献：

吴必文　徐　敏　李　德　张　丽　史跃玲　高　蕾
付　伟　武　芳　王文本　王西贵　孙　卉　熊　权
单　磊　黄骏凯　李佳耘　张　宁　袁　野　熊　敏

序

当前，以全球变暖为主要特征的气候变化，对气候与环境和人类社会造成了重大的影响，成为全球可持续发展面临的最严峻挑战之一，受到世界各国的广泛关注。无论是国际还是国内都在积极应对气候变化，采取措施减缓气候变化带来的负面效应和风险并取得了可喜的成效。

安徽地处中国南北气候过渡带，天气气候复杂多变，气象灾害种类多、频次高、范围广、影响重，经济和社会发展对于气候变化的敏感性和脆弱性与日俱增。认识气候变化规律与气候变化的影响是应对气候变化工作的科学基础。为此，安徽省气象局高度重视气候变化业务及科研工作，积极支持安徽省气候中心开展气候变化基础性与应用性研究，在多个项目资助下编写完成《安徽省气候变化评估报告》。报告对安徽省气候变化基本事实、影响与适应问题进行了科学评估，在此基础上，从农业、水资源、生态系统、城市化等方面进行了深入的评估，并给出了对策建议，为各级政府和相关部门应对气候变化，防灾减灾和坚持可持续性发展提供了科技支撑。

《安徽省气候变化评估报告》是安徽省首部气候变化综合评估报告，汇集与凝练了安徽气候变化研究的主要成果。我很高兴为此书撰写序言，并推荐给政府决策部门、科技人员及广大读者。

中国工程院院士 丁一汇

2020 年 9 月 8 日

前　言

观测事实表明，最近几十年安徽省出现了以变暖为主要特征的气候变化，已经对自然生态环境和经济社会发展造成了明显的影响，这些影响大多是不可逆的。为此，安徽省各级政府高度重视应对气候变化工作，不断完善体制机制，加强宏观规划，扎实开展应对气候变化的各项行动，提升防范气候风险的能力和水平。

为配合地方应对气候变化工作，安徽省气候中心在安徽省气象局的正确领导下，长期坚持开展气候变化基础性研究。通过中国清洁发展机制基金赠款项目（CDM项目）、中国气象局气候变化专项、安徽省气象科技发展基金等多个项目支持以及多年的业务服务实践，积累了较为系统性的成果，逐步打造了一支稳定的气候变化研究团队，团队成员大多参与本书编写，均为硕士以上学历的高级专业技术人员。团队负责人田红现任安徽省气候中心总工程师、二级研究员，从事气候与气候变化工作近三十年，主持完成多个省部级以上项目，曾主编出版《淮河流域气候变化影响评估报告》，入选中国气象局首席气象专家、中国气象局气候变化创新团队。本书在编写过程中，编写组多次召开会议，就书稿结构、各章节内容、修改与统稿等问题进行专门研讨，并根据专家意见进行了多轮修改完善，最终形成安徽省首部气候变化评估报告。

全书共分9章。第1章介绍了安徽省基本省情、报告编写意义和编写结构；第2章分析了安徽省基本气候要素变化特征；第3章分析了安徽省高影响天气气候事件变化特征；第4章基于气候模式对安徽省未来气候变化趋势进行了预估；第5章阐述了气候变化对安徽省农业的影响；第6章阐述了气候变化对安徽省水资源的影响；第7章阐述了气候变化对安徽省生态环境的影响；第8章阐述了城市化对安徽省气候环境的影响；第9章对全省16个地市开展了气候变化评估；在上述影响评估基础上提出了分行业的对策建议。

本书的编写得到了安徽省气象科学研究所、安徽省气象信息中心、寿县国家气候观象台、各市气象局、安徽农业大学、安徽省水文局等部门内外多个单位的大力支持，也得到了来自中国气象局，上海、江苏、山东、河南等省(市)气象局、安徽省发展和改革委员会以及有关高校多位专家的悉心指导，在此一并表示衷心的感谢！

由于作者水平有限，错误和疏漏在所难免，恳请广大读者批评指正。

编写组

2020年8月

摘 要

本报告利用安徽各地1961—2018年气象观测资料，系统地分析基本气候要素、高影响天气气候的变化特征，基于气候模式预估未来气候变化情景，评估气候变化对安徽农业、水资源、生态系统以及城市化对气候环境的影响，在此基础上提出适应气候变化的对策建议，最后对各市气候变化进行评估。主要结论如下。

基本气候要素的变化

1961—2018年，安徽省年平均气温线性上升1.19 ℃，增暖速率为0.21 ℃/10 a，略低于全国平均增暖速率(1951—2018年增暖速率为0.24 ℃/10 a)，其中春季和冬季增温最为显著。年平均最低及最高气温也在上升，上升速率分别为0.3 ℃/10 a和0.18 ℃/10 a，表明最低气温的升高对于气候变暖的贡献更大。年降水量及降水日数均无明显变化趋势。年平均气温日较差、年日照时数、年平均风速、年蒸散量均呈明显减小趋势，年平均相对湿度则微弱减小。入春、入夏时间明显提早，入秋明显推迟，入冬变化不明显；夏季日数呈显著增多趋势，而冬季日数则显著减少。

高影响天气气候事件的变化

1961—2018年，安徽省年干旱日数无显著变化趋势，而年暴雨日数明显增多。梅雨各个特征量均无显著变化。春季连阴雨日数明显减少，但秋季连阴雨日数则无显著变化。影响安徽省的热带气旋个数及其带来的降水量变化不明显，但影响日数有增多趋势。雷暴日数减少，雾日变化不明显，霾日增多。黄山光明顶大风日数显著减少，代表了大风的自然变化；而全省其他台站大风日数的减少速率更大，表明平原丘陵地区的大风减少是自然变化叠加城市化影响的最终结果。年极端低温上升明显，年霜冻日数显著减少，年高温日数无明显变化，但进入21世纪以来月平均最高气温及月降水量多次打破历史纪录。

未来气候变化趋势预估

未来气候变化预估结果表明，2020—2050年安徽省平均气温继续呈现上升趋势，其中沿江至沿淮东部地区升温速率最大。降水的变化则比较复杂，2020—2050年淮北地区降水量可能以振荡变化为主，2020年代和2040年代整体较基准期(1970—2000年)偏少，而淮河以南降水量可能会略微增加。相对气温来说，降水预估的不确定性更大。

气候变化对农业的影响

在气候变暖背景下，安徽省农业生产热量条件更为充足，≥10 ℃积温及其日数均有增加，无霜期延长，适宜生长期延长，作物生育期缩短，复种指数提高，三熟区边界北移。气候变化引起的极端天气气候事件增多会导致粮食生产不稳定性增加，其中小麦产量对气候变化的敏感程度大于水稻。气候变暖还导致安徽农作物病虫害的发生区域不断扩大，农药使用量增加。2020—2050年作物气候适宜度和气候生产潜力的预估结果表明，冬小麦气候适宜度在典型浓度路径(Representative Concentration Pathways，RCPs)6.0情景下将呈减少趋势，而在RCP4.5和RCP8.5情景下无明显变化趋势；一季稻气候适宜度无明显变化趋势。小麦和水稻的气候生产潜力总体呈下降趋势。

气候变化对水资源的影响

1951—2018 年，安徽省淮河、长江及新安江三大流域年降水量和年径流量均无明显的线性变化趋势，但年际波动较为显著；三大流域水文控制站历年最高/平均水位也无明显的线性变化趋势，降水异常年与水位极端年份基本吻合。三大流域中，长江流域及新安江流域安徽段水位对气候变化的响应程度，以及气候变化对水资源的影响较为显著。三大流域中，由于长江流域年降水和地表径流量最多，因此供水量也最大；其次为淮河流域；新安江流域尽管年降水量多，但囿于流域面积小，供水量在全省所占比重也最小。由于淮河流域是我国的粮食主产区，该区域水资源十分匮乏，同时也是气候变化敏感区，故本书对未来淮河流域水资源变化及其影响进行了预估。结果表明，未来淮河中上游年代际及季节径流量变异系数均较大，旱涝灾害频率较高，且涝重于旱。

气候变化对生态系统的影响

气候变暖背景下，安徽省木本植物春季物候期普遍提前，秋季物候期则以推迟为主；草本植物萌动期至种子散布期以提前为主，黄枯期则表现为推迟。木本植物春季物候期前 1～2 个月的平均气温是制约其早晚的关键气候因子，秋季物候期对前期气温的响应不如春季敏感。草本植物中蒲公英各物候期早晚与前期平均气温高低显著相关，车前草则无明显关系。2000 年代初至 2017 年，安徽省平均年植被指数和森林面积均呈现显著的上升趋势，反映出安徽省植被持续增加。2012—2015 年巢湖蓝藻发生天数和年平均发生面积均呈现波动上升趋势，与巢湖蓝藻气象指数变化较为一致；但 2016 年、2017 年蓝藻持续下降，一方面是由于气象条件不利于蓝藻发生，另一方面也归功于近年来合肥市政府的生态治理。1961—2015 年安徽省大气环境容量呈现显著下降趋势，表明大气自净能力在不断减弱；春夏季大气环境容量高于秋冬季，因此污染天气多发生在秋冬季节；沿江地区的大气环境容量在全省中相对较高。寿县国家气候观象台观测的农田生态系统(稻茬冬小麦和一季稻)主要表现为二氧化碳净吸收，一年中碳排放与吸收呈现双峰型特征，与作物生育阶段有着密切关系。

城市化对气候环境的影响

受城市化影响，近 50 年安徽省日最高气温极小值、日最低气温极大值和极小值均明显上升，以最低温度极小值趋势最为显著；暖日、暖夜天数增加，冷日、冷夜天数减少，以暖夜和冷夜变化趋势更明显，城市站较乡村站变化趋势更显著。城市化对最高气温极大值、最低气温极大值的增温贡献率分别达 100.0%、58.8%，对暖日、暖夜及冷夜的影响贡献率均在 40%以上。城市化增温效应在春、秋季更明显，而增温贡献率以春、夏季更明显。近 30 年安徽省年、季平均风速和最大风速显著减少，小风日数显著增加。城市站的变化速率明显大于乡村站。另一方面，自 2000 年开始安徽省城市化进程加快，导致城市站与乡村站平均风速及小风日数的差异有明显增大趋势，城市化对年平均风速减弱的贡献率为 40.0%，春季更为明显；城市化对年小风日数增多的贡献率为 46.9%，秋、冬季更为明显。

在气候变暖和城市快速发展背景下，以合肥市为代表的安徽城市表现出明显的城市热岛、雨岛、干岛和混浊岛现象，易受到高温、暴雨等灾害的影响，水务、能源、交通、通信等基础设施领域已经显示出一定的脆弱性和气候风险。

各市气候变化评估

1961—2015 年，全省各市均出现了以变暖为主要特征的气候变化，年降水量均无显著变化趋势，年霜冻日数呈现明显减少趋势，夏季日数增多。其中淮南市地表年平均气温上升速率为全省最高，安庆市则最低；马鞍山市平均相对湿度减少速率和平均地面温度上升速率均为全省最高；铜陵市平均风速降低速率为全省最高；阜阳市年蒸散量减少速率为全省最高；亳州市年日照时数减少速率为全省最高。

气候变化导致全省各市农业热量资源显著增加，平均≥10 ℃的年活动积温显著增加；水资源总量均无显著变化，但需水量均有所上升，供需矛盾日益凸显；快速城市化使得各市气温明显升高，城市热岛效应更加凸显；各市大气环境容量基本呈现下降趋势，不利于污染物扩散。

适应气候变化的措施建议

农业方面，应优化农业种植布局和结构调整，加快农业生产新技术研究和推广，增强农业气象防灾减灾能力。水资源方面，应继续加强水利工程设施建设，提高旱涝抵御及应变能力；推进节水型社会建设，缓解水资源的供需矛盾；加强水资源综合管理，减少水资源的消耗；开展植树造林，治理水土流失，增加水源涵养量。生态方面，应增加森林覆盖率，增加林业碳汇；建设湿地保护工程，保护生物多样性；加强大气污染防治工作，多举措打赢蓝天保卫战。城市方面，积极开展气候适应型城市建设，推广试点城市的工作经验，在未来城市系统规划设计和运行维护中，综合考虑土地利用、能源效率、人口增长和城市建设环境等多种因素，提高城市系统适应气候变化的韧性。

目　录

第1章 绪　论

1.1 安徽省基本概况

安徽省位于中国中东部，沿江通海，是长三角经济区的重要组成部分。全省南北长约570 km，东西宽约450 km。总面积14.01万km^2，约占中国国土面积的1.45%。2019年年末全省户籍人口7119.4万，常住人口6365.9万。现有合肥、淮北、亳州、宿州、蚌埠、阜阳、淮南、滁州、六安、马鞍山、芜湖、宣城、铜陵、池州、安庆、黄山16个地级市，9个县级市、52个县、44个市辖区。延绵八百里的沿江城市群和皖江经济带，内拥长江黄金水道，外承沿海地区经济辐射，具有得天独厚的发展条件。经过多年大规模建设，立体的交通网络日趋完善，全省铁路密度和高等级公路密度居中部地区前列，承东启西、连南接北的区位优势更加凸显。

安徽地形地貌呈现多样性。中国两条重要的河流——长江和淮河自西向东横贯全境，把全省分为三个自然区域：①淮河以北是一望无际的大平原，土地平坦肥沃；②长江、淮河之间丘陵起伏，河湖纵横；③长江以南的皖南地区山峦起伏，以黄山、九华山为代表的山岳风光秀甲天下。安徽主要山脉有大别山、黄山、九华山、天柱山，最高山峰为黄山莲花峰，海拔1864 m。长江流经安徽中南部，境内全长416 km；淮河流经安徽北部，境内全长430 km；新安江为钱塘江正源，境内干流长240 km。长江水系湖泊众多，较大的有巢湖、龙感湖、南漪湖，其中巢湖面积近800 km^2，为中国五大淡水湖之一。

安徽地处暖温带与亚热带过渡地区。淮河是中国南北气候的分界线，淮河以北属暖温带半湿润季风气候，淮河以南为亚热带湿润季风气候。全省年平均气温14.5～17.2 ℃，年降水量750～1800 mm，年日照时数1700～2200 h，四季分明，气候温暖，雨量充沛，土地肥沃，适宜多种动植物生长，生物资源繁多，生态环境良好。世界特有的野生动物扬子鳄和白鳍豚就产在安徽的长江流域。全省已建成国家级自然保护区8个，省级自然保护区30个，2019年人工造林面积5.12万hm^2。

安徽农产品资源丰富，粮、棉、油产量均居全国前列，是全国重要的无公害农产品和绿色食品生产基地，农业产业化前景广阔。2018年粮食产量4007.3万t，油料产量158万t，棉花产量8.9万t。此外，在发展茶叶、烟草、中药材和蔬菜、水果等特色农业、高效农业方面也具有优势。

1.2 本报告编写意义

自18世纪中叶工业革命以来，全球气候正经历以变暖为主要特征的显著变化；进入21世纪，全球变暖的趋势还在加剧。这种持续变暖深刻地影响着人类赖以生存的自然环境和经济社会的可持续发展，是当今世界各国面临的共同挑战。

科学应对气候变化，必须准确把握我国气候变化的基本情况，掌握未来可能的变化趋势，提出行之有效的对策措施。2006 年以来，我国先后三次发布了《气候变化国家评估报告》，及时反映我国气候变化研究最新进展。由于我国幅员辽阔，气候复杂多样，各地经济特点和发展水平不尽相同，国家尺度上的气候变化评估报告难以详尽反映气候变化的区域响应和适应性特点，因此，全国各大区域也相继发布了所在区域气候变化评估报告。尽管在《华东区域气候变化评估报告》（华东区域气象中心 等，2012）中对于安徽省有相应的评估，但一因安徽有其独特的地域气候和经济特色，二因篇幅所限导致该书中有关安徽的内容有限，三因资料年限截止到 2007 年，已不能反映气候变化的最新情况。在此背景下，安徽省气候中心基于多个项目研究成果，组织编写首部《安徽省气候变化评估报告》，全面、系统地分析安徽省气候变化的事实、影响及适应对策，为地方应对气候变化、推进生态文明建设提供科学依据，在促进经济社会可持续发展中发挥积极作用。

1.3 本报告编写结构

本报告共由 9 章组成。在分析安徽省情基础上确定研究内容：分析最近几十年安徽气候变化的观测事实（包括基本气候要素和高影响天气气候事件），预估未来变化趋势；评估气候变化对农业、水资源、生态环境的影响并提出适应对策；评估城市化对气候环境的影响并提出适应对策；最后开展了全省各市气候变化影响评估。

具体章节为：

第 1 章　绪论

第 2 章　安徽省基本气候要素变化分析

第 3 章　安徽省高影响天气气候事件变化分析

第 4 章　安徽省气候变化趋势预估

第 5 章　气候变化对安徽省农业的影响

第 6 章　气候变化对安徽省水资源的影响

第 7 章　气候变化对安徽省生态环境的影响

第 8 章　城市化对安徽省气候环境的影响

第 9 章　分市报告

第2章　安徽省基本气候要素变化分析

1961—2018年，安徽省年平均气温线性上升1.22 ℃，增暖速率为0.21 ℃/10 a，略低于全国平均增暖速率(0.24 ℃/10 a)。安徽省大幅度升温主要从1980年代开始，在1997年左右存在一次突变，突变后增暖趋势更为明显。四个季节中，春季和冬季增温最为显著，增暖速率分别为0.33 ℃/10 a和0.29 ℃/10 a。年平均最低及最高气温也在上升，上升速率分别为0.3 ℃/10 a和0.18 ℃/10 a，表明最低气温的升高对于气候变暖的贡献更大。年平均地面温度也呈明显的升高趋势。年降水量及降水日数均无明显变化趋势。年平均气温日较差、年日照时数、年平均风速、年蒸散量均呈明显减小趋势，年平均相对湿度则微弱减小。入春、入夏时间明显提早，入秋明显推迟，入冬变化不明显；夏季日数呈显著增多趋势，而冬季日数则显著减少。年平均风速在1990年代中后期明显偏小，年日照时数和冬季日数在1990年代中后期以后明显偏少，而夏季日数在1990年代中后期以后明显偏多，这可能与1990年代以后全省增暖加快有关。

2.1　年平均气温

气候研究与应用中，器测记录是较为可靠的观测资料。1950年以来，安徽省相继建设了较为密集的气象观测台站，资料具有一定的代表性和可靠性。因此，本报告所用资料选取安徽省观测资料较为完整、分布较为均匀的76个气象台站资料(不含黄山光明顶)，起讫时间为1961—2018年，常年平均值取1981—2010年的气候平均值。

2.1.1　年平均气温的变化趋势

安徽省年平均气温常年平均值为15.9 ℃，1961—2018年线性上升1.22 ℃，增暖速率为0.21 ℃/10 a，略低于全国平均增暖速率(1951—2018年增暖速率为0.24 ℃/10 a)。安徽省大幅度升温主要从1980年代开始，1990年代中后期以后增暖趋势尤为明显。气温偏低前三位(1969年、1980年和1984年)均出现在1990年代之前；气温偏高前三位(即2007年、2006年、1998年和2017年，其中1998年和2017年并列第三位)均出现在1990年代之后(图2.1a)。

对1961—2018年安徽省年平均气温进行了Mann－Kendall(MK)突变检验(魏凤英，2007)(图2.1b)。由UF曲线及UF与UB曲线的交点可见，安徽省年平均气温在1997年左右存在一次突变，1997—2018年一直有升高趋势，而且在2001年以后UF曲线超过了$\alpha=0.05$显著性水平临界值，表明这种升温趋势通过了$\alpha=0.05$显著性水平检验。这与丁一汇等(2008)研究指出1961—2006年长江中下游年平均气温突变时间出现1996—1997年的结论相一致。

从全省各季节平均气温的变化来看，春季、秋季和冬季三个季节平均气温均呈明显的上升趋势，其中春季气温最为显著，增暖速率为0.33 ℃/10 a；其次是冬季，增暖速率为0.29 ℃/10 a；秋季增暖速率为0.18 ℃/10 a；而夏季没有明显的变化趋势。

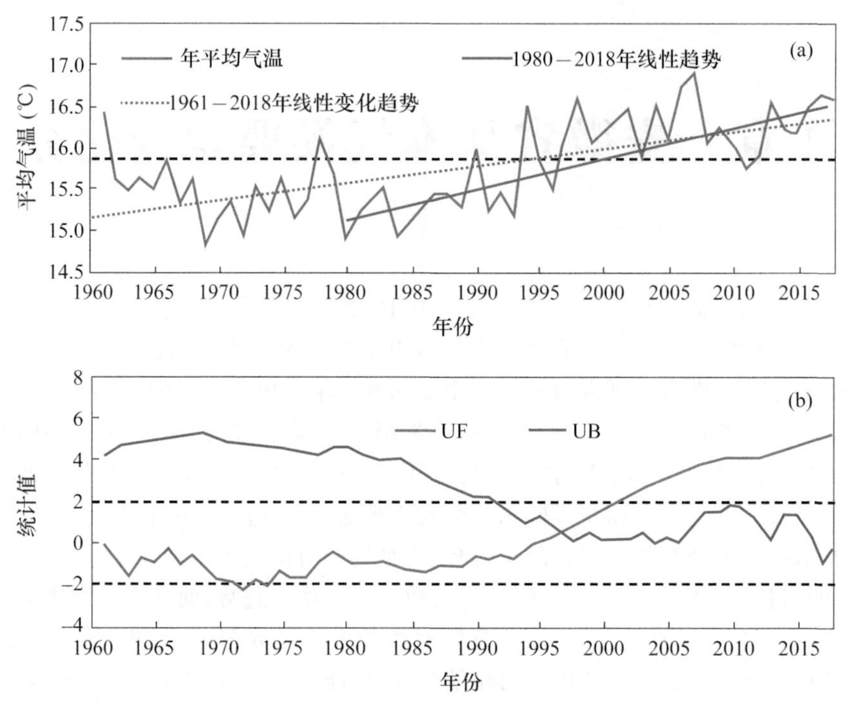

图 2.1　1961—2018 年安徽省年平均气温变化(a)及其 MK 检验(b)
(图 b 中虚线为 α=0.05 显著性水平线)

2.1.2　年平均气温变化趋势的空间分布

1961—2018 年安徽省年平均气温为 14.3～16.9 ℃，基本呈自北向南逐渐增暖的空间分布，具有南部高、北部低、平原丘陵高、山区低的特点。除大别山区的岳西县外，全省最低平均气温出现在淮北北部，最高出现在沿江西部地区(图 2.2a)。

从线性变化趋势看，全省各站气温呈一致的增暖趋势，北部升温率高于南部，其中沿淮中部和江淮之间北部升温率最大(图 2.2b)。

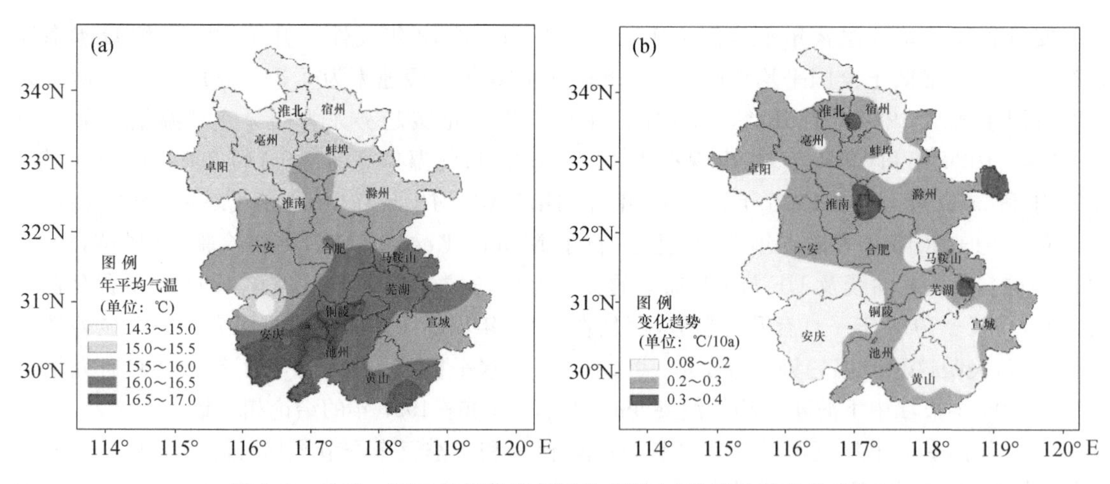

图 2.2　1961—2018 年安徽省年平均气温(a)及变化趋势分布(b)

2.1.3　最高/最低气温

安徽省年平均最高气温常年平均值为 20.8 ℃。1961—2018 年安徽省年平均最高气温明显上升，上升速率为 0.18 ℃/10 a。1961—2018 年安徽年平均最高气温变化曲线与年平均气温基本一致，也是 1990 年代中后期以后增暖明显，平均最高气温偏高前三位（即 2013 年、2007 年和 2004 年）出现在 1990 年代之后（图 2.3a）。

安徽省年平均最低气温常年平均值为 12.0 ℃。1961—2018 年安徽省年平均最低气温显著上升，上升速率为 0.3 ℃/10 a，高于年平均气温和最高气温的上升速率（图 2.3b）。表明 1961—2018 年年平均最低气温对年平均气温的贡献大于年平均最高气温。1961—2018 年年平均最低气温的变化曲线与年平均气温基本一致，不再赘述。

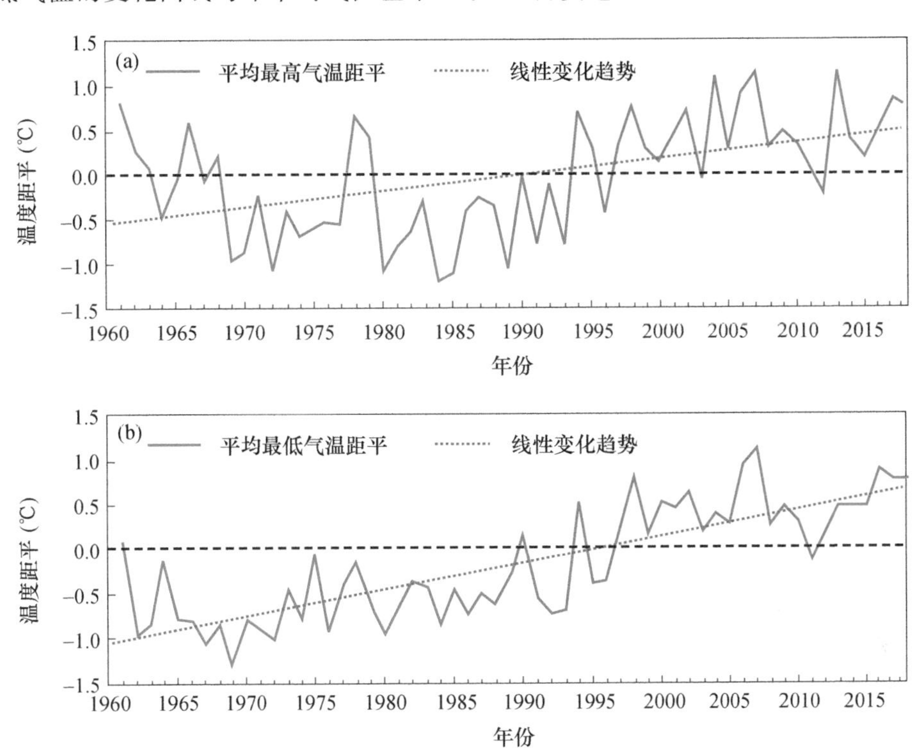

图 2.3　1961—2018 年安徽省年平均最高气温(a)和最低气温(b)距平变化

2.1.4　最高/最低气温变化趋势的空间分布

1961—2018 年安徽各站年平均最高气温均呈现一致的增暖趋势，沿淮及淮河以南升温率为 0.1～0.5 ℃/10 a，而淮北大部升温较为缓慢，未通过显著性检验（图 2.4a）。1961—2018 年安徽各站年平均最低气温均呈现出明显的增暖趋势，北部升温率高于南部，沿淮淮北大部分地区升温率为 0.3～0.6 ℃/10 a（图 2.4b）。

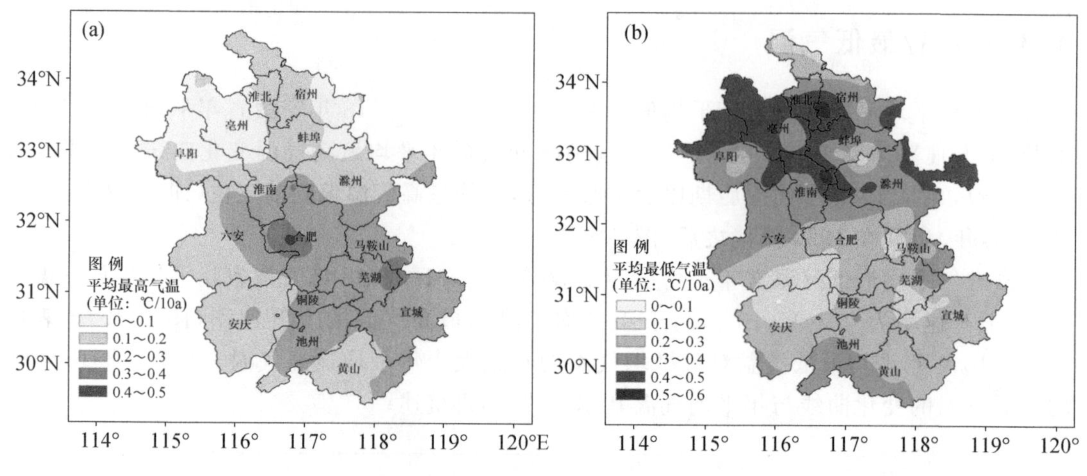

图 2.4　1961—2018 年安徽省年平均最高气温(a)和最低气温(b)变化趋势分布

2.1.5　气温日较差变化趋势

安徽省气温日较差常年平均值为 8.8 ℃。1961—2018 年安徽省年平均气温日较差呈现明显的下降趋势，下降速率为 0.12 ℃/10 a，并伴有明显的年代际变化。1960 年代至 1970 年代气温日较差较常年偏大，1980 年代较常年偏小，1990 年代以后以年际波动为主(图 2.5)。

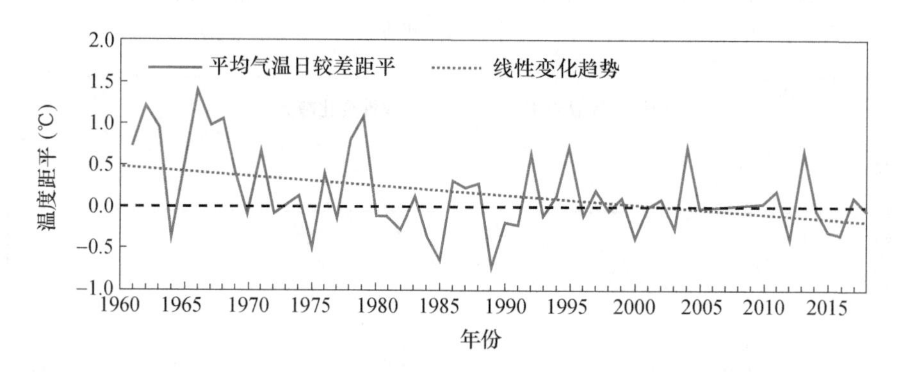

图 2.5　1961—2018 年安徽省年平均气温日较差距平变化

2.1.6　气温日较差变化趋势的空间分布

1961—2018 年安徽省气温日较差为 7.2～10.4 ℃，具有南北高中间低的空间分布特征。沿淮淮北、大别山区中部和江南气温日较差超过 9.0 ℃，江淮之间和沿江小于 9 ℃，其中沿江是低值中心(图 2.6a)。

1961—2018 年安徽省气温日较差变化趋势表现为南北减小而中部增加的空间分布特征，增加的区域主要位于江淮之间大部和沿江东部，其他地区则以减小为主，其中沿淮淮北减小最显著，减小速率为 0.2～0.4 ℃/10 a(图 2.6b)。

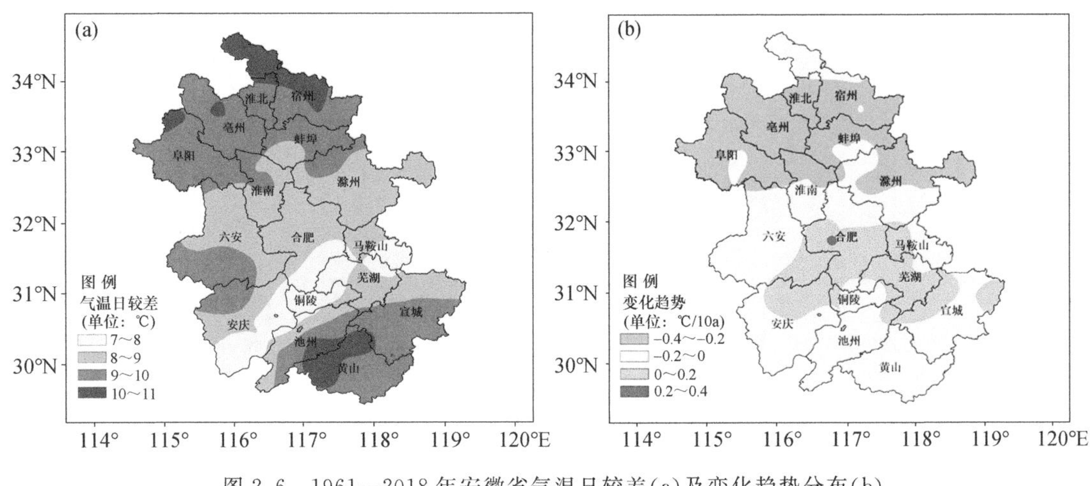

图2.6　1961—2018年安徽省气温日较差(a)及变化趋势分布(b)

2.2　年平均地面温度

1961—2018年安徽省年平均地面温度变化与年平均气温基本一致，也呈现明显的增暖趋势，增暖速率为0.20 ℃/10 a。安徽省平均地面温度也是从1980年代开始大幅度地升温，并于1990年代中后期以后升温加速(图2.7)。

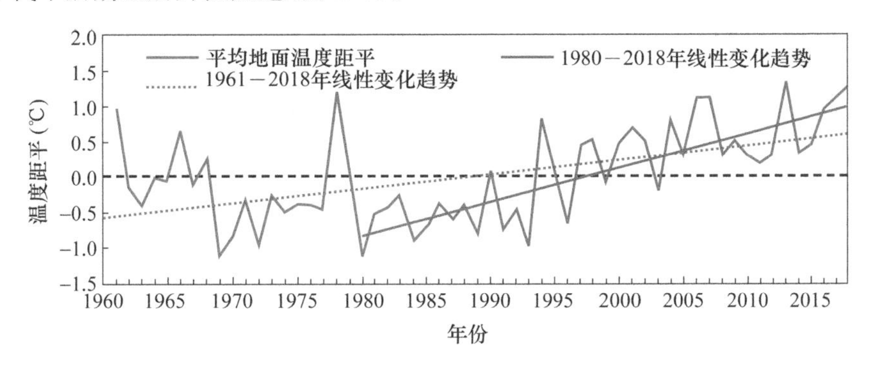

图2.7　1961—2018年安徽省年平均地面温度距平变化

2.3　年降水量及降水日数

2.3.1　年降水量和年降水日数的变化趋势

安徽省年降水量常年平均值为1201.5 mm。1961—2018年，安徽省平均年降水量无显著的线性变化趋势，但年际和年代际变化明显。近58年来，年降水量最多的是2016年1662 mm，比常年偏多38.9%，最少的是1978年684.7 mm，比常年偏少42.8%，最多年降水量是最少年的2.4倍。1960年代至1970年代降水量以偏少为主，1980年代之后以年际波动为主，但 2014—2018 年连续 5 年降水偏多(图 2.8)。

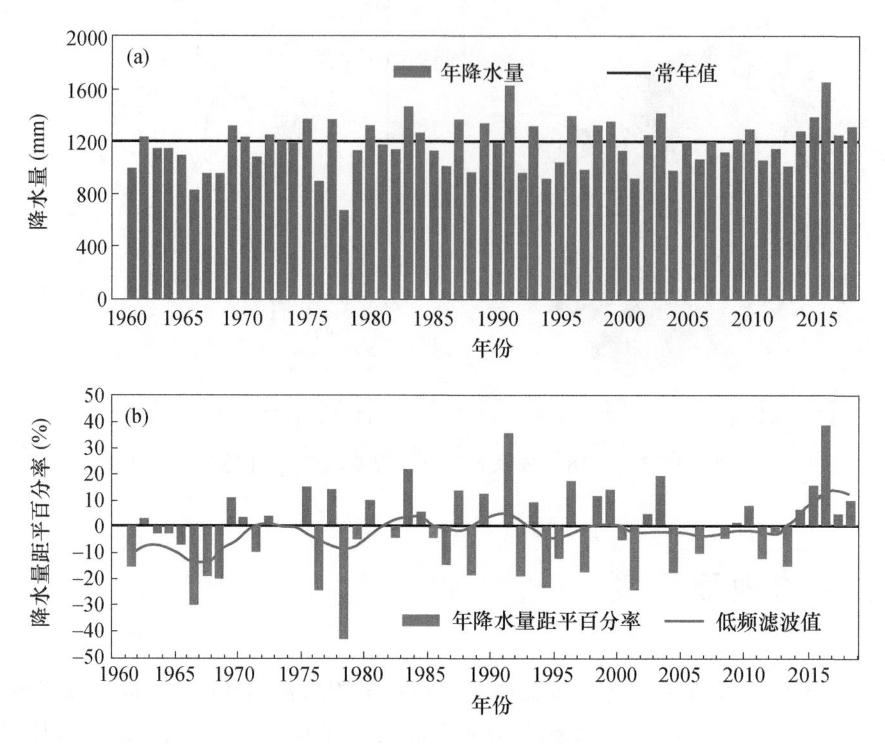

图 2.8 1961—2018 年安徽省年降水量(a)及其距平百分率(b)变化

1961—2018 年，安徽省平均年降水日数无显著的线性变化趋势，但年际和年代际变化明显。降水日数最多的是 1975 年 142 d，较常年偏多 21 d，最少的是 1978 年 100 d，较常年偏少 21 d。1970 年代至 1980 年代降水日数以偏多为主，1990 年代以来总体偏少，但 2014—2018 年持续偏多(图 2.9)。

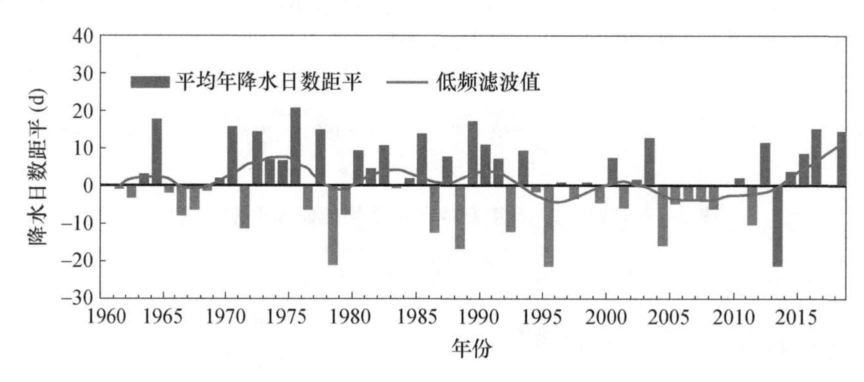

图 2.9 1961—2018 年安徽省年降水日数距平变化

2.3.2 年降水量变化趋势的空间分布

1961—2018 年安徽省平均年降水量为 757～1765 mm，自北到南逐渐增加，且有山区多于平原丘陵的特点，江南是安徽省多雨中心(图 2.10a)。黄山光明顶因海拔高(1840 m)而情况特殊，平均年降水量多达 2269 mm。近 58 年全省绝大部分地区降水量表现出增多的变化趋势，大部分地区增多速率为 20～60 mm/10 a，其中江淮之间中部、沿江西部和江南南部为 40～60 mm/10 a，增多趋势明显(图 2.10b)。

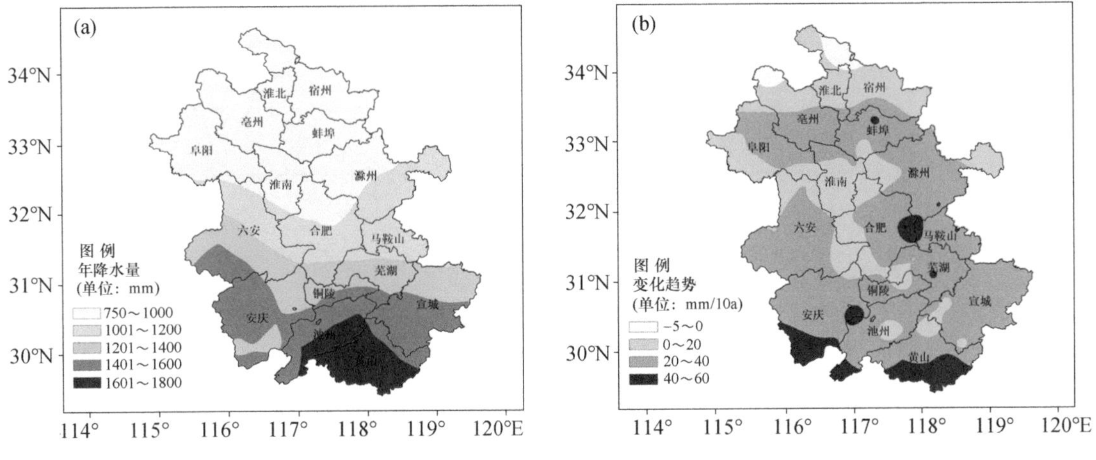

图 2.10　1961—2018 年安徽省年降水量(a)及变化趋势分布(b)

2.3.3　年降水日数变化趋势的空间分布

1961—2018 年安徽省平均年降水日数为 83～159 d，与降水量分布相似，也是自北向南逐渐增多。近 58 年全省绝大部分地区年降水日数表现为减少的变化趋势，其中淮北北部和江南南部减少最为明显，减少速率为 1～2.2 d/10 a(图 2.11)。

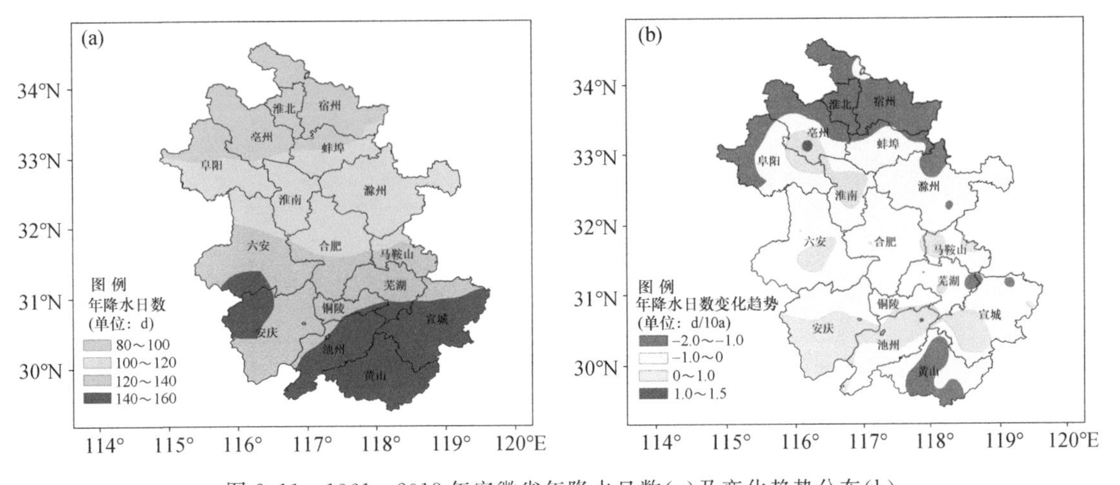

图 2.11　1961—2018 年安徽省年降水日数(a)及变化趋势分布(b)

2.4　年蒸散量

2.4.1　年蒸散量的变化趋势

1961—2018 年安徽省平均年蒸散量呈现明显的减少趋势，减少速率为 11.3 mm/10 a；

1960 年代至 1980 年代总体较常年偏多，1990 年代至 2003 年以年际振荡为主，2004—2013 年明显偏多(图 2.12)。

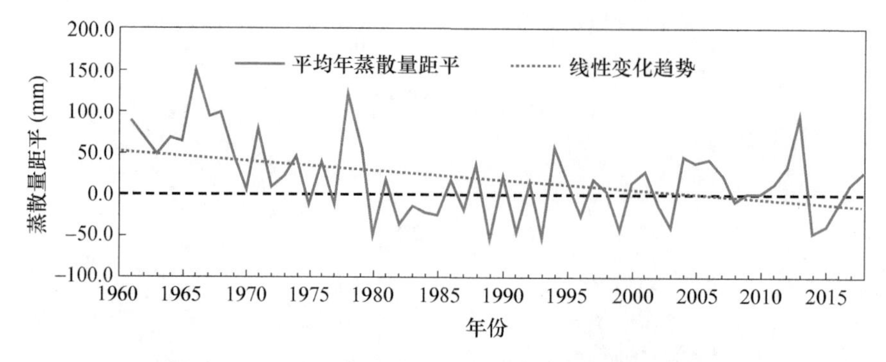

图 2.12　1961—2018 年安徽省平均年蒸散量距平变化

2.4.2　年蒸散量变化趋势的空间分布

1961—2018 年安徽省平均年蒸散量为 847～1013 mm，除了江南西部和大别山区部分地区年蒸散量低于 900 mm 外，其他地区大于 900 mm 且分布比较均匀(图 2.13a)。从 1961—2018 年蒸散量变化趋势来看，全省绝大部分地区呈明显减少的趋势，其中减少最显著的区域集中在沿淮淮北，大部分地区减少速率为 20～33 mm/10 a(图 2.13b)。

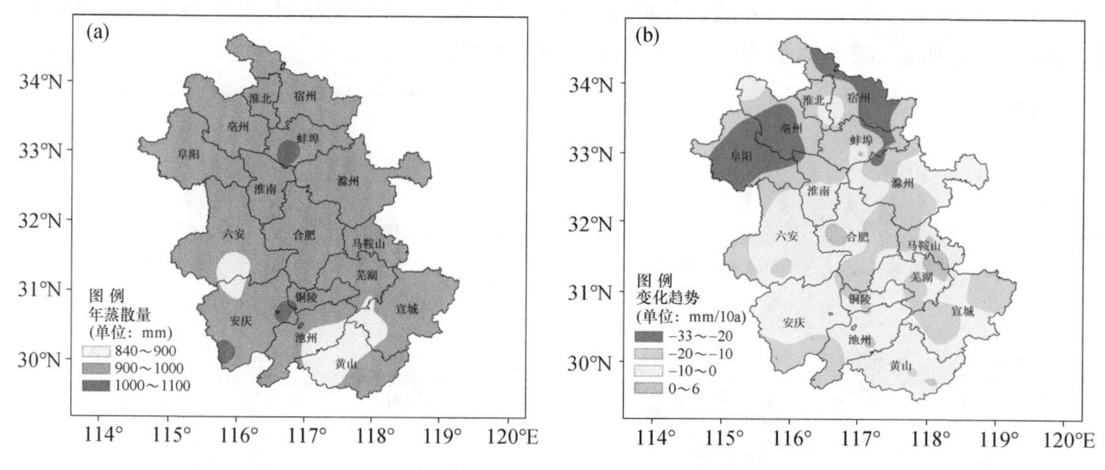

图 2.13　1961—2018 年安徽省年蒸散量(a)及变化趋势分布(b)

2.5　年相对湿度

2.5.1　年相对湿度的变化趋势

相对湿度表征空气的干湿程度，即在某一温度下，实际水汽压与饱和水汽压之比，用百分数表示。1961—2018 年安徽省年平均相对湿度呈现弱的减少趋势，变化速率为 2.7%/10 a；2004—2014 年相对湿度处于明显偏小的阶段，但 2015—2018 年有所上升(图 2.14)。

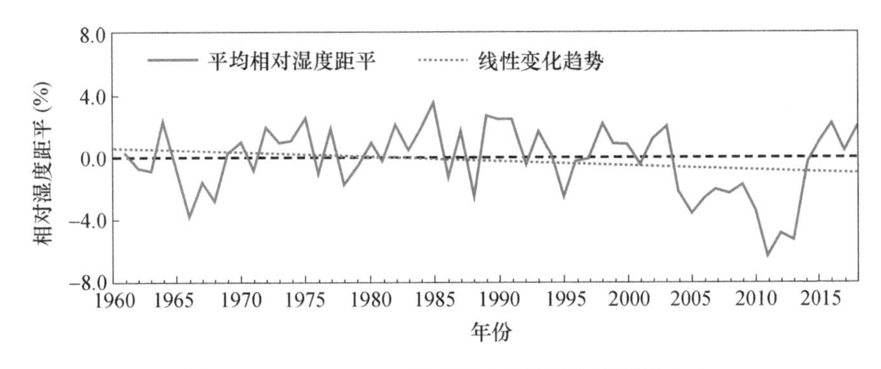

图 2.14　1961—2018 年安徽省年相对湿度距平变化

2.5.2　年相对湿度变化趋势的空间分布

1961—2018 年安徽省年平均相对湿度为 69.8%～81.9%，自北向南逐渐递增。从 1961—2018 年相对湿度变化趋势来看，淮河以南大部分地区呈现明显的减少的趋势，减少趋势为 0.5%/10 a～1.5%/10 a(图 2.15)。

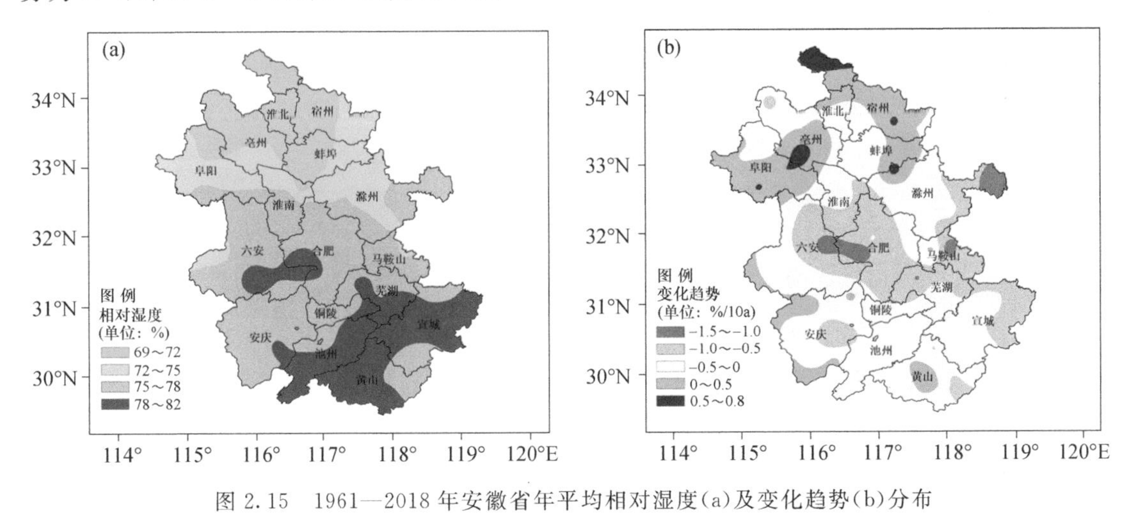

图 2.15　1961—2018 年安徽省年平均相对湿度(a)及变化趋势(b)分布

2.6　年平均风速

2.6.1　年平均风速的变化趋势

风速的变化取决于气压梯度力和下垫面粗糙度。而这两者与气候变暖和人为改造下垫面有着密切关系；风速减弱可能是东亚夏季风和冬季风减弱的表现，并与经向环流减弱和东亚环流系统各成员变化有着密切联系，其中与极涡减弱、副高和高原气压系统的增强均有显著的相关。另外，寒潮、气旋等变化也是影响风速变化的重要原因。众所周知，下垫面的改变是风速减弱的重要因素之一，尤其是城市化发展对于城市风速减小至关重要，且随着城市化扩张，减弱作用和影响范围均增大。1961—2018 年安徽省年平均风速呈明显减小的变化趋势，减小速率为 0.19(m/s)/10 a，

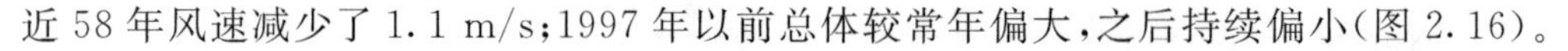

近 58 年风速减少了 1.1 m/s;1997 年以前总体较常年偏大,之后持续偏小(图 2.16)。

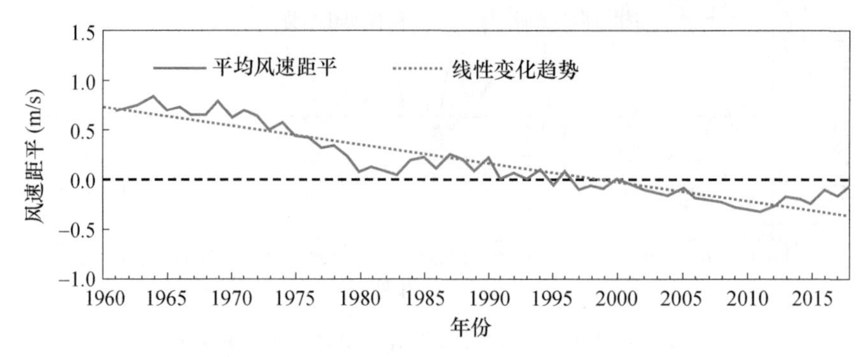

图 2.16 1961—2018 年安徽省年平均风速距平变化

2.6.2 年平均风速变化趋势的空间分布

1961—2018 年安徽省各地年平均风速为 1.0～3.3 m/s,江南中西部和江淮之间西部风速小于 2.0 m/s,其他地区为 2.0～3.3 m/s,其中沿江西部河谷地区风速最大,达 3.3 m/s(图 2.17a)。1961—2018 年,全省绝大部分地区风速表现为明显减少的变化趋势,沿江和江北大部地区减少速率为 0.2～0.4(m/s)/10 a,其中江淮之间东部、淮北东部和沿淮淮北西部减少速率超过 0.3(m/s)/10 a,而皖南山区和大别山区风速变化不大(图 2.17b)。

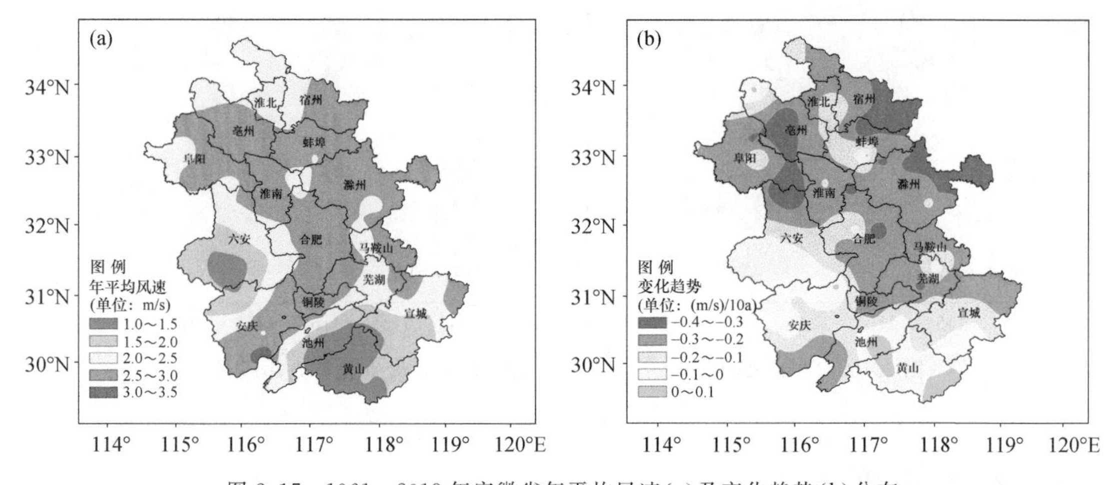

图 2.17 1961—2018 年安徽省年平均风速(a)及变化趋势(b)分布

2.7 年日照时数

2.7.1 年日照时数的变化趋势

1961—2018 年,安徽省平均年日照时数呈现明显的减少趋势,减少速率为 80 h/10 a,近 58 年减少了 464 h。1960 年代和 1970 年代较常年总体偏多,1980 年代至 1990 年代中期以年际振荡为主,1990 年代中期以来总体偏少(图 2.18)。

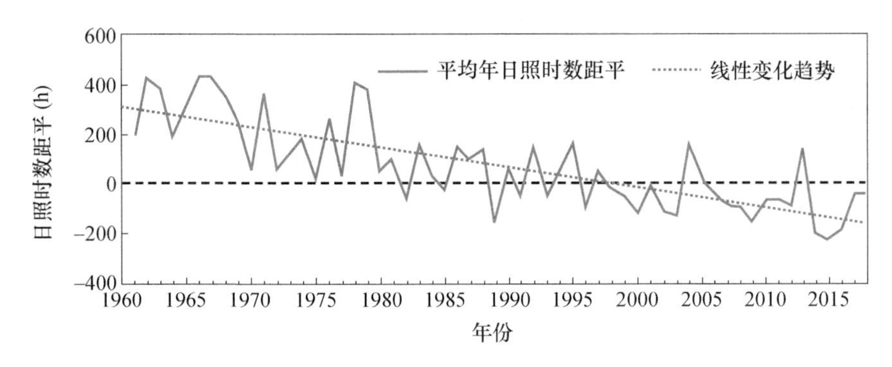

图 2.18 1961—2018 年安徽省年平均日照时数距平变化

2.7.2 年日照时数变化趋势的空间分布

1961—2018 年安徽省各地年平均日照时数为 1667～2250 h，自北向南逐渐递减，淮北和沿淮中东部日照时数最大，超过 2100 h，而江南西部最少，小于 1800 h（图 2.19a）。1961—2018 年几乎全省各站均表现出明显的减少趋势，全省绝大部分地区减少速率为 40 h/10 a 以上，其中淮北西部、江淮之间中部和东部、江南东部减少速率大于 100 h/10 a（图 2.19b）。

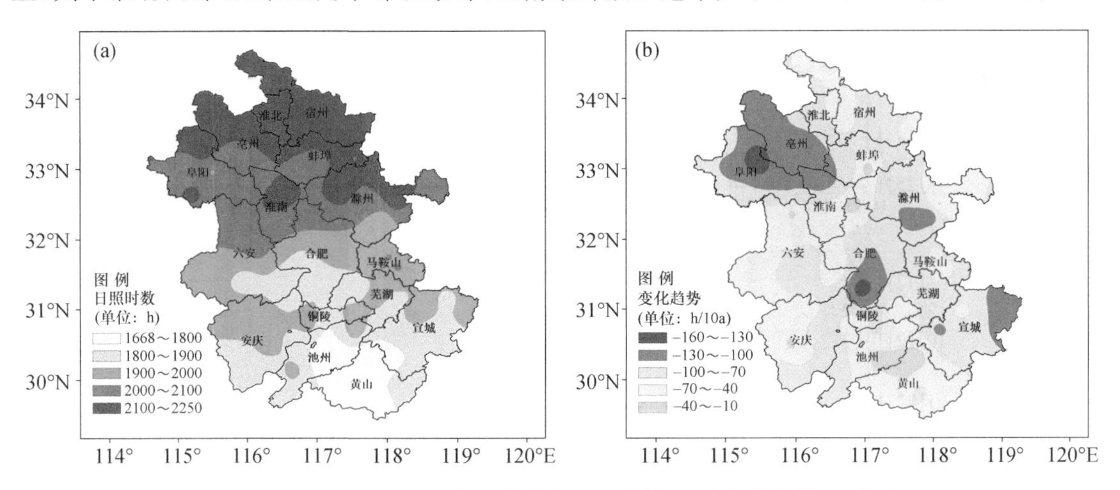

图 2.19 1961—2018 年安徽省年日照时数(a)及变化趋势(b)分布

2.8 四季变化

安徽省入春时间常年平均值是 3 月 19 日。1961—2018 年，安徽省平均入春时间呈现明显的提前趋势，提前速率为 1.5 d/10 a，并伴有明显的年际变化。入春时间最早的是 2004 年 2 月 24 日，最晚的是 1996 年 3 月 29 日（图 2.20a）。

安徽省入夏时间常年平均值是 5 月 20 日。1961—2018 年，安徽省平均入夏时间呈现明显的提前趋势，提前速率为 1.0 d/10 a，并伴有明显的年际变化。入夏时间最早的是 1997 年 5 月 2 日，最晚的是 2016 年 6 月 4 日（图 2.20b）。

安徽省入秋时间常年平均值是 9 月 21 日。1961—2018 年，安徽省平均入秋时间显著推迟，推迟速率为 1.2 d/10 a，并伴有明显的年际变化。入秋时间最早的是 1980 年 9 月 7 日，最晚的是 2007 年 10 月 2 日（图 2.20c）。

安徽省入冬时间常年平均值为 11 月 18 日。1961—2018 年安徽省平均入冬时间没有明显的变化趋势，但年际和年代际变化明显。安徽省入冬时间最早的是 1981 年 11 月 5 日，最晚的是 2010 年 11 月 30 日。入冬时间在 1960 年代中期至 1980 年代中期偏早，而在 2004 年以后则以偏晚为主（图 2.20d）。

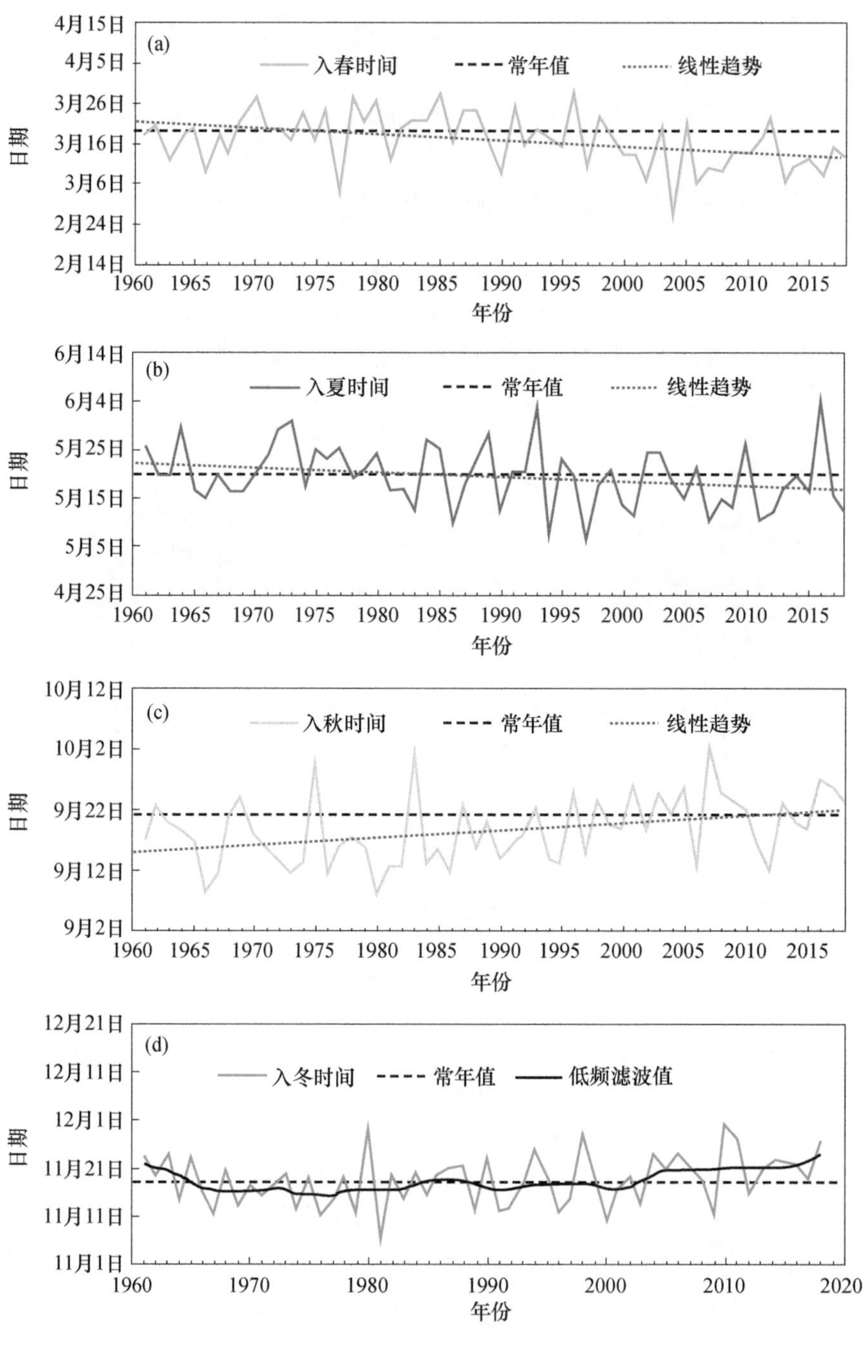

图 2.20　1961—2018 年安徽省平均四季起始日期

(a)入春；(b)入夏；(c)入秋；(d)入冬

安徽省春季日数常年平均值为 63 d。1961—2018 年安徽省平均春季日数没有明显的变化趋势，但年际和年代际变化明显。春季日数最多的是 2016 年 89 d，最少的是 2012 年 50.2 d。1970 年代末期至 1990 年代春季日数偏少，而 21 世纪以来以偏多为主(图 2.21a)。

安徽省夏季日数常年平均值为 124.1 d。1961—2018 年安徽省平均夏季日数呈现明显的增多趋势，增多速率为 2.2 d/10 a，并伴有明显的年际变化和年代际变化。夏季日数最多的是 2007 年 145.6 d，最少的是 1973 年 103 d。1996 年以前夏季日数以偏少为主，而之后则以偏多为主(图 2.21b)。

安徽省秋季日数常年平均值为 59.5 d。1961—2018 年秋季日数没有明显的变化趋势，但年际变化明显。秋季日数最多的是 1980 年 83 d，最少的是 1983 年 43.7 d(图 2.21c)。

安徽省冬季日数常年平均值为 118.5 d。1961—2018 年冬季日数有明显的减少趋势，减少速率为 2.3 d/10 a，并伴有明显的年际和年代际变化。冬季日数最多的是 1980 年 135.9 d，最少的是 1981 年 101.2 d。1967—1998 年冬季日数以偏多为主，而 1999 年以来偏少(图 2.21d)。

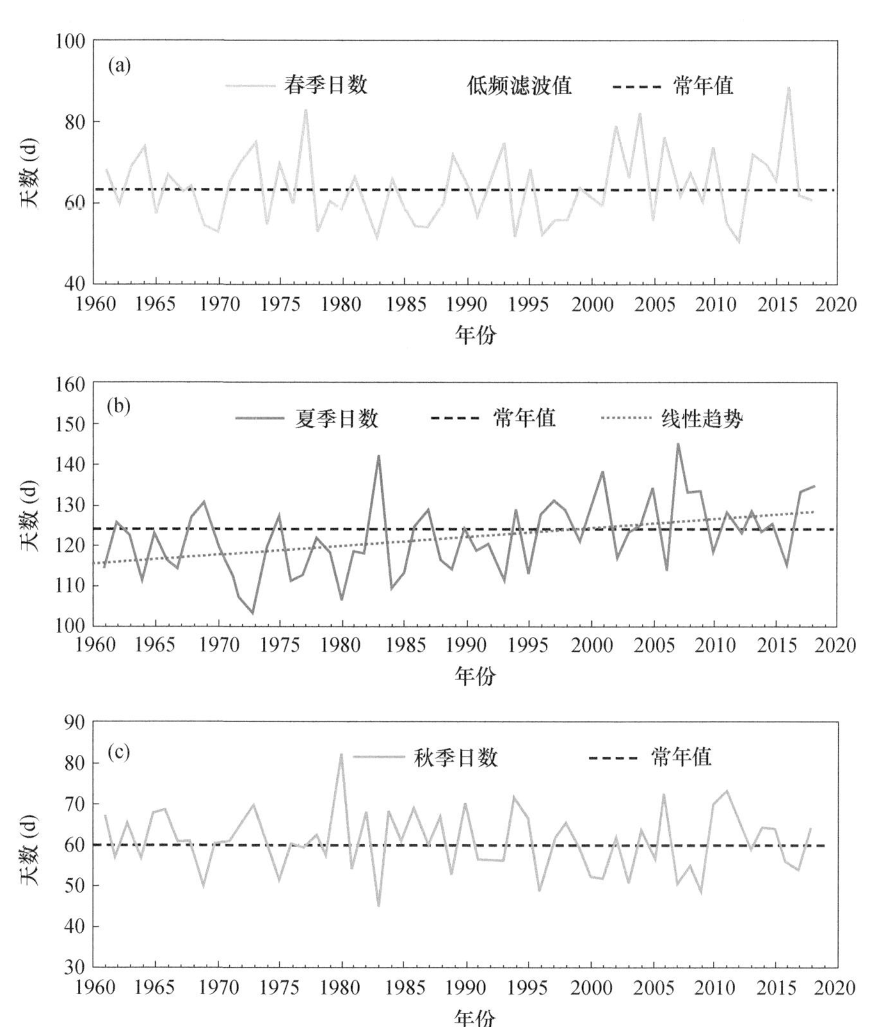

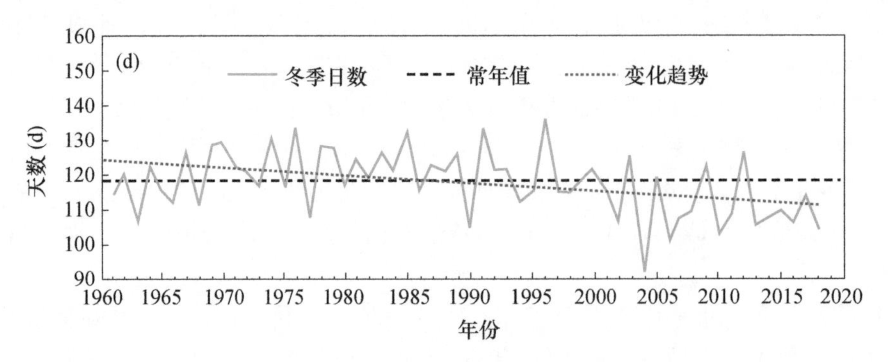

图 2.21　1961—2018 年安徽省平均四季日数

(a)春季;(b)夏季;(c)秋季;(d)冬季

2.9　百年气象站气候要素

芜湖国家气象观测站是全国 12 个百年气象站之一,也是安徽省目前唯一的全国百年台站。1924—2018 年,芜湖站年平均气温呈现明显的上升趋势,升温率为 0.15 ℃/10 a;1994 年以前,年平均气温大多低于常年平均值,之后总体偏高,与全省年平均气温变化趋势基本一致。近百年来年平均气温最高的是 2007 年 17.7 ℃,较常年偏高 1.3 ℃,最低的是 1956 年 15.3 ℃,较常年偏低 1.1 ℃(图 2.22)。

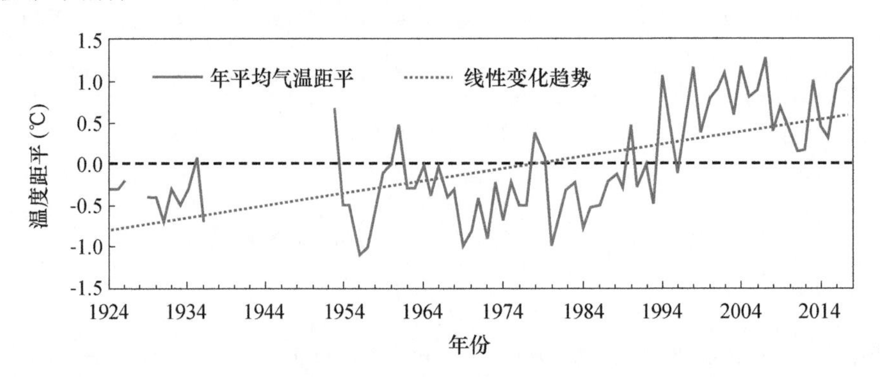

图 2.22　1924—2018 年芜湖站年平均气温距平变化(图中曲线断开表示缺测)

1881—2018 年,芜湖站年降水量没有明显的变化趋势,但年际和年代际变化明显。2016 年降水量最多 1984 mm,较常年偏多 64%;1978 年最少 564 mm,较常年偏少 53%。1886—1902 年、1922—1936 年、1965—1978 年和 1994—2008 年降水量以偏少为主,而 1902—1920 年、1981—1991 年和 2009 年以来以偏多为主(图 2.23)。

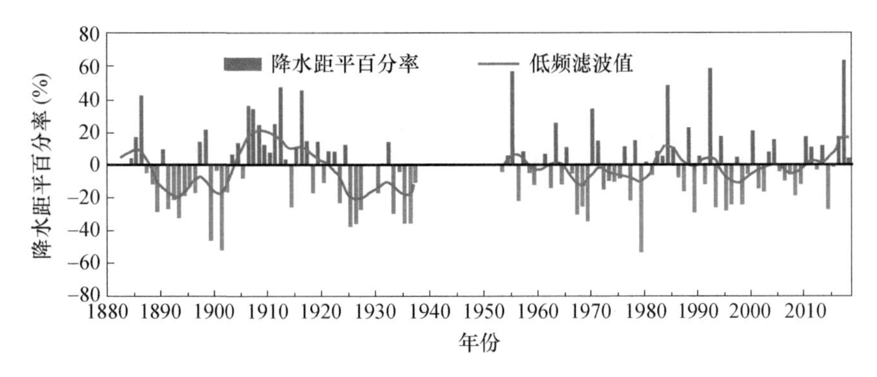

图 2.23　1881—2018 年芜湖站年降水距平百分率变化(图中曲线断开表示缺测)

第3章　安徽省高影响天气气候事件变化分析

1961—2018年，安徽省暴雨日数明显增多，增多速率为0.2 d/10 a；年单站1 h、1日和5日最大降水量无显著变化趋势。安徽省梅雨各个特征量、秋季连阴雨日数、平均年雾日数和平均年干旱日数均无显著变化趋势，春季连阴雨日数明显减少。热带气旋影响安徽个数和影响安徽单站最大过程降水量均无明显的变化趋势，但影响日数明显增多。黄山光明顶大风日数显著减少，代表了大风的自然变化；全省其他台站年平均大风日数也显著减少，但全省减少速率比光明顶更大；两者均在1990年代中期以后明显偏少，这可能与1990年代中后期以后全省增暖加快有关；说明全省大风日数减少是受到城镇化进程加快和自然变率的共同影响。平均年极端低温明显上升，年平均霜冻日数显著减少，1990年代以后偏少尤为明显。年高温日数和年极端高温无明显变化趋势，但阶段性变化特征明显，1961—1986年高温日数(年极端高温)明显减少(下降)，而1987—2018年明显增加(上升)。1961—2013年全省雷暴日数呈减少趋势。1980—2013年全省霾日数呈上升趋势。2000—2018年月平均最高气温及月降水量多次打破历史纪录。

3.1　干旱

干旱是安徽省常见的主要气象灾害。据近50年的资料，在成灾面积10万hm^2以上的各类气象灾害中，旱灾占出现总次数的32%，仅小于水灾的42%，而风雹和霜冻灾害合计占26%。干旱与其他灾害不同，它不是突发性的，而是逐渐形成发生发展的一个过程，持续时间长，影响范围大。

3.1.1　年干旱日数的变化趋势

1961—2018年，安徽省平均年干旱日数无显著的线性变化趋势，但年际变化明显；干旱日数最多的是1978年，高达232 d，是安徽省历史上罕见的大旱年；1960年代发生干旱的频率最高，1966年、1967年和1968年连续三年为全省性旱年(图3.1)。

1961—2018年，安徽省年单站最长持续干期无显著的线性变化趋势。近58年单站最长持续干期最大值出现在1969年，达86 d(图3.2)。

3.1.2　年干旱日数变化趋势的空间分布

1961—2018年安徽省平均年干旱日数为68.2～99.3 d，自北向南递减，其中沿淮淮北、江淮之间东部和沿江西部为80 d以上，其他地区低于80 d(图3.3a)。1961—2018年全省绝大部分地区年干旱日数呈现减少的趋势，减少速率为5～15 d/10 a，其中减少最明显的区域是江淮之间东部，减少速率超过10 d /10 a(图3.3b)。

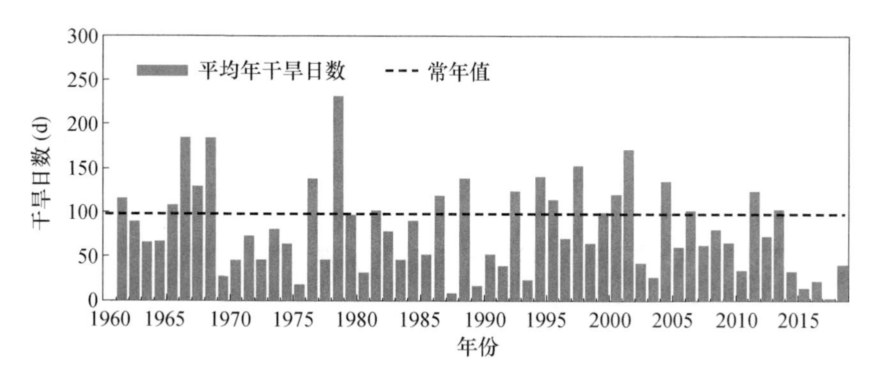

图 3.1　1961—2018 年安徽省平均年干旱日数变化

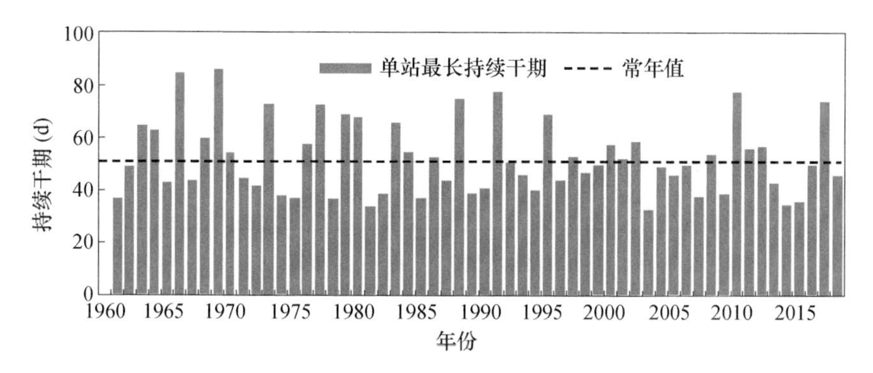

图 3.2　1961—2018 年安徽省年单站最长持续干期变化

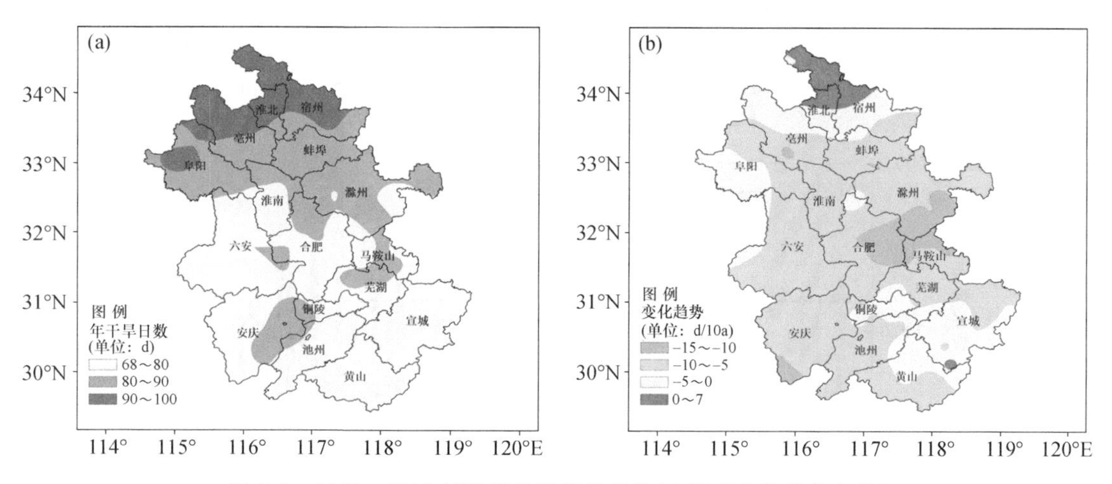

图 3.3　1961—2018 年安徽省年干旱日数(a)及变化趋势分布(b)

3.2　极端强降水

3.2.1　暴雨日数和极端强降水量的变化趋势

1961—2018 年，安徽省平均年暴雨日数有明显的增多趋势，增多速率为 0.2 d/10 a。近 58 年中暴雨日数最多的是 1991 年 7.3 d，1991 年梅汛期暴雨过程不断，江淮地区出现特大洪涝；最少的是 1978 年 1.3 d，出现历史罕见的全省性大旱（图 3.4）。

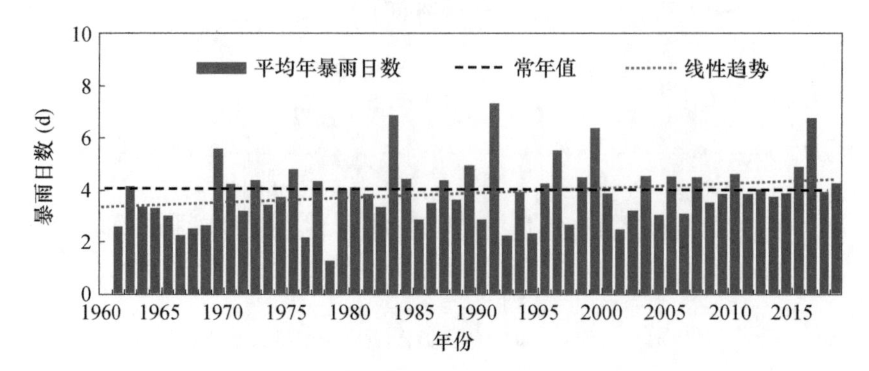

图 3.4　1961—2018 年安徽省年平均暴雨日数变化

近 58 年安徽省年单站 1 h、1 日和 5 日最大降水量均无显著的线性变化趋势，但年际变化明显。年单站 1 h、1 日和 5 日最大降水量的最大值分别是 120.0 mm（2000 年）、493.1 mm（2005 年）和 721.6 mm（1969 年）（图 3.5）。

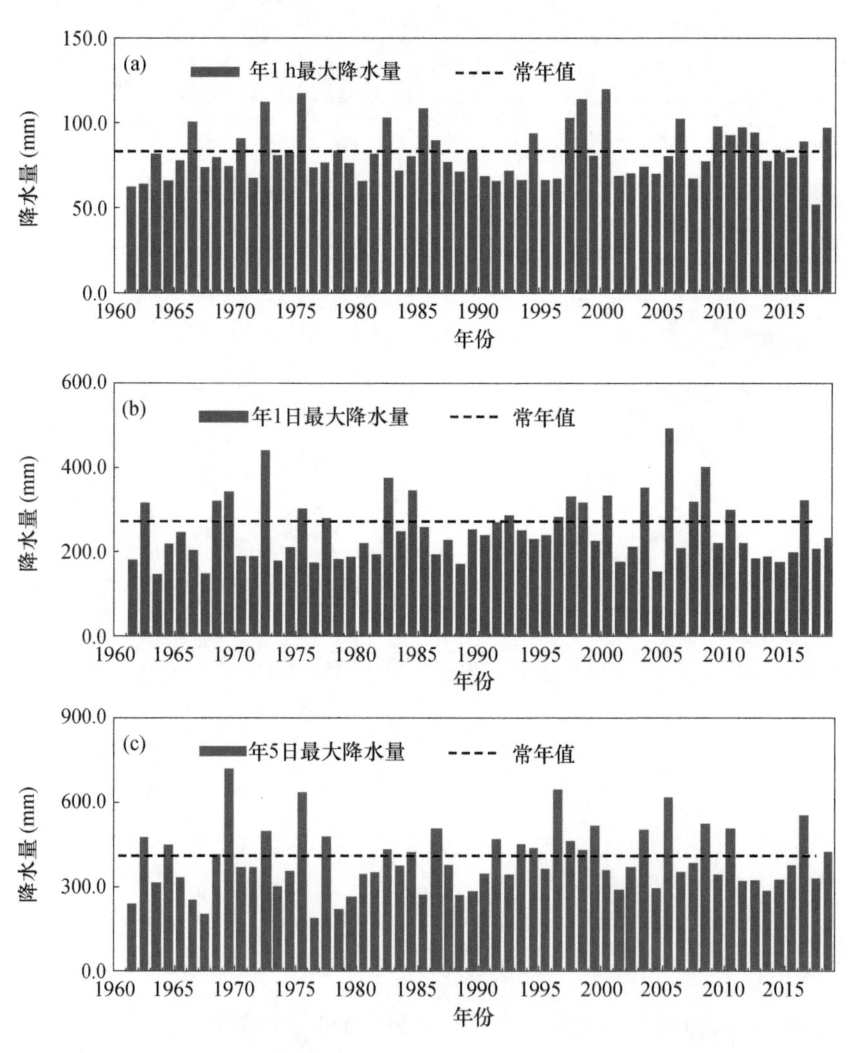

图 3.5　1961—2018 年安徽省单站 1h(a)、1 日(b)和 5 日(c)最大降水量变化

3.2.2　暴雨日数变化趋势的空间分布

1961—2018 年安徽省年平均暴雨日数为 2.5～6.4 d，其中江北、沿江东部和江南东部暴雨日数为 2.5～4.0 d，大别山区、沿江中西部和江南中西部为暴雨日数大值区，超过 4 d(图 3.6a)。1961—2018 年全省大部分地区暴雨日数呈现增多的趋势，其中沿淮大部、江淮之间东部、沿江东部、沿江西部、大别山区中部和江南南部增多速率为 0.2～0.7 d/10 a(图 3.6b)。

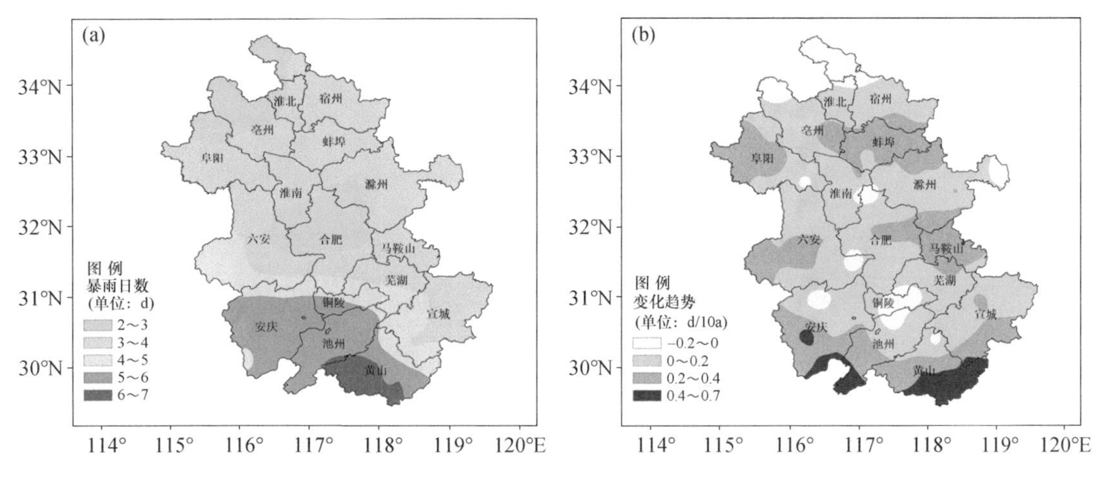

图 3.6　1961—2018 年安徽省年平均暴雨日数(a)及变化趋势分布(b)

3.2.3　极端强降水量变化趋势的空间分布

安徽省 1961—2018 年平均 1 日最大降水量空间分布与暴雨日数基本一致，江北、沿江东部和江南东部 1 日最大降水量为 85～110 mm，大别山区、沿江中西部和江南中西部为 110～130 mm，其中江南西南部最大(图 3.7a)。从近 58 年安徽省 1 日最大降水量的空间变化趋势来看，全省大部分地区呈增多的变化趋势，增多速率为 1～10 mm/10 a，其中大别山区、江淮之间东部和沿江江南西部增多最明显，超过 5 mm/10 a(图 3.7 b)。

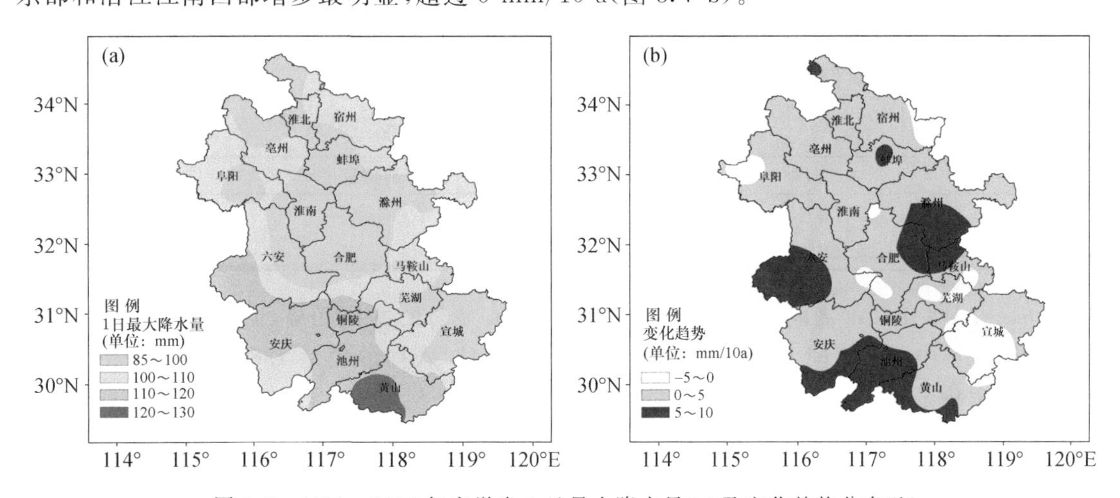

图 3.7　1961—2018 年安徽省 1 日最大降水量(a)及变化趋势分布(b)

安徽省1961—2018年平均5日最大降水量空间分布与1日最大降水量一致，全省5日最大降水量为134～229 mm，其中大别山区、沿江中西部和江南中西部超过190 mm（图3.8a）。从近58年安徽省5日最大降水量的空间变化趋势来看，全省大部地区呈增多的变化趋势，增多速率为1～20 mm/10 a，其中沿淮东部、江淮之间东部、沿江西部和江南南部增多最明显，超过10 mm/10 a（图3.8b）。

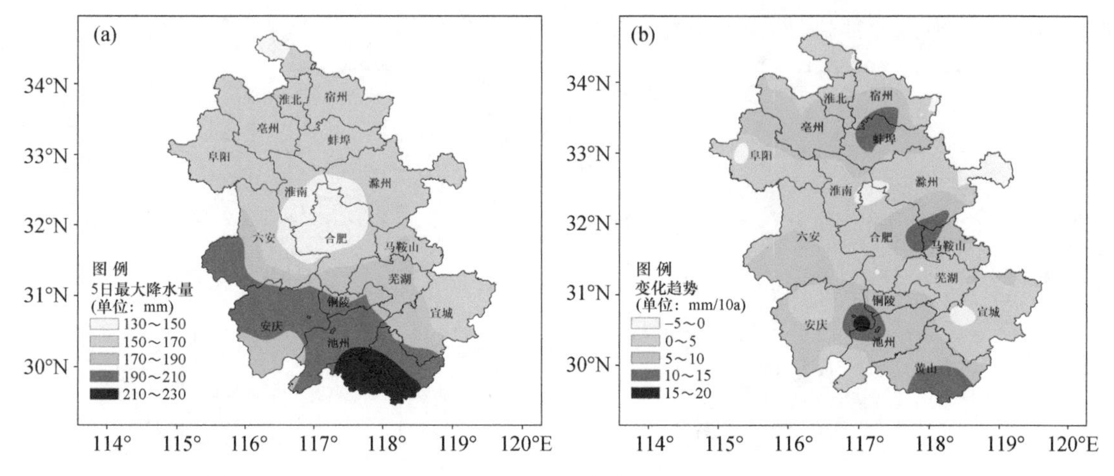

图3.8 1961—2018年安徽省5日最大降水量(a)及变化趋势分布(b)

3.3 梅雨

3.3.1 梅雨特征量的变化趋势

梅雨是江淮流域特有的天气气候现象。安徽省梅雨分为江淮之间梅雨和沿江江南梅雨。

从气候态来看，江淮之间入梅日为6月21日，出梅日为7月12日，梅雨期长度为21 d，梅雨量247 mm。沿江江南入梅日为6月16日，出梅日是7月10日，梅雨期长度是25 d，梅雨量349 mm（表3.1）。江淮之间入梅比沿江江南偏晚一个星期，梅雨期长度比沿江江南短4 d，相应地梅雨量比沿江江南偏少102 mm。

表3.1 安徽省梅雨期特征量气候态

分区	入梅日期	出梅日期	梅雨期长度(d)	梅雨量(mm)
江淮之间	6月21日	7月12日	21	247
沿江江南	6月16日	7月10日	25	349

1961—2018年江淮之间梅雨期各个特征量均没有显著的变化趋势，但年际和年代际变化明显。近58年中江淮之间入梅最早是1971年6月1日，入梅最晚是1982年7月9日，早晚相差39 d；出梅最早是1984年6月16日，最晚是1998年8月4日，早晚相差49 d；1966年、1976年、1978年、1988年和1994年等5年出现空梅，梅雨期最长是1974年53 d；梅雨量最少是上述5个空梅年，最多是1991年819 mm。江淮之间入梅在1960年代和2004—2018年以偏晚为主，1980年代中期至1990年代以偏早为主；出梅在1960年代中期至1980年代前期和1987—1998年以偏晚为主，而2008—2014年以偏早为主。相应地梅雨期长度在1970年代偏

长，2008年以来偏短；梅雨量在1970年代至1980年代前期以偏多为主，2008—2018年以偏少为主，但2015—2016年偏多(图3.9)。

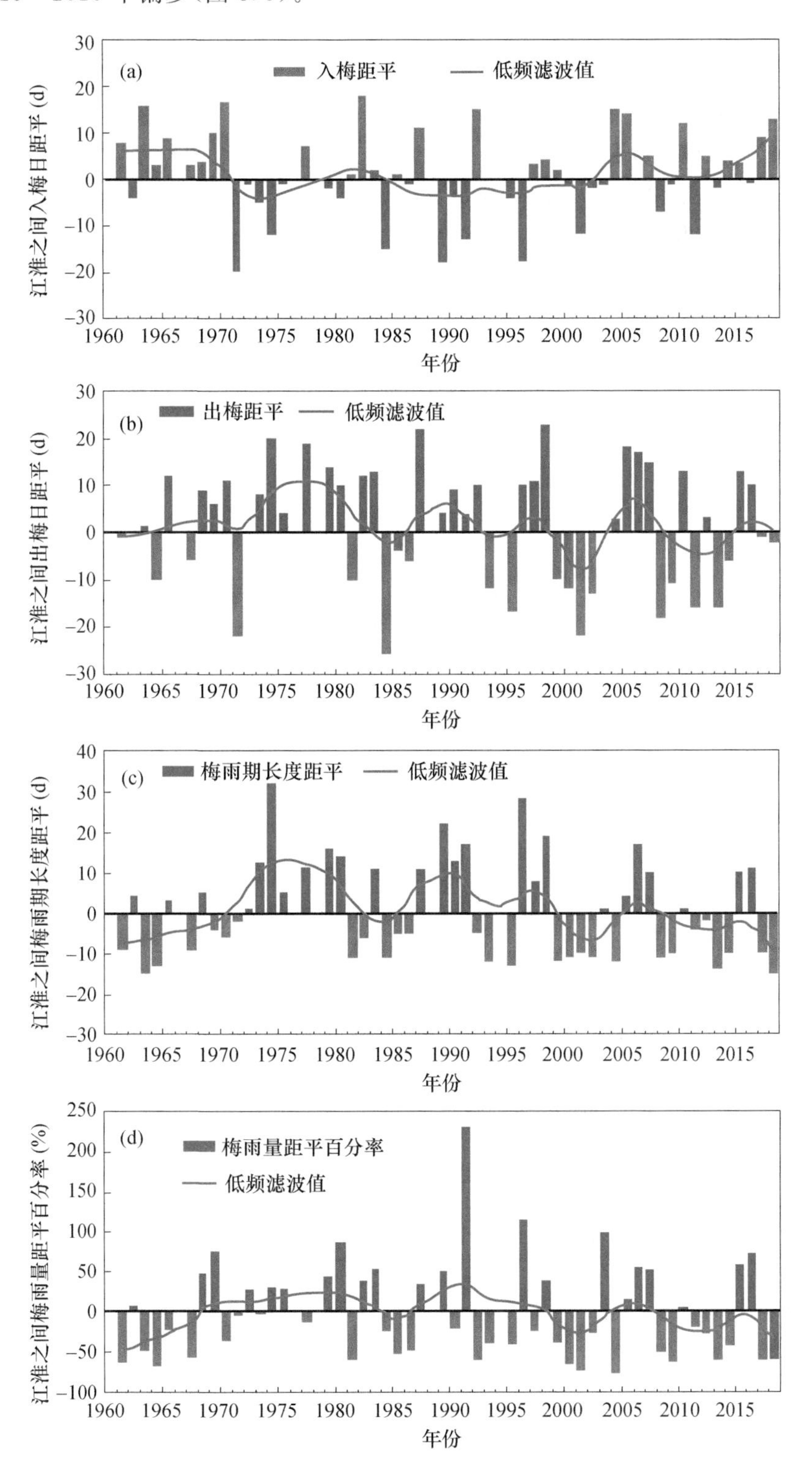

图3.9　1961—2018年江淮之间梅雨特征量变化

(a)入梅距平；(b)出梅距平；(c)梅雨期长度距平；(d)梅雨量距平百分率

1961—2018 年沿江江南梅雨特征量无显著的变化趋势，但年际和年代际变化明显。近 58 年中沿江江南入梅最早是 1995 年 5 月 24 日，入梅最晚是 2005 年 7 月 11 日，相差 48 d；出梅最早是 2000 年 6 月 11 日，最晚是 1998 年 8 月 4 日，相差 54 d；1965 年和 1978 年出现空梅，梅雨期最长是 1996 年 50 d；梅雨量最少是上述 2 个空梅年，最多是 1996 年 959 mm。沿江江南入梅在 1960 年代和 2002—2018 年以偏晚为主，在 1988—2001 年以偏早为主；出梅在 1974—1987 年以偏晚为主，而 1999—2013 年以偏早为主。相应地梅雨期长度 1974—1998 年以偏长为主，而 1961—1973 年和 2000—2018 年以偏短为主；1990 年代梅雨量偏多，1961—1977 年和 2000—2018 年梅雨量偏少，但 2014—2016 年偏多(图 3.10)。

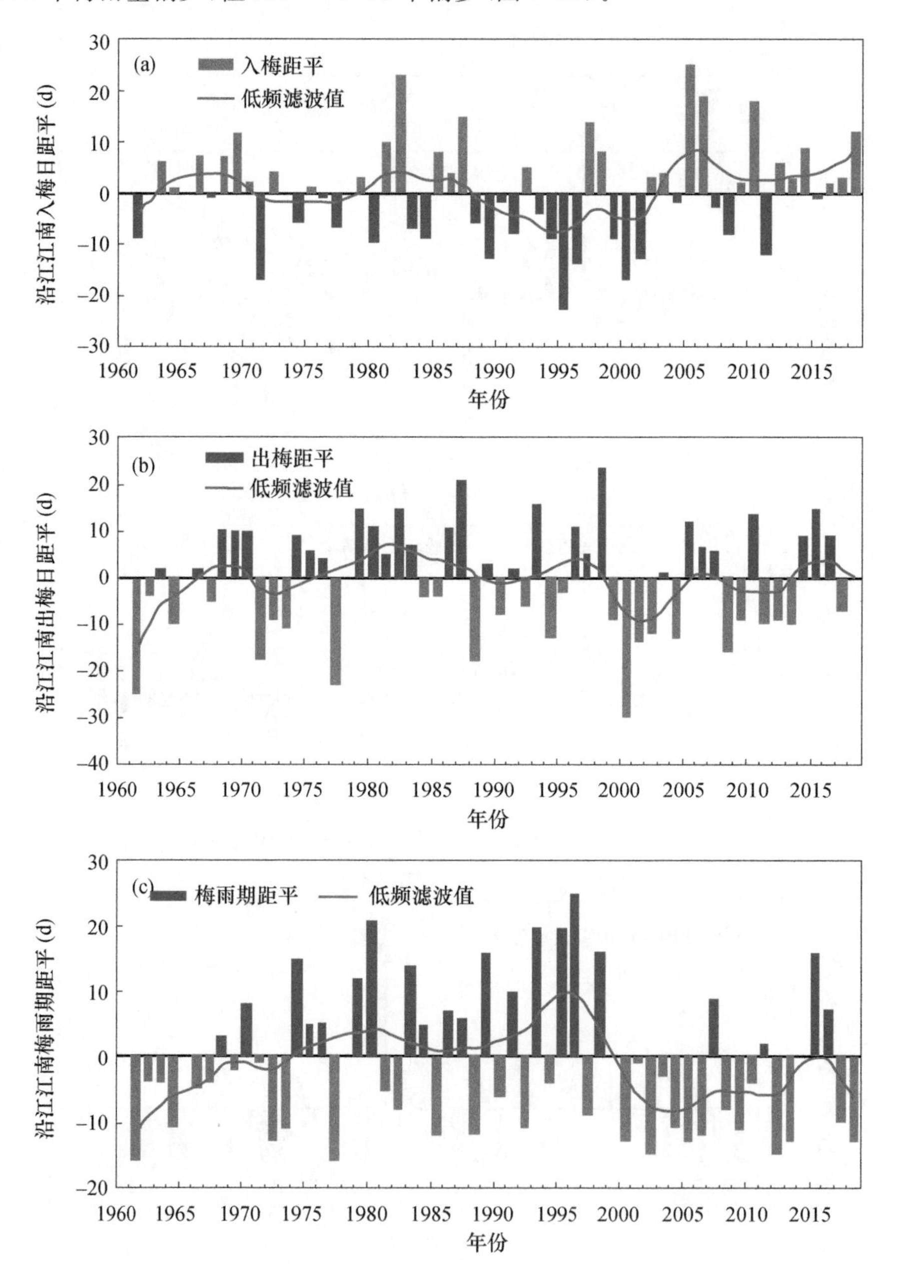

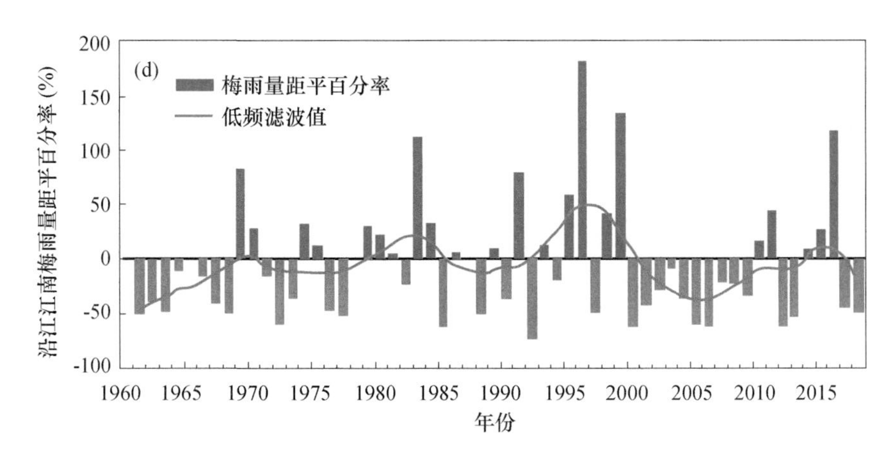

图3.10　1961—2018年沿江江南梅雨特征量变化

(a)入梅距平;(b)出梅距平;(c)梅雨期长度距平;(d)梅雨量距平百分率

3.4　春、秋连阴雨

连阴雨天气对农业生产会造成很大危害,其中春季和秋季连阴雨对安徽省农业影响较大,春季连阴雨主要影响沿江江南春播,秋季连阴雨则主要影响安徽省秋收秋种。因此,本书只分析春季和秋季连阴雨。

3.4.1　连阴雨日数的变化趋势

安徽省春季连阴雨日数常年平均值为14.8 d。1961—2018年,安徽省春季连阴雨日数呈明显的减少趋势,减少速率为1.0 d/10 a。春季连阴雨日数具有明显的年际和年代际变化。近58年春季连阴雨日数最多的是1991年30.8 d。春季连阴雨日数在1980—1993年偏多,而2004—2018年偏少(图3.11a)。

安徽省秋季连阴雨日数常年平均值为11.5 d,略少于春季连阴雨日数。1961—2018年秋季连阴雨日数无显著的变化趋势,但年际和年代际变化明显。2016年连阴雨日数最多为31 d。1980年代后期至2013年连阴雨日数较常年偏少,2014—2018年则明显偏多(图3.11b)。

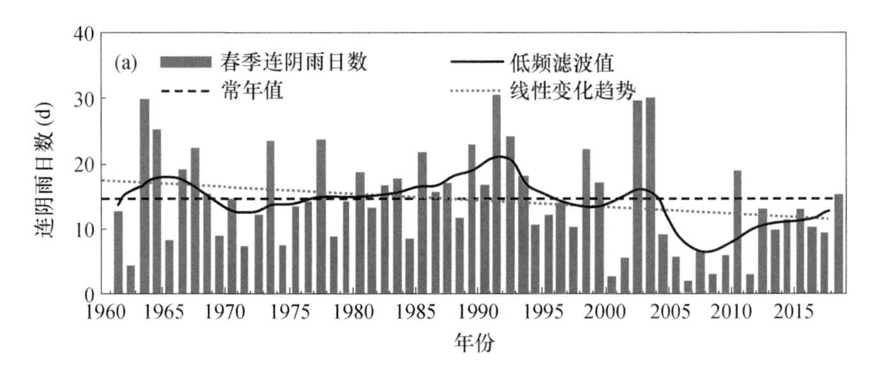

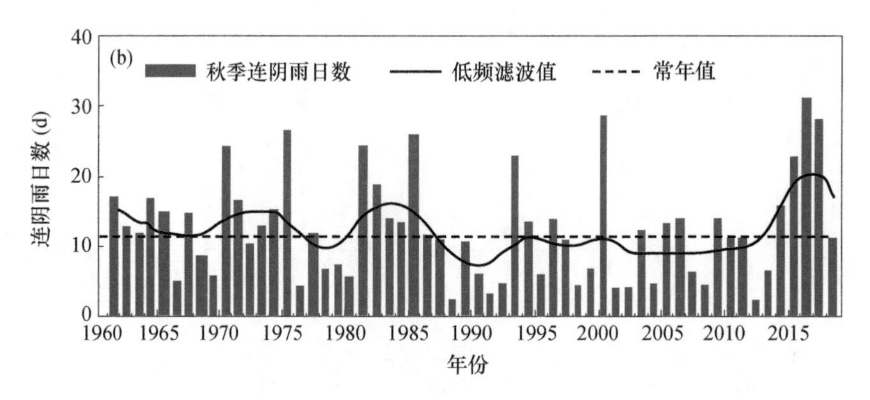

图 3.11　1961—2018 年安徽省春季(a)和秋季(b)连阴雨日数变化

3.4.2　连阴雨日数变化趋势的空间分布

安徽省 1961—2018 年春季连阴雨日数为 3.0～29.5 d，自北向南逐渐增多，沿淮淮北小于 10 d，江淮之间和沿江东部 10～20 d，大别山区南部、沿江中西部和江南大于 20 d(图 3.12a)。近 58 年全省绝大部分地区春季连阴雨日数表现为减少的变化趋势，其中合肥以南地区和大别山区减少较为明显，减少速率为 1～2.2 d/10 a(图 3.12b)。

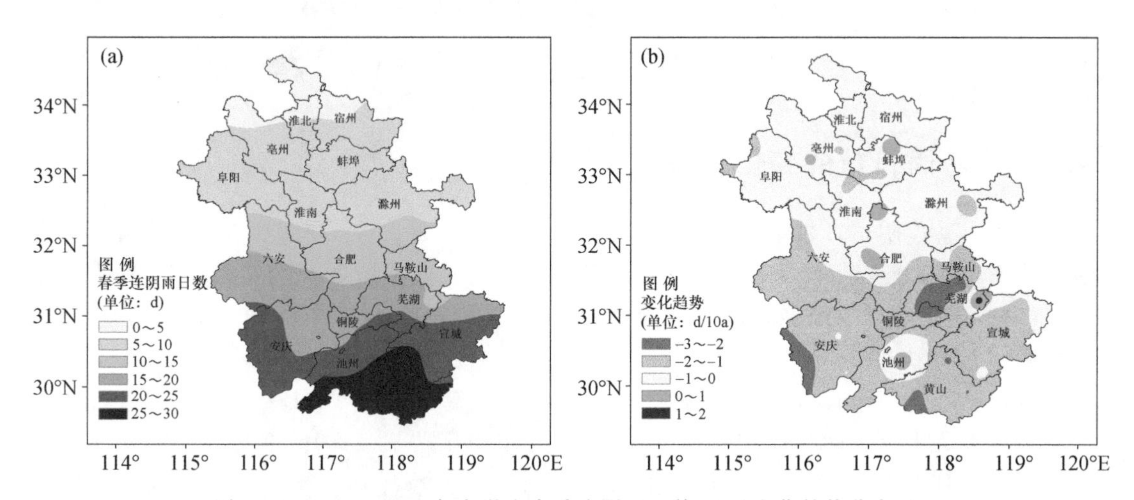

图 3.12　1961—2018 年安徽省春季连阴雨日数(a)及变化趋势分布(b)

安徽省 1961—2018 年秋季连阴雨日数为 7.8～21.2 d，秋季连阴雨日数空间分布与春季连阴雨日数差别较大，秋季连阴雨日数大值区主要集中于大别山区和江南东部，大于 16 d(图 3.13a)。近 58 年安徽省秋季连阴雨日数变化趋势呈现北多南少的空间分布，但全省变化速率均较小(图 3.13b)。

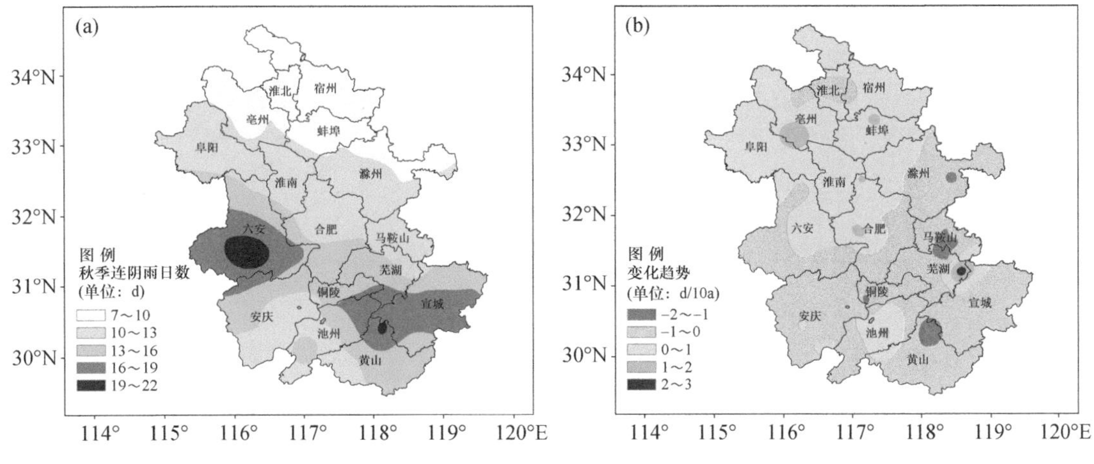

图 3.13 1961—2018 年安徽省秋季连阴雨日数(a)及变化趋势分布(b)

3.5 热带气旋

按照国际规定，发生在低纬度海洋上的低压或扰动统称为热带气旋。中国气象局根据热带气旋的强度将其划分为六个等级：热带低压、热带风暴、强热带风暴、台风、强台风和超强台风。影响安徽省的热带气旋则是指对安徽造成区域性降水或区域性大风，或风雨兼有的热带气旋。对安徽省造成影响的热带气旋，大多是在我国东南沿海登陆或沿海北上，其中从福建北部和浙江沿海登陆的热带气旋最具危险性。一般而言，台风中心进入安徽或距离很近时影响大，反之影响小。另外，影响程度还跟热带气旋强度密切相关。

2005 年第 13 号台风"泰利"是近 58 年来对安徽影响最大的热带气旋。受"泰利"减弱的低气压影响，2005 年 9 月 1—4 日，大别山区和江淮之间出现历史罕见的强降水，3 日沿江到沿淮有 36 个市县暴雨，其中 13 个大暴雨，最大岳西 493.1 mm，创下安徽省有气象记录以来日降水量最大值。强降水造成山体滑坡、山洪暴发和严重内涝，其中岳西、金寨、霍山、六安、含山、潜山、宿松灾情严重。据省民政部门统计，全省受灾人口 693.95 万，因灾死亡 81 人，直接经济损失 56.33 亿元，其中农业损失 26.19 亿元。

2012 年第 11 号台风"海葵"是影响安徽省有气象记录以来第二强台风。受"海葵"正面侵袭影响，8 月 7—11 日安徽省淮河以南出现强降水，累计雨量普遍超过 50 mm，有 39 个市县超过 100 mm，其中有 4 个市县超过 250 mm。此外，"海葵"影响期间全省大部分地区极大风速风力等级超过 6 级(10.8 m/s)，最大黄山光明顶 35.5 m/s(12 级)。"海葵"具有登陆强度强、风雨范围广、强度大、持续时间长、受灾程度重等特点，造成 10 个市 62 个县(市、区)不同程度受灾，沿江江南有 7 条中小河流超过警戒水位，部分水利工程水毁。"海葵"造成 230.2 万人受灾，死亡 3 人，直接经济损失 36.2 亿元。

3.5.1 影响安徽热带气旋个数的变化

影响到安徽省的热带气旋平均每年有 1.7 个，最多年份可达 5 个(2018 年)，最少年份为零。1961—2018 年影响安徽省热带气旋个数无显著的变化趋势，但年代际变化明显，1976—1988 年影响个数以偏少为主，2003—2018 年影响个数偏多(图 3.14)。

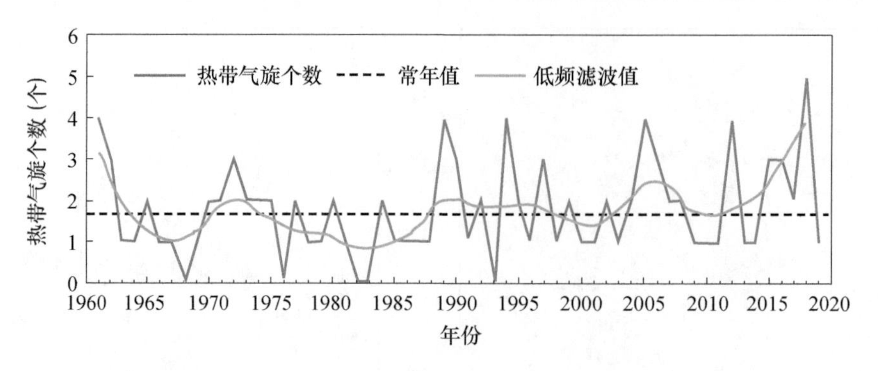

图 3.14　1961—2018 年影响安徽省的热带气旋个数变化

3.5.2　影响时段的变化

热带气旋影响安徽省的时段在 5—11 月，影响集中期是 7—9 月，其中 8 月最多，1961—2018 年期间累计达 45 个，其次是 9 月 24 个和 7 月 22 个，8 月个数相当于 7 月和 9 月之和(图 3.15)。影响安徽的热带气旋最早出现在 5 月 19 日(1961 年第 3 号台风 Alice)，最晚是 10 月 22 日(2016 年第 22 号台风“海马”)。热带气旋影响安徽省的初次时间平均为 8 月 3 日，终次时间平均为 8 月 24 日。从 1961—2018 年热带气旋影响的时段变化趋势来看，初次影响时间在 1964—1972 年和 2007 年以来以偏晚为主；终次影响时间在 1961—1972 年和 2002 年以来以偏晚为主(图 3.16～3.17)。相应地，1961—2018 年热带气旋影响日数有增多的趋势，增多速率为 4.1 d/10 a，并伴有明显的年际和年代际变化。影响日数最多的是 13 d(1999 年、2005 年和 2018 年)，最少的是零；1960 年代和 1980 年代影响日数以偏少为主，而 2004—2018 年明显偏多(图 3.18)。

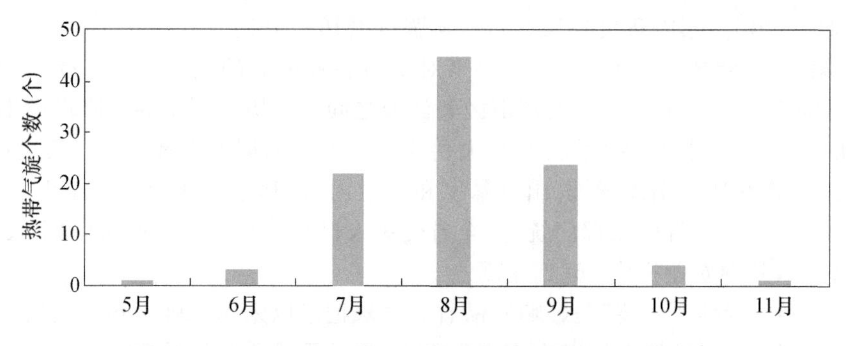

图 3.15　1961—2018 年逐月影响安徽省的热带气旋个数

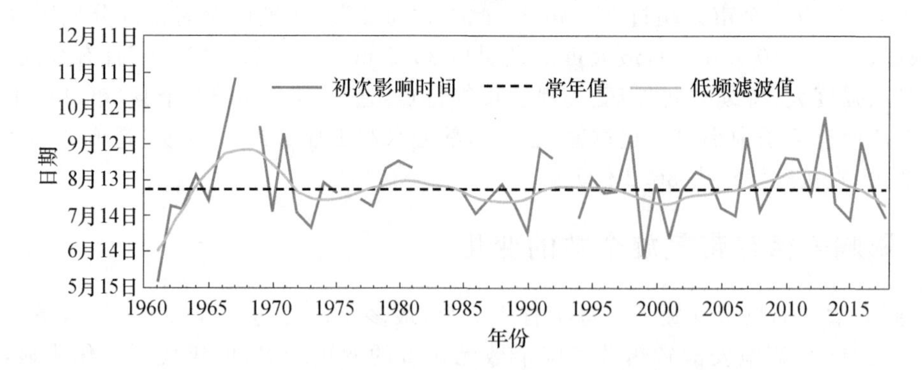

图 3.16　1961—2018 年安徽省初次热带气旋影响时间变化

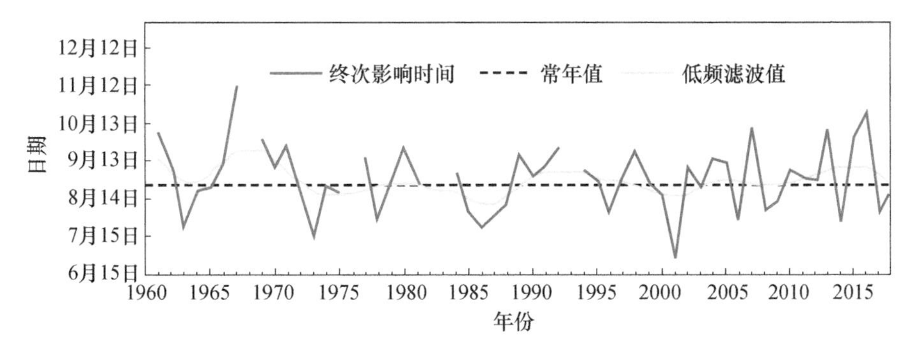

图 3.17　1961—2018 年安徽省终次热带气旋影响时间变化

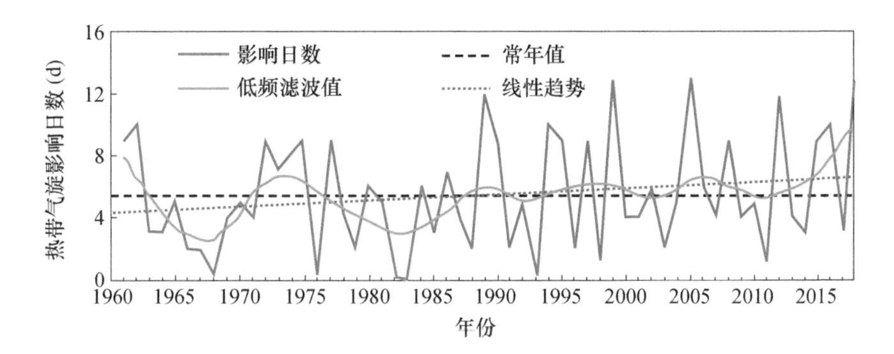

图 3.18　1961—2018 年安徽省热带气旋影响日数变化

3.5.3　影响时段降水的变化

热带气旋影响安徽省所造成的区域过程降水总量，代表热带气旋对安徽的影响。热带气旋影响安徽省降水量常年平均值为 57.5 mm。1961—2018 年热带气旋影响安徽省降水量无显著的变化趋势，但年际和年代际变化明显。热带气旋影响安徽降水量最多的是 2018 年 188.5 mm，其次是 1989 年 183.1 mm。1970 年代和 2004—2018 年热带气旋影响安徽降水量明显偏多(图 3.19)。

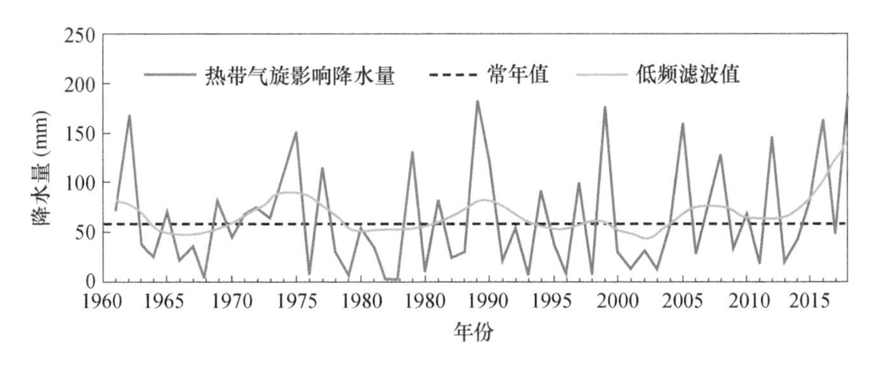

图 3.19　1961—2018 年热带气旋影响安徽降水量变化

1961—2018 年，热带气旋影响安徽单站最大过程降水量无显著的变化趋势，但年际和年代际变化明显。单站最大过程降水量极值是 1975 年 8 月 14—18 日来安县 636.4 mm(1975 年第 4 号台风)，其次是 2005 年 9 月 1—4 日岳西县 573.2 mm(2005 年第 13 号台风“泰利”)。

单站最大过程降水量在1990年代偏少，而在1970年代和2004—2018年偏多(图3.20)。

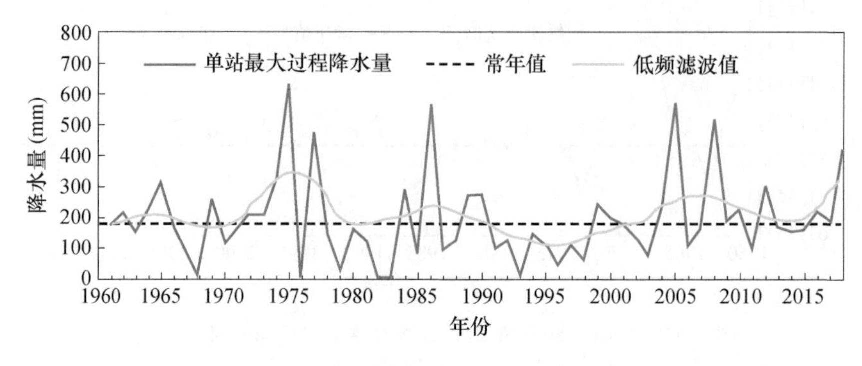

图3.20 1961—2018年热带气旋影响安徽单站最大过程降水量

3.6 大风

大风是指瞬时最大风速达17.2 m/s以上的风。大风是安徽主要的气象灾害之一，每年造成农作物重大损失、折断树木、毁坏房屋及电力通信等各种设施，并造成人员伤亡。

3.6.1 光明顶年大风日数的变化趋势

黄山光明顶海拔1840 m，建站以来没有迁站，几乎不受城市化影响，可以反映大风的自然变化。

光明顶年大风日数常年平均值为103.9 d。1961—2018年光明顶年大风日数呈显著的减少趋势，减少速率为11.8 d/10 a，并伴有明显的年际和年代际变化。光明顶大风日数最多的是1966年为224 d，最少的是2014年45 d，两者相差179 d。1994年之前光明顶大风日数以偏多为主，而之后以偏少为主(图3.21)。

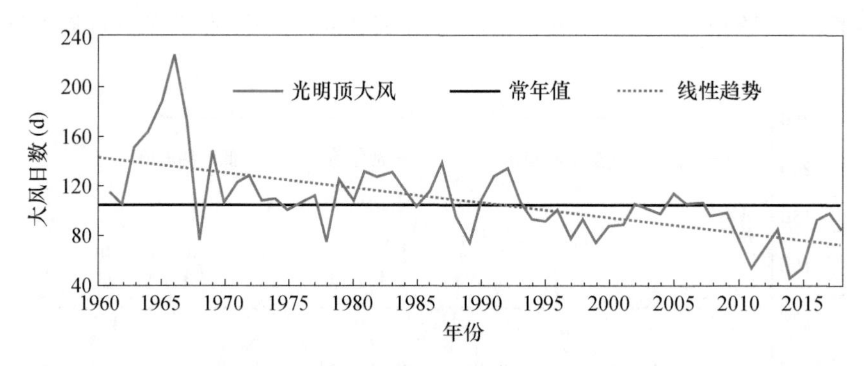

图3.21 1961—2018年黄山光明顶大风日数变化

3.6.2 全省年大风日数的变化趋势

1961—2018年，安徽省年平均大风日数变化呈现显著的减少趋势，减少速率为3.2 d/10 a，其中减少最明显的时段是1961—1984年，减少速率为7.7 d/10 a，而1985年之后减少速度明显减缓，减少速率为0.7 d/10 a(图3.22)。安徽省1961—1984年平均大风日数为12.6 d，1985—2018年平均大风日数为2.7 d，前者比后者多近10 d。同时全省大风日数具有显著的年代际变化，1961—1995年大风日数以偏多为主，而1995年之后以偏少为主。

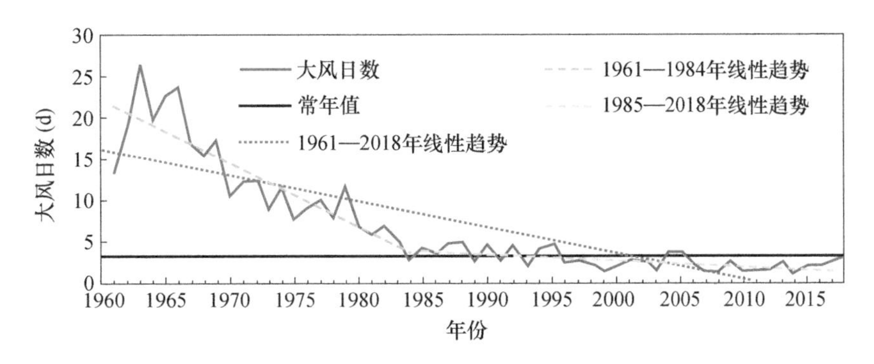

图3.22　1961—2018年安徽省年平均大风日数变化

从1961—2018年全省年平均大风日数和光明顶年大风日数变化趋势来看，虽然两者都表现出明显的减少趋势，但全省大风日数的减少速率更大(图3.23)，即全省大风日数的减少趋势比光明顶更显著。不论是全省还是光明顶的大风日数，均在1990年代中期前后出现明显的转折，之前大风日数以偏多为主，之后以偏少为主(图3.21～3.22)，这可能与1990年代中后期以后全省增暖明显有关，表明1990年代中期之后大风日数减少可能是自然变率的原因。因此，近58年全省大风日数的减少是受到城镇化进程加快和自然变率的共同影响。

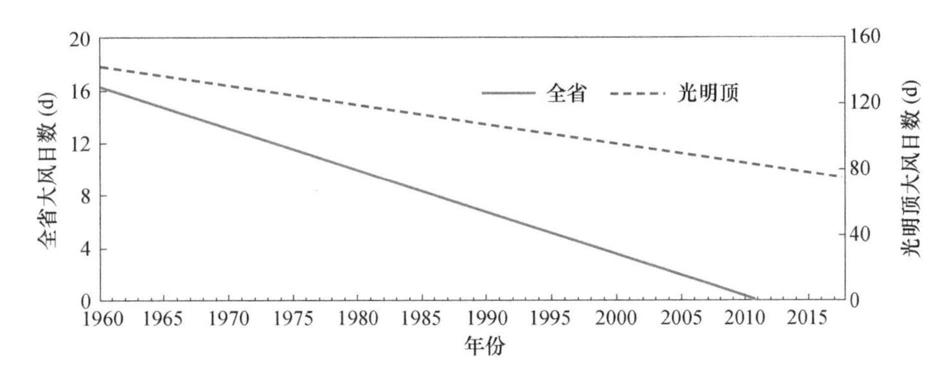

图3.23　1961—2018年安徽省和光明顶大风日数变化趋势线

3.6.3　全省年大风日数变化趋势的空间分布

1961—2018年安徽省年大风日数空间分布受地域和地形的影响比较大，大风日数高值区主要分布在沿江西部、沿江中部、大别山南麓、沿淮和淮北东部，大风日数超过10 d，其中沿江西部的望江县最大20.8 d。淮北北部平原、大别山区北侧和江南山区大风日数较少，低于5 d，其中淮北市最少1.8 d(图3.24a)。

近58年全省年大风日数表现为显著的减少趋势，大部分地区减少率为2 d/10 a以上，减少较为明显的区域主要集中在大风日数高值区，其中减少最明显的是沿淮和淮北东部，减少速率为6～9.2 d/10 a，而减少较为缓慢的也主要集中在大风日数低值区(图3.24b)。

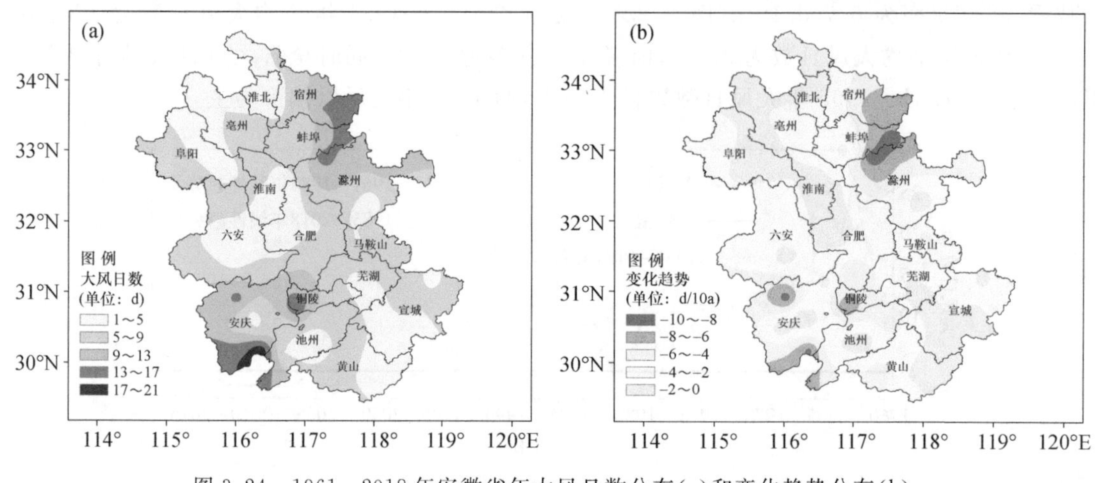

图 3.24　1961—2018 年安徽省年大风日数分布(a)和变化趋势分布(b)

3.7　雷暴

3.7.1　年雷暴日数的变化趋势

雷暴也是安徽常见的气象灾害。安徽省年雷暴日数常年平均值为 31.4 d。1961—2013 年安徽省年雷暴日数呈现显著的减少趋势，减少速率为 3.4 d/10 a，并伴有明显的年际和年代际变化。年雷暴日数最多的是 1963 年 61.3 d，最少的是 1999 年 22.0 d，两者相差 39.3 d。1980 年代中期以前年雷暴日数偏多，之后主要以年际振荡为主(图 3.25)。

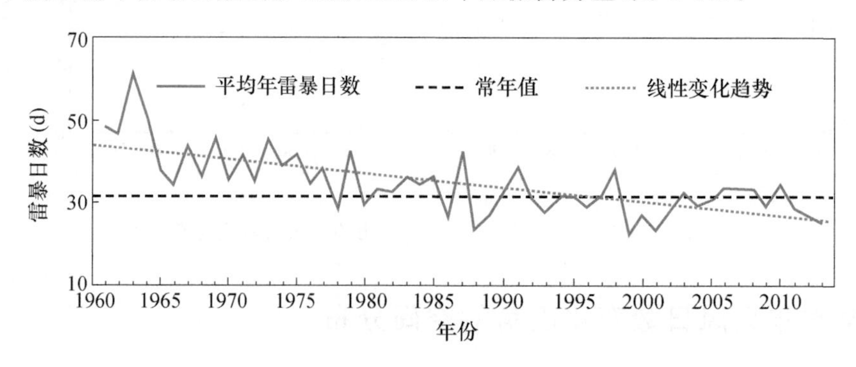

图 3.25　1961—2013 年安徽省年雷暴日数变化

3.7.2　年雷暴日数变化趋势的空间分布

1961—2013 年安徽省年雷暴日数为 24～54 d，自北向南逐渐增多，其中大别山区南部和江南为大值区，雷暴日数超过 40 d。1961—2013 年全省雷暴日数呈明显的减少趋势，减少速率为 0.6～5.1 d/10 a，绝大部分地区减少速率超过 2 d/10 a，其中减少最明显的江南南部，超过 4 d/10 a(图 3.26)。

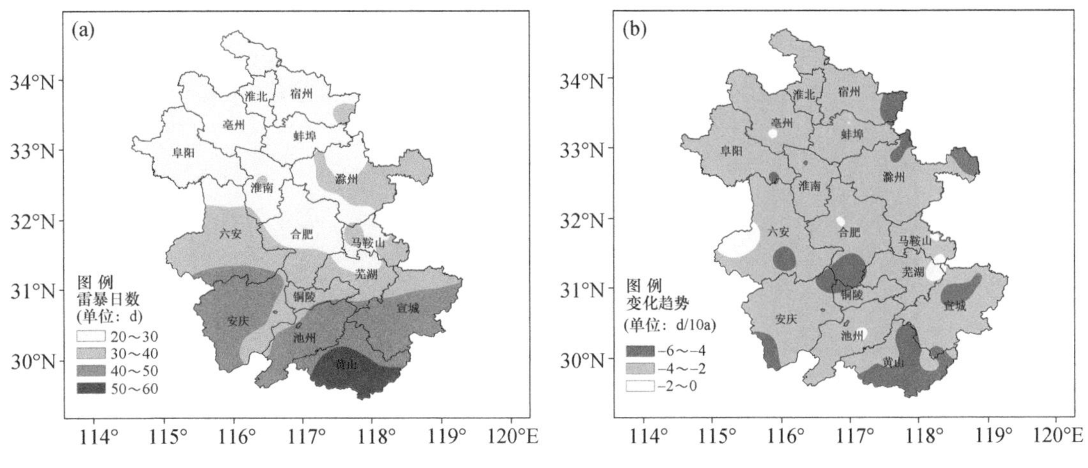

图3.26 1961—2013年安徽省年雷暴日数分布(a)和变化趋势分布(b)

3.8 雾和霾

3.8.1 年雾日数的变化趋势

雾是悬浮在近地面空气中的大量微小水滴或冰晶，并使水平能见度不足1000 m的天气现象。雾是安徽省最常见的灾害性天气，严重影响交通运输和人体健康。

安徽省平均年雾日数常年平均值为24.4 d。1961—2018年，安徽省平均年雾日数无显著的线性变化趋势，但年际和年代际变化特征明显。雾日数最多的是2016年33.6 d，最少的是1967年13.8 d。1970年代中期至1990年代中期雾日数较常年偏多，1960年代至1970年代中期和1990年代中期以来偏少，但2014—2018年偏多(图3.27)。

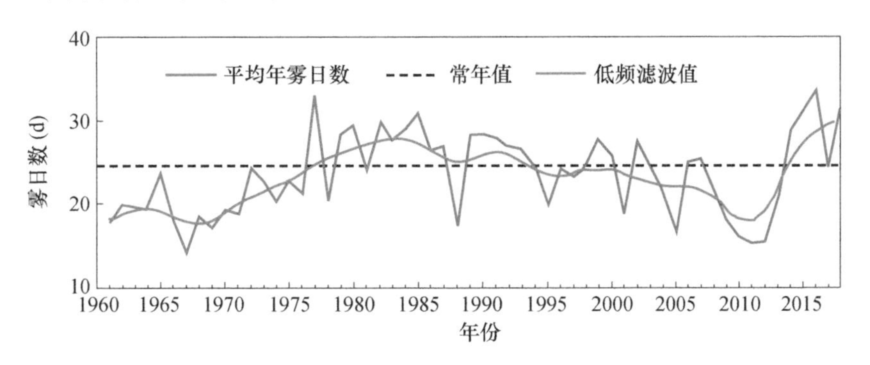

图3.27 1961—2018年安徽省平均年雾日数变化

3.8.2 年雾日数变化趋势的空间分布

1961—2018年安徽省平均年雾日数为7.3～91.8 d，具有中间少南北多、山区多平原少的空间分布特征。雾日数低值区集中在淮北西部、江淮之间大部和沿江，低于20 d，大值区主要集中大别山区的岳西县、宁国市和江南西部，超过 40 d，其中黄山区最多达 91.8 d(图 3.28a)。

从 1961—2018 年雾日数变化趋势的空间分布来看，全省大部分地区表现为增多的趋势，减少的区域主要分布在江淮之间东部、沿江东部和西部以及江南西部，其中江南西部减少最为明显，减少速率为 3～9 d/10 a(图 3.28b)。

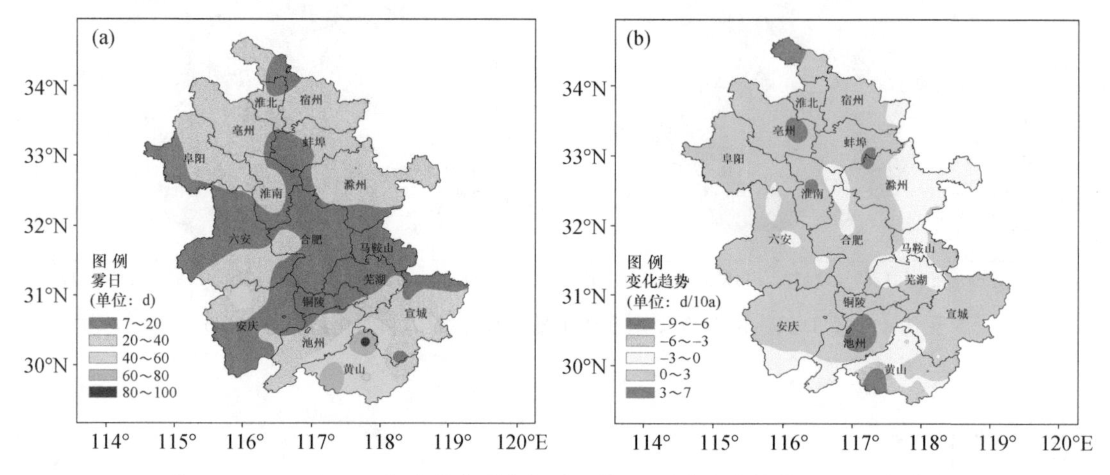

图 3.28 1961—2018 年安徽省平均年雾日数(a)及其变化趋势(b)的空间分布

3.8.3 年霾日数的变化趋势

霾是大量极细微的干尘粒等均匀地浮游在空中，使水平能见度小于 10 km 的空气混浊现象，其本质是细粒子污染。形成霾天气的高浓度大气细粒子中可能含有大量有毒有害物质，会影响人体健康。1980—2013 年安徽省霾日数呈上升趋势，并伴随明显的年际和年代际变化。不同年代，霾高发区的位置不同。1980 年代安徽省平均霾日数为 5.5 d，沿江到江淮之间有零星的高发区；1990 年代平均霾日数为 8.5 d，高发区在沿江中西部的望江和池州、省会合肥、淮北北部的萧县和灵璧；2000 年代，平均发生日数为 8.7 d，有 3 个高发区，分别是以合肥为中心的江淮之间中部、沿淮中部地区和沿江中东部地区。地级市平均霾日数呈显著上升的趋势，而县城霾日数上升速度缓慢，且在 2008 年之后有下降趋势。城市化和汽车拥有量激增导致氮氧化物排放量快速增多，可能是 2000 年之后地级市霾日数显著增多的主要因子，而县城霾日数变化的驱动因子可能是气候变化原因，如东亚季风强度的变化(石春娥 等，2016)。

3.9 极端冷、暖事件

3.9.1 极端冷事件

3.9.1.1 年霜冻日数的变化趋势

霜冻是指空气温度突然下降，使植株表面温度降低到 0 ℃以下而受到损害甚至死亡的农业气象灾害。霜冻在秋、冬、春三季都会出现。

安徽省年霜冻日数常年平均值为 44.5 d。1961—2018 年，安徽省平均年霜冻日数呈现显著的减少趋势，减少速率为4.2 d/10 a，并伴随明显的年际和年代际变化。霜冻日数最多的是1967年76.9 d，最少的是2007年27.7 d，两者相差49.2 d。1960年代至1980年代较常年偏多，1990年代之后以偏少为主(图3.29)。

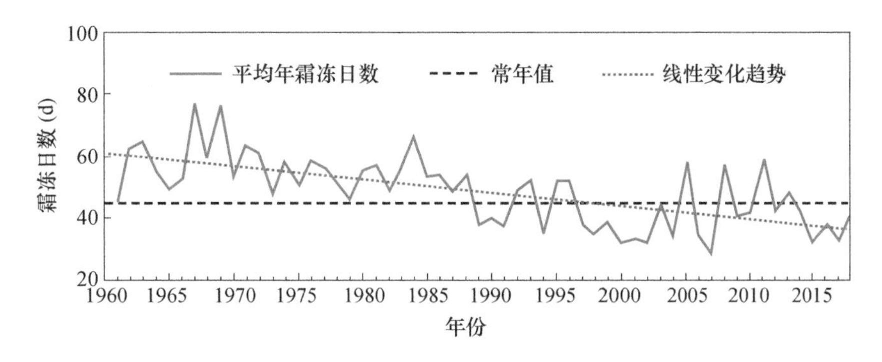

图3.29　1961—2018年安徽省年霜冻日数变化

3.9.1.2　年霜冻日数变化趋势的空间分布

安徽省1961—2018年平均年霜冻日数为23～80 d，具有北多南少的空间分布特征。淮北霜冻日数为60～80 d，沿淮及淮河以南为23～60 d，其中沿江和江南南部少于40 d，为霜冻日数低值区(图3.30a)。

从1961—2018年霜冻日数变化趋势的空间分布来看，全省均表现为明显的减少趋势，其中沿淮淮北减少最为显著，大部分地区减少速率为5～9 d/10 a，江淮之间大部和沿江部分地区减少速率最为缓慢，为1～3 d/10 a(图3.30b)。

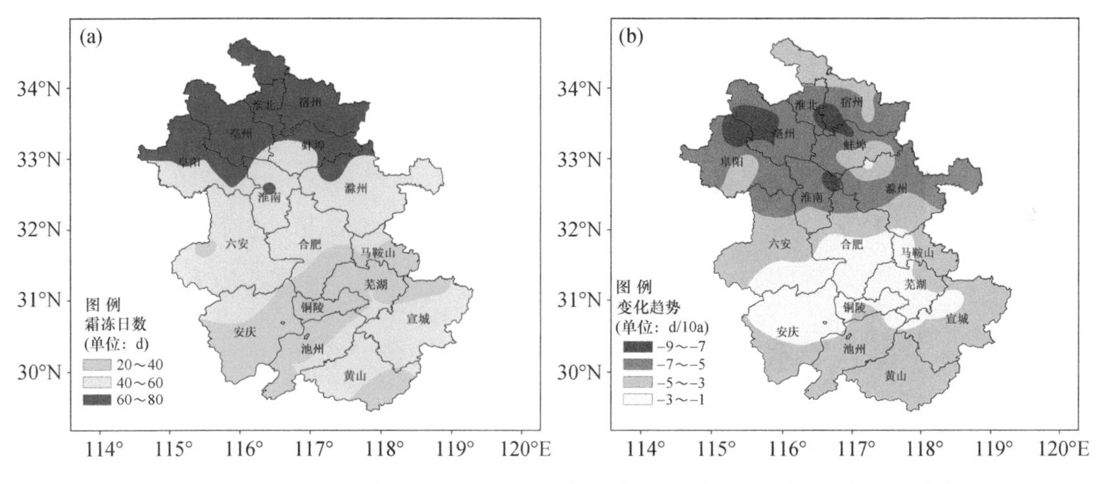

图3.30　1961—2018年安徽省平均年霜冻日数(a)及其变化趋势(b)的空间分布

3.9.1.3　年极端低温的变化趋势

安徽省年极端低温常年平均值为－12.8 ℃。1961—2018年，安徽省平均年极端低温呈现显著的上升趋势，上升速率为0.7 ℃/10 a，并伴随明显的年际变化。极端低温最低的是1969年－24.3 ℃，最高的是2007年－8.2 ℃，两者相差16.1 ℃(图3.31)。

3.9.1.4　年极端低温变化趋势的空间分布

安徽省1961—2018年平均年极端低温为－11.6～－5.4 ℃，具有北低南高的空间分布特

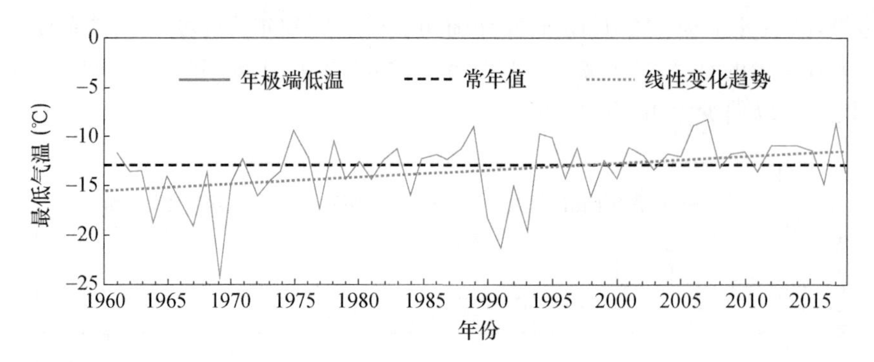

图 3.31　1961—2018 年安徽省年极端低温变化

征。淮北极端低温为－11.6～－10 ℃，沿淮及淮河以南为－10～－5.4 ℃，其中合肥以南大部高于－8.0 ℃（图 3.32a）。

从 1961—2018 年极端低温变化趋势的空间分布来看，全省绝大部分地区表现为明显的上升趋势，其中合肥以北和沿江西部上升较为显著，上升速率为 0.5～1.1 ℃/10 a（图 3.32b）。

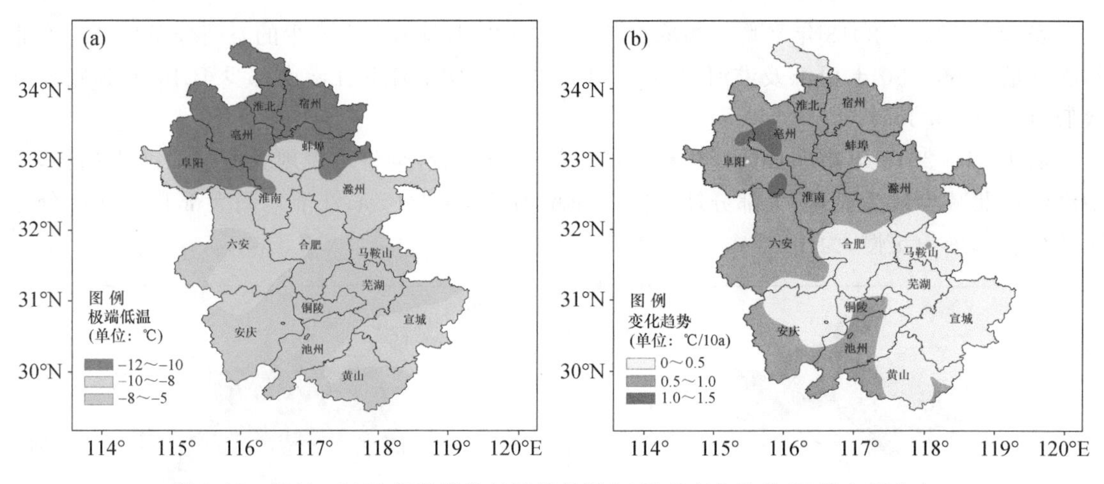

图 3.32　1961—2018 年安徽省年极端低温（a）及其变化趋势（b）的空间分布

3.9.2　极端暖事件

3.9.2.1　年高温日数的变化趋势

安徽省年高温日数（日最高气温≥35 ℃）常年平均值为 15.9 d。1961—2018 年安徽省平均年高温日数没有明显的变化趋势，但阶段性变化明显，且伴随明显的年际变化。1961—1986 年安徽省平均年高温日数呈明显的减少趋势，减少速率为 5.3 d/10 a，而 1987—2018 年则呈明显的增加趋势，增加速率为 3.0 d/10 a。安徽省平均年高温日数最多的是 1967 年 44.9 d，最少的是 1982 年 3.4 d，两者相差达 41.5 d（图 3.33）。

3.9.2.2　年高温日数变化趋势的空间分布

安徽省 1961—2018 年平均高温日数为 6.5～33.8 d，具有北少南多的空间分布特征。江北高温日数为 6.5～20 d，沿江江南大于 20 d，其中石台县最多 33.8 d（图 3.34a）。

从 1961—2018 年高温日数变化趋势的空间分布来看，呈现出北部减少而南部增多的变化

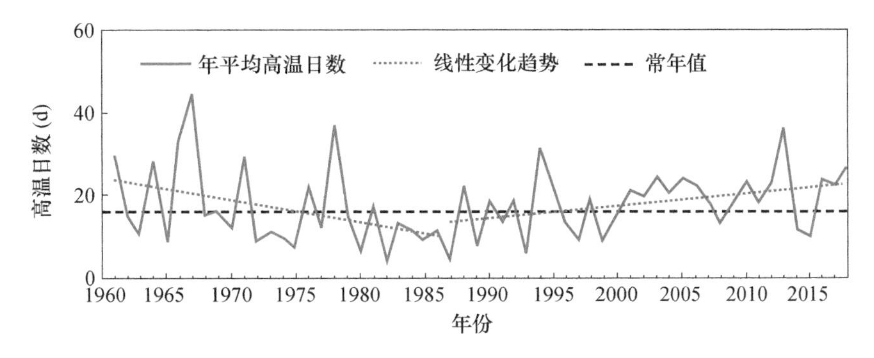

图 3.33　1961—2018 年安徽省年平均高温日数变化

趋势，沿淮淮北和大别山区西部出现减少趋势，减少幅度大多在 0～1.5 d/10 a，淮河以南则表现出增多趋势，增多幅度为 0～3.1 d/10 a，其中江淮中部和沿江东部增多趋势最为明显，超过 2.0 d/10 a(图 3.34b)。

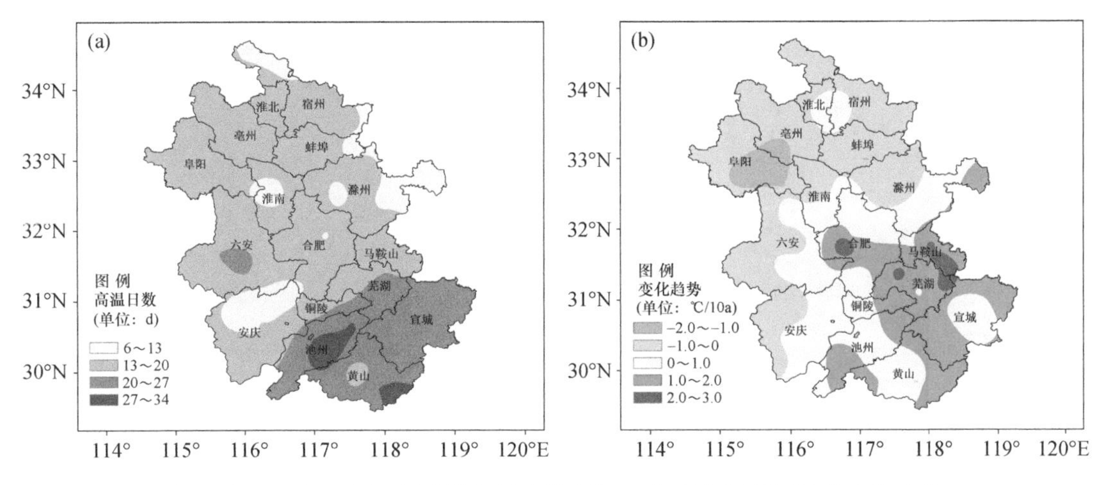

图 3.34　1961—2018 年安徽省年高温日数(a)及其变化趋势(b)的空间分布

3.9.2.3　年极端高温变化趋势

安徽省年极端高温常年平均值为 39.7 ℃。1961—2018 年安徽省年极端高温无显著的变化趋势，但阶段性变化明显，且伴随明显的年际变化。1961—1987 年安徽省极端高温呈显著的下降趋势，下降速率为 0.7 ℃/10 a，而 1987 年以后则呈明显的上升趋势，上升速率为 0.6 d/10 a。极端高温最高的是 1966 年 43.3 ℃，最低的是 1987 年 37.4 ℃(图 3.35)。

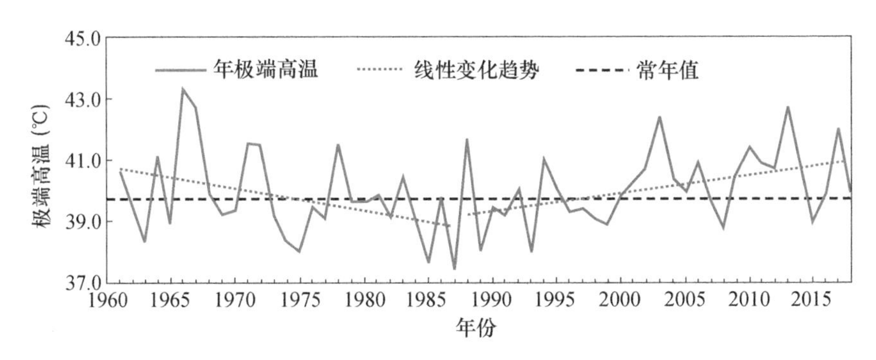

图 3.35　1961—2018 年安徽省年极端高温变化

3.9.2.4 年极端高温变化趋势的空间分布

安徽省 1961—2018 年平均极端高温为 36.1～39.0 ℃，具有中间低、两头高的空间分布特征。淮北和江南大部为极端高温高值区，高于 38.0 ℃（图 3.36a）。极端最高气温通常出现在异常炎热的酷暑年。这些年份盛夏西太平洋副热带高压异常强大和稳定，持久控制本省，造成持续高温天气。1961—2018 年，安徽省极端最高气温极大值为 43.3 ℃（霍山，1966 年 8 月 9 日），1966 年 8 月 8—9 日霍山县连续 3 d 极端最高气温超过 43 ℃，创下 1961 年以来历史最高气温极值。

从 1961—2018 年极端高温的变化趋势来看，除了沿淮淮北西部、沿淮东部和大别山西部呈降低趋势外，其他地区呈升高趋势，其中沿江东部和江淮之间中东部部分地区升高趋势明显，升高速率大于 0.2 ℃/10 a（图 3.36b）。

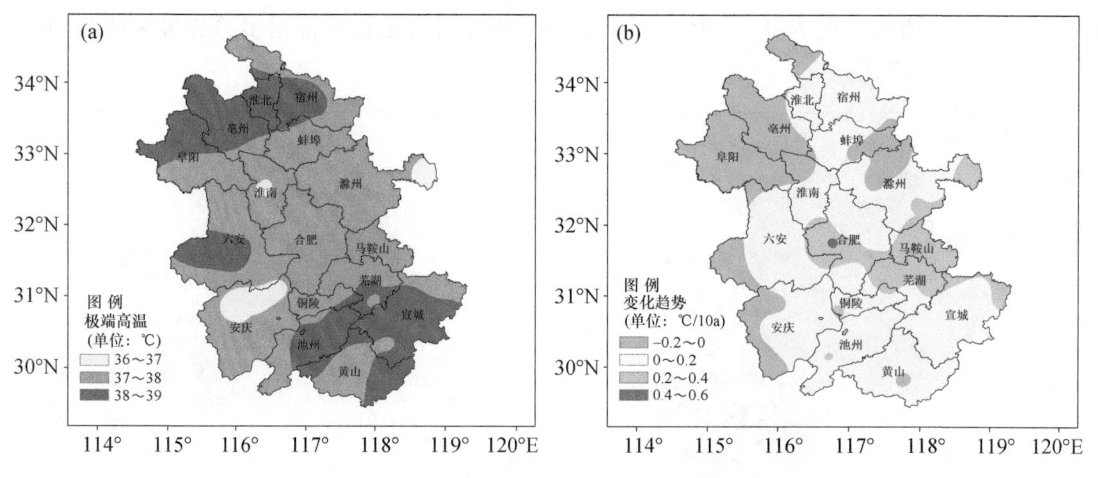

图 3.36 1961—2018 年安徽省年极端高温(a)及其变化趋势(b)的空间分布

3.10 月气温和月降水量的破纪录事件

气象要素的破纪录事件能一定程度反映极端气候趋势。当某站气温（或降水量）超过之前的历史最大纪录定义为一次破纪录事件，每年出现破纪录事件的次数与总样本数的比值定义为破纪录的频次。本书只分析 21 世纪以来气温和降水的破纪录情况。2000—2018 年，在月平均气温、月平均最高气温和月平均最低气温等 3 个气温要素中，月平均最高气温破纪录频次最高，其次是月平均气温。2000—2018 年月平均最高气温破纪录频次年际变化明显，2002 年最高，2015 年则最低（图 3.37）。

2000—2018 年，安徽省各地月降水量破纪录频次具有明显的年际变化，2018 年最高，而 2004 年最低（图 3.38）。

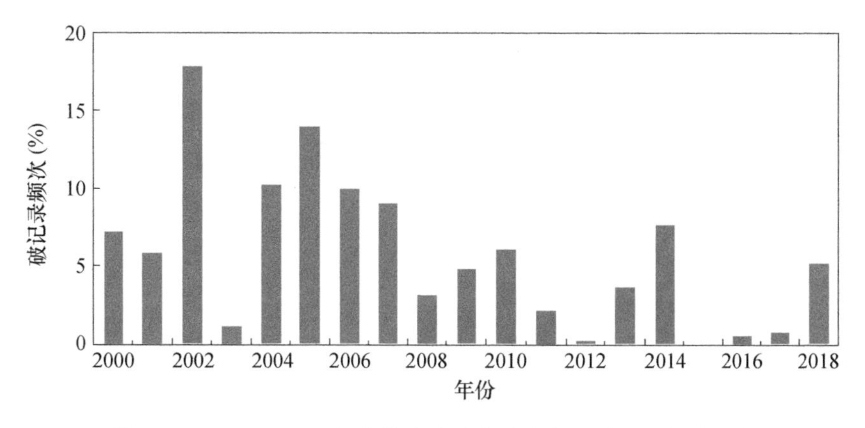

图 3.37　2000—2018 年安徽省月平均最高气温破纪录频次变化

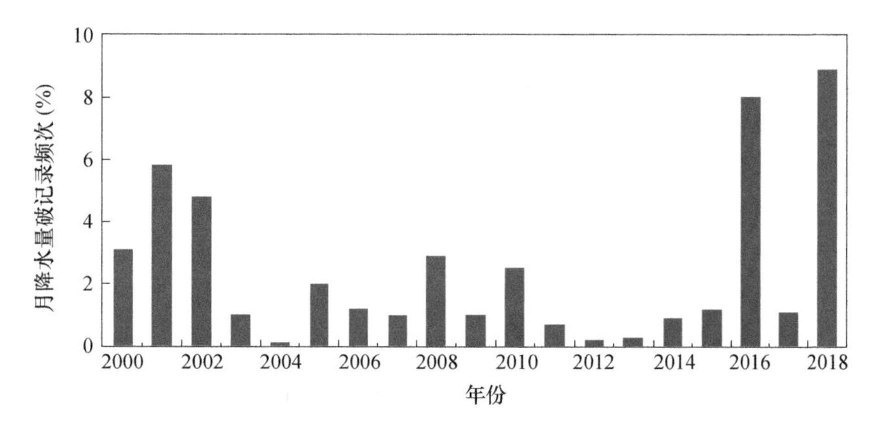

图 3.38　2000—2018 年安徽省月降水量破纪录频次变化

第4章　安徽省气候变化趋势预估

基于 IPCC 第五次评估报告“典型浓度路径(Representative Concentration Pathways, RCPs)”温室气体排放情景,考察了中国气象局发布的全球气候模式(CMIP5)和区域气候模式(RegCM4)预估数据在安徽的可用性。结果表明:全球气候模式和区域气候模式对平均气温的模拟效果都比较好,并且 RCP4.5 情景与实际平均气温的变化更接近;而两种模式对降水量的模拟均存在一定的不确定性,全球气候模式对历史年降水量的回算更接近实际,区域气候模式 RCP4.5 情景前 14 年的预估结果则与实际的吻合度更高。

综上所述,选取区域气候模式 RCP4.5 情景对 2020—2050 年安徽省年平均气温进行预估,发现:安徽省年平均气温继续呈现上升趋势,其中沿淮东部—江淮之间东部—沿江东部地区升温速率最大。到 2040 年代全省大部平均气温较基准期(1971—2000 年)偏高 0.5 ℃以上,这一时期平均气温年际变化幅度最大,并且北部较南部更明显。

降水量的气候变化趋势则结合全球气候模式和区域气候模式 RCP4.5 情景的预估结果一并考察。相对平均气温来说,2020—2050 年降水量预估结果的不确定性较大。不同的模式下,降水量的变化不同。淮北地区降水量更可能以振荡变化为主,整体较基准期(1971—2000 年)略偏少;淮河以南地区降水量可能会略微增加,并在 2040 年代最明显。降水变率最大的区域主要位于大别山区,在降水略增加的趋势下,更要对大水年极端强降水可能带来的一系列地质灾害隐患提前做好防范。

4.1　模式介绍

IPCC 第五次评估报告采用的“典型浓度路径”温室气体排放情景,它以单位面积辐射强迫为特征,主要包括四种:①RCP8.5 情景:假定人口最多、技术革新率不高、能源改善缓慢,所以收入增长慢。这将导致长时间高能源需求及高温室气体排放,从而缺少应对气候变化的政策。该情景下,到 2100 年辐射强迫将上升至 8.5 W/m^2。②RCP6.0 情景:反映了生存期长的全球温室气体和生存期短的物质的排放,以及土地利用/陆面变化,导致到 2100 年辐射强迫稳定在 6.0 W/m^2。③RCP4.5 情景:排放介于 RCP6.0 和 RCP2.6 情景,到 2100 年辐射强迫稳定在 4.5 W/m^2。④RCP2.6 情景:把全球平均温度上升限制在 2.0 ℃之内,到 21 世纪后半叶能源应用为负排放。辐射强迫在 2100 年之前达到峰值,到 2100 年下降至 2.6 W/m^2。

基于该温室气体排放情景,中国气象局发布了全球气候模式(CMIP5)和区域气候模式(RegCM4)的模拟和预估数据。

(1)全球气候模式数据为“WCRP 耦合模式比较计划—阶段 5 的多模式数据”,简称为 CMIP5 数据。本章主要使用其多模式简单集合平均值,包括 1901—2005 年历史气候模拟

(Historical)和2006—2100年RCP2.6、RCP4.5、RCP8.5情景下未来气候变化预估数据；要素为平均气温、最高气温、最低气温和降水量月平均值，空间范围为60～149°E，0.5～69.5°N，分辨率为1°×1°。

(2)区域气候模式数据为区域气候模式RegCM4.0单向嵌套BCC_CSM1.1全球气候系统模式所得到的模拟结果，包括1961—2005年历史气候模拟和2006—2050年RCP4.5、RCP8.5情景下未来气候变化预估数据。要素为平均气温、最高气温、最低气温和降水量月平均值，空间范围为70～140°E，15～55°N，分辨率为0.5°×0.5°。

4.2　气候模式模拟及评估

在使用之前，首先对全球气候模式和区域气候模式在安徽境内的模拟效果进行验证。两种模式均分为两个时段进行验证：第一，将模式的历史气候模拟数据与气象台站的实测数据进行对比，考虑到实测数据的有效完整性，时段取为1971—2005年。第二，模式的预估数据始于2006年，距今已有14年的完整数据；因此，进一步将2006—2019年模式预估数据与实际观测数据进行对比来验证模式。

比较的方式上，由于全球气候模式在安徽境内的格点较少，因而取每个格点周边最近4个气象站实测气象要素的平均值与模式值进行比较。区域气候模式网格精度相对较高，则先利用双线性插值方法将模拟值插值到气象站上，再与实测数据进行比较。为消除模式初值带来的误差，取相关系数、线性趋势系数和均方差作为比较的参数。需要说明的是，由于两套模拟数据精度不一样，比较的方法也不一样，各参数主要作为可用性的考量，而不作为模式优劣的依据。

4.2.1　平均气温

4.2.1.1　历史数据

(1)相关系数

1971—2005年，全球气候模式所有年平均气温格点值与实测值的相关系数都在0.5以上，通过了$\alpha=0.05$显著性水平，能较好地模拟安徽大部地区年平均气温的变化情况(图4.1a)。

区域气候模式模拟年平均气温与实测值的相关系数均在0.2以上，也都通过了$\alpha=0.05$显著性水平，大值区位于淮北和江淮之间，大部超过0.4(图4.1b)。

(2)线性变化趋势

安徽大部实测和模式模拟的年平均气温均明显升高。实测(图4.2a)和全球气候模式模拟(图4.2b)平均气温的线性变化趋势系数均为0.2～0.6 ℃/10 a，二者基本一致；不过受模式精度限制，全球气候模式不能完全模拟出沿淮和沿江东部局部实际存在的线性变化趋势系数大值点。而区域气候模式模拟年平均气温的线性变化趋势系数为0～0.2 ℃/10 a，大部较实测偏低0.1～0.4 ℃/10 a，并且不能很好地体现线性变化趋势的地区差异(图4.2c)。

(3)均方差

安徽大部实测(图4.3a)和全球气候模式模拟(图4.3b)年平均气温的均方差均为0.4～

0.6 ℃，二者基本一致；不过全球气候模式不能完全模拟出淮北和江淮之间均方差的局地差异。而区域气候模式模拟平均气温的均方差为 0.2～0.4 ℃，大部较实测偏低 0.2 ℃；不过区域气候模式对年平均气温均方差的地区差异有一定的体现，淮北略高于其他地区，这与实测是一致的(图 4.3c)。

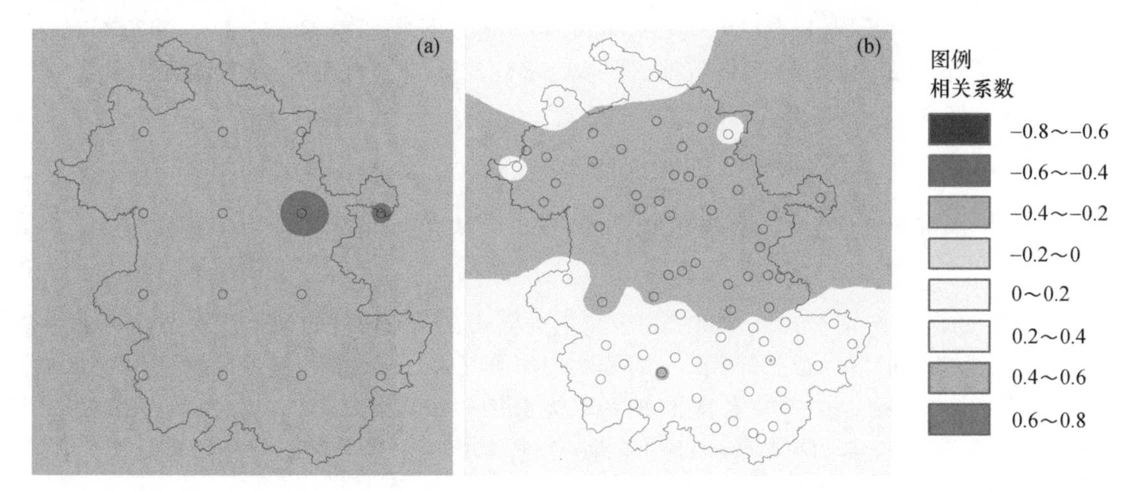

图 4.1　1971—2005 年模式与实测年平均气温的相关系数分布

(a. 全球气候模式；b. 区域气候模式；○代表相关系数通过了 $\alpha=0.05$ 显著性水平，×则为未通过)

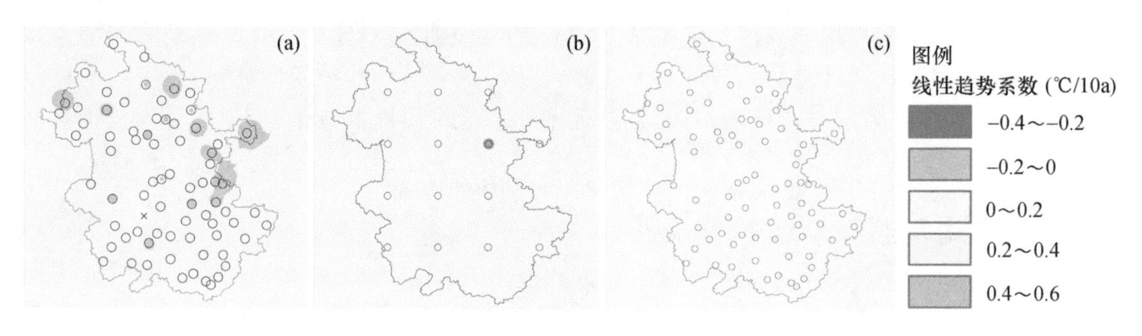

图 4.2　1971—2005 年实测与模式平均气温的趋势系数分布

(a. 实测；b. 全球气候模式；c. 区域气候模式；○代表线性趋势系数通过了 $\alpha=0.05$ 显著性水平，×则为未通过)

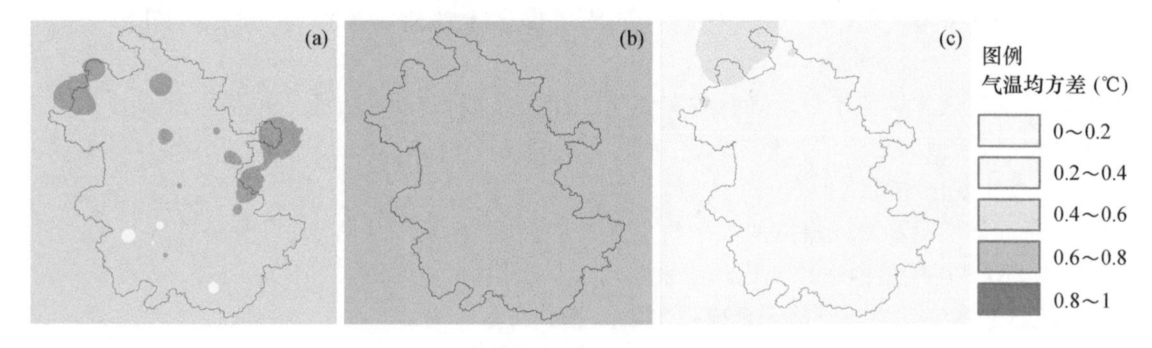

图 4.3　1971—2005 年实测与模式年平均气温的均方差分布

(a. 实测；b. 全球气候模式；c. 区域气候模式)

4.2.1.2 预估数据

(1)相关系数

全球气候模式：2006—2019年，模拟年平均气温与实测值的相关性较差，RCP2.6和RCP4.5情景下安徽大部为负相关，RCP2.6情景下相关系数为−0.35～0.07，RCP4.5情景下为−0.56～0.22；RCP8.5情景稍好，为−0.09～0.36，但也没有通过$\alpha=0.05$显著性水平(图4.4a～图4.4c)。

区域气候模式：RCP4.5情景下安徽大部模拟年平均气温与实测值为正相关，江淮之间东部、大别山区和沿江江南相关系数均在0.2以上；RCP8.5情景下大部为−0.2～0.2，江淮之间以南以负相关为主。比较来看，江淮之间以南RCP4.5情景模拟结果与实况的相关性更好，以北RCP8.5情景模拟结果稍好，但多数地区均未通过$\alpha=0.05$显著性水平(图4.4d和图4.4e)。

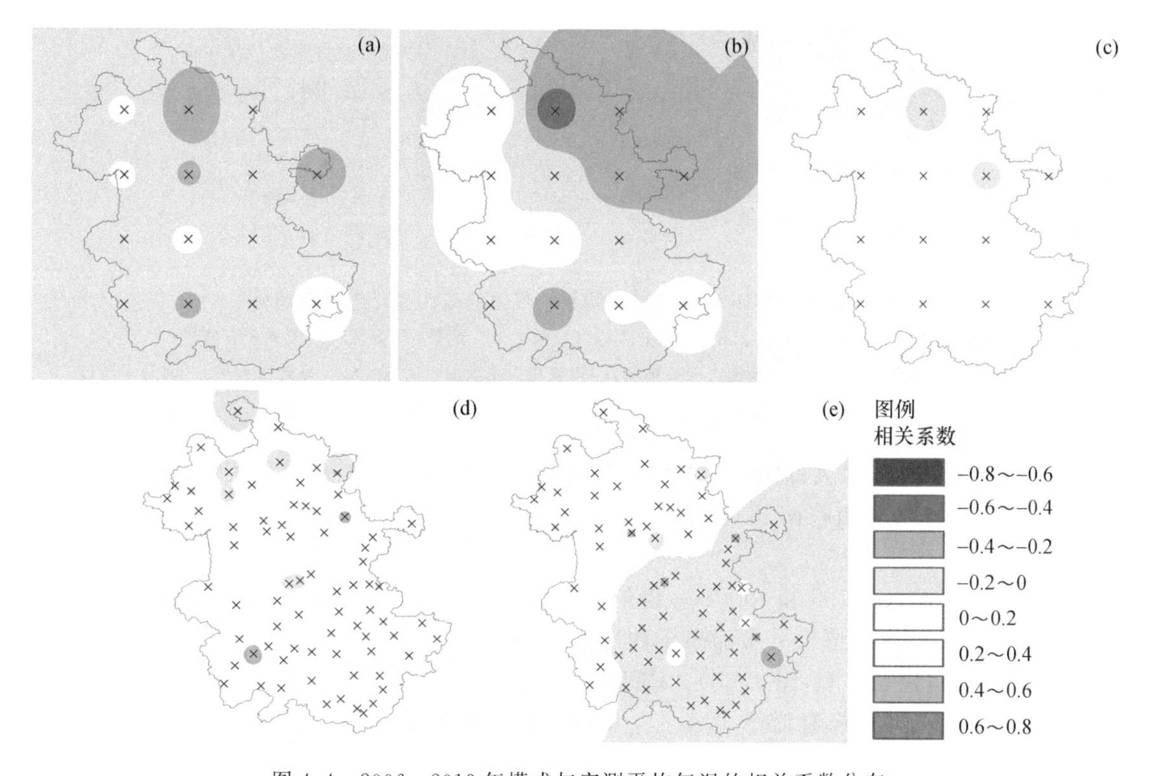

图4.4 2006—2019年模式与实测平均气温的相关系数分布

(a. 全球气候模式2.6情景；b. 全球气候模式4.5情景；c. 全球气候模式8.5情景；d. 区域气候模式4.5情景；e. 区域气候模式8.5情景；○代表相关系数通过了$\alpha=0.05$显著性水平，×则为未通过)

(2)线性变化趋势

2006—2019年，实况平均气温线性变化趋势系数通过了$\alpha=0.05$显著性水平的区域主要集中在淮北西部、大别山区东部和皖南局部(明显升高)，以及沿淮中部(明显减小)；省内大部地区线性变化趋势不明显(4.5a)。

全球气候模式所有情景下的预估平均气温都表现为明显升高，RCP2.6情景下全省线性变化趋势系数均在0.4 ℃/10 a以上(图4.5b)，RCP4.5情景下为0.2～0.4 ℃/10 a(图4.5c)，RCP8.5情景下沿江以北在0.4 ℃/10 a以上，以南为0.2～0.4 ℃/10 a(图4.5d)。

区域气候模式两种情景下预估平均气温的线性变化趋势系数都表现为北高南低的空间分布，但都没有通过 $\alpha=0.05$ 显著性水平。从数值上看 RCP4.5 情景与实况稍接近，淮河以北超过 0.4～0.6 ℃/10 a，淮河以南为 0.2～0.4 ℃/10 a(图 4.5e)。而 RCP8.5 情景下全省均超过 0.2 ℃/10 a，其中长江以北均在 0.4 ℃/10 a 以上(图 4.5f)。

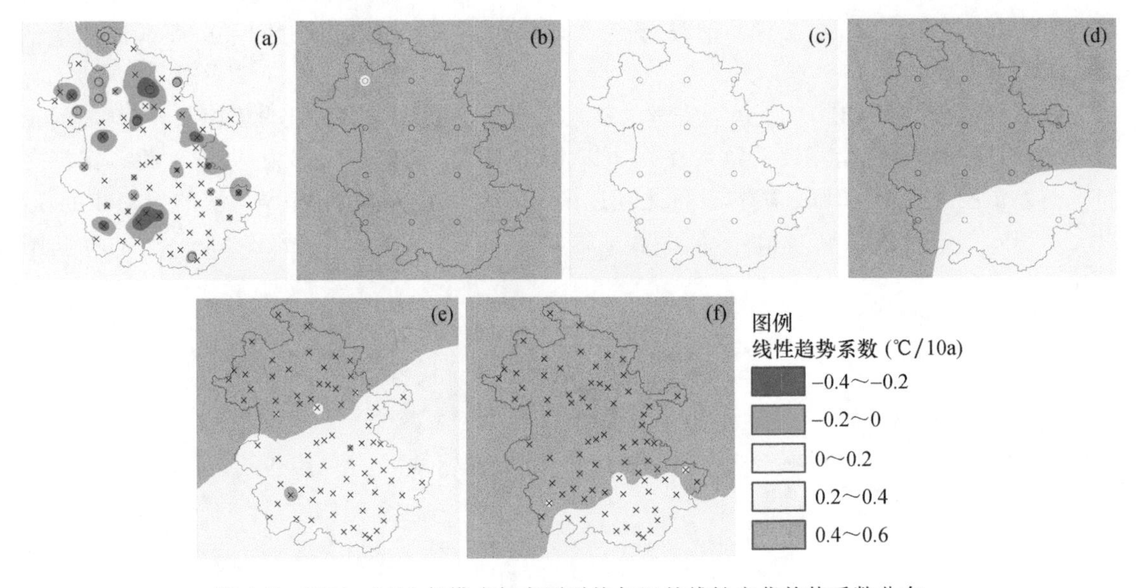

图 4.5　2006—2019 年模式与实测平均气温的线性变化趋势系数分布

(a. 实测；b. 全球气候模式 2.6 情景；c. 全球气候模式 4.5 情景；d. 全球气候模式 8.5 情景；e. 区域气候模式 4.5 情景；f. 区域气候模式 8.5 情景；○代表相关系数通过了 $\alpha=0.05$ 显著性水平，×则为未通过)

(3)均方差

2006—2019 年，安徽大部实况平均气温均方差为 0.2～0.6 ℃，表现为南北高中间低的空间分布，其中淮河以北和皖南超过 0.4 ℃，这些地区平均气温的年际变化要大于中部(图 4.6a)。

全球气候模式 RCP2.6 和 RCP8.5 情景下预估平均气温的均方差总体高于实测，全省大部超过 0.4 ℃，RCP2.6 情景下东部高于西部(东部超过 0.6 ℃，图 4.6b)，RCP8.5 北部高于南部(淮北北部超过 0.6 ℃，图 4.6d)。RCP4.5 情景则表现为北低南高的空间分布，淮北、江淮之间、大别山区西部普遍低于 0.4 ℃，大别山区北部和江南则普遍在 0.4～0.6 ℃(图 4.6c)。

区域气候模式两种情景下的预估平均气温均方差都表现为北高南低的空间分布。RCP4.5 情景下高于实测，全省均方差均超过 0.4 ℃，淮北超过 0.6 ℃(图 4.6e)。RCP8.5 情景下平均气温均方差与实测较为一致，全省为 0.2～0.6 ℃，其中江淮分水岭以北超过 0.4 ℃，以南则正好相反(图 4.6f)。

4.2.1.3　小结

整体来看，全球气候模式和区域气候模式对安徽省历史平均气温数据的模拟效果都比较好。1971—2005 年全球气候模式和区域气候模式模拟全省大部地区的平均气温与实际观测的相关性较好，反映长期变化的线性变化趋势系数和反映年际振荡幅度的均方差都与实际变化较为一致。

不过，全球气候模式和区域气候模式各情景预估平均气温均与实测存在较大差异。

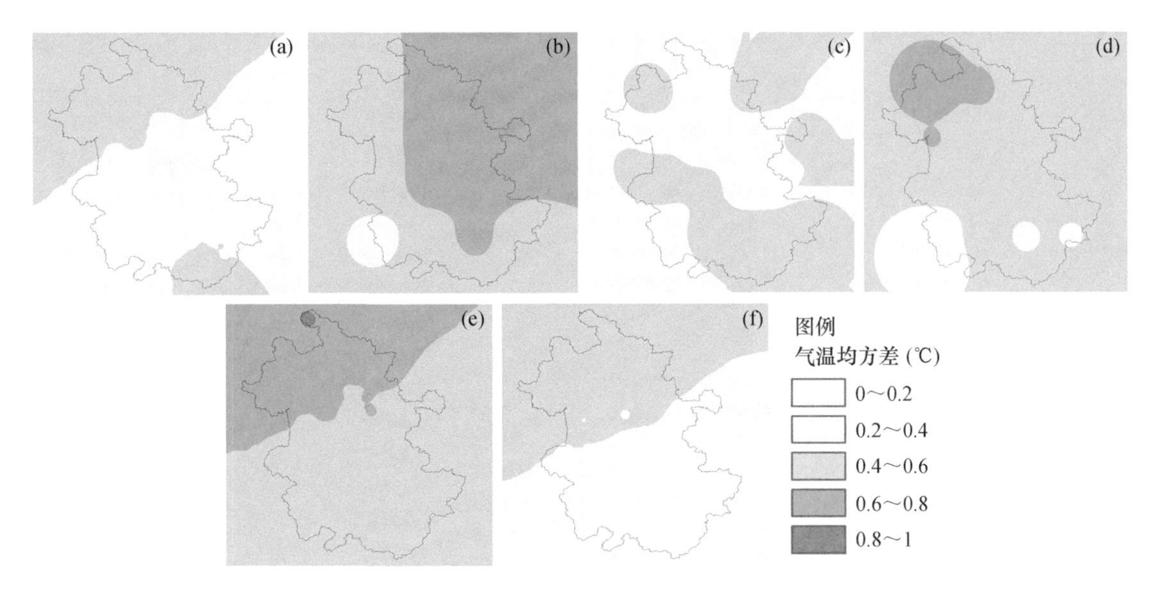

图 4.6　2006—2019 年模式与实测平均气温的均方差分布

(a. 实测;b. 全球气候模式 2.6 情景;c. 全球气候模式 4.5 情景;d. 全球气候模式 8.5 情景;
e. 区域气候模式 4.5 情景;f. 区域气候模式 8.5 情景)

2006—2019 年全球气候模式和区域气候模式所有情景下的预估平均气温与实测的相关性都较差,通过 $\alpha=0.05$ 显著性水平的站点非常少。相比较而言,全球气候模式 RCP8.5 情景和区域气候模式 RCP4.5 情景下的预估平均气温与实测的相关性稍好,都以正相关为主,但二者线性变化趋势系数和均方差都较实测偏大。

综合与实测的对比检验,并考虑资料精度及平均气温的变化更接近于 RCP4.5 情景,后文采用区域气候模式 RCP4.5 情景下的预估平均气温对 2020—2050 年安徽省平均气温进行预估。

4.2.2　年降水量

4.2.2.1　历史数据

(1)相关系数

全球气候模式:1971—2005 年,长江以南模拟年降水量与实测值的相关系数超过 0.3,江南东部地区通过了 $\alpha=0.05$ 显著性水平;但长江以北大部地区相关性较差,淮北大部的相关系数为负值(图 4.7a)。

区域气候模式模拟年降水量与实测的相关性更差,全省大部模拟与实测值的相关系数均为负值,沿淮西部个别站点负相关甚至通过了 $\alpha=0.05$ 显著性水平,模拟结果不能很好地体现降水量的实际变化情况(图 4.7b)。

(2)线性变化趋势

1971—2005 年,实测年降水量的线性变化趋势系数在江淮分水岭以北和沿江东北北部等地为 0～100 mm/10 a,其他地区大部为 −100～0 mm/10 a,均未通过 $\alpha=0.05$ 显著性水平(图 4.8a)。

全球气候模式:模拟年降水量的线性变化趋势系数在省内均为 −100～0 mm/10 a,在淮

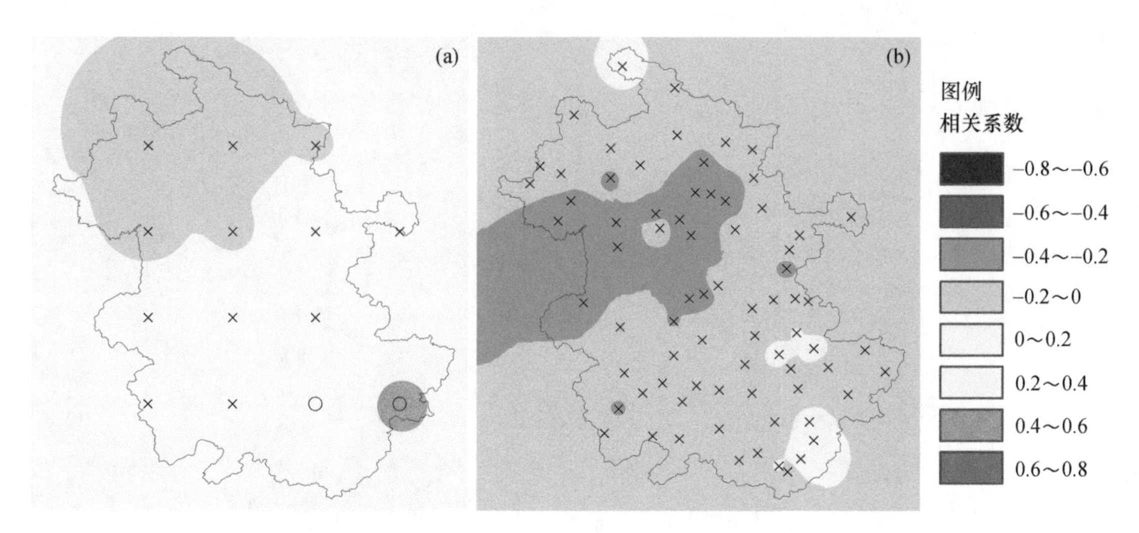

图 4.7　1971—2005 年模式与实测年降水量的相关系数分布

（a. 全球气候模式；b. 区域气候模式；○代表相关系数通过了 $\alpha=0.05$ 显著性水平，×则为未通过）

北东部和江淮之间东北部还通过了 $\alpha=0.05$ 显著性水平(图 4.8b)。

区域气候模式:除淮北北部为 0～100 mm/10 a,模拟年降水量的线性变化趋势系数在省内其他地区大部均为负值－100～0 mm/10 a,且均未通过 $\alpha=0.05$ 显著性水平(图 4.8c)。

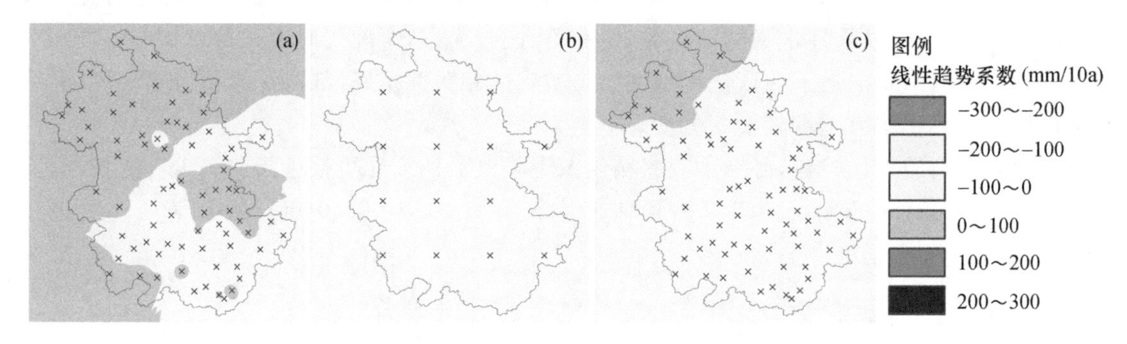

图 4.8　1971－2005 年实测与模式年降水量的趋势系数分布

（a. 实测；b. 全球气候模式；c. 区域气候模式；○代表线性趋势系数通过了 $\alpha=0.05$ 显著性水平，×则为未通过）

(3)均方差

1971—2005 年,实测年降水量的均方差呈现南高北低的空间分布,表明南部降水量的年际变化大于北部,大别山区南部、沿江西部和皖南山区降水量均方差最大(超过 300 mm),其他地区大部为 200～300 mm(图 4.9a)。

全球气候模式:全省大部模拟年降水量的均方差都低于 100 mm,且空间差异较小(图 4.9b)。

区域气候模式:也呈现出南大北小的空间分布,大值区位于江南东部、皖南山区和大别山北部(超过 200 mm),其他地区基本为 100～200 mm(图 4.9c)。

4.2.2.2　预估数据

(1)相关系数

全球气候模式:2006—2019 年,模拟年降水量与实测值的相关效果差异较大,RCP2.6 情景下的相关系数为－0.4～0.2(图 4.10a);RCP4.5 情景为 0.2～0.6,在江淮之间东部通过了

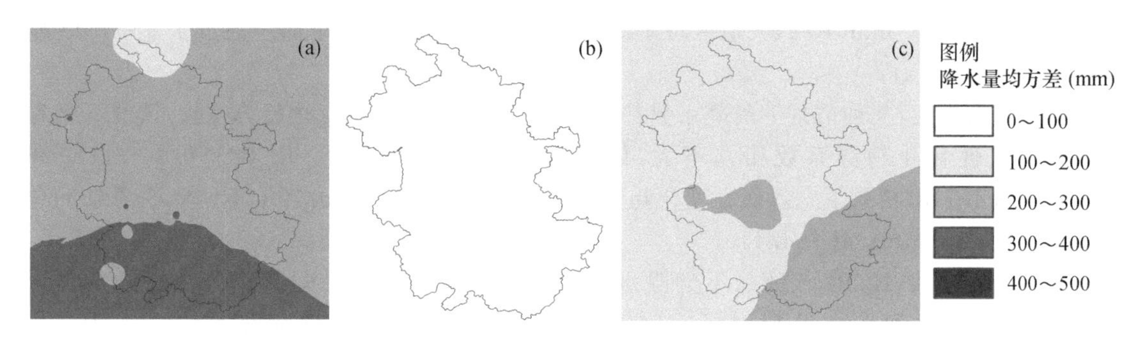

图 4.9　1971—2005 年实测与模式年降水量的均方差分布

(a. 实测；b. 全球气候模式；c. 区域气候模式)

$\alpha=0.05$ 显著性水平，在三种情景中表现最好（图 4.10b）；RCP8.5 情景为 $-0.4\sim0.2$（图 4.10c）。

区域气候模式：模拟年降水量与实测值的相关效果差异较大，RCP4.5 情景为 0.2～0.6，沿江到江淮之间普遍在 0.4 以上（图 4.10d）；RCP8.5 情景为 $-0.2\sim0.6$，江淮之间中部及江南东部均超过 0.4（图 4.10e）；RCP4.5 情景下降水与实况的相关稍好，在江淮之间东部通过了 $\alpha=0.05$ 显著性水平，但两种情景在安徽北部的模拟均较差。

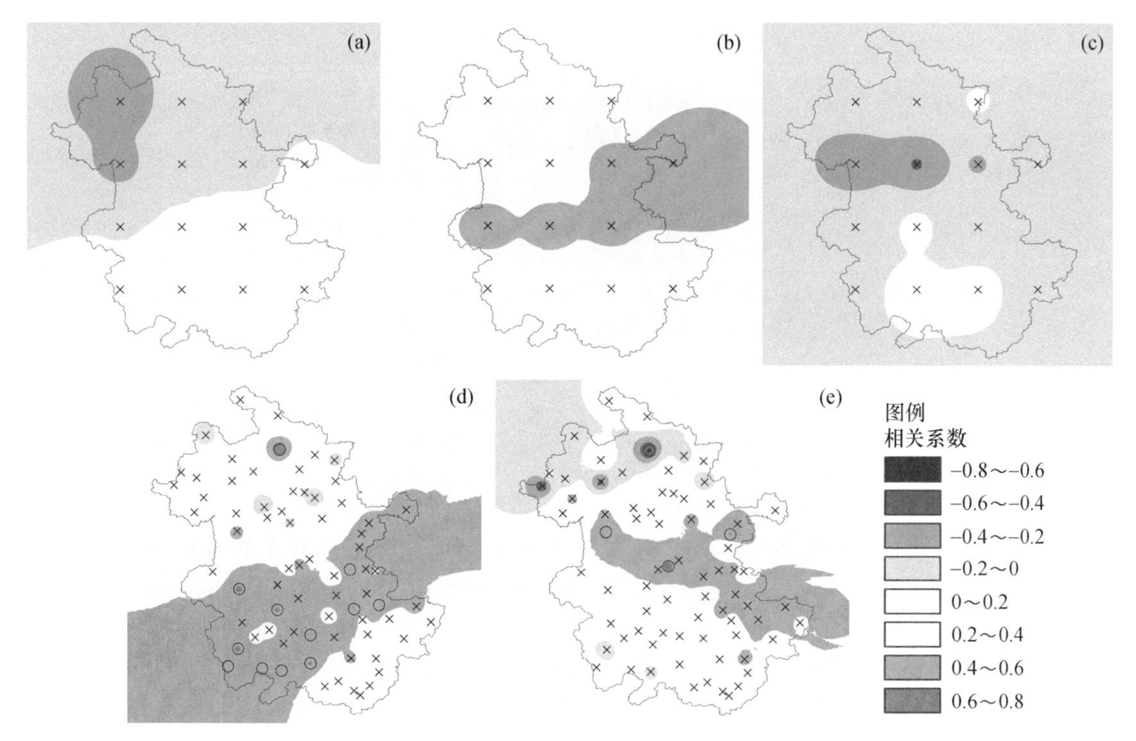

图 4.10　2006—2019 年模式与实测降水量的相关系数分布

(a. 全球气候模式 2.6 情景；b. 全球气候模式 4.5 情景；c. 全球气候模式 8.5 情景；d. 区域气候模式 4.5 情景；e. 区域气候模式 8.5 情景；○代表相关系数通过了 $\alpha=0.05$ 显著性水平，×则为未通过)

(2)线性变化趋势

2006—2019 年，沿淮淮北及大别山区东南部和沿江西部实测降水量的线性变化趋势系数为 $-100\sim0$ mm/10 a，其中沿淮东部最大接近 200 mm/10 a；安徽其他地区降水量的线性变化趋势系数为 0～200 mm/10 a，大值区位于沿江江南东部，皖南山区东部还通过了 $\alpha=0.05$ 显著性水平(图 4.11a)。

全球气候模式：三种情景下的降水量都没有表现出明显的线性变化趋势，同一情景下全省降水量的线性变化趋势系数相差不大，但不同情景间差异较大。RCP2.6(图 4.11b)和 RCP8.5(图 4.11d)情景下全省线性变化趋势系数均为－100～0 mm/10 a，RCP4.5 情景下全省均为 0～100 mm/10 a(图 4.11c)。

区域气候模式：RCP4.5 情景下的降水量在淮北东部和江淮之间线性变化趋势系数为负值，其中江淮之间东南部超过了－200 mm/10 a；其他地区线性变化趋势系数为 0～100 mm/10 a(图 4.11e)。RCP8.5 情景下除皖南山区降水量的线性变化趋势系数为－100～0 mm/10 a外，在长江以南大部均为正值，大部超过了 200 mm/10 a，与实测基本呈反向变化(图 4.11f)。

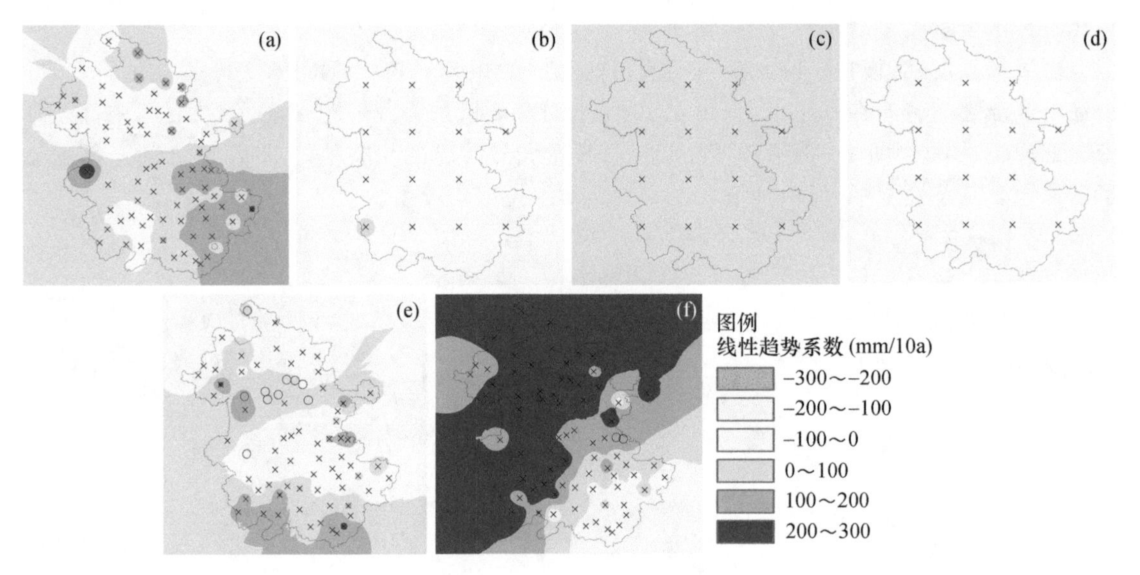

图 4.11　2006—2019 年模式与实测年降水量的线性变化趋势系数分布

(a. 实测；b. 全球气候模式 2.6 情景；c. 全球气候模式 4.5 情景；d. 全球气候模式 8.5 情景；e. 区域气候模式 4.5 情景；f. 区域气候模式 8.5 情景)

(3)均方差

2006—2019 年，安徽实测降水量的均方差呈现出北低南高的空间分布特征，全省均超过 100 mm，江淮分水岭以南均超过 200 mm，最大值出现在大别山区东南部，超过 400 mm(图 4.12a)。

全球气候模式：三种情景下全省降水量的均方差都低于 100 mm，空间差异也较小(图 4.12b～图 4.12d)。

区域气候模式：RCP4.5 情景下全省大部降水量的均方差超过 200 mm，最大值出现在大别山区南部、沿江西部和皖南山区南部，超过 300 mm(图 4.12e)。RCP8.5 情景下降水量均方差也呈现出北低南高的分布特征，其中大别山区和沿江江南超过 200 mm，其他地区则为 100～200 mm(图 4.12f)。

4.2.2.3　小结

从对 1971—2005 年历史年降水量的模拟来看，全球气候模式在淮河以南的模拟效果，包

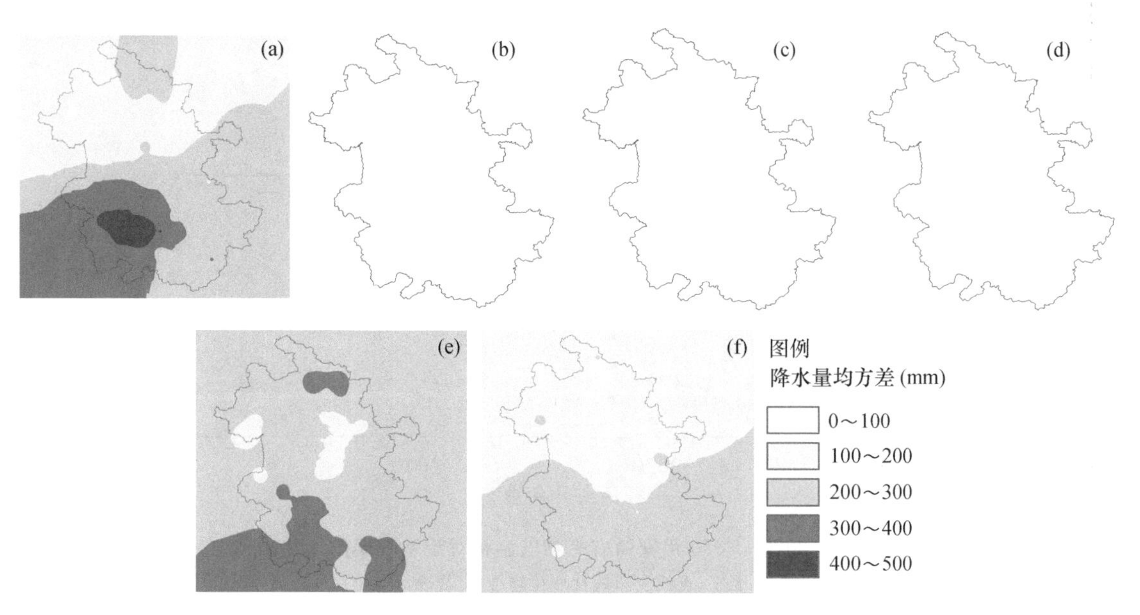

图 4.12　2006—2019 年模式与实测年降水量的均方差分布

(a. 实测；b. 全球气候模式 2.6 情景；c. 全球气候模式 4.5 情景；d. 全球气候模式 8.5 情景；e. 区域气候模式 4.5 情景；f. 区域气候模式 8.5 情景)

括相关性和线性变化趋势的一致性都要优于区域气候模式，但其均方差明显小于实测，说明对年际变化的反映稍弱。虽然两种模式对淮河以北降水量的模拟效果均较差，但区域气候模式的线性变化趋势更接近于实况。

从 2006—2019 年预估年降水量与实测的对比来看，区域气候模式明显优于全球气候模式，且对于同一模式而言，RCP4.5 情景与实况的吻合度要优于其他情景。

考虑到两种模式在历史年降水量模拟和预估降水量反演上互有优势，后文结合全球气候模式和区域气候模式 RCP4.5 情景下的预估年降水量的变化一并考察 2020—2050 年安徽省降水量的可能变化情况。

4.3　气候变化趋势预估

考虑到基准数据不同可能产生的误差，使用不同模式进行预估时，均以相应模式 1971—2000 年历史数据作为基准数据，然后利用 2020—2050 年平均气温和降水量相对基准期的距平值来进行预估分析。

4.3.1　年平均气温

(1)全省平均气温

2020—2050 年，区域气候模拟 RCP4.5 情景预估结果显示，安徽省多数年份年平均气温均高于基准期，并呈现出振荡上升的变化特征，平均每 10 年升高 0.29 ℃。其中，2020 年代较基准期升高了 0.7 ℃，2030 年代较基准期升高了 0.9 ℃，2040 年代较基准期升高了 1.5 ℃。2040 年代升高幅度最大。如图 4.13 所示。

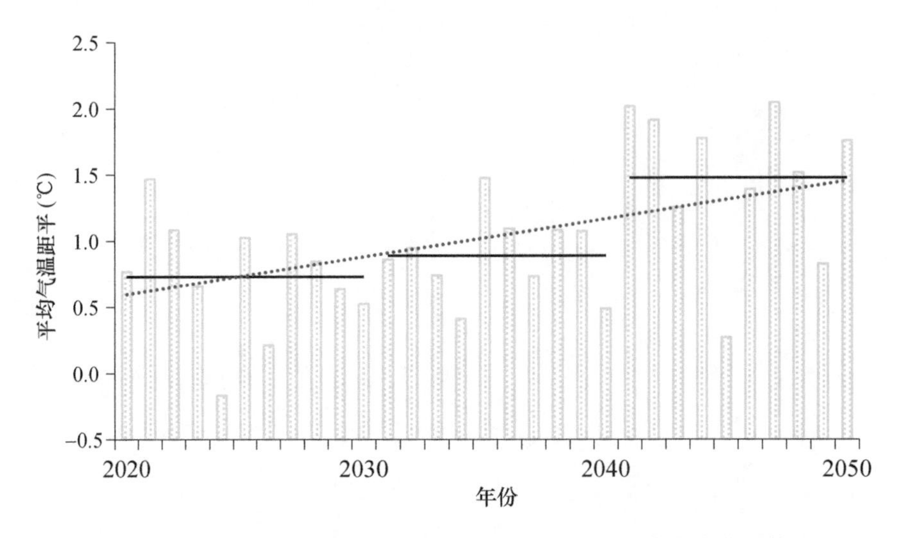

图 4.13　2020—2050 年安徽省平均气温相对于基准期的变化预估
（柱状图表示历年距平，点线表示线性变化趋势，实线表示各年代平均距平）

(2)线性变化趋势

从线性变化趋势系数的空间分布上看(图 4.14)，全省大部均超过 0.2 ℃/10 a，其中沿淮东部—江淮之间东部—沿江东部地区超过了 0.3 ℃/10 a。除淮北中部和西部等地，省内大部地区平均气温的线性变化趋势都通过了 $\alpha=0.05$ 显著性水平。

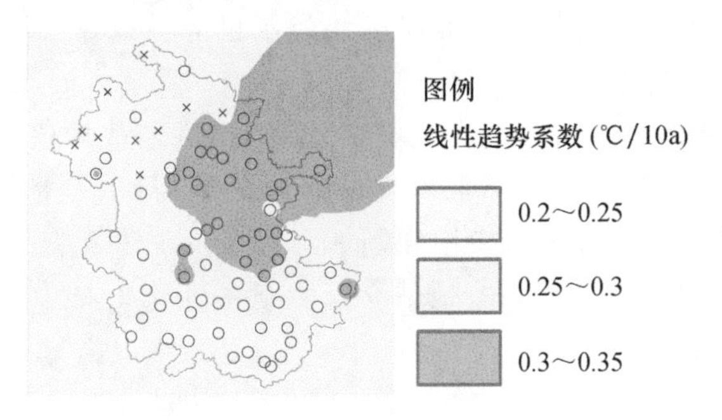

图 4.14　2020—2050 年安徽省平均气温线性变化趋势系数的分布
（○代表线性变化系数通过了 $\alpha=0.05$ 显著性水平，×则为未通过显著性水平）

(3)各年代相对于基准期的增量

从各年代气温相对于基准期升高幅度的空间分布上看(图 4.15)，2020 年代，除沿江西部和大别山区南部平均气温较基准期偏低外，全省其他地区平均气温均较基准期偏高，其中沿淮西部、大别山区和江南东部较基准期偏高 1～1.5 ℃，是气温升高最明显的区域。2030 年代，气温偏低区缩小，仅局限在沿江西部，1～1.5 ℃区域扩大并连成一片，包括沿淮西部和中部、江淮之间西部、沿江东部和江南东部。2040 年代，全省大部平均气温较基准期偏高 0.5 ℃以上，淮北西部、沿淮、江淮之间西部、沿江东部、江南东部都偏高 1.5 ℃以上，沿淮西部到大别山区以北以及江南东部局部偏高超过 2 ℃。

(4)各年代平均气温的均方差

2020 年代，除江淮之间东部、沿江东部和皖南南部平均气温均方差在 0.2～0.4 ℃外，全省大部在 0.4～0.6 ℃；2030 年代，除萧砀地区和皖南南部为 0.4～0.6 ℃外，全省大部在

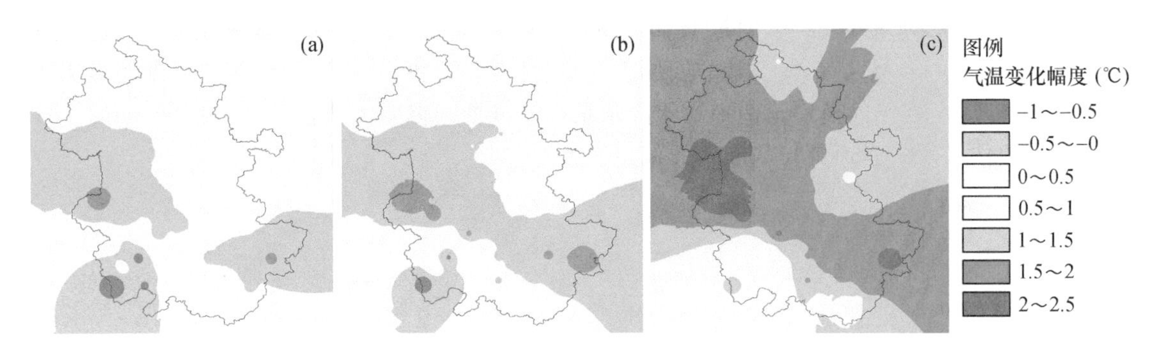

图 4.15　各年代安徽省平均气温与基准期的差值

(a. 2020 年代；b. 2030 年代；c. 2040 年代)

0.2～0.4 ℃，这一时期全省大部气温年际变化幅度较小；2040 年代，平均气温的均方差由南向北递增，淮河以南大部为 0.4～0.6 ℃，淮河以北普遍超过 0.6 ℃，北部接近 1 ℃(图 4.16)。

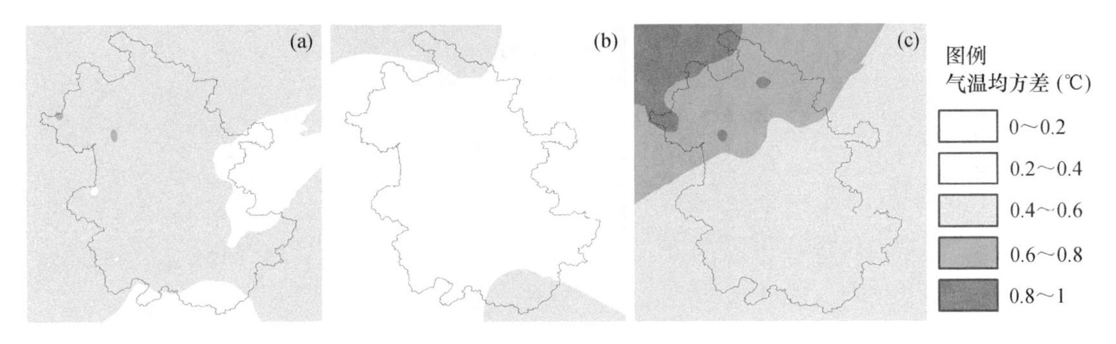

图 4.16　各年代安徽省平均气温均方差

(a. 2020 年代；b. 2030 年代；c. 2040 年代)

(5)小结

2020—2050 年，安徽省年平均气温继续呈现上升趋势，其中沿淮东部—江淮之间东部—沿江东部地区升温速率最大。到 2040 年代全省大部平均气温较基准期偏高 0.5 ℃以上，这一时期平均气温年际变化幅度最大，北部较南部更明显。

4.3.2　年降水量

(1)平均年降水量

无论是 1971—2005 年还是 2006—2019 年，均大致以淮河为界，其以南和以北降水量的线性变化趋势呈现反位相变化。为此，在分析平均年降水量的变化情况时，大致以淮河为界，分成淮河以北和淮河以南分别讨论。

2020—2050 年淮河以北平均降水量，全球气候模式 RCP4.5 情景预估结果表现为较基准期整体偏多，最多的年份偏多接近 150 mm；线性变化趋势表现为略增加，平均每 10 年增加 14.2 mm，通过了 $\alpha=0.1$ 显著性水平。区域气候模式 RCP4.5 情景预估结果则表现为平均年降水量较基准期总体偏少，但没有明显的线性变化趋势，年际变化幅度明显大于全球气候模式；偏少年最多较基准期偏少 400 mm 以上；部分年份偏多，个别年份较基准期偏多超过 200 mm(图 4.17a)。

对于淮河以南平均降水量，全球气候模式 2030 年以前较基准期略偏少，之后以偏多为主，线性变化趋势表现为略增加，平均每10年增加21.7 mm，通过了$\alpha=0.1$显著性水平。区域气候模式预估平均年降水量总体较基准期偏少，但线性变化趋势不明显，年际变化幅度明显大于全球气候模式，区域气候模式预估平均年降水量与基准期的偏差大致在－500～200 mm，全球气候模式预估平均年降水量与基准期的偏差大致在－50～150 mm(图4.17b)。

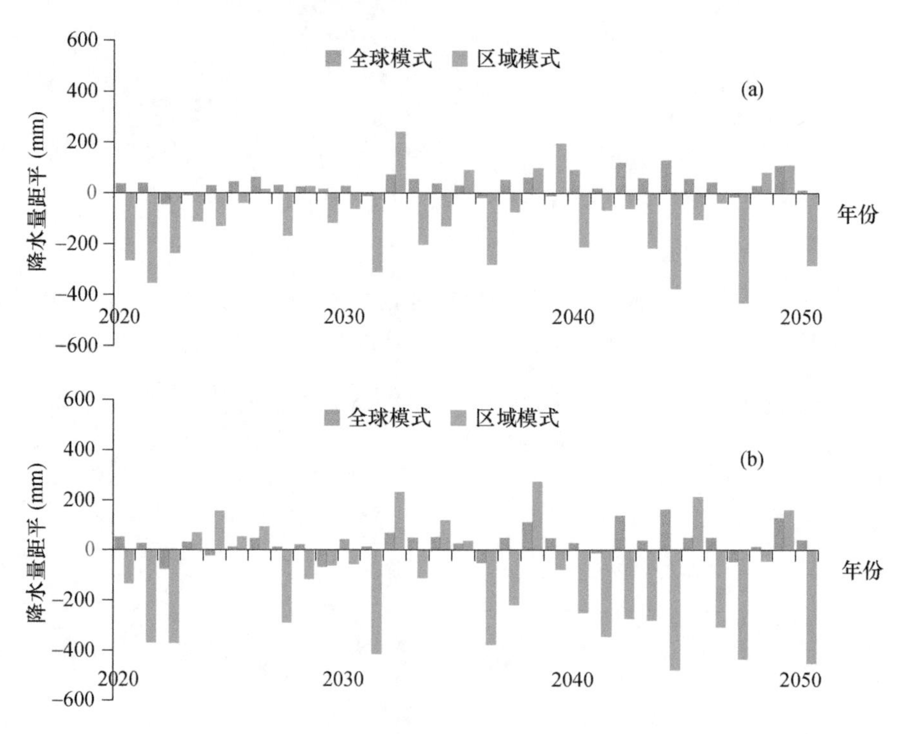

图4.17　2020—2050年淮河以北(a)和以南(b)降水量相对于基准期的变化预估

(2)线性变化趋势

2020—2050年，无论是全球气候模式还是区域气候模式RCP4.5情景下的预估结果，安徽省降水量都没有表现出明显的线性变化特征。但从数值上看，全球气候模式下全省降水量的线性变化趋势系数均为正值，在(0～50 mm)/10 a。而在区域气候模式下，则表现为南负北正的分布型；大致以江淮分水岭为界，以北为(0～50 mm)/10 a，与全球气候模式一致；以南则为(－100～0 mm)/10 a，且越往南越小，皖南山区(－100～－50 mm)/10 a(图4.18)。

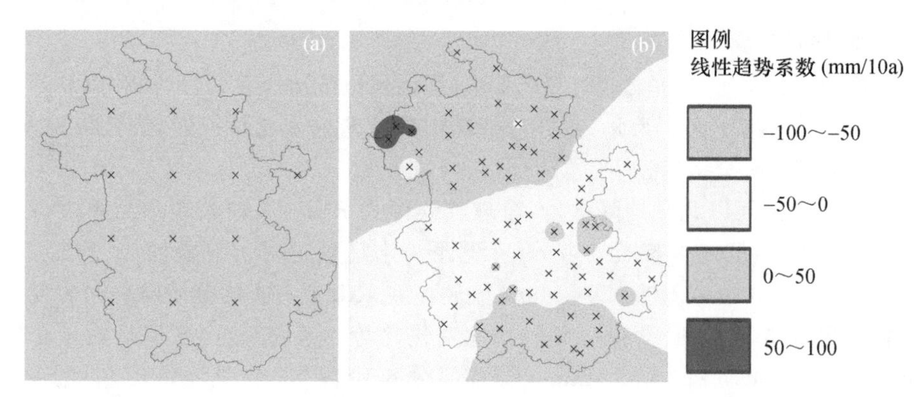

图4.18　2020—2050年安徽省年降水量线性变化趋势系数的分布

(a. 全球气候模式；b. 区域气候模式；图中○代表线性变化系数通过了$\alpha=0.05$显著性水平，×则为未通过显著性水平)

(3)各年代相对于基准期的增量

相较于基准期,全球气候模式预估结果总体以偏多为主,表现为:2020年代大致以淮河为界,北部平均降水量略增加,南部则略减少,变动幅度在－200～200 mm;2030年代和2040年代全省平均降水量均较基准期偏多200 mm。区域气候模式预估结果与全球气候模式存在较大差异,较基准期总体偏少:2020年代,除大别山区中部和皖南山区平均降水量增加200～400 mm外,其他地区均偏少200～400 mm;2030年代,除大别山区中部和皖南山区平均降水量增加0～400 mm外,其他地区大部偏少0～200 mm;2040年代,除大别山区中部部分地区增加0～200 mm外,其他地区大部偏少0～400 mm,其中江淮之间和沿江偏少超过200 mm(图4.19)。

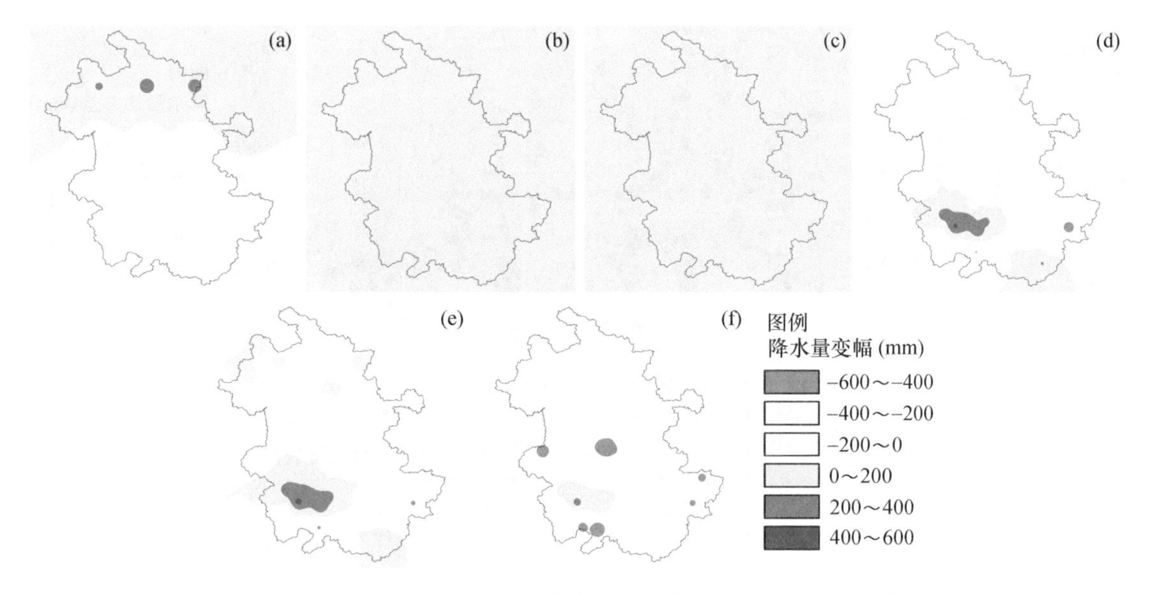

图4.19　安徽省各年代平均降水量与基准期平均降水量的差值
(上图为全球气候模式,a为2020年代;b为2030年代;c为2040年代;
下图为区域气候模式,d为2020年代;e为2030年代;f为2040年代)

(4)各年代降水量的均方差

全球气候模式各个年代降水量的均方差明显小于区域气候模式,说明全球气候模式模拟得到的降水量的年际变化要弱于区域气候模式。同一模式不同年代均方差的数值和空间分布差异较小,全球气候模式各年代降水量的均方差都在0～100 mm,而区域气候模式全省大部各年代降水量的均方差都在200～300 mm,大别山区为全省最大,达到300～400 mm,降水量的年际波动较大,旱涝频繁(图4.20)。

(5)小结

相对气温来说,降水量预估结果的不确定性较大。不同的模式下,降水量的变化表现为不同的变化。结合2006—2019年两种模式预估结果与实测降水量的对比验证来看,就线性趋势而言,区域气候模式在淮北地区的模拟能力强于全球气候模式,但在淮河以南全球气候模式则更加稳定。因而未来淮北地区降水量更可能以振荡变化为主,总量较基准期略偏少;淮河以南地区降水量可能会略微增加,并在2040年代最明显。结合未来降水均方差来看,降水变率最大的区域主要位于大别山区,在降水略增加的趋势下,更要对大水年可能带来的一系列地质灾害隐患提前做好防范。

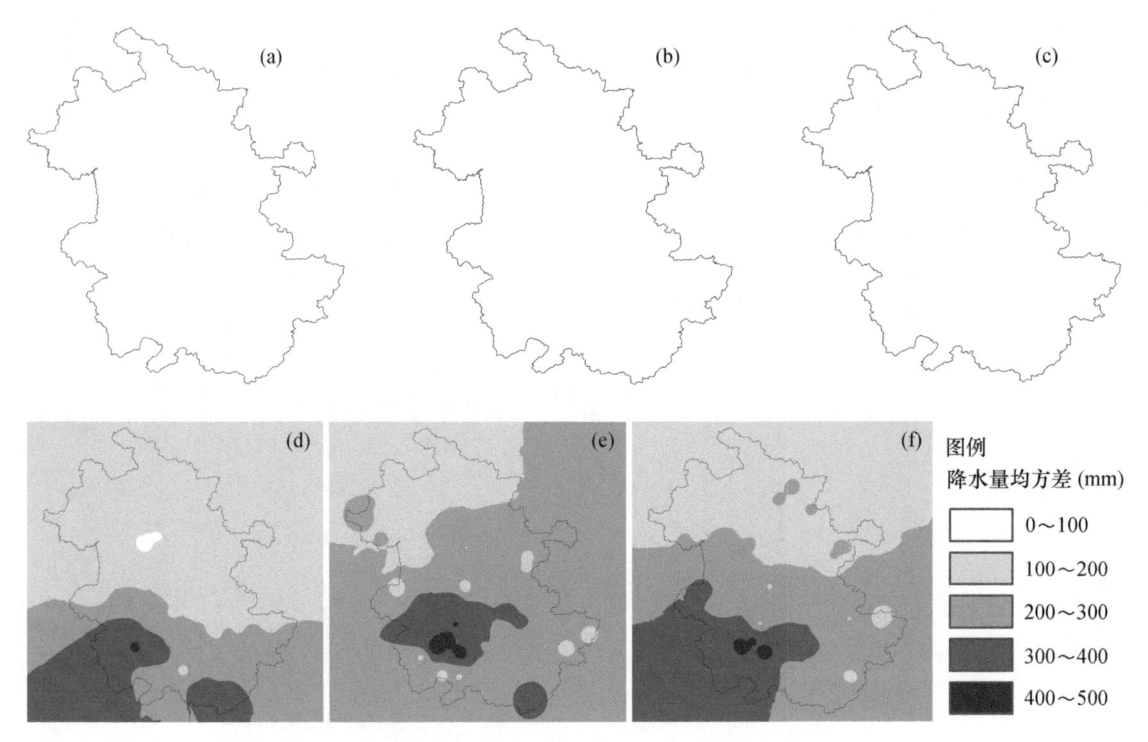

图 4.20 安徽省各年代降水量的均方差分布

（上图为全球气候模式，a 为 2020 年代；b 为 2030 年代；c 为 2040 年代；
下图为区域气候模式，d 为 2020 年代；e 为 2030 年代；f 为 2040 年代）

4.4 预估结果的不确定性

需要指出的是，预估结果存在一定的不确定性，主要来自气候模式本身、温室气体排放估算以及气候资料等存在的不确定性（Houghton et al，2001）。①预估模式带来的不确定性。气候系统是一个非线性、具有混沌特征的复杂系统，我们目前对其了解还只是冰山一角，获得完全准确的气候变化信息还存在很大困难。模式的参数化方案、初始边界、空间分辨率精度、降尺度技术等的选取直接影响着预估模式的效果。②温室气体排放估算带来的不确定性。一方面导致气候变化的自然因素和人为因素很难被准确地界定，另一方面温室气体排放情景的描述也不可能完全准确。

第5章 气候变化对安徽省农业的影响

全球气候变化已经并将持续对安徽省农业产生影响，主要体现在农业生产热量条件、种植制度、农作物病虫害发生面积以及粮食作物产量等方面。

1961—2018年，随着气候变暖，安徽省农业生产热量资源愈加充足，≥10 ℃积温及日数显著增加，无霜期延长，适宜生长期延长，冬小麦生育期缩短，而一季稻和油菜生育期则有所延长，复种指数明显上升，三熟区边界北移。近58年来，水稻和冬小麦产量均显著增加，主要归功于技术进步和得力的防灾减灾措施，但与气候条件也密切相关，其中冬小麦产量对气候变化的敏感程度较水稻更为明显。气候变暖还导致安徽省农作物病虫害发生面积不断扩大，农药和化肥使用量持续增加。

在不同的未来气候变化情景下，2020—2050年，安徽省冬小麦气候适宜度在RCP6.0情景下呈显著的线性减少趋势，而在RCP4.5和RCP8.5情景下则无明显的变化趋势；一季稻气候适宜度无明显变化趋势。与基准时段(1976—2005年)相比，淮北平原冬小麦生育期降水量和太阳辐射的减少将导致其气候生产潜力下降；淮河以南一季稻生育期降水量增多对气候生产潜力有促进作用，但气候变暖不利于气候生产潜力增加。

5.1 已观测到的气候变化对农业的影响

农业是国民经济的基础，光温水等气候资源是影响农业生产的重要决定因素。观测及模拟的影响表明，以全球气候变暖为主要特征的气候变化已经对全球许多区域的主要粮食作物产量产生不利影响，负面影响的结果比正面影响更为普遍，给农业生产和粮食安全带来严峻挑战。安徽省是一个农业大省，是我国粮食主产区之一。由于地处南北气候过渡带，是气候变化敏感区和脆弱区，因此科学评估当前和预估未来气候变化对安徽省农业的影响意义重大，为适应气候变化、促进农业发展和保障粮食安全的科学决策提供参考依据。

5.1.1 对农业热量资源的影响

1961—2018年，安徽省多年平均≥10 ℃积温5267.1 ℃·d，其变化范围介于4931.0～5658.9 ℃·d，2018年是最高的一年，最低年份出现在1991年，两者相差727.9 ℃·d。≥10 ℃积温呈现明显的年代际特征，2000年以前较常年值偏少，特别是在1970年代和1980年代，而2000年以来则持续偏多。同时期内，多年平均≥10 ℃日数248 d，其变化范围介于232.1～266.2 d，2004年是最多的一年，最少年份出现在1969年，两者相差34.1 d，其年代际变化特征与≥10 ℃积温的基本一致。从变化趋势来看，随着气候变暖≥10 ℃积温及其日数分别以70.7 ℃·d/10 a和2.8 d/10 a的线性速率显著增加，均通过$\alpha=0.01$显著性水平，近58年分别增加了410 ℃·d和16 d(图5.1a、图5.1b)。

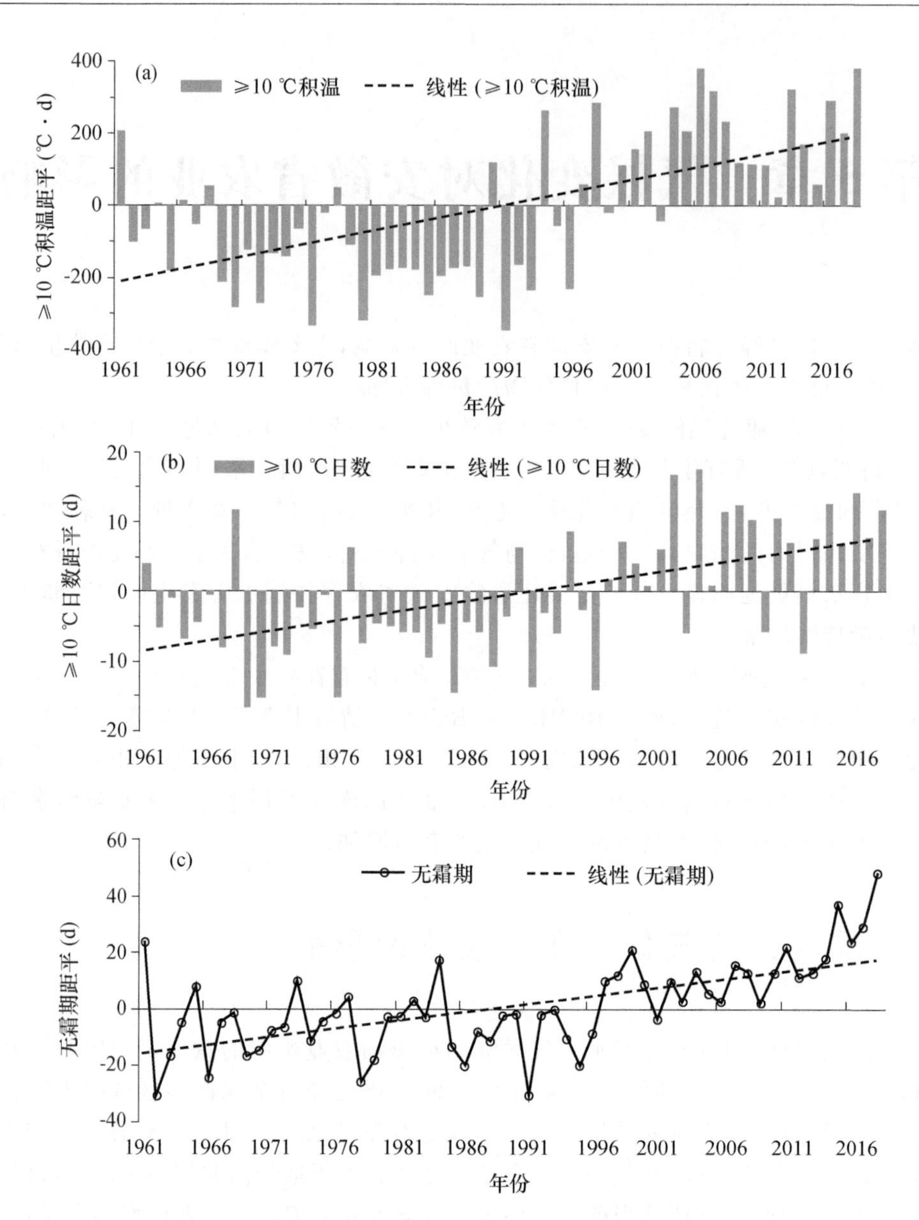

图 5.1 1961—2018 年安徽省≥10 ℃积温(a)及其日数(b)和无霜期(c)历年变化

1961—2018 年,安徽省多年平均无霜期 244 d,其变化范围介于 212～291 d,2018 年是最多的一年,最少年份为 1991 年,两者相差 79 d。无霜期时间序列大致以 1997 年为分界点,分为 1961—1996 年和 1997—2018 年两个阶段,前一个阶段内无霜期以偏少为主,无明显的变化趋势,以年际波动为主;后一个阶段内无霜期以偏多为主,其不断上升至 2018 年达峰值(图 5.1c)。此外,近 58 年安徽省多年气温日较差(Diurnal Temperature Range,DTR)以 0.12 ℃/10 a 的线性速率显著减少了 0.7 ℃,主要是夜间温度快速上升造成的(图 5.2)。

总之,在气候变暖背景下,安徽省农业生产热量条件更为充足,无霜期延长,对该区域农业生产有着积极的影响,但夜间温度上升使得作物呼吸作用增强,生育进程加快,不利于干物质的积累,对作物的最终产量形成产生不利影响。

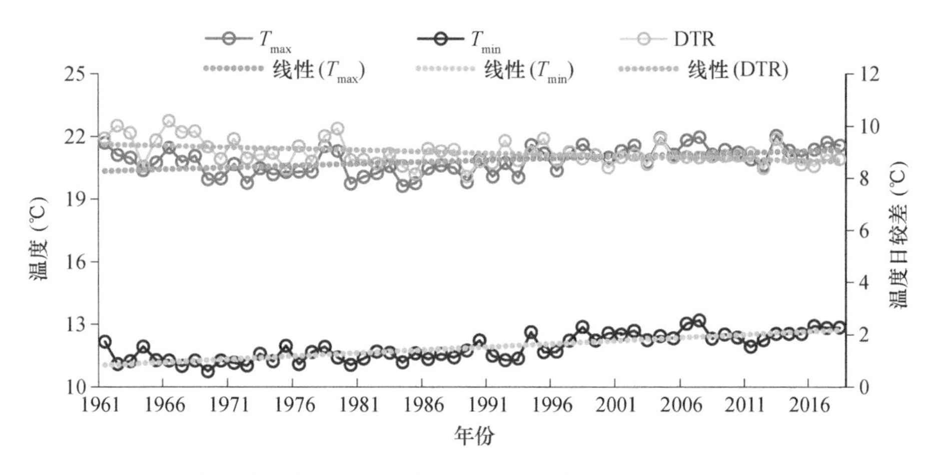

图5.2 1961—2018年安徽省年平均最高气温(T_{max})、最低气温(T_{min})和日较差(DTR)历年变化

5.1.2 对农作物生育期及复种指数的影响

积温增加使农业生产的热力条件优化,适宜生长期延长,复种指数提高。图5.3给出了1981年以来安徽省主要粮食作物生育期天数(生育期数据来源于安徽省23个农业气象观测站)的变化情况。由图可知,不同作物的生育期对热量条件增加的响应存在差异,热量条件的增加使得安徽省冬小麦生育期缩短,然而一季稻和油菜的生育期却有所延长,这也可能是品种改良所致。1980年代以来,一季稻和油菜生育期分别延长了7 d和18 d,而冬小麦则缩短了4 d。

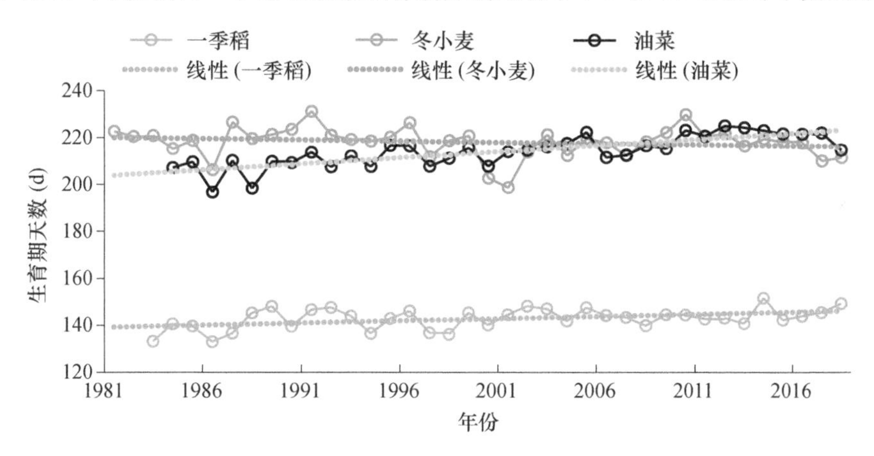

图5.3 1981—2018年安徽省主要粮食作物生育期天数历年变化

复种指数是一个地区一年内作物种植面积与耕地面积之比,是农业耕作制度的一个重要指标。1996年以来,安徽省农作物播种面积以29.0万hm^2/10 a的速率增加,其值介于823.63万~905.49万hm^2,最小值出现在2001年,峰值出现在2010年,2010年以后缓慢减少。耕地面积以6.27万hm^2/10 a的速率下降,其值介于572.82万~597.17万hm^2,1996—2006年安徽省耕地面积一直维持在597.17万hm^2的峰值,2007—2008年为耕地面积的谷值,面积仅为573.0万hm^2左右。近23年来,安徽省复种指数以0.06/10 a速率显著上升。排除土地政策变动等客观因素,气候变暖背景下,安徽省近23年的复种指数增加了0.15(图5.4)。

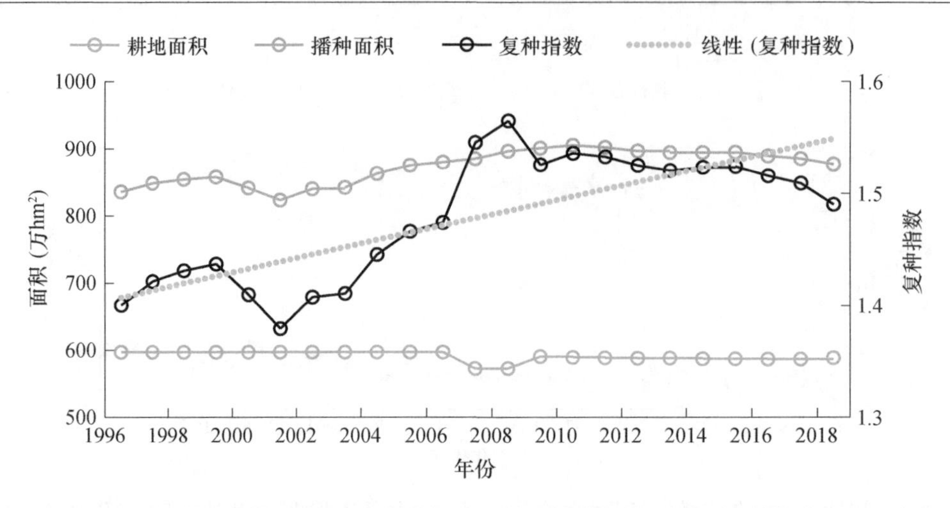

图 5.4　1996—2018 年安徽省耕地面积、农作物播种面积及复种指数历年变化（数据来源于国家统计局）

对于喜温作物，其生长期延长、适宜区域趋于扩大，是有利的；但对于冬小麦，一方面，冬季温度上升造成春化作用减弱，品种向春性品种过渡；另一方面，初夏的高温可能造成早衰，直接影响产量；再一方面，气候变暖使得暖冬现象日趋明显，造成旺长，遭遇冬季冻害、春季倒春寒受灾严重。因此，在气候变化背景下，安徽省水稻生产面积存在扩大的潜力，冬小麦未来有萎缩的可能，1990 年代中后期以来安徽省江淮区域冬性小麦基本消失、半冬性小麦面积明显萎缩、春性小麦逐渐居于主导的品种变化也证明了这一点。

三熟区边界北移、复种指数增加能够增加农作物播种面积，但热量条件和生长期的年际波动给农业生产带来的潜在风险巨大，不宜盲目地大面积推进二熟换三熟。安徽省二熟、三熟交汇地带目前更适宜于用生育期较长的品种替代生育期略短、产量略低的品种。

5.1.3　对主要粮食作物产量的影响

1961—2018 年，安徽省粮食（稻谷、小麦、玉米、豆类和薯类）单产呈显著增加趋势（通过 $\alpha=0.01$ 显著性水平），增加速率为 0.76（t/hm^2）/10 a（图 5.5）。两大主要粮食作物水稻和冬小麦的单产也均呈显著增加趋势（通过 $\alpha=0.01$ 显著性水平），增加速率分别为 0.78（t/hm^2）/10 a 和 0.99（t/hm^2）/10 a，高于粮食单产增幅（图 5.6）。增产主要归功于政策调整和技术进步，此外与气候条件也密切相关。为了考察气候变化对安徽省粮食产量的影响，计算实际产量与趋势产量（实际产量的 5 年滑动平均值）的差值，并除以趋势产量，得到逐年气候产量（即气候条件对粮食产量的贡献率）。结果表明，1961 年以来气候条件对安徽省粮食产量的影响有正有负，呈现波动状态。2000 年之前气候产量年际波动较大，且气候产量负值较大的年份与历史上的典型旱涝年份基本一致，比如涝年的 1991 年和 1998 年，1977 年的秋冬连旱等，2000 年之后气候产量基本稳定在 0 值附近，既有风调雨顺的因素，也有科学田管和抗灾措施的贡献。从不同作物来看，冬小麦产量对气候条件变化的敏感程度明显大于水稻和粮食总产（图 5.7）。

从各年代不同作物单产的标准差（表 5.1）来看，各主要作物单产的标准差普遍表现出“升—降”的年代际变化特征。除一季稻外，各主要作物单产的年际变率均在 1990 年代期间达到峰值，随后逐渐下降，即当安徽省气候处于增暖期间（2000 年代—2010 年代）各主要作物单产的年际波动明显收敛，呈现单调的变化趋势，但不同作物间对气候条件变化的响应存在一定程度上的差异。整体而言，大豆和油菜单产的年际变率较一季稻、冬小麦和玉米的明显偏小，

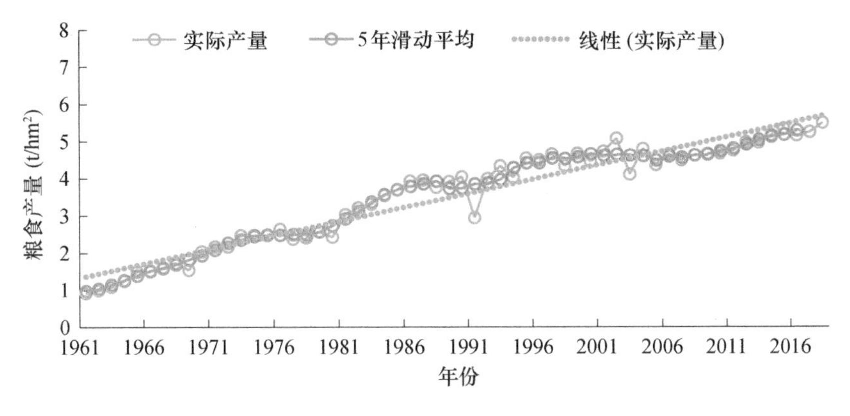

图 5.5　1961—2018 年安徽省粮食单产历年变化

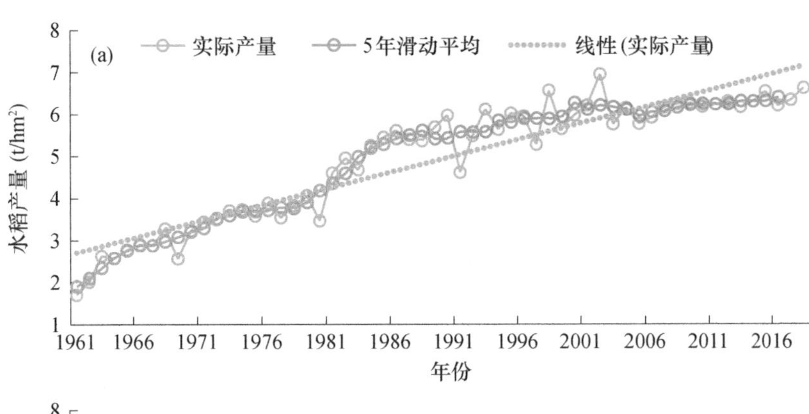

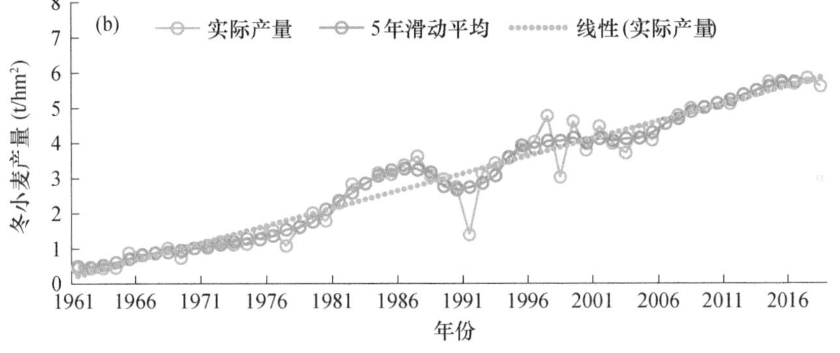

图 5.6　1961—2018 年安徽省水稻(a)和冬小麦(b)单产历年变化

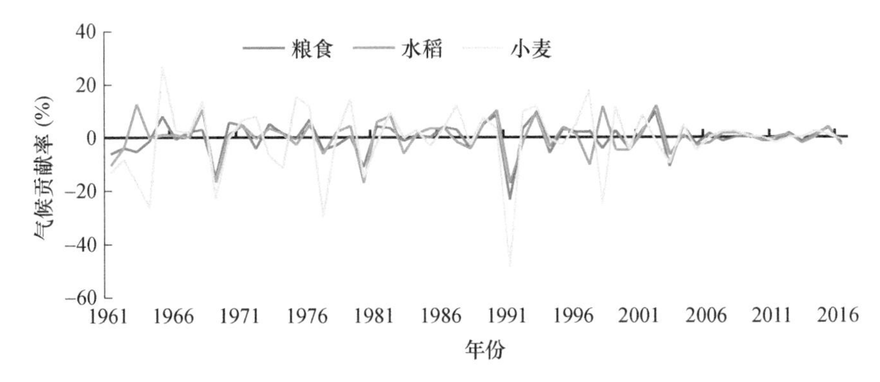

图 5.7　1961—2018 年安徽省主要粮食作物气候贡献率历年变化

对气候条件波动的敏感性程度较低，特别是油菜，除 2010 年代单产的标准差较一季稻和大豆的略偏大外，其他时段均为 5 种作物中最小值。三大主要粮食作物中，一季稻单产的标准差要小于玉米和冬小麦的，玉米对气候条件变化最为敏感，冬小麦次之。

表 5.1 各年代主要作物单产的标准差（t/hm²）

年代	一季稻	冬小麦	玉米	大豆	油菜
1960	0.48	0.24	0.26	0.23	0.14
1970	0.24	0.32	0.34	0.27	0.06
1980	0.67	0.53	0.60	0.19	0.17
1990	0.53	0.98	0.60	0.40	0.30
2000	0.34	0.47	0.70	0.29	0.16
2010—2018 年	0.16	0.27	0.49	0.13	0.18

5.1.4 对农作物病虫害的影响

气候变暖导致安徽农作物病虫害的发生区域不断扩大。农业部门的统计表明，最近几十年，安徽因各类病虫害发生而导致的作物受灾面积总体呈上升趋势（通过 $\alpha=0.01$ 显著性水平），但除了小麦赤霉病以外，其他病虫害最近几年有下降趋势，农药使用量与此有很好的对应关系（图 5.8）。

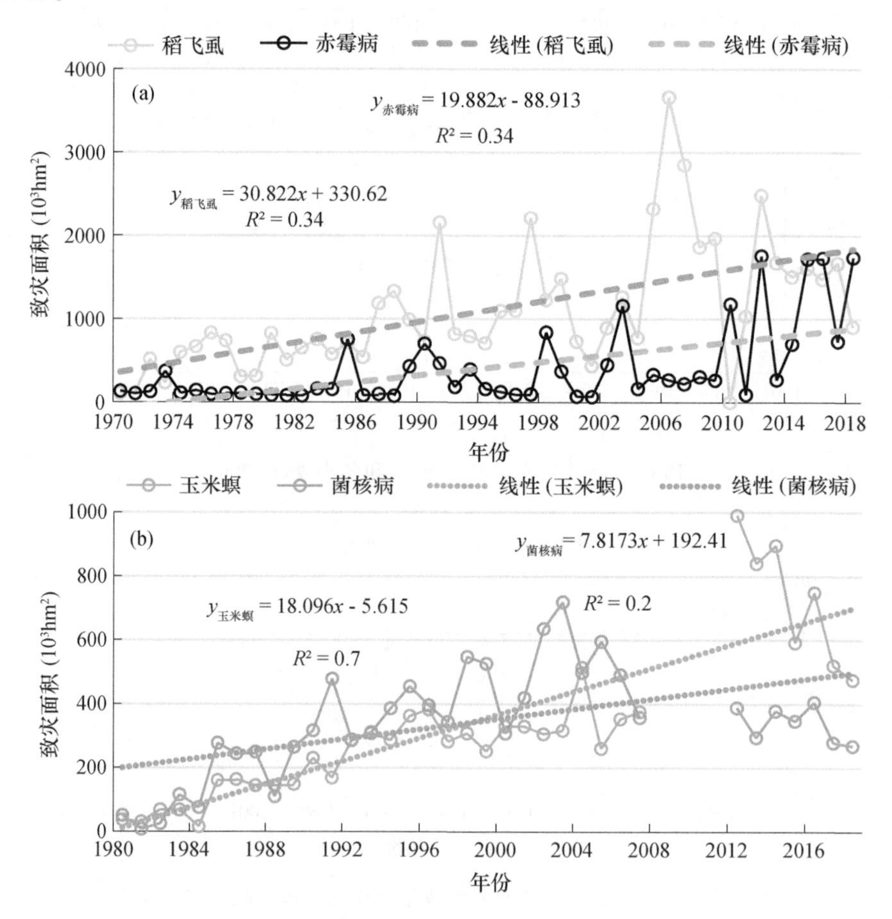

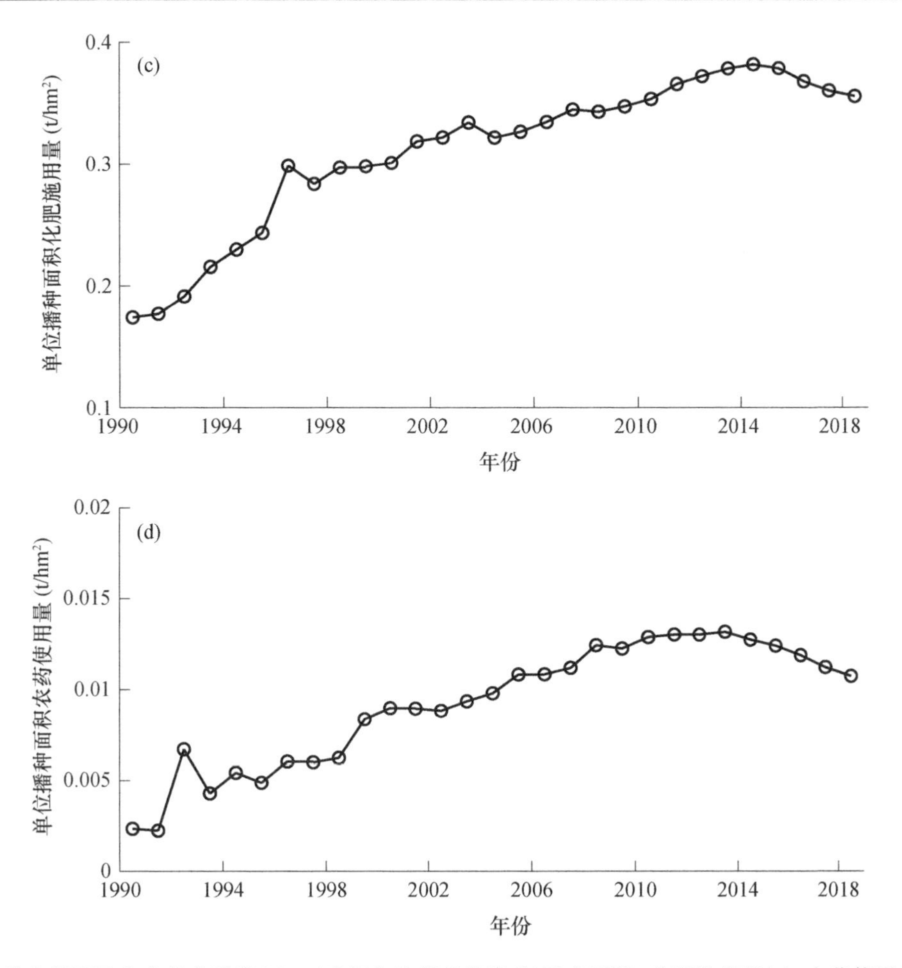

图5.8 安徽省稻飞虱和小麦赤霉病(a)、玉米螟和油菜菌核病(b)致灾面积、化肥施用量(c)、农药使用量(d)变化

5.1.5 气象灾害对农业的影响

安徽省天气气候复杂多变,暴雨洪涝、干旱、风雹以及台风灾害频繁,给农业生产带来严重损失。根据民政部门统计,1996年以来在各类灾害中,以暴雨洪涝对农业造成的危害最大,其次为旱灾,再次为雪灾,风雹、低温冷害和台风造成的损失相对较小(图5.9a)。从逐年的农业经济损失来看(图5.9b),高值年几乎都是大涝年份。受灾最重的是2016年,全省农业经济损

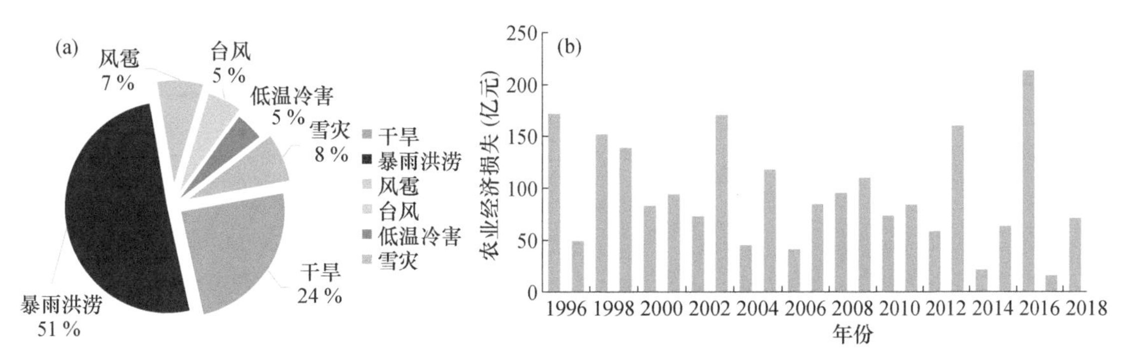

图5.9 1996—2018年各类灾害造成的农业经济损失比例(a)和逐年变化(b)

失达213亿元，受灾最轻的如2017年也接近16亿元，多年平均接近100亿元。这就意味着，目前气象灾害给全年农业生产造成的损失接近100亿元。随着经济的发展，如果不采取有效的防灾减灾措施，这个数字还将上升。

5.2 未来气候变化对农业的影响预估

安徽省光温水资源丰富，具有较大的粮食增产潜力，是全国13个粮食主产省区之一，担负着为国家提供商品粮的重任，其中冬小麦和一季稻产量分别占全省粮食产量的38%和47%。未来全球变暖趋势势不可挡，极端天气气候事件及其影响可能加剧，降水变异率大、水资源短缺及利用效率偏低等制约粮食生产能力提高的因素日益严重。因此，有必要对21世纪中叶(2020—2050年)淮北平原冬小麦及淮河以南一季稻气候适宜度、气候生产潜力和利用状况开展预估研究。

5.2.1 研究资料

气候模式数据来自于ISI－MIP项目(Inter－Sectoral Impact Model Intercomparison Project)。该套数据以WATCH(Water and Global Change，http://www.eu－watch.org/data_availability)数据为基础，采用保留趋势变化的偏差订正方法(Hempel et al，2013)，对CMIP5中GFDL－ESM2M(GFDL)，HaDGem2－ES(HaD)，IPSL_CM5A_LR(IPSL)，MIROC－ESM－CHEM(MIROC)和NorESM1－M(NorESM)5个全球气候模式数据进行订正，生成0.5°×0.5°逐日气候模式数据。

利用上述气候模式集合(MME)，以1976—2005年为基准年，预估到21世纪中期(2020—2050年)气候变化及其对农业的影响。

5.2.2 研究方法

5.2.2.1 作物气候适宜度模型

基于模糊数学方法，结合冬小麦生理生态特征，建立安徽省两大粮食作物(冬小麦和一季稻)气候要素(光、温、水)隶属函数模型，计算粮食作物历年气候要素隶属函数值，在此基础上构建作物气候适宜度模型。具体计算过程参考王胜等(2017)研究成果。

(1)温度适宜度模型

为定量分析热量资源对粮食作物各生育期生长发育的满足程度，引入作物温度条件的反映函数，根据马树庆(1994)的研究，建立温度适宜度模型：

$$F(T_{ij})=\frac{(t_{ij}-t_1)\times(t_2-t_{ij})^b}{(t_0-t_1)\times(t_2-t_0)^b} \tag{5.1}$$

$$b=\frac{t_2-t_0}{t_0-t_1} \tag{5.2}$$

式中：$F(T_{ij})$为第j年第i生育期温度适宜度，t_{ij}为第j年第i生育期平均温度，t_1、t_2、t_0分别是对应时期作物生长下限温度、上限温度和平均适宜温度。冬小麦和一季稻不同生育期温度适宜性指标参数值分别见表5.2和表5.3(于波，2013；花子昌 等，1980；许昌燊，2004；毛留喜 等，2015)。

表 5.2　冬小麦各生育期气候适宜性指标参数值

生育期	T_1(℃)	T_0(℃)	T_2(℃)	R_0(mm)	S_0(h)	b
播种-三叶期	5	15	30	43.2	7.69	4.15
分蘖期	3	10	18	36.0	7.69	4.15
越冬期	−5	5	15	28.8	7.68	4.38
返青-拔节期	0	15	25	72.0	8.55	4.50
孕穗-扬花期	10	19	30	108.0	9.21	4.93
灌浆-乳熟期	15	22	32	72.0	9.25	4.99

表 5.3　一季稻各生育期气候适宜性指标参数值

生育期	T_1(℃)	T_0(℃)	T_2(℃)	R_0(mm)	S_0(h)	b
播种-三叶期	10	25	40	100	9.53	5.14
移栽-返青期	14	28	35	110	9.05	5.04
分蘖期	15	30	37	220	9.05	5.04
拔节-孕穗期	18	27	35	130	8.95	4.83
抽穗-开花期	20	30	35	100	8.35	4.50
灌浆-成熟期	13	25	32	90	7.61	4.10

(2)降水适宜度模型

降水是作物水分与土壤水分的主要来源，作物生长的好坏、产量的高低与降水密不可分。为评价其对作物生长的影响，建立降水适宜度模型(赵峰 等，2003)：

$$F(R_{ij})=\begin{cases}R_{ij}/R_0 & R_{ij}<R_0\\ R_0/R_{ij} & R_0\geqslant R_{ij}\end{cases} \tag{5.3}$$

式中：$F(R_{ij})$为第 j 年第 i 生育期降水适宜度，R_{ij}为 j 年第 i 生育期降水量，R_0为对应生育期生理需水量。冬小麦和一季稻各生育期降水适宜性指标参数值分别见表 5.2 和表 5.3。

淮北平原冬小麦全生育期生理需水折合降水量约 360 mm，其中播种-三叶期、分蘖期、越冬期、返青-拔节期、孕穗-扬花期及灌浆-乳熟期生理需水量分别占 12%、10%、8%、20%、30%及 20%(于波，2013；花子昌 等，1980；许昌燊，2004；上海市农业局 等，1979)。考虑到前期降水对当前土壤底墒的影响存在显著衰减效应，根据前人研究成果(杨帆 等，2015；梅雪英 等，2002；马晓群 等，2009；孙秀邦 等，2007)及业务经验，冬小麦播种前 20 d 累计降水量对当前土壤底墒的影响折合降水量衰减率约 70%。因此，在计算冬小麦播种-三叶期降水适宜度时，累计雨量为当前生育期降水量和播种期前 20 d 降水量的 30%。

淮河以南一季稻全生育期生理需水折合降水量约 750 mm，其中播种-三叶期、移栽-返青期、分蘖期、拔节-孕穗期、抽穗-开花期以及灌浆-成熟期生理需水量分别占 13%、15%、29%、17%、13%及 12%。

(3)日照适宜度模型

充足的光照是粮食作物丰产的必要条件。对安徽省而言，某站点天文日长(可照时数，即理论上日出与日落时长)的 70%与该站点日照时数多年平均值相当。考虑业务服务需求及计算方便，以天文日长的 70%作为临界光长，建立日照适宜度模型(黄璜，1996；易雪 等，2010)：

$$F(S_{ij})=\begin{cases} e^{-[(\frac{S_{ij}}{n}-S_0)/b]^2}, & S_{ij}<S_0 \\ 1, & S_{ij}\geqslant S_0 \end{cases} \tag{5.4}$$

式中：$F(S_{ij})$为第j年第i生育期日照适宜度，S_{ij}为第j年第i生育期日照时数，n为该生育期日数，S_0为作物生育期内第i生育期对日平均日照需求临界值，b为系数。冬小麦和一季稻各生育期日照适宜性指标参数值分别见表5.2和表5.3。

（4）适宜度权重系数

作物全生育期气候适宜性由各生育期的温度、降水和日照条件共同组成，但各生育期影响程度不同。因此，运用一元积分回归法及综合加权法，以明确每个生育期的各气象因子适宜度的权重系数。

以温度适宜度为例，分别计算逐生育期内温度适宜度与其气象产量的相关系数，各生育期相关系数的绝对值除以所有生育期相关系数的绝对值的总和，即为各生育期温度适宜度的权重系数。各生育期温度适宜度乘以对应的权重系数，然后求和，得到全发育期的温度适宜度。降水及日照适宜度权重系数确定方法类似。表5.4和5.5分别为冬小麦和一季稻不同生育期温度(a_{Ti})、降水(a_{Ri})及日照(a_{Si})适宜度权重系数。

表5.4　冬小麦不同生育期温度、降水及日照适宜度权重系数

生育期	播种-三叶期	分蘖期	越冬期	返青-拔节期	孕穗-扬花期	灌浆-乳熟期
a_{Ti}	0.12	0.12	0.11	0.18	0.16	0.31
a_{Ri}	0.14	0.17	0.05	0.15	0.23	0.26
a_{Si}	0.06	0.01	0.20	0.15	0.17	0.40

表5.5　一季稻不同生育期温度、降水及日照适宜度权重系数

生育期	播种-三叶期	移栽-返青期	分蘖期	返青-拔节期	孕穗-开花期	灌浆-成熟期
a_{Ti}	0.09	0.12	0.03	0.48	0.11	0.17
a_{Ri}	0.02	0.02	0.47	0.20	0.18	0.11
a_{Si}	0.04	0.28	0.11	0.07	0.42	0.07

（5）全生育期气候适宜度模型

由于温度、降水及日照因子对作物生长发育及最终产量形成的影响不尽相同，为了精确评估三者对气候适宜度的不同贡献，将全生育期温度、降水和日照适宜度综合加权，得到作物全生育期气候适宜度：

$$F(C_j)=W_T\times F(T_j)+W_R\times F(R_j)+W_S\times F(S_j) \tag{5.5}$$

式中：W_T、W_R、W_S分别代表全生育期温度、降水、日照适宜度的权重系数。计算历年全生育平均温度、降水、日照适宜度与相对气候产量的相关系数，根据式(5.6)得到单要素适宜度对综合气候适宜度的权重贡献（表5.6）。

$$\begin{cases} W_T=\dfrac{|r_T|}{|r_T|+|r_R|+|r_S|} \\ W_R=\dfrac{|r_R|}{|r_T|+|r_R|+|r_S|} \\ W_S=\dfrac{|r_S|}{|r_T|+|r_R|+|r_S|} \end{cases} \tag{5.6}$$

表 5.6　冬小麦和一季稻全生育期温度、降水及日照适宜度权重系数

单要素适宜度	W_T	W_R	W_S
冬小麦	0.15	0.40	0.45
一季稻	0.43	0.35	0.22

5.2.2.2　作物气候生产潜力模型

气候生产潜力估算基于潜力衰减方法，采用“作物生长动态统计”模型，按光合、光温、气候潜力三级订正进行计算，将冬小麦和一季稻划分不同生育期时段作物，进行累加得到全生育期潜力（王晓煜 等，2015；褚荣浩 等，2015；袁彬 等，2012）。公式如下。

（1）光合生产潜力

$$Y_Q = C \times f(Q) \tag{5.7}$$

$$f(Q) = \Omega\varepsilon\varphi(1-\alpha)(1-\beta)(1-\rho)(1-\gamma)(1-\omega)(1-\eta)^{-1}(1-\xi)^{-1}sq^{-1}f(L)\sum Q \tag{5.8}$$

式中：Y_Q为单位面积光合生产潜力；C 为单位换算系数，取 10000；Q 为各生育期太阳总辐射（MJ/m^2）；其他参数意义和取值见表 5.7（王晓煜 等，2015；许艳 等，2015；高素华，1995；于沪宁 等，1982；谢云 等，2003）。

表 5.7　作物光合产量潜力各参数物理意义及取值

参数	物理意义	冬小麦	一季稻
Ω	作物光合固定 CO_2 能力的比例	0.85	1
ε	光合辐射占总辐射比例	0.49	0.49
φ	光合作用量子效率	0.224	0.22
α	作物群体反射率	0.1	0.06
β	作物群体对太阳辐射透射率	0.07	0.06
ρ	非光合器官对太阳辐射的无效吸收	0.1	0.1
γ	光饱和限制率	0.05	0.01
ω	作物呼吸损耗率	0.33	0.3
η	成熟谷物含水率	0.14	0.15
ξ	作物灰分含量	0.08	0.08
s	作物经济系数	0.45	0.4
q	作物形成单位质量干物质所需的热量	17.58	17.2
$f(L)$	作物叶面积动态变化订正值	0.5	0.58

（2）光温生产潜力

光合生产潜力 Y_Q经过温度订正函数订正后，粮食作物生育期光温生产潜力 Y_T计算公式如下：

$$Y_T = Y_Q \times F(T) \tag{5.9}$$

式中：温度订正函数 $F(T)$ 计算见式（5.1），Y_Q为光合生产潜力。

（3）气候生产潜力

光温生产潜力 Y_T经过水分订正函数订正后，粮食作物生育期气候生产潜力 Y_{cpp} 计算公式如下：

$$Y_{cpp} = Y_T \times F(R) \tag{5.10}$$

式中:水分订正函数 $F(R)$ 计算见式(5.3),Y_T 为光合生产潜力。

5.2.3 未来粮食作物气候适宜度预估

(1)冬小麦

基于多模式集合平均(MME)预估 2020—2050 年冬小麦各生育期气候适宜度变化,结果表明:播种-三叶期 RCP4.5 情景下气候适宜度呈显著的线性减小趋势(通过 $\alpha=0.01$ 的显著性水平),RCP6.0 和 RCP8.5 情景下线性变化趋势不明显;分蘖期 RCP6.0 情景下呈显著的线性减小趋势(通过 0.01 的显著性水平),RCP4.5 和 RCP8.5 情景下无明显线性变化趋势;越冬期、返青-分蘖期、孕穗-扬花期总体上无明显线性变化趋势;灌浆-乳熟期 RCP6.0 情景下呈显著线性减小趋势(通过 0.01 的显著性水平),RCP4.5 和 RCP8.5 情景下无明显线性变化趋势。相对于基准期,播种-三叶期、越冬期、返青-分蘖期气候适宜度略有增大,其他生育阶段适宜度略有减小(图略)。

从 2020—2050 年冬小麦全生育期气候适宜度变化预估结果来看(图 5.10):在 RCP6.0 情景下冬小麦气候适宜度呈显著线性减小趋势(通过 $\alpha=0.01$ 的显著性水平),而在 RCP4.5 和 RCP8.5 情景下气候适宜度线性减小趋势不明显。相对于基准期,三种情景下 2020—2040 年冬小麦气候适宜度年际波动大,其中 2030 年代前期处于正距平;但 2040—2050 年持续负距平,RCP4.5、RCP6.0 和 RCP8.5 情景下气候适宜度减幅分别为 4.2%、4.4%和 1.3%。

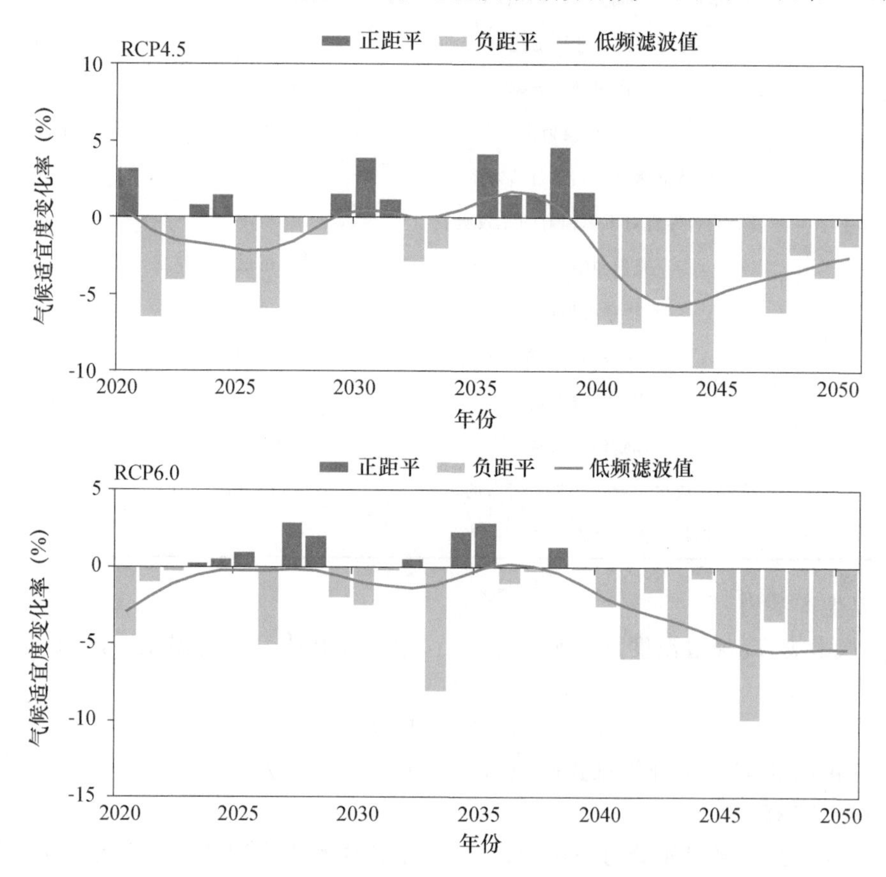

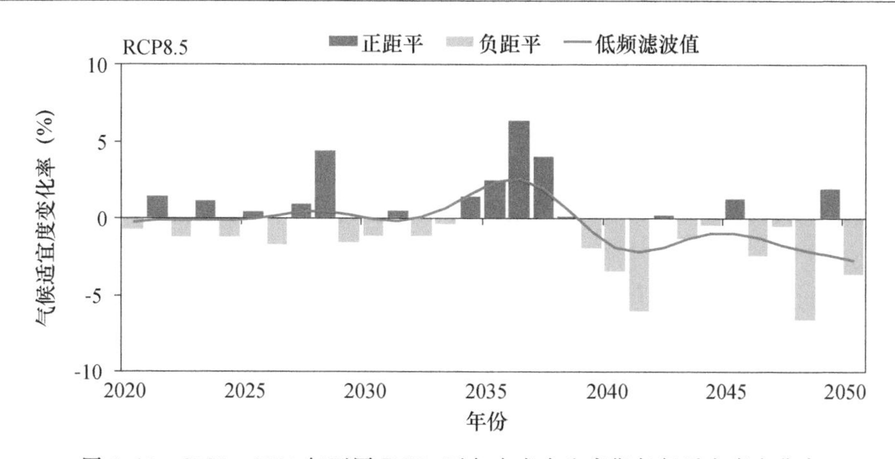

图5.10　2020—2050年不同RCPs下冬小麦全生育期气候适宜度变化率

从预估的2020—2050年淮北平原冬小麦全生育期气候适宜度变化百分率空间分布看：相较于基准期，在RCP4.5和RCP6.0情景下冬小麦气候适宜度减幅由南向北递增。在RCP4.5情景下冬麦区北部气候适宜度减幅在1.0%～2.9%，冬麦区南部减幅为0.5%～1.0%；在RCP6.0情景下冬麦区北部气候适宜度减幅在2.0%～4.5%，冬麦区中南部减幅为0%～2%，冬麦区南部适宜度略有增大；在RCP8.5情景下冬麦区北部气候适宜度减幅在0%～3%，冬麦区中部及南部适宜度增大，增幅为0%～1%（图5.11）。

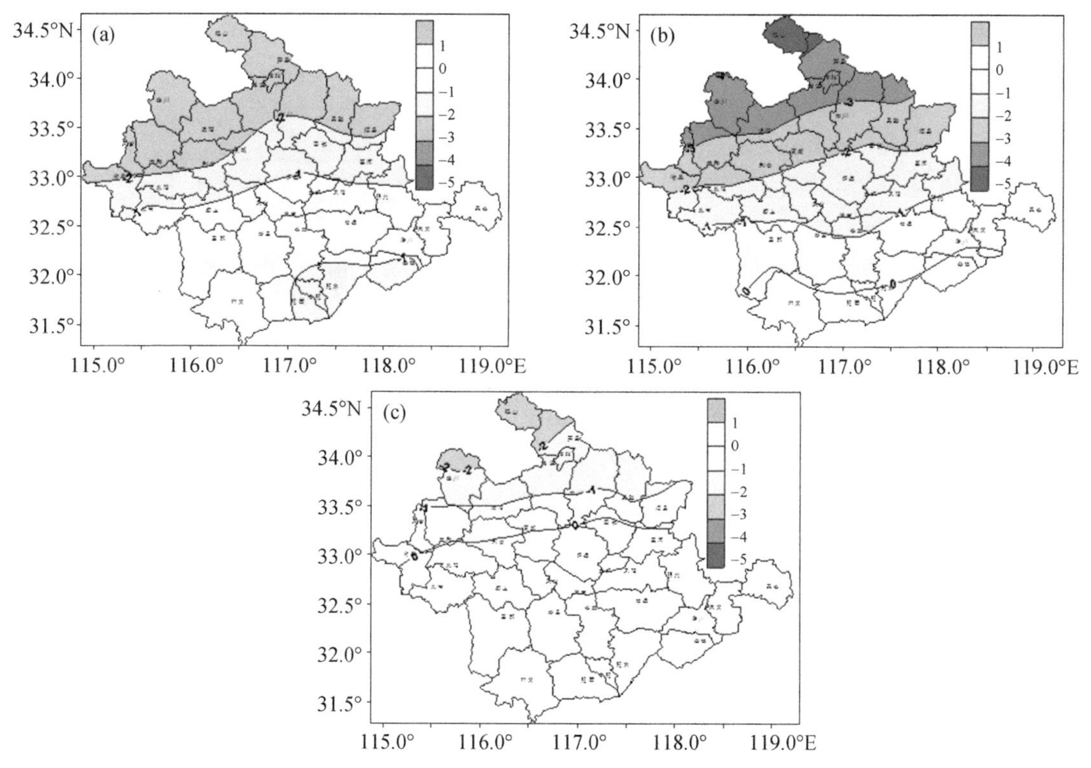

图5.11　2020—2050年冬小麦全生育期气候适宜度变化百分率(%)

(a)、(b)和(c)分别为RCP4.5、RCP6.0和RCP8.5情景

总体来看，不论哪种情景，淮河以北冬小麦适宜性均减小；淮河以南变化趋势差异明显，其中RCP8.5情景下冬麦区大部适宜性增大。

(2)一季稻

基于多模式集合平均(MME)预估2020—2050年一季稻各生育期气候适宜度变化，结果表明：未来三种情景下不同生育期气候适宜度线性变化趋势不显著。相对于基准期，播种-三叶期气候适宜度均减小，以RCP8.5情景减幅最大(2.7%)；返青-移栽期气候适宜度RCP4.5和RCP6.0情景减小，而RCP8.5情景略有增大；分蘖期及拔节-孕穗期气候适宜度均减小；抽穗-开花期气候适宜度均增大，其中以RCP6.0情景减幅最大(6.2%)；灌浆-成熟期气候适宜度RCP4.5和RCP6.0情景略有增大，而RCP8.5情景减小，减幅达5.0%(图略)。

从2020—2050年淮河以南一季稻全生育期气候适宜度预估结果看：RCP4.5和RCP8.5情景下一季稻气候适宜度均略有线性减小趋势(未通过0.01的显著性水平检验)，RCP6.0情景下气候适宜度线性增减趋势不明显。相对于基准期，三种情景下一季稻气候适宜度均减小，以2040—2050年减幅最大，在RCP8.5情景下减幅达7.1%(图5.12)。

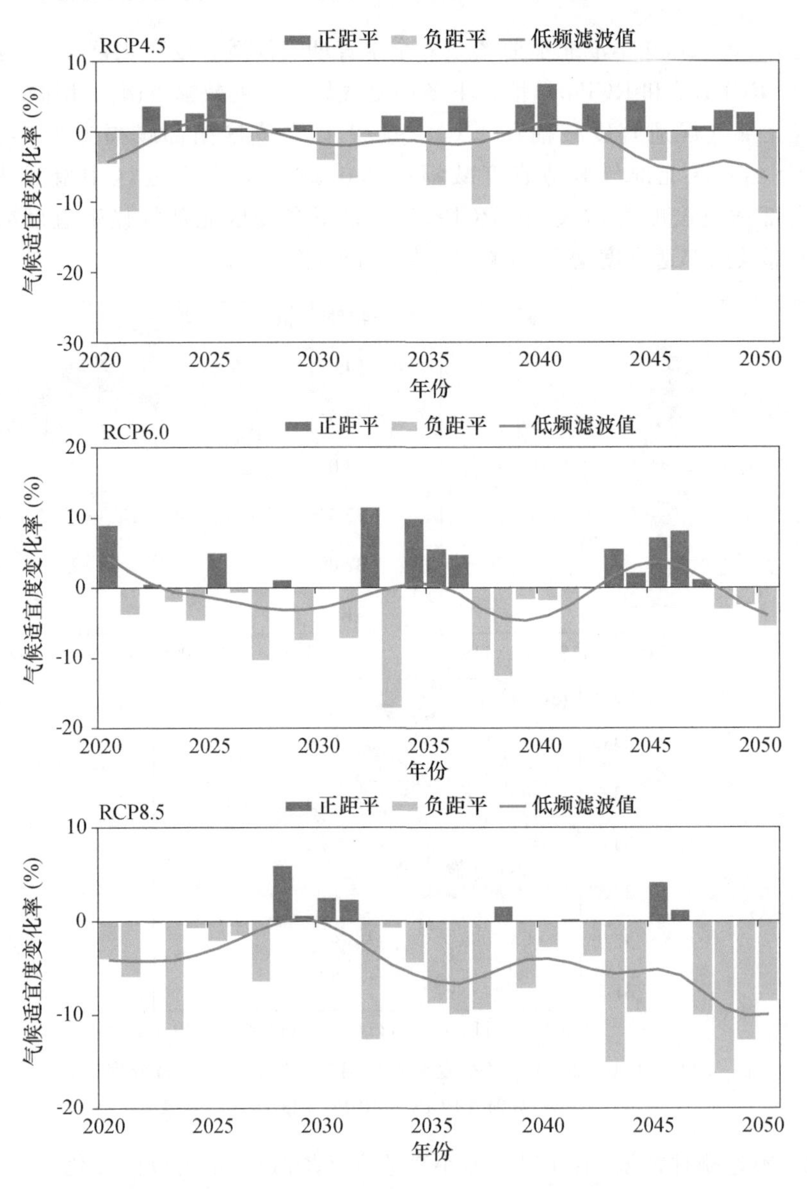

图5.12　2020—2050年不同RCPs下一季稻全生育期气候适宜度

从预估的 2020—2050 年淮河以南一季稻全生育期气候适宜度变化率空间分布看：相较于基准期，三种情景下一季稻气候适宜度减幅以江淮之间中部及沿江最大，江淮之间西北部减幅最小。在 RCP4.5 情景下江淮之间大部、沿江地区一季稻气候适宜度减幅为 8%～12.7%；江南减幅为 5%～8%，大别山区减幅为 1.5%～5%；在 RCP6.0 情景下江淮之间大部、沿江地区气候适宜度减幅为 5%～10%，其他地区减幅为 1%～5%；在 RCP8.5 情景下江淮之间大部、沿江地区气候适宜度减幅为 10%～13.6%，其他地区减幅为 3.3%～10%（图 5.13）。

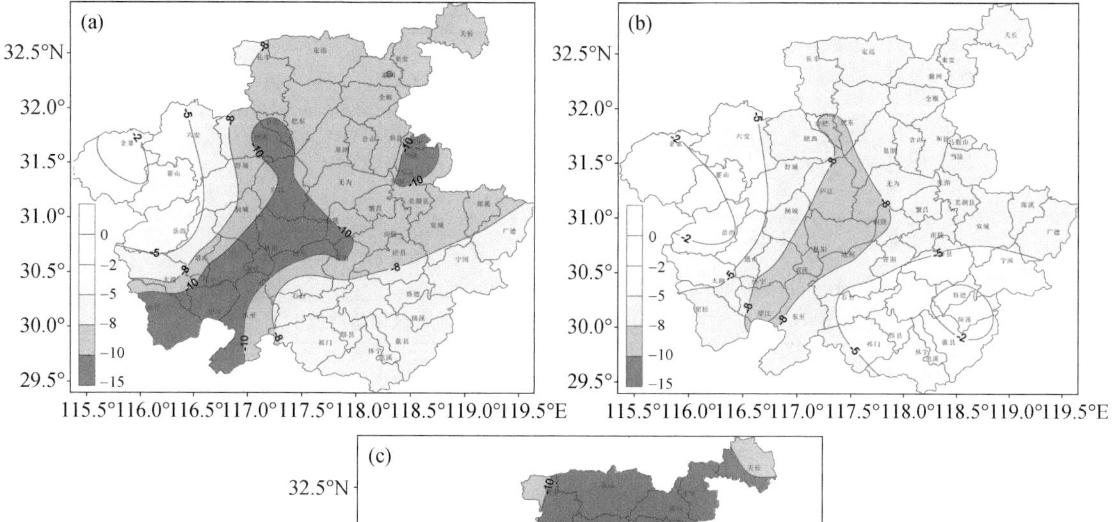

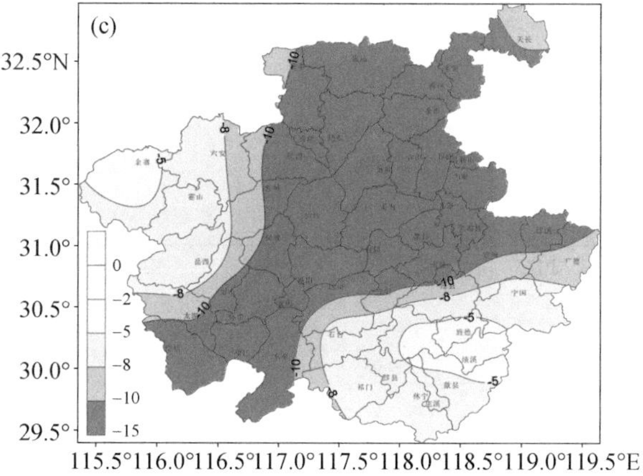

图 5.13　2020—2050 年一季稻全生育期气候适宜度变化百分率(%)

(a)、(b)和(c)分别为 RCP4.5、RCP6.0 和 RCP8.5 情景

总体来看，不论哪种情景，2020—2050 年淮河以北冬小麦适宜性均减小；淮河以南变化趋势差异明显，其中 RCP8.5 情景下冬麦区大部适宜性增大；一季稻气候适宜度年际波动大，但无明显的线性减小趋势；相较于基准期，三种情景下一季稻气候适宜度减幅以江淮之间中部及沿江最大。

5.2.4　未来粮食作物气候生产潜力预估

(1)冬小麦

未来淮北平原冬小麦气候生产潜力呈显著的线性减小趋势（通过 0.01 的显著性水平），MME 预估 2020—2050 年在 RCP4.5、RCP6.0 和 RCP8.5 情景下气候生产潜力减小率分别为 458 kg/(hm^2 · 10 a)、364 kg/(hm^2 · 10 a)和 414 kg/(hm^2 · 10 a)（图 5.14）。相对于基准期，

三种情景下 2020—2050 年气候生产潜力均减小，减幅分别为 8.2%、6.7%及 7.7%，其中 2030 年代气候生产潜力无明显变化，而 2020 年代及 2040 年代处于负距平，尤其是 RCP4.5 情景下 2040 年代减幅最大，达 18.4%。

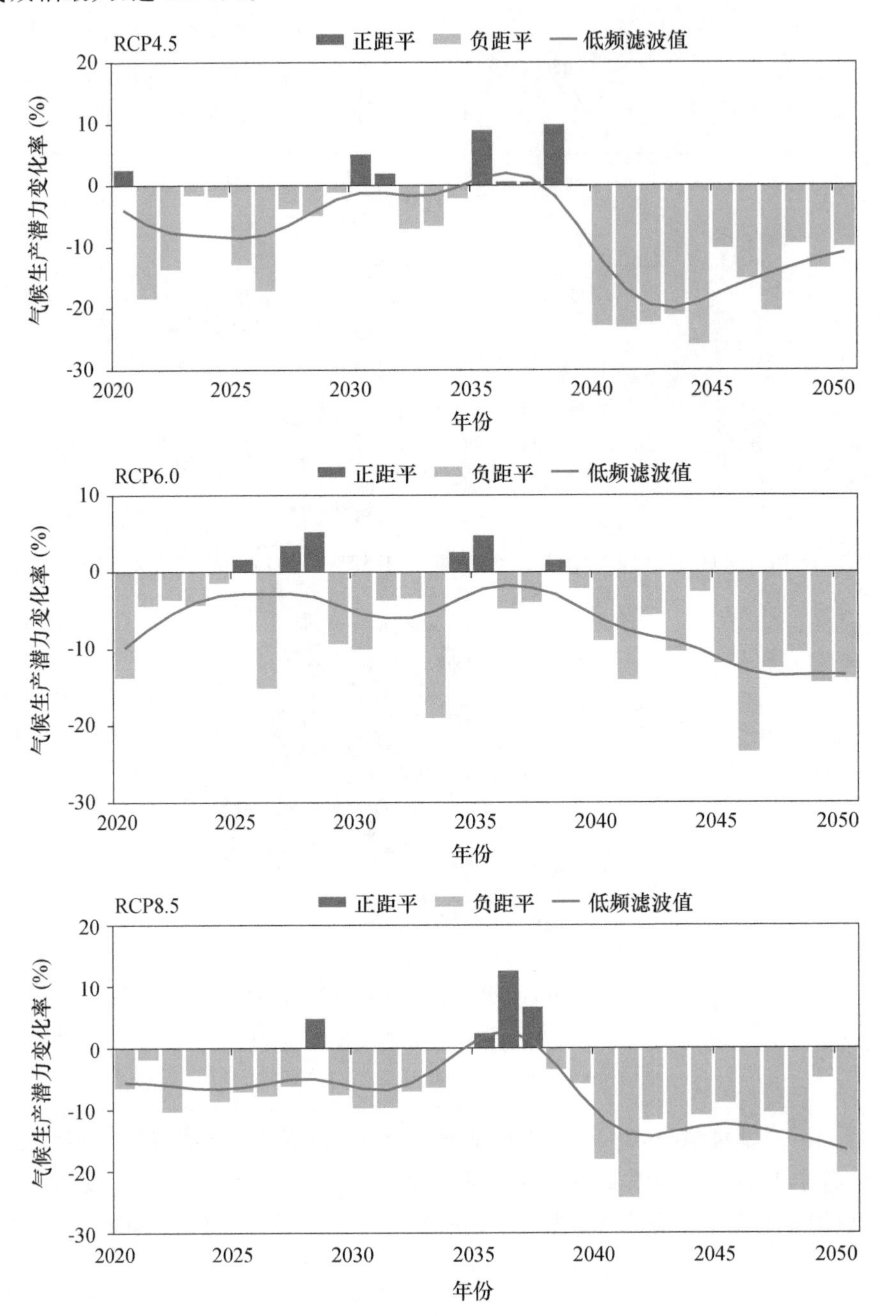

图 5.14　2020—2050 年不同 RCPs 下冬小麦全生育期气候生产潜力变化率

从预估的 2020—2050 年淮北平原冬小麦气候生产潜力变化百分率空间分布看：相较于基准期，三种情景下冬小麦气候生产潜力减幅由南向北递增，冬麦区北部减幅最大。在 RCP4.5 情景下冬麦区北部气候生产潜力减幅在 8%～12%，冬麦区南部减幅为 6%～12%；在 RCP6.0 情景下冬麦区北部气候生产潜力减幅在 8%～13.5%，冬麦区中部减幅为 5%～8%，冬麦区南部减幅为 2.3%～5%；在 RCP8.5 情景下冬麦区北部减幅在 8%～15.4%，其他大部分地区减幅为 4.8%～8%(图 5.15)。

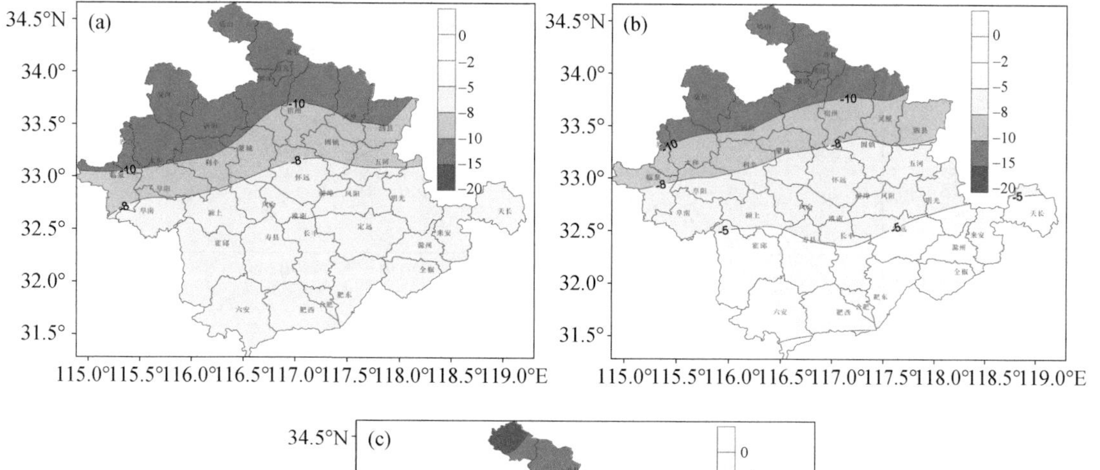

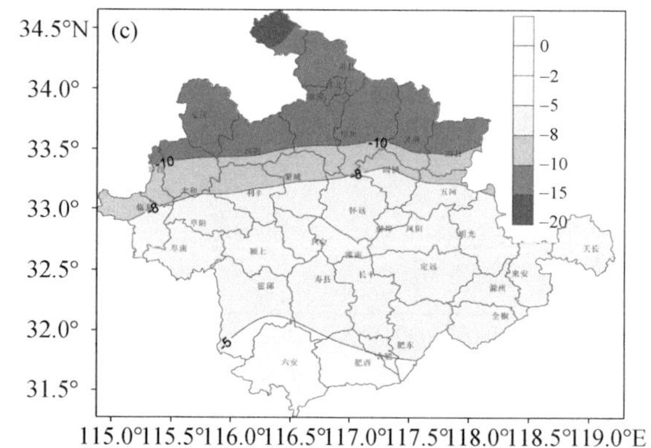

图 5.15　2020—2050 年冬小麦气候生产潜力变化百分率(%)

(a)、(b)和(c)分别为 RCP4.5、RCP6.0 和 RCP8.5 情景

(2)一季稻

在 RCP4.5、RCP6.0 和 RCP8.5 情景下 2020—2050 年淮河以南一季稻气候生产潜力线性变化趋势不明显(图 5.16)。相对于基准期，三种情景下 2020—2050 年气候生产潜力均减小，减幅分别为 6.6%、7.6%及 17.4%，以 RCP8.5 情景下减幅最大，其中 2040 年代减幅达 20.1%。

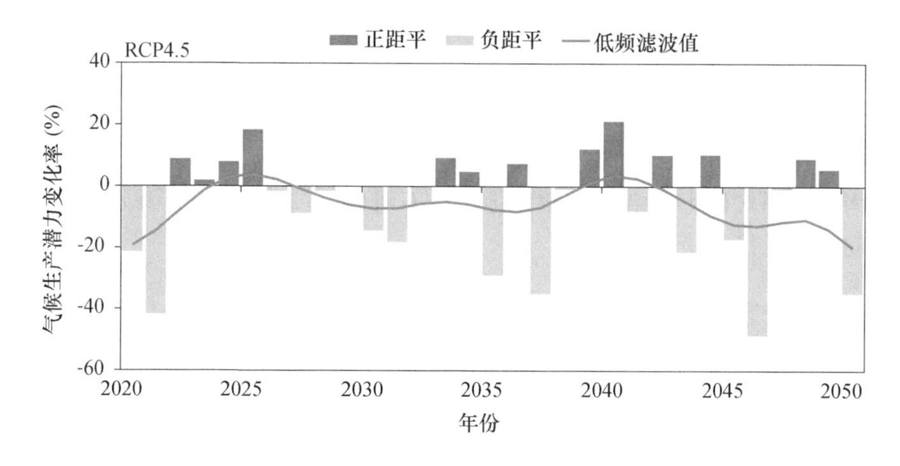

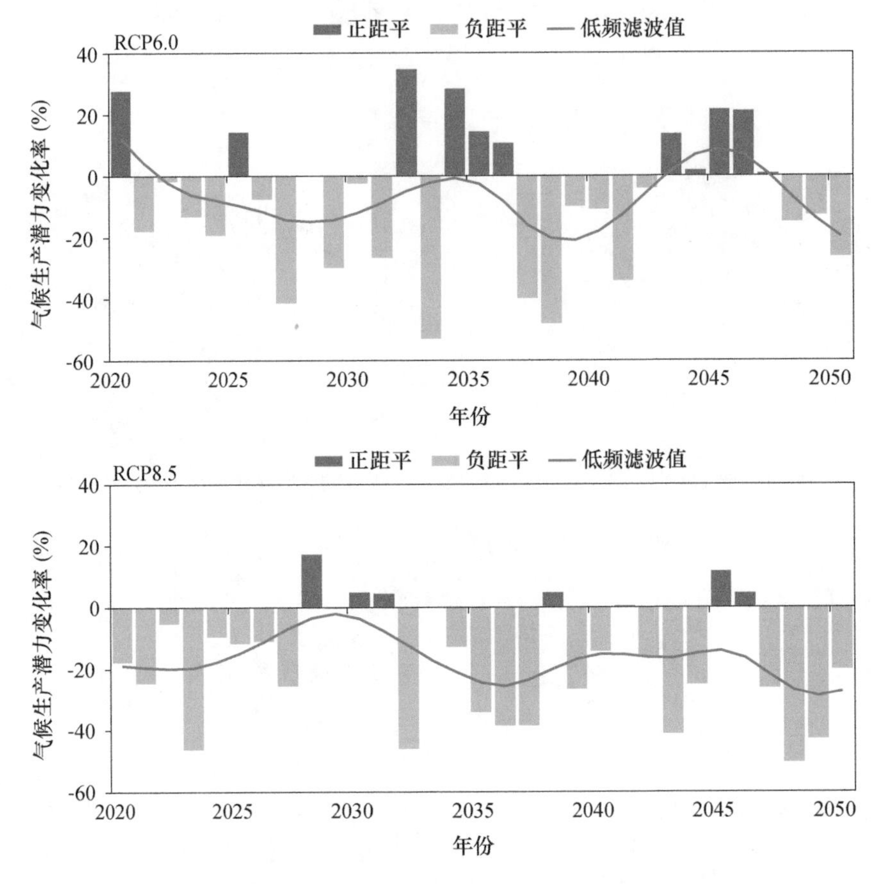

图 5.16　2020—2020 年不同 RCPs 情景一季稻全生育期气候生产潜力变化率

从预估的 2020—2050 年淮河以南一季稻气候生产潜力变化百分率空间分布看：相较于基准期，三种情景下一季稻气候生产潜力减幅以江淮之间中部及沿江最大。在 RCP4.5 情景下除江淮之间西北部气候生产潜力略有增大外，其他大部地区减小，其中江淮之间中部及沿江地区减幅最大，达 15%～20%；在 RCP6.0 情景下除江淮之间西北部气候生产潜力略有增大外，其他大部地区减小，其中江淮之间大部减幅最大，达 10%～15%；在 RCP8.5 情景下淮河以南一季稻气候生产潜力均呈不同程度的减小，其中江淮之间中东部减幅最大，达 25%～29%(图 5.17)。

总体来看，未来淮北平原冬小麦气候生产潜力呈减小趋势，在 RCP4.5、RCP6.0 和 RCP8.5 情景下预估的 2020—2050 年气候生产潜力减小率分别为 458 kg/(hm^2 · 10a)、364 kg/(hm^2 · 10a)和 414 kg/(hm^2 · 10 a)。相较于基准期，三种情景下冬小麦气候生产潜力减幅由南向北递增，冬麦区北部减幅最大。

淮河以南一季稻气候生产潜力线性变化趋势不明显，三种情景下一季稻气候生产潜力减幅以江淮之间中部及沿江最大。

5.2.5　气候生产潜力对气候变化响应分析

粮食作物生产过程中，假设人为可控制的因子如土壤、品种、栽培技术等处于有利状况，气候生产潜力(Y_{cpp})主要受气候因子的影响。鉴于此，预估 21 世纪安徽省淮北平原冬小麦和淮

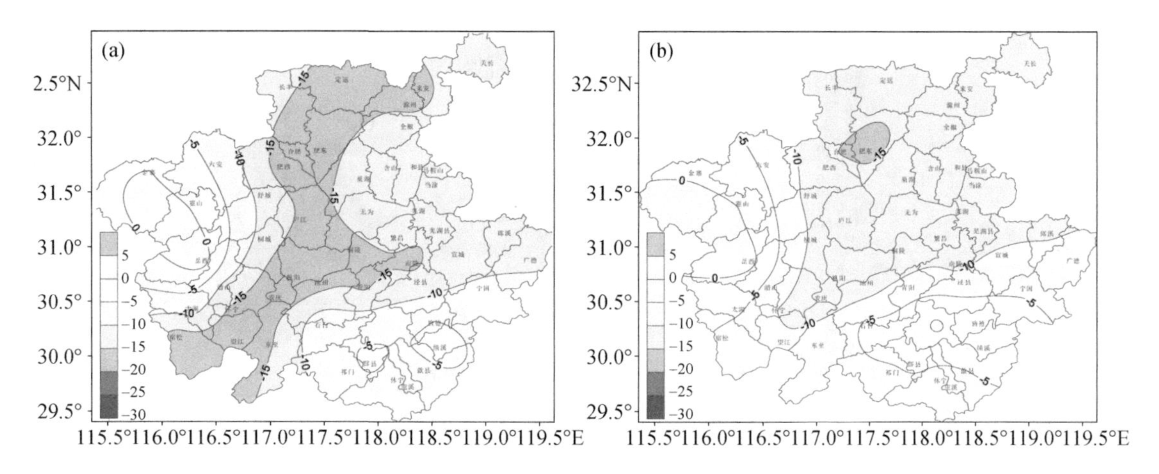

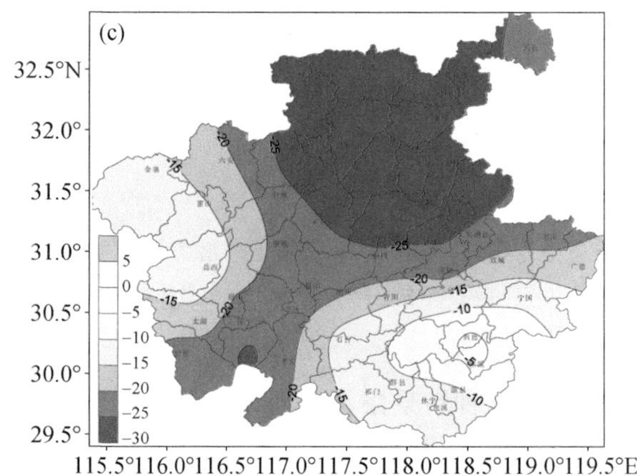

图 5.17　2020—2050 年一季稻气候生产潜力变化百分率(%)

(a)、(b)和(c)分别为 RCP4.5、RCP6.0 和 RCP8.5 情景

河以南一季稻 Y_{cpp} 与对应全生育期气候要素的相关性。

基于多模式三种情景集合平均预估的冬小麦 Y_{cpp} 与对应全生育期平均气温、降水量和太阳总辐射的相关系数分别为−0.202、0.531 和 0.712，其中与降水量和太阳总辐射的正相关极其显著(通过 0.01 的显著性水平)。从相关系数的空间分布看(图 5.18a)：冬麦区 Y_{cpp} 与平均气温总体呈负相关，并且南部相关性高于北部；与降水量和太阳总辐射均为全区一致性正相关，并且北部相关性高于南部。预估的一季稻 Y_{cpp} 与对应全生育期平均气温、降水量和太阳总辐射的相关系数分别为−0.465、0.311 和 0.205，其中与平均气温和降水的相关极显著(通过 0.01 的显著性水平)。从空间分布看(图 5.18b)：一季稻区 Y_{cpp} 与平均气温呈现一致的负相关，江淮之间中部及沿江西部相关性最高；与降水量的相关除江南未达到 0.05 的显著水平外，其他大部地区呈显著正相关关系；与太阳总辐射全区一致性正相关，相关系数基本在 0.3 以下，未达到 0.05 的显著水平。总之，冬小麦 Y_{cpp} 主要取决于其全生育期降水量和太阳总辐射，而一季稻 Y_{cpp} 主导因子为其全生育期平均气温及降水量。

基于气候变化响应结果，探讨主导气候因子对 Y_{cpp} 变化的影响：

(1)冬小麦：相较于基准期，到 2050 年多模式三种情景集合平均预估的全生育期降水量和太阳辐射均减少约 5%。基于降水和太阳辐射变化估算冬小麦 Y_{cpp} 变化可知，在同一太阳辐射变化水平下，全生育期降水量每减小 5%，Y_{cpp} 将减小 0.66%；在同一降水变化水平下，太阳辐

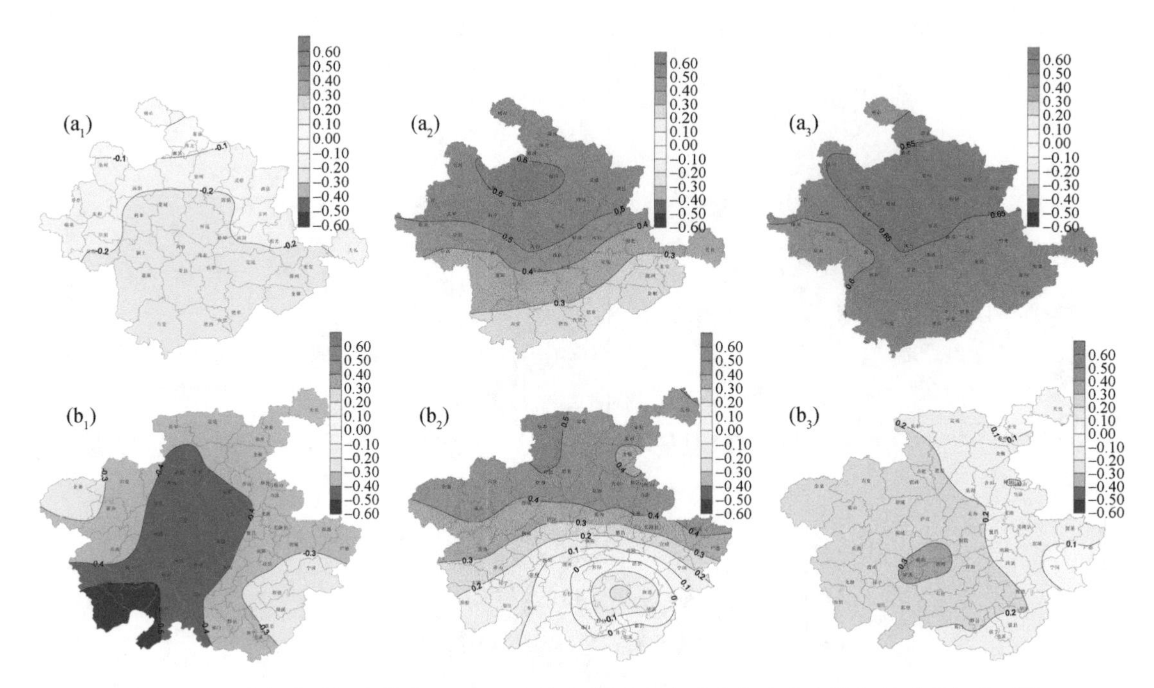

图 5.18　预估的安徽省冬小麦(a)和一季稻(b)气候生产潜力与全生育期气候要素相关系数

(1)平均气温;(2) 降水量;(3) 太阳总辐射

射每减小 5%,Y_{cpp} 将减小 5%。

(2)一季稻:到 2050 年多模式三种情景集合平均预估的全生育期平均气温将升高 1.5 ℃,降水量减幅为 4%。在同一降水变化水平条件下,平均气温每升高 1.0 ℃,Y_{cpp} 将减小 9.8%;在同一升温水平条件下,降水量每减小 4%,Y_{cpp} 将减小约 0.96%。由此可见,安徽淮河以南未来 21 世纪一季稻生育期降水与 Y_{cpp} 呈一致性变化趋势,即降水量减少将引起 Y_{cpp} 减小,反之降水增多则对 Y_{cpp} 有促进作用,但气候增暖则不利于 Y_{cpp} 增加,且增暖的影响远高于降水变化的影响。

总体来看,2020—2050 年冬小麦和一季稻气候生产潜力年际波动大,总体呈线性减小趋势,并以一季稻年际差异大,减小趋势也更为明显。从空间分布看,全球增温 1.5 ℃和 2.0 ℃下,冬小麦气候生产潜力较基准期减小,减幅由南向北增大,其中冬麦区北部减幅最大;一季稻气候生产潜力较基准期也减小,以 RCP6.0 和 RCP8.5 情景减幅较为明显,其中江淮之间及沿江减幅超过 20%。从气候生产潜力对气候变化的响应来看,未来冬小麦生育期降水量和太阳辐射减少对 Y_{cpp} 产生负面影响,一季稻生育期降水增多对 Y_{cpp} 有促进作用,但气候变暖不利于 Y_{cpp} 增加。

5.3　农业适应气候变化的对策建议

气候变化对安徽省农业的影响客观存在,有利有弊,有利的方面是热量条件进一步优化,适宜生长期延长,复种指数提高;不利的方面是病虫害发生面积扩大,化肥、农药施用量增加。未来气候变化对安徽省粮食生产以不利影响为主,农业生产者和科技工作者面临着严峻挑战。为了减缓和适应气候变化,制定科学合理的应对策略对未来农业生产至关重要。

5.3.1　优化种植布局和结构调整

淮河以南地区要突出抓好优质水稻和油菜生产，淮北地区则要扩大优质小麦播种面积，大别山区和皖南山区注重提高名优茶叶和经济林果比例。此外，根据气候变化的趋势，分析研判未来光、温、水等农业气候资源的重新分配和农业气象灾害发生发展新态势，开展精细化农业气候区划和农业气象灾害风险科学评估，有意识地调整农业种植制度、选育抗逆性强的品种，大力发展设施农业，通过温室调控效应，减轻因冬季低温以及夏季高温对农业生产造成的不利影响，使之适应气候变化。

5.3.2　加快农业生产新技术研究和推广

改善农业基础设施，加强节水农业和科学灌溉的研究、推广及应用，研制适应气候变化的农业生产新工艺，开发自动化、智能化农业生产技术，强化综合防治自然灾害的工程设施建设；调整农业管理措施，降低农业生产成本，提高土地利用效率。

5.3.3　增强农业气象防灾减灾能力

优化农业气象观测站网布局和观测项目设置，完善农业气象观测系统，发展关键农时农事等农用天气预报，建立农业气象灾害监测预警系统，提升农业气象灾害监测、预报和预警能力，加强防洪、防涝、抗旱、病虫害防治。

完善安徽农网和覆盖全省的农村综合信息服务站网建设，实现农业气象服务信息的全面覆盖，提高农业气象服务信息传播能力。同时，进一步加强农业气象灾害指标研究，开展农业气象灾害风险科学评估，建立综合的农业气象灾害风险管理体系，提高农业防灾减灾能力。

第6章 气候变化对安徽省水资源的影响

安徽省境内河流众多,主要分属长江、淮河、新安江水系。三大水系共有一级支流63条,二级支流143条。沿淮和沿江地区有湖泊分布,位于长江左岸的巢湖,是中国五大淡水湖泊之一。长江流经安徽境内约416 km,流域面积6.60万km^2,占全省总面积的47.3%;淮河流经省内约430 km,流域面积6.69万km^2,占全省总面积的48.0%;新安江流经省内242 km,流域面积0.65万km^2,占全省总面积的4.7%(安徽省志水利志编委会,1994)。

安徽省地处南北气候过渡地带,属季风盛行区,冷、暖气团交汇频繁,又受东南台风登陆影响,降水自北向南递增。大气降水所产生的河川径流,以及地下水补给,为安徽社会经济发展提供了水资源。据安徽省统计年鉴:全省多年(2000—2018年)平均水资源总量756亿m^3,其中地表水资源量为696亿m^3,地下水资源为183亿m^3(安徽省统计局,2019);水资源在空间上分布不均,基本上呈"南部多于北部,山区多于平原"的特点(王国强 等,2002)。安徽省人均水资源占有量为1310 m^3,低于全国人均占有量的2730 m^3的水平(安徽省志水利志编委会,2013)。随着人口的增长、经济的迅速发展,水资源供需矛盾将愈加突出。在气候变化的情形下,特别是在降水分布格局改变的条件下,水资源供需矛盾有可能进一步加剧,流域性洪涝和干旱的风险有可能变大(林而达 等,2006;田红,2012),将给安徽省日益严峻的水资源供应形势增加新的变数。

1951—2018年,安徽省淮河、长江及新安江三大流域年降水量和年径流量均无明显的线性变化趋势,但年际波动较为显著;三大流域水文控制站历年最高/平均水位也无明显的线性变化趋势,降水异常年与水位极端年份基本吻合。

三大流域中,由于长江流域年降水和地表径流量最多,因此供水量也最大;其次为淮河流域;新安江流域尽管年降水量多,但囿于流域面积小,供水量在全省所占比重也最小。由于淮河流域是我国的粮食主产区,该区域地表水资源十分匮乏,同时也是气候变化敏感区。鉴于此,基于气候变化情景预估数据,对未来淮河流域水资源变化及其影响进行了预估研究,结果表明:未来淮河中上游径流年代际及季节时间序列分布差异显著,并且未来洪涝灾害频率更多,涝重于旱;同时,干旱灾害的风险依然存在。

6.1 已观测到的气候变化对水资源的影响

6.1.1 对地表径流量的影响

基于实测资料,研究表明:在过去几十年中,气候变化已经引起了安徽省地表径流的变化。全省地表径流无显著变化趋势,但年际波动大;淮河、长江及新安江三大流域径流量年际变化显著,但整体上也无明显的线性趋势。气候变化对径流的影响主要是通过降水增减引发的。

下面就安徽省三大流域(图6.1),分别从干流和支流地表径流的变化进行分析。

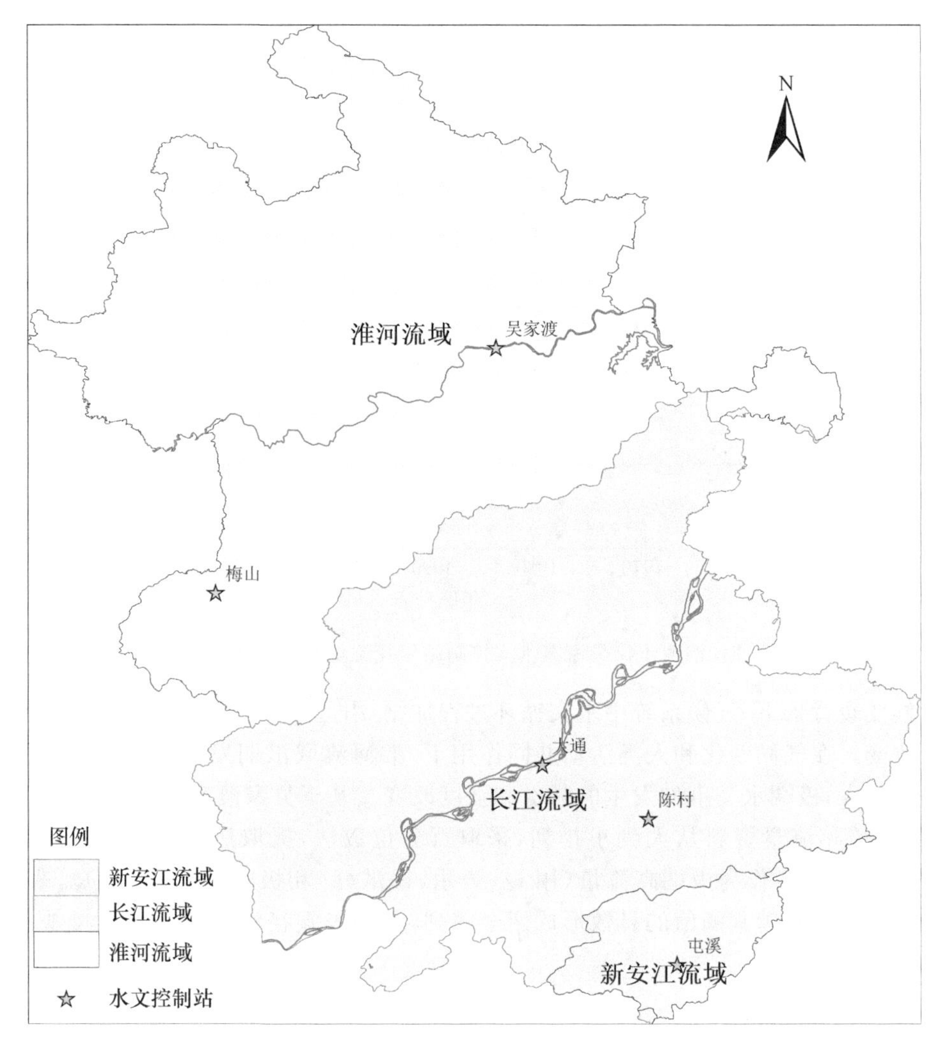

图6.1 安徽省三大流域水资源分区

(1)淮河流域

基于淮河干流蚌埠吴家渡水文控制站实测日流量数据,分析淮河中上游年径流量的变化。1951—2018年淮河干流吴家渡站年径流量无显著线性变化趋势,但年际振荡较为剧烈。从年代际变化来看,1950年代、1980年代及21世纪前10年年平均径流量多,而1970年代、1990年代以及2011—2015年年平均径流量则明显偏少(图6.2)。年径流量的极端值年份与淮河流域历史上的典型旱涝年份也十分吻合,如1966年、1978年、1994年、1999年、2001年径流量异常偏少(不足80亿m^3),出现流域性大旱;而1954年、1956年、1963年、1964年、1991年和2003年径流量异常偏多(超过500亿m^3),出现流域或区域性洪涝灾害。

1951—2018年淮河流域安徽段年降水量(吴家渡站以上区域安徽省国家气象站)年际波动大,这与年径流量年际波动特征基本一致;然而年降水量略有线性增加趋势,而年径流量则略有减小趋势,二者存在一定的差异,从而可以说明降水变化并非是制约淮河流域地表径流量变化的关键因素。这与唐为安等(2015)研究结论基本一致,土地利用变化是引起淮河上中游径流量变化的主导因子,其对上游和中游径流量变化的贡献率分别为76%和74%。但降水异常偏多和偏少的极端年份，降水对地表水径流量的影响仍起主导作用，径流极端值年份与典型旱涝年份有较好的对应关系（图 6.2）。总体而言，淮河流域安徽段降水和径流量变化对该区域的旱涝灾害分布格局影响显著，这与以往的相关研究结果也相吻合（杜鸿 等，2012；王胜 等，2012）。

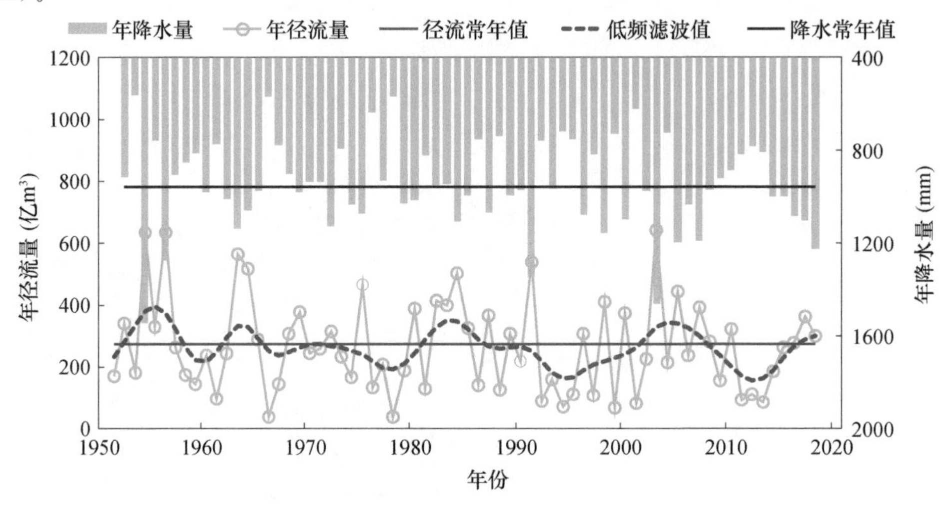

图 6.2　淮河干流吴家渡水文控制站年径流量及年降水量变化

在气候变暖背景下，气候系统中水文循环过程加剧，引起水资源在时空上重新分配和水资源总量的改变。在气候变化和人类活动共同作用下，淮河流域汛期发生洪涝以及枯水期发生干旱的频率加大，极端水文事件发生的频次和强度改变。基于吴家渡水文站 1951—2018 年日流量资料，将历年流量资料从大到小排列，采取百分位数法，提取历年前 5%（Q_{05}）和后 5%（Q_{95}）的百分位数流量作为极端高流量（用 Q_{05} 表示，即洪峰）和极端低流量（用 Q_{95} 表示，即干旱）阈值，统计历年超越其阈值的日数形成两个序列，分析极端径流事件演变以反映旱涝灾害特征（图 6.3）。

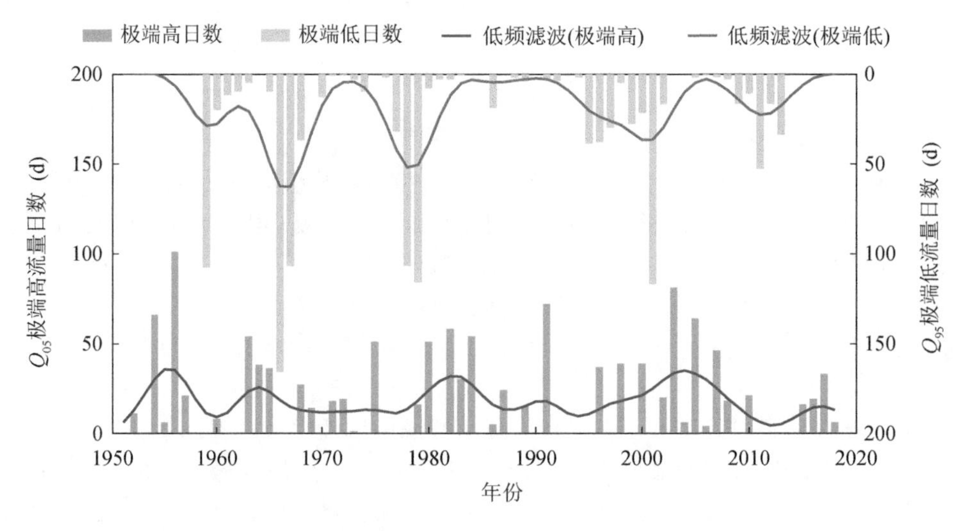

图 6.3　吴家渡站日流量极端高（Q_{05}）和极端低（Q_{95}）的年日数历年变化

由图 6.3 可知，吴家渡水文站极端高流量日数无显著变化趋势，但存在明显的年代际变化特征，其中 1950 年代、1980 年代及 2000 年代极端高流量日数偏多，然而 2008 年以来极端高流量日数明显偏少。极端低流量的日数在 1951—2018 年也无明显的线性增减趋势，但其年际振荡剧烈，其中 1960 年代中后期、1970 年代后期及 1995—2001 年极端低流量日数明显偏多，表明水文干旱事件增加。

淮河支流（史河上游）大型水库梅山水库的历年降水量（取金寨气象站年降水量数据）和年径流深对应非常一致，径流极端值的出现年份与历史典型旱涝年份也十分吻合（图 6.4），如大旱年 1966 年、1978 年、1994 年、2001 年等和大涝年 1954 年、1987 年、1991 年、2003 年等。从整个时段来看，梅山水库年径流深在 1950 年代后期至 1960 年代后期和 1990 年代中期至 21 世纪初处于低值阶段，2013 年以来年径流深趋于增加。

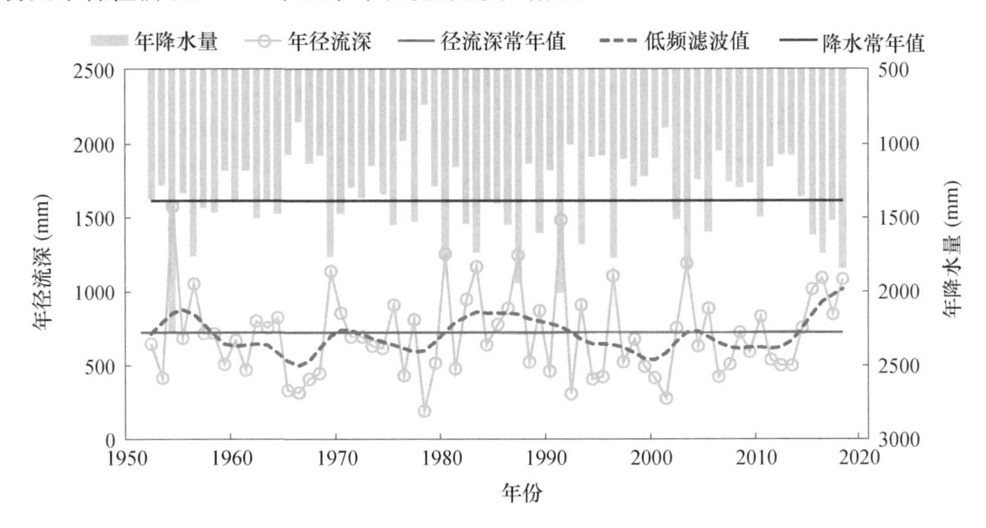

图 6.4　1951—2018 年淮河支流梅山水库年径流深与年降水量历年变化

(2)长江流域

基于长江干流安徽段大通水文控制站 1951—2018 年逐日实测径流量数据，分析其年径流量的变化，结果表明（图 6.5）：长江干流大通站年径流量线性变化趋势不明显，但年际振荡较为剧烈；从年代际变化来看，1950 年代前期、1980 年代中期及 1990 年代径流量大，其中 1954 年 8 月 1 日出现历史最大流量 92600 m^3/s；而 1950 年代代后期至 1970 年代、2003—2014 年年平均径流量明显偏小（图 6.5）。年径流量的极端值年份与安徽省长江流域历史典型旱涝年份也较为吻合，如 1959 年、1971 年、1978 年、1986 年、2006 年、2011 年及 2013 年径流量异常偏少（不足 8000 亿 m^3），安徽沿江地区出现大旱；而 1954 年、1983 年、1999 年和 2016 年径流量异常偏多（超过 10000 亿 m^3），出现流域或区域性洪涝灾害。

1951—2018 年长江流域安徽段年降水量（取大通水文站以上区域内的安徽省国家气象站年降水量平均值）总体上也无明显的线性变化趋势，但年际波动大，这与年径流量总体对应较好（图 6.5）。1999 年长江流域安徽段年降水量达 2184.6 mm，尤其是梅雨期连续 9 d 出现暴雨。长江干流上游洪水自中游向下游演进传播过程中，流速和流量明显偏大，加之本地出现持续暴雨过程，长江安徽段一度超警戒水位，7 月 22 日大通站最大洪峰流量为 83900 m^3/s，仅次于 1954 年洪峰流量，为历史第二位。此外，长江流域安徽段 1998 年降水量不及 1999 年，但 1998 年长江中上游发生了仅次于 1954 年的特大洪水，受上游来水影响，大通站年径流量显著

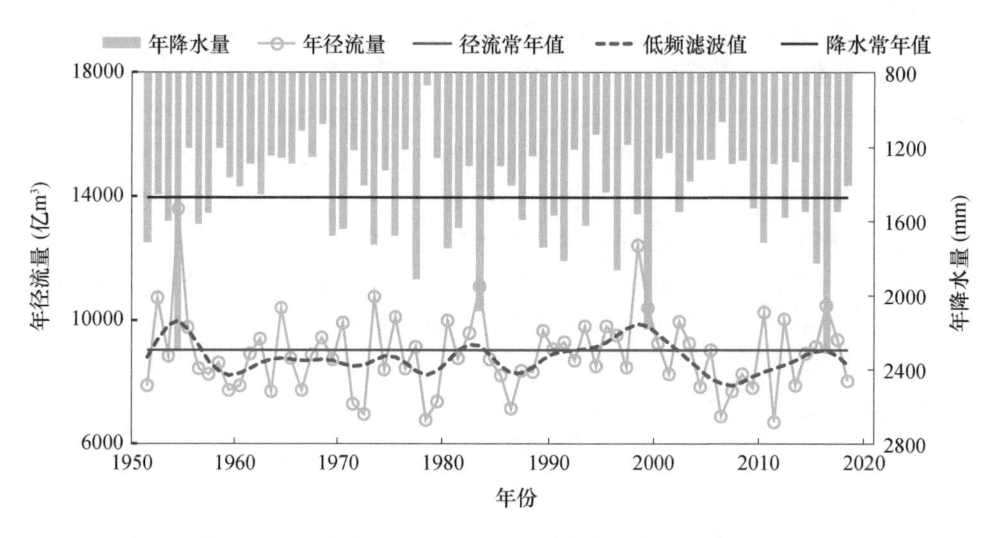

图 6.5　1951—2018 年长江干流大通水文站年径流量及年降水量历年变化

多于 1999 年。由此可见，年径流量除受本地降水影响外，上游来水也是重要的影响因素。

长江支流青弋江上游大型水库陈村水库的年降水量(取黄山区气象站年降水量数据)和年径流深均无明显变化趋势，且两者变化的一致性程度高(图 6.6)。陈村水库径流深的极端值年份与历史典型旱涝年份十分吻合，如大旱年 1968 年、1978 年和 2006 年等，年径流深异常偏小；大涝年 1954 年、1983 年、1996 年、1999 年和 2016 年等，年径流深异常偏大。陈村水库在 1950 年代末至 1960 年代末径流深呈下降趋势，1990 年代至 21 世纪初以年际波动为主，2003 年以来再次呈下降趋势。

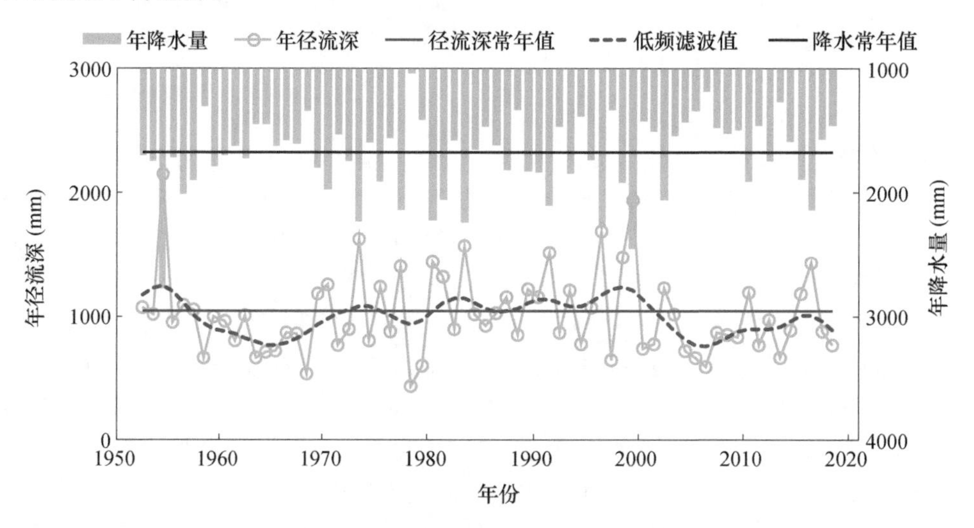

图 6.6　1951—2018 年长江支流陈村水库年径流深与年降水量历年变化

(3)新安江流域

考虑到流域面积较小，仅分析干流屯溪站年径流量变化，对支流径流深变化未做进一步探讨。利用干流屯溪站 1951—2018 年逐日实测流量，分析新安江流域安徽段年径流量的变化，结果表明：新安江流域安徽段径流量以年际振荡为主，无显著线性变化趋势(图 6.7)。从年代际变化来看，1950 年代中期至 1960 年代、1990 年代后期至 2010 年径流量偏少，其中 2004—

2007 年不足 10 亿 m^3，最少 2007 年仅为 4.8 亿 m^3。1950 年代前期、2014 年以来年径流量处于偏多期，其中 1954 年、1973 年和 1999 年径流量超过 50 亿 m^3，最多 1954 年达 62.8 亿 m^3。1951—2018 年新安江流域安徽段年降水量的年际波动大，这与年径流量变化特征较为一致，表明降水量是引起新安江流域地表径流量变化的主导因素，该区域与气候变化关系最密切。

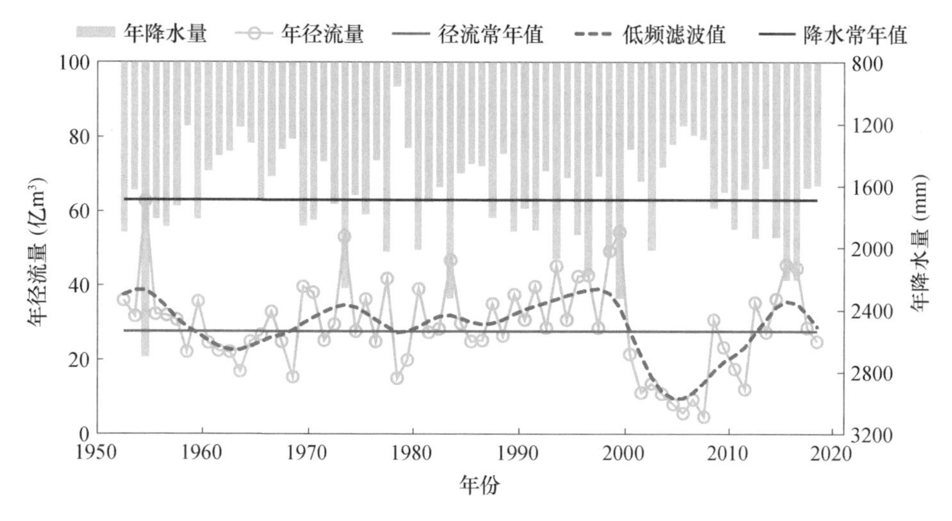

图 6.7　1951—2018 年新安江干流屯溪站年径流量及年降水量历年变化

综合来看，近几十年，安徽省三大流域年降水量和年径流量均无明显的线性变化趋势，但年际波动较为显著，并且二者的年际波动特征整体上较为一致，径流量的极端值年份与各流域历史典型旱涝年份总体上也较为吻合，降水和径流量变化对旱涝灾害的分布格局影响显著。然而，部分年份的降水量与地表径流量存在一定差异，表明地表径流量变化受气候变化、上游来水、人类活动等多重因素影响，尤其在淮河流域，由于干流和支流闸坝众多，人为调控措施对地表径流量影响显著，气候变化只是其中的影响要素之一。

6.1.2　对主要控制水文站水位的影响

分别以吴家渡、大通和屯溪三个水文控制站分别作为淮河、长江和新安江流域代表，统计其历年最高(或平均)水位变化情况。

(1)淮河流域

淮河干流安徽段吴家渡水文站年平均水位的距平年际波动大，但无明显的线性变化趋势。与常年(1981—2010 年，下同)相比，1950 年代前中期、1960 年代中后期、1980 年代及 21 世纪前 8 年年平均水位较高，处于正距平；而 1950 年代后期至 1960 年代前期、1990 年代中期以及 2008 年以来水位偏低，以负距平为主(图 6.8a、图 6.8b)。从水位极端年份来看，年最高水位的极端值与大涝年或大旱年的对应非常一致，如 1954 年、1991 年江淮流域大涝，2003 年、2005 年流域性洪涝灾害；1966 年、1978 年流域性大旱，2013 年夏秋连旱等。年最高水位的变化与年平均水位基本一致(图 6.8b)。

淮河流域安徽段年降水量与吴家渡水文站年平均水位的变化趋势总体一致，降水异常年与年平均水位极端年份基本吻合；但 2013 年以来降水量持续增加，而年平均水位增加趋势不明显(图 6.8c)。

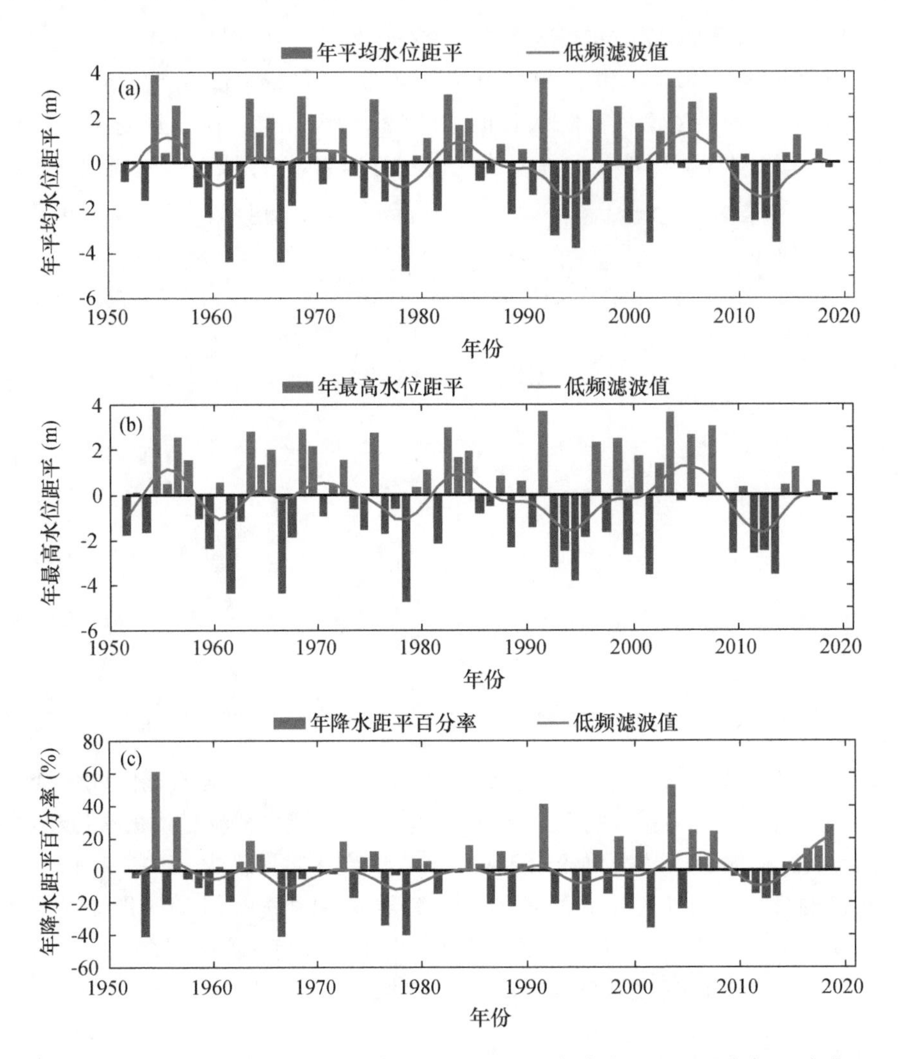

图 6.8　吴家渡站年平均(a)、最高水位距平(b)及年降水量距平百分率(c)变化

(2)长江流域

长江干流安徽段大通水文站年平均水位无明显的线性变化趋势,但年际波动大。从年平均水位距平来看,1950 年代前期、1980 年代中期至 1990 年代水位较高,处于正距平;1950 年代末至 1960 年代前期、21 世纪以来水位总体较低,处于负距平(图 6.9a)。从水位极端年份看,最高水位的极端值与大涝年或大旱年的对应非常一致,如 1954 年、1983 年、1998 年、1999 年和 2016 年安徽省沿江地区发生洪涝灾害,水位异常偏高,其中 1954 年 8 月 1 日大通站出现历史最高水位,达 16.64 m;1959 年、1978 年、2006 年、2011 年及 2013 年出现严重干旱等,水位异常偏低,其中 2011 年年平均水位仅 7.07 m,为历史最低值。年最高水位的变化趋势与年平均水位基本一致(6.9b)。

长江流域安徽段年降水量与大通水文站年平均水位的变化趋势基本一致,降水异常年与年平均水位极端年份也基本吻合(图 6.9c)。由此可见:与淮河流域相比,长江流域安徽段水位对气候变化的响应程度,以及气候变化对水资源的影响更为突出。

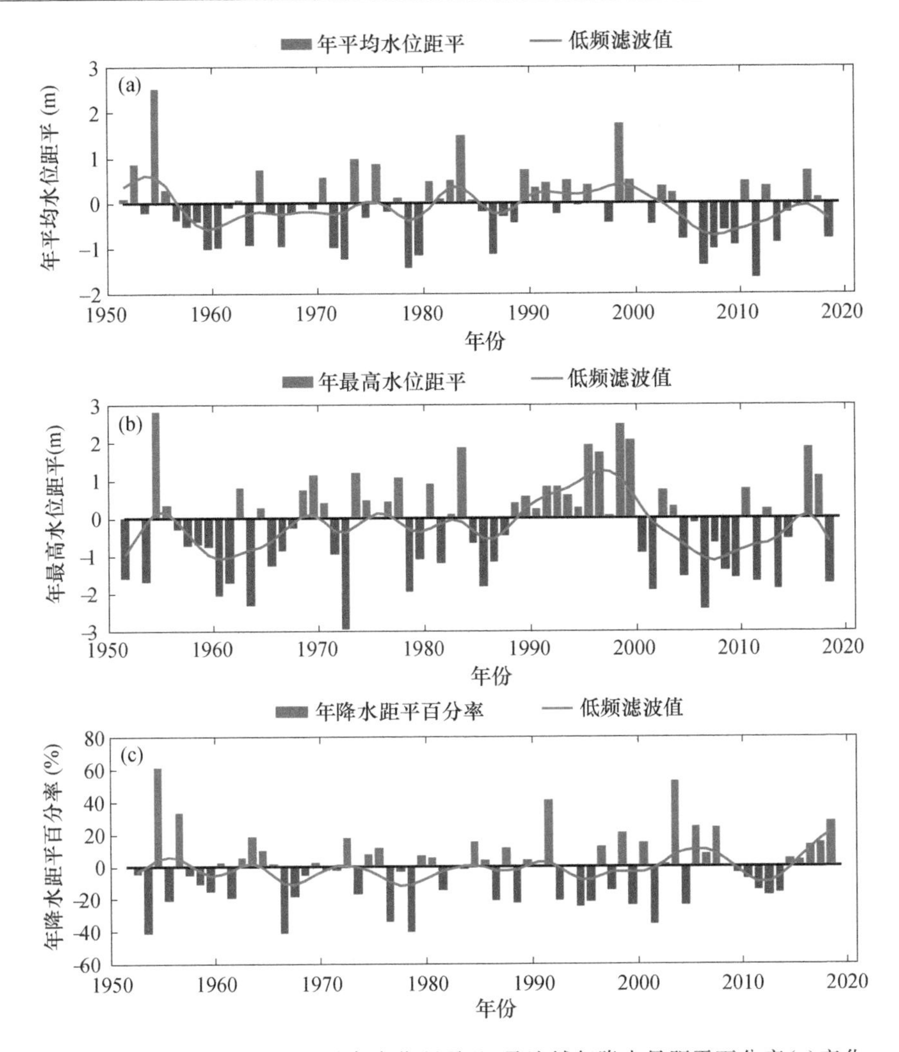

图 6.9　大通站年平均(a)、最高水位距平(b)及流域年降水量距平百分率(c)变化

(3)新安江流域

新安江安徽段屯溪水文站年最高水位也无明显的线性变化趋势,在1980年代后期开始呈上升趋势,并且在1993—1999年水位明显上升。与常年相比,1950年代、1970年代、1990年代及2011—2015年最高水位总体偏高,而1960年代、1980年代及21世纪前10年年最高水位明显偏低(图6.10a)。新安江安徽段年降水量与屯溪水文站年最高水位的变化趋势基本一致,降水异常年与水位极端年份也基本吻合(图6.10b)。

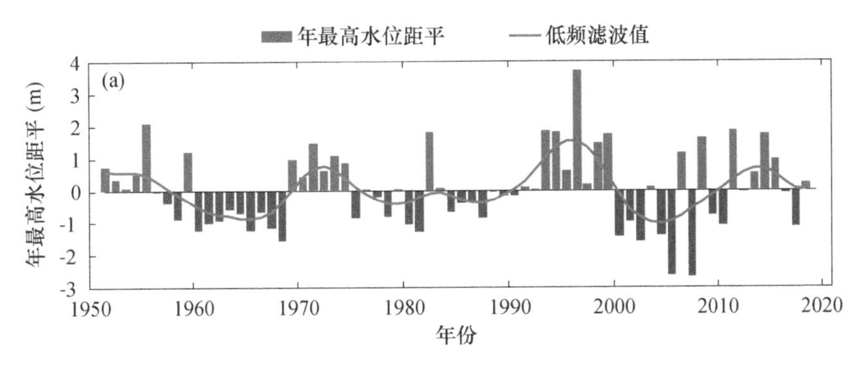

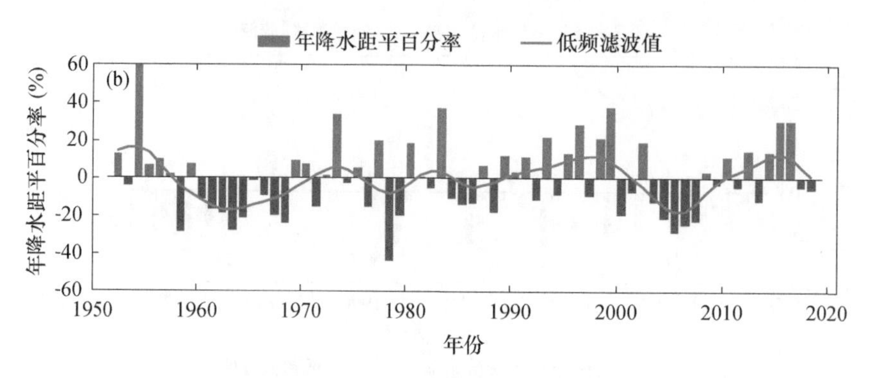

图 6.10　屯溪站年最高水位距平(a)及年降水量距平百分率(b)变化

过去几十年,与年径流量变化趋势类似,安徽省三大流域水文控制站历年最高/平均水位也无明显的线性变化趋势,降水异常年与水位极端年份基本吻合。三大流域中,长江流域及新安江流域安徽段水位对气候变化的响应程度,以及气候变化对水资源的影响较为突出。

6.1.3　对可利用降水资源量的影响

可利用降水资源量是大气降水资源各分量中可被人们实际利用的降水资源,是降水量与蒸散量的差值。认识和掌握可利用降水资源量现状及变化规律,对水资源长远开发利用具有指导意义。

安徽省淮河、长江及新安江三大流域常年(1981—2010 年)可利用降水资源量分别为 22.2 mm、410.2 mm 和 777.4 mm。1961—2018 年,淮河流域可利用降水资源量呈显著上升变化趋势,其线性变化速率为 34.3 mm/10 a,通过 $\alpha=0.05$ 的信度检验。从年代际变化来看,1960 年代至 1970 年代和 1990 年代淮河流域处于枯水期,2002—2008 年和 2014 年以来处于丰水期(图 6.11a)。长江流域和新安江流域可利用降水资源量无明显的变化趋势,但年代际变化特征明显。长江流域在 1980 年代至 1990 年代处于丰水期,1960 年代至 1970 年代和 21 世纪以来为枯水期,但最近 5 年持续偏多(图 6.11b);新安江流域在 1990 年代和 2010—2016 年为丰水期,1960 年代和 2000—2009 年处于枯水期(图 6.11c)。

总体来看,淮河流域可利用降水资源量显著增加;长江流域和新安江流域可利用降水资源量无明显的变化趋势,但年代际变化特征明显。

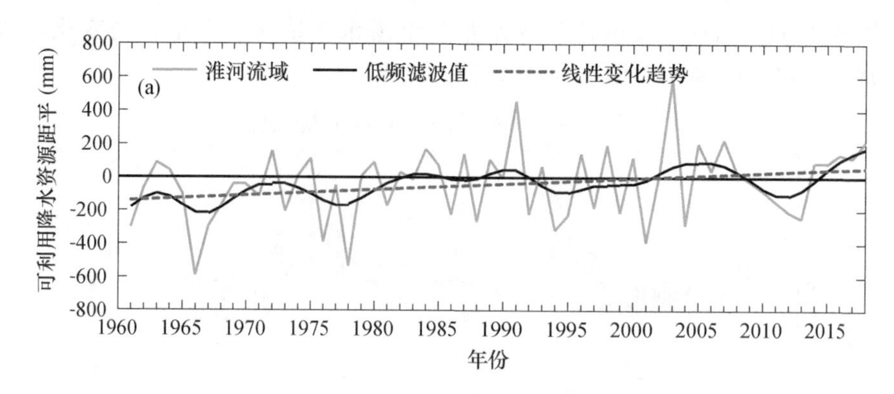

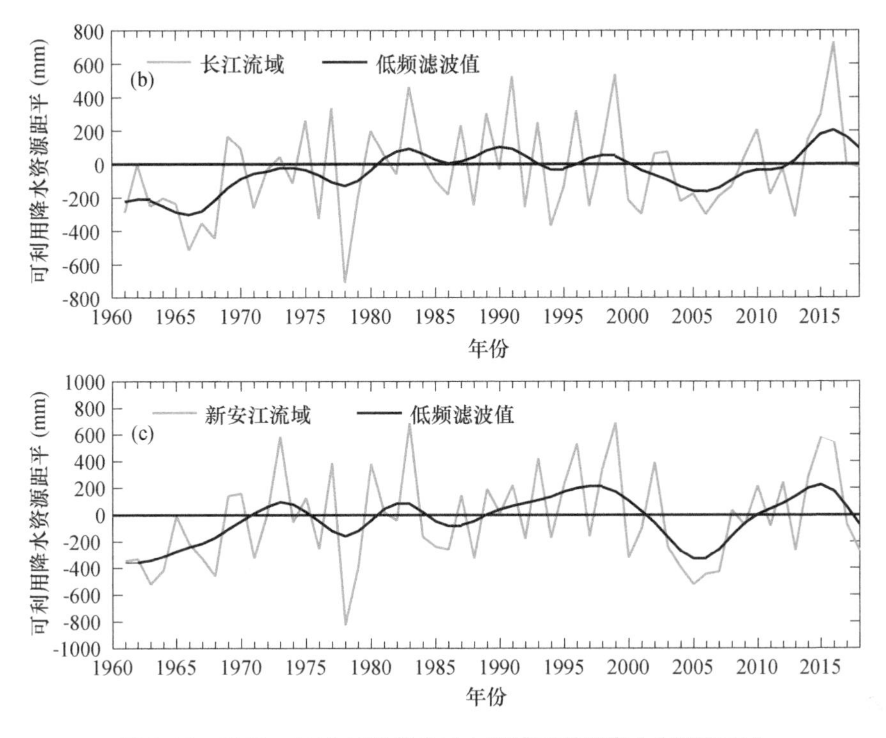

图 6.11 1961—2018 年安徽省三大流域可利用降水资源量变化

6.1.4 对供水及农作物需水的影响

(1)对供水的影响

气候变化通过改变水温、径流、蒸发等要素的时空变化规律，进而影响水资源供应状况，尤其在干旱缺水年份，总径流量的减少和干旱发生频率的增加将明显降低蓄水水库的有效性和可靠性。此外，由于还涉及区域水资源的开发利用规划等问题，气候变化对供水影响的不确定性更大。

供水总量指各种水源为用水户提供的包括输水损失在内的毛水量。供水量受气候因子及人工调蓄双重影响。据安徽省统计年鉴中指出(安徽省统计局，2019)：2005—2018 年安徽年均供水总量约 275 亿 m^3，其中地表水供水量占供水总量的 89%，地下水供水量占 10%；2005 年以来供水总量及地表水供水量均呈现微弱的增加，与全省降水量的变化趋势基本一致。全省供水量变化与降水量多寡存在一定程度上的关系，降水量偏少年份，全省供水量也略有下降，而降水偏多年份，供水量也有所增加(图 6.12)。2013 年降水量总体偏少，夏季出现晴热高温，用水量猛增，在人工调蓄下，全省供水总量也较大。三大流域中，由于长江流域年降水和地表径流量最多，因此供水量也最大；其次为淮河流域；新安江流域尽管年降水量多，但囿于流域面积小，供水量在全省所占比重也最小。

(2)对作物需水的影响

水资源是农业生产的基础。安徽是农业大省，沿江江南降水量丰富，以雨养农业为主；而江北地区，尤其是沿淮淮北降水量相对较少，农业生产采取雨养农业与灌溉农业相结合的方式。统计表明(安徽省统计局，2019)：安徽省农业用水量平均占全省总用水量的近 6 成，且农业用水量趋于递增。在气候变化背景下，温度和降水的变化以及极端气候事件频度和程度的

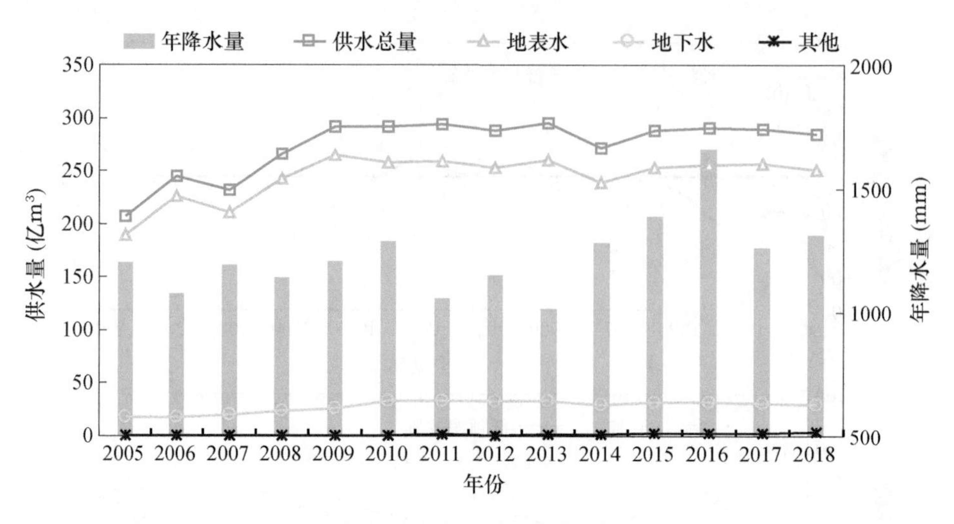

图 6.12　2005—2018 年安徽省供水总量变化(来源:安徽省统计年鉴)

加剧,对农业可利用水量以及作物需水产生显著影响。而包括降水和灌溉在内的农业用水供给究竟能在多大程度上满足作物需水,是决定作物产量的一个主要因素(许迪 等,2019)。

1961—2018 年,安徽省平均年蒸散量呈现明显的减少趋势,但年代际波动大。1960 年代—1980 年代总体较常年偏多,1990 年代至 2003 年主要以常年值为中心做年际振荡,2004 年以来总体增加。韩宇平等(2013)分析了气候变化下淮河流域作物需水量的变化特征,结果表明:随着温度升高,农田潜在蒸散量也随之增加,并且潜在蒸散量的区域差异缩小;与此同时,作物需水量也有不同程度的增加,作物需水量对气候变暖较为敏感区域主要集中沿淮一带。王朋(2014)研究也表明:在未来气候条件下,黄淮海地区的冬小麦和夏玉米多年平均需水量均呈不同程度的增加,并且冬小麦需水量增幅高于夏玉米。作物需水量增加引起的最直接问题就是灌溉需水量的增加,将造成水资源更加紧缺。据王石立等(1996)计算,在气温增加 1.5 ℃时,豫南、皖北、苏北地区冬小麦生长季内作物参考蒸散量将增加 2.0～3.3 mm,比历史常年值(1960—1990 年)增加 10%～25%。气温升高时冬小麦水分亏缺状况变差,温度越高,亏缺越严重,引起冬小麦气候适宜区范围缩小,用于额外灌溉的生产费用增加。

6.2　未来气候变化对水资源的影响预估

由于淮河流域是我国的粮食主产区和重要的农产品基地之一,自古以来就有“江淮熟,天下足”的美誉,在我国农业和经济发展中占有十分重要的地位。另一方面,淮河流域人均地表水资源量仅为世界人均水资源量的二十分之一,不足全国人均水资源量的五分之一,远低于世界公认的严重缺水地区人均 500 m³ 的标准,尤其是拥有全流域 80% 人口和耕地的淮北地区,水资源更为贫乏,人均水资源量不足 300 m³。由于缺水,农业灌溉用水得不到保证,农业旱灾日益严重。此外,淮河流域属南北气候、高低纬度和海陆相三种过渡带的重叠地区,天气气候复杂多变,形成“无降水旱,有降水涝,强降水洪”的典型区域旱涝特征。淮河未来的水资源状况如何,这是目前人们普遍关心的问题。鉴于此,本书基于气候变化情景预估数据,对未来淮河流域水资源变化及其影响进行了预估研究。

6.2.1 资料与方法

(1)预估区域

淮河全长约1000 km,总落差200 m,从源头到洪河口的上游364 km河段落差达178 m,占总落差的89%;中下游地势平缓,甚至呈倒比降,洪水下泄十分缓慢。依据淮河流域地形与水系特征,以蚌埠吴家渡水文站以上的淮河中上游作为研究区,吴家渡水文控制集水面积11.71万 km^2(图6.13)。

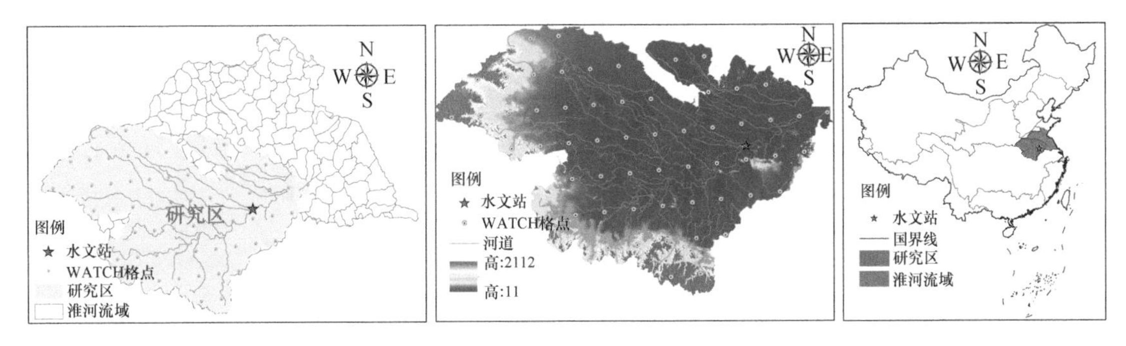

图6.13　研究区域、气候格点数据分布及吴家渡水文站点位置

(2)资料与方法

SWAT模型是美国农业部开发的半分布式流域水文模型,它能够充分考虑气候和下垫面因子空间分布不均匀的事实,模拟现实世界流域降雨一径流形成的过程,客观反映气候和下垫面因子的空间分布对流域径流和水储量变化的影响(Gassman et al,2007;Neitsch et al,2011)。SWAT模型需要输入的空间数据包括研究区数字高程模型(DEM)、土地利用和土壤数据。本研究区域的1∶25万DEM取自国家基础地理信息中心;1∶10万土地利用(1997年)和1∶100万土壤类型图和土壤属性数据均来自于国家自然科学基金委员会"中国西部环境与生态科学数据中心"(http://westdc.westgis.ac.cn)。

利用1958—2001年WATCH格点数据(欧洲水和全球变化项目European Water and Global Change project)驱动SWAT模型,以1958—1960年为预热期,1961—1990年作为模型的率定期,1991—2001年为验证期,对吴家渡站观测的月径流进行率定和验证。

气候模式数据来自于ISI－MIP项目(Inter－Sectoral Impact Model Intercomparison Project)。该套数据以WATCH数据为基础,采用保留趋势变化的偏差订正方法(Hempel et al,2013),对CMIP5中GFDL－ESM2M(GFDL)、HaDGem2－ES(HaD)、IPSL_CM5A_LR(IPSL)、MIROC－ESM－CHEM(MIROC)和NorESM1－M(NorESM)5个全球气候模式数据进行订正,生成0.5°×0.5°逐日气候模式格点数据。本书使用的气象要素包括日平均气温、最高气温、最低气温和降水量。ISI－MIP数据5个GCMs在季节平均气温和降水预估方面的FRC指数(Fractional range coverage)分别为0.75和0.59,优于从CMIP5中随机选取的5个GCMs,能较合理的代表区域平均气温和降水的变化(Mcweeney et al,2016)。本书进一步利用气象站点观测数据,通过比较1961—2005年GCMs回算值和观测值的相关系数和标准差,比较了这5个GCMs在淮河流域的模拟能力。结果表明,模式对气温的模拟效果较好,5个GCMs回算值与观测值的空间相关系数为0.24～0.58,均通过了0.1的显著性水平;模式对降水的模拟能力相对略差一些,5个GCMs回算值与观测值的空间相关系数在0.20～0.31。

总体来说，上述模式资料对淮河流域气温和降水具有一定的模拟能力。

6.2.2 气候变化情景

为了预估全球增温 1.5 ℃和 2.0 ℃下，淮河径流变化特征，首先需要确定不同模式不同情景下全球年平均气温相对 1871—1900 年平均气温升温 1.5 ℃及 2.0 ℃的时间段。利用ISI—MIP 5 个 GCMs 在 3 种不同典型浓度路径（RCPs，RCP4.5、RCP6.0 和 RCP8.5）下的预估结果，采用 30 年滑动平均方法计算全球平均气温（Global Mean Temperature，GMT）相对工业化革命前距平。取距平值达到 1.5 ℃和 2.0 ℃时的年份，分别作为 1.5 ℃和 2.0 ℃增温阈值到达时间。总体来看，不同气候模式即 RCPs 情景下，全球增温 1.5 ℃和 2.0 ℃的时间差异明显，就多模式集合平均而言，球增温 1.5 ℃和 2.0 ℃的时段大体分别在 2030 年代和 2050 年代；对同一升温幅度而言，高辐射强迫路径下出现时间比低辐射强迫路径下要早（Liu et al，2017）。

在上述工作的基础上，以 1976—2005 年为基准年，分别预估全球增温 1.5 ℃和 2.0 ℃以及至 21 世纪中期（2020—2050 年）淮河中上游降水及径流量变化。

6.2.3 水文模型率定

本书分别基于气象站点观测数据和 WATCH 格点数据驱动 SWAT 模型（SWAT2005），对吴家渡站观测的月径流进行了重新率定和验证（王胜 等，2015）。模型模拟时，地表径流产汇流的计算采用 Daily rain/CN/Daily 算法（USDA－ARS，2004），潜在蒸散量的计算采用 Hargreaves 方法（Hargreaves et al，1985），河道演算采用 Variable storage 法（龙爱华 等，2012）。

SWAT 模型在研究区的模拟效果采用确定性系数（R^2）、Nash-Sutcliffe 效率系数（E_{ns}）以及相对误差（R_e）进行评价（Davis，2008）。R^2 和 E_{ns} 可以衡量实测值和模拟值之间的拟合程度，R_e 可以评价总实测值和总模拟值之间的偏离程度。水文曲线是率定期和验证期观测和模拟的径流量时间序列图，可以用于识别模型模拟值和观测值的偏差，峰值流量出现时间和量级的差别，以及衰退曲线形状。

SWAT 模型在淮河吴家渡流域的模拟效果见表 6.1。不论是率定期还是验证期，确定性系数 R^2 和 Nash－Sutcliffe 效率系数 E_{ns} 均超过 0.8，月径流相对误差 R_e 均不足 0.2%。相对而言，率定期模拟效果略好于验证期。与用气象站点观测数据对淮河中上游吴家渡月径流量的率定和验证结果相比，不论是率定期还是验证期，WATCH 格点驱动的模拟效果 R^2 和 E_{ns} 均略高于基于站点观测驱动的模拟效果，表明气候模式资料具有较好的模拟效果。

表 6.1 淮河流域吴家渡站月平均流量观测值、模拟值及模拟效果统计特征

时段	观测值（m^3/s）		基于 WATCH 数据模拟值（m^3/s）及评价指标				
	均值	标准差	均值	标准差	R^2	E_{ns}	R_e（%）
率定期	857.4	1021.8	935.3	942.4	0.88	0.87	0.16
验证期	654.1	1039.8	872.5	1041.7	0.86	0.81	0.08
时段	观测值（m^3/s）		基于气象站点数据模拟值（m^3/s）及评价指标				
	均值	标准差	均值	标准差	R^2	E_{ns}	R_e（%）
率定期	881.3	908.6	0.86	0.86	0.02	881.3	908.6
验证期	824.4	1021.6	0.82	0.80	0.10	824.4	1021.6

由图6.14可见，率定期和验证期模拟值与观测值趋势吻合较好；丰、枯水交替出现，模拟的月平均流量可以较好地反映流量季节与年际的变化趋势。

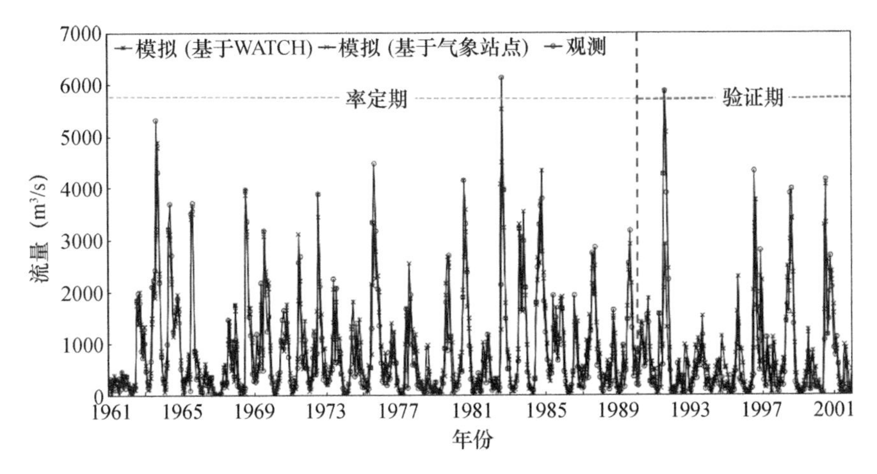

图6.14　淮河中上游吴家渡水文站月平均流量模拟值与实测值对比

总体来说，经模型参数化、率定和验证的SWAT模型能够比较准确地模拟出淮河流域中上游的月平均流量序列，同时气候模式资料具有较好的模拟效果，可用于开展流域径流预估和气候变化对径流量影响评估研究。

6.2.4　全球增温1.5 ℃及2.0 ℃下径流变化预估

(1)径流量年变化预估

针对淮河中上游出水口吴家渡水文站，预估未来升温1.5 ℃及2.0 ℃背景下吴家渡站径流量变化百分率。由图6.15可见，上述5个全球模式集合平均(MME)预估结果显示，在全球增温1.5 ℃和2.0 ℃下，预估的年径流量较基准期均增大，增幅分别约为5%和8%，与预估的平均年降水量的增幅接近。不同GCMs的预估结果不尽相同，在全球增温1.5 ℃下，MIROC预估的年径流量减小6%，其他4个GCMs预估的径流量增大，其中HaD预估的年径流量增幅达17%；在全球增温2.0 ℃下，除MIROC预估的年径流量减小约3%外，其他4个GCMs预估值均增大，其中HaD预估的增幅最大(20%)。3种RCPs下，无论是全球增温1.5 ℃还是2.0 ℃，都表现为在RCP4.5下预估的年径流增幅最大，分别为6%和9%；在全球增温1.5 ℃下，RCP8.5预估的年径流量增幅最小，而在全球增温2.0 ℃下，RCP6.0预估的年径流量增幅最小。

在全球增温1.5 ℃和2.0 ℃下，不同RCPs情景预估的年径流量的标准差分别为1%和2%；而GCMs间年径流量标准差分别为9%和8%，表明预估的不确定性主要来自于GCMs；就不同RCPs而言，低排放路径下预估的径流量增加更显著。进一步探求未来气温和降水量对径流量的影响程度，3种RCPs下(5个GCMs平均)年径流量与年平均气温的相关系数在−0.15～0.26，而与年降水量的相关系数达0.89～0.95，可见未来降水变化对径流量的变化起主导作用。

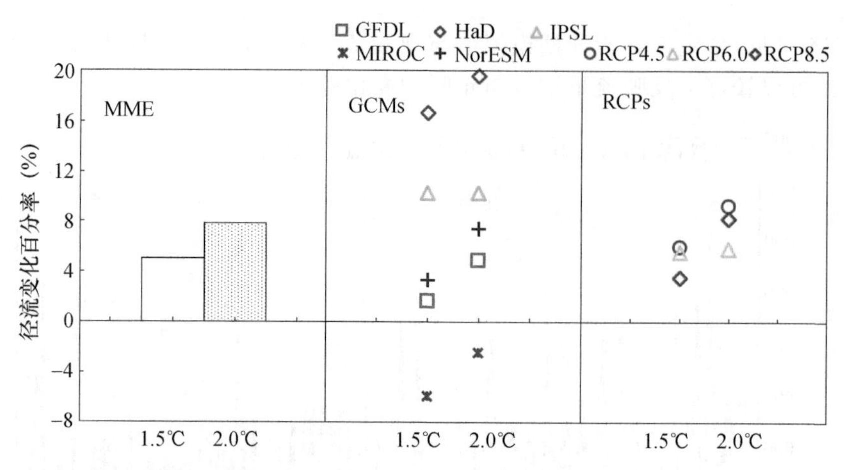

图 6.15　相较于基准年全球增温 1.5 ℃及 2.0 ℃下年平均径流量变化百分率

(2)径流量季节变化预估

图 6.16 是多模式集成不同季节未来升温 1.5 ℃及 2.0 ℃下平均径流量与基准年相比的变化百分率。未来升温 2.0 ℃比升温 1.5 ℃季节径流量增加更多,在升温 1.5 ℃的背景下,低排放情景冬季径流量总体减少,高排放情景增加;春、夏、秋三季径流量总体增加。未来升温 2.0 ℃的背景下,除 RCP6.0 情景下冬季径流量减少,其他季节径流量均呈不同程度的增加。

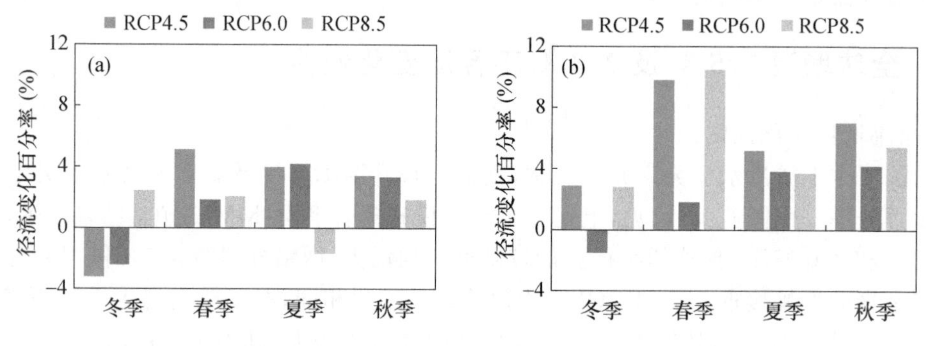

图 6.16　全球增温 1.5 ℃(a)及 2.0 ℃(b)下不同季节径流量变化百分率

(3)月丰水和枯水流量变化及不确定性预估

在全球增温 1.5 ℃和 2.0 ℃下,淮河流域中上游预估的月丰水流量(Q_{05})和月枯水流量(Q_{95})较基准期均增加,并且增幅都大于月中值流量(Q_{50}),以 Q_{05} 增加更多;Q_{05} 以全球增温 2.0 ℃下增幅更大(43%),Q_{95} 以全球增温 1.5 ℃下增幅更大(28%)。不同 GCMs 和 RCPs 预估的月丰水、枯水极值径流差异较大(表 6.2)。全球增温 1.5 ℃下预估的 Q_{05},除 MIROC 减少外,其他模式均增加;所有 GCMs 预估 Q_{95} 均增加。全球增温 2.0 ℃下预估的 Q_{05},MIROC 预估的 Q_{05} 无变化,其他 GCMs 预估的增加;对 Q_{95} 预估而言,HaD 和 MIROC 预估的 Q_{95} 减少,其他 GCMs 预估的增加;对 Q_{50} 预估而言,MIROC 预估的 Q_{50} 减少,其他 GCMs 预估的增加。3 种 RCPs 下,预估的丰枯流量和中值流量均增加(表 6.2)。

总体来看,气候变暖将导致未来丰水流量增加,尤其当全球增温达到 2.0 ℃后,出现洪涝的风险明显增大。丰枯流量预估的不确定性主要来源于 GCMs,不同 RCPs 下预估的月丰水流量和枯水流量差异不大。但是也有个别 GCM(MIROC 和 Had)预估的枯水流量将减少,干旱风险依然存在。

表6.2　全球增温1.5 ℃和2.0 ℃下预估的月径流(Q_{05},Q_{50}和Q_{95})的变化(%)

全球增温	丰枯径流	MME	GCMs					RCPs		
			GFDL	HaD	IPSL	MIROC	NorESM	RCP4.5	RCP6.0	RCP8.5
1.5 ℃	Q_{05}	33	9	85	93	−22	2	48	38	14
	Q_{50}	3	0	14	5	−8	6	5	3	2
	Q_{95}	28	81	4	8	6	42	35	30	20
2.0 ℃	Q_{05}	43	35	87	70	0	22	46	37	47
	Q_{50}	7	3	18	6	−4	10	9	4	7
	Q_{95}	18	70	−30	6	−2	44	9	32	12

6.2.5　21世纪中期年径流变化预估

利用多模式集合(MME)资料,预估截止到21世纪中期(2020—2050年)淮河中上游不同RCPs情景下年径流量变化。

在RCP4.5情景下(图6.17a),2020—2050年淮河中上游年径流量呈显著的增加趋势,线性增加率为3.6%/10 a,通过$\alpha=0.001$的信度检验。与基准期相比,2020年代前期及2030年代前期年径流量偏少,处于负距平;其他时段径流量总体偏多,处于正距平。在RCP6.0情景下(图6.17b),2020—2050年淮河中上游年径流量无明显的线性变化趋势,但径流的年际振幅剧烈。与基准期相比,2020年代前期及2040年代年径流量偏少,总体处于负距平;其他时段径流总体偏多,处于正距平。在RCP8.5情景下(图6.17c),2020—2050年淮河中上游年径流量线性变化趋势不明显。与基准期相比,2020年代前期、2030年代后期及2040年代后期径流量总体偏多,处于正距平;其他时段年径流量偏少,处于负距平。

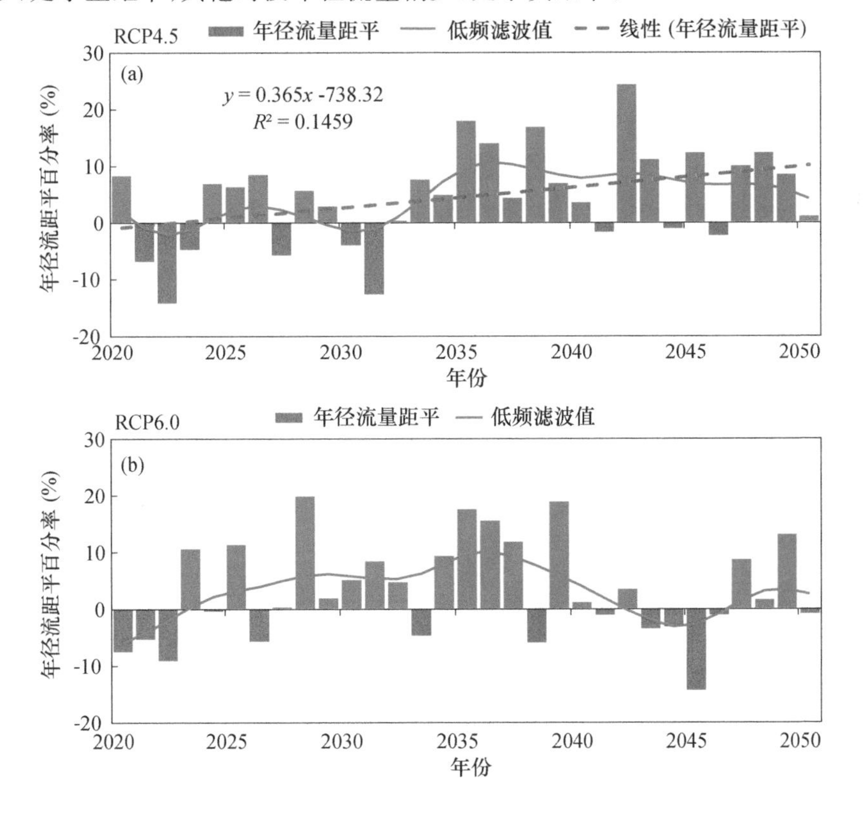

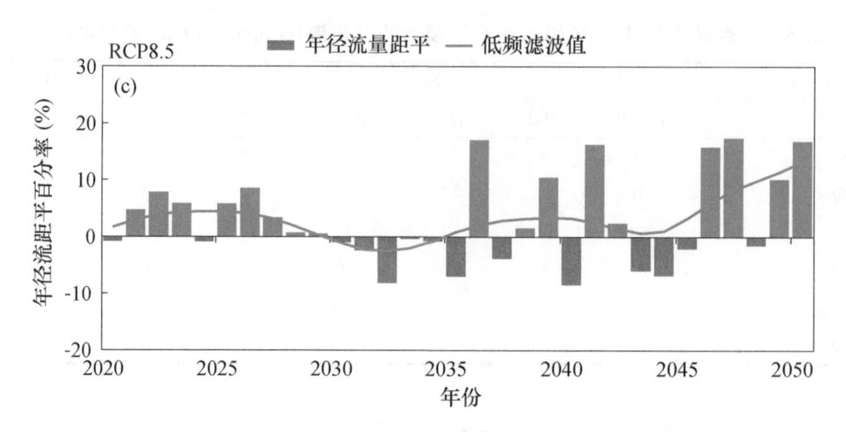

图 6.17 淮河干流吴家渡水文站 2020—2050 年径流量距平百分率变化预估

从不同季节预估结果来看，MME 预估的 2020—2050 年秋季径流量增加率最多，为 7.2%～19.7%；春季增加率次之，为 0.9%～24.2%；冬季增加率最少。

未来淮河中上游年代际及季节径流量变异系数均较大，表明流域径流年代际及季节时间序列分布差异显著，并且未来洪涝灾害频率更多，涝重于旱；同时，干旱灾害的风险依然存在。

6.3 水资源适应气候变化的对策建议

气候变化对水资源已经产生了负面影响，并仍将加剧未来水资源的不稳定性。在评估气候变化对水资源脆弱性影响的基础上，必须制定相关部门应对气候变化的适应性战略。

6.3.1 加强水利工程设施建设，提高旱涝抵御及应变能力

在气候变暖的背景下，安徽省极端降水和径流事件增多，旱涝灾害频繁。因此，需要加强安徽省长江和淮河支流中小河流的水利工程建设，提升抵御洪水能力。近年来，国家投入巨资对长江和淮河干流堤防实施除险加固，组成一个以防洪为主，兼有排涝、灌溉、航运等多功能的工程体系，防洪工程面貌焕然一新。未来需要进一步加强支流的中小型水利工程设施建设。

沿淮平原洼地治理一方面需要提高防洪排涝的能力，另一方面需要进一步考虑如何增强区域对水旱灾害的自适应能力(夏军，2002；叶正伟，2007)。具体可有如下措施：加强低洼农田改造、水库的基本建设，增加雨洪调蓄水面和容积，提高排涝能力。

6.3.2 推进节水型社会建设

气候变化进一步加剧安徽北部水资源的供需矛盾，同时省内仍然存在着较为普遍的用水浪费、水资源利用效率和效益低下等问题。积极倡导节约用水、提高全民节水意识和建设节水型社会是缓解水资源矛盾，保障经济社会可持续发展的必由之路。

提高城市排涝设施的设计标准，大力建设海绵城市。随着城市化的不断发展，城市建设过程中湖泊、湿地、绿地等被硬化地面所替代，加之湖区和圩田的泥沙淤积、围垦种植等使它们对洪水的调蓄能力下降。要大力建设自然积存、自然渗透、自然净化的海绵城市。适当减少城市硬化面积，城市里见缝插针地做绿地和雨水渗、滞、蓄、净、用、排等能够吸收水、渗水的设施。

池州着力推进海绵城市建设，启动海绵城市化改造工程项目，采取“渗、滞、蓄、净、用、排”等措施，积极推广应用低影响开发建设模式，最大限度减少城市开发建设对生态环境的影响。通过海绵城市建设，70%的雨水得到就地消纳和利用。

6.3.3　开发利用非传统水源

主要包括洪水（雨水）资源化和污水资源化等手段。

（1）洪水（雨水）资源化

目前，安徽难以控制利用的洪水（雨水）量较多，主要分布于淮河、长江和新安江流域，洪水资源化具有广阔的应用前景。一方面，可通过一定的技术手段实施规模化科学人工增雨，开发利用空中水增加区域降水量。其次，可在有条件的地区通过雨水集蓄利用等措施，提高雨水的利用率。在洪水期，利用水库、河堤等流域防洪工程体系，采用优化调度等非工程措施将洪水拦蓄应用，实现最大资源化。城市区域则通过工程措施增加雨水利用。

（2）污水资源化

废污水未经处理而排放，既浪费资源，又污染环境。2018年，全省监测的136条河流、37座湖泊水库总体水质状况为轻度污染，其中巢湖流域全湖平均水质为Ⅴ类、中度污染、呈轻度富营养状态。其中，东半湖水质为Ⅳ类、轻度污染、呈轻度富营养状态；西半湖水质为Ⅴ类、中度污染、呈轻度富营养状态。这些污水具有巨大的利用潜力，如果处理回用，达到环境允许的排放或污水灌溉标准，使污水资源化，不仅可增加可用水源，而且起到治理污染的作用。如巢湖流域的污水治理。

6.3.4　水资源综合管理

气候变化是水资源管理的重要驱动因素之一。传统水资源管理强调供水管理，但水资源需求管理越来越受到重视。水需求管理是更好地利用水资源，减轻由于气候变化引起的水系统脆弱性而受到广泛关注。

适应气候变化影响的一个战略是建立基于市场的水资源在不同利用者之间的转换机制。气候变化和需求模式的变化可能增加现有管理模式的压力，需要更多地利用水租赁、水银行、水市场来增加水权所有者转移水资源到其他用户的机会。因此，在安徽省内可以建立水权水市场。另一个战略是通过节水和用水效率的提高，减少水资源的消耗。市政部门通过加强对个体用水的计量和水价格鼓励节水。农业部门通过改变作物品种和灌溉方法以及技术革新减少对水资源的消耗。

加强灾害性天气监测、预报、预警和水文调度系统的建设。2007年19项治淮骨干工程基本建成后，水利工程体系的合理调度运用将更加依赖于非工程体系的发展运用水平。新建大量平原洼地的排涝工程，要发挥预期作用，实现预期效益，也将面临科学调度的问题。因此，在未来淮河防汛抗旱指挥系统的规划设计中，应将排涝调度纳入考虑范围。

6.3.5　植树造林，治理水土流失

安徽是农业大省，人口众多，水资源需求大，尤其是沿淮淮北地区水资源匮乏。人类的不合理活动容易造成流域性的水土流失，尤其淮河流域，另加上未来气候变化情景下，极端降水等强度和概率可能增加，导致水土流失加剧，不仅降低土壤肥力，且会淤塞下游河道，降低河水

下泄能力，导致洪涝灾害加重，减少土壤厚度，降低土壤蓄水能力，加重干旱程度。安徽省尤其是淮河流域水旱灾害的加重一定程度上是植被覆盖率降低、水土流失加剧的结果。因此，植树造林、提高植被覆盖率是当务之急。

加强水土流失治理工程措施建设，建水平沟、鱼鳞沟、水平梯田、沟头防护、谷坊坝、淤地坝、拦沙坝等。在平原地区应进一步扩大农田防护林网和提高果林面积，山区应实行综合治理。对于坡度25°以上的坡耕地，应退耕还林，使之成为水源林、薪炭林、经济林集中区域，因地制宜地发展农、林、牧、副、渔各业，建立合理的土地利用空间结构（徐邦斌，2005；杨海蛟，2006）。

第7章　气候变化对安徽省生态环境的影响

气候变暖背景下，安徽省木本植物春季物候期普遍提前，秋季物候期则以推迟为主；草本植物的萌动期至种子散布期以提前为主，黄枯期则表现为推迟。木本植物春季物候期前1～2个月的平均气温是制约其早晚的关键气候因子，而秋季物候期则与前期光温水等气候因子无显著相关关系。草本植物蒲公英各物候期的早晚与前期平均气温显著相关，而与降水和日照时数相关程度普遍较低，尤其是降水；车前草各物候期早晚与前期气候因子变化无明显关系。

2000年代初至2017年，安徽省平均年植被指数和森林面积均呈现显著的上升趋势，反映出安徽省植被持续增加。2012—2015年巢湖蓝藻发生天数和年平均发生面积均呈现波动上升趋势，与巢湖蓝藻气象指数变化较为一致；但2016年、2017年蓝藻持续下降，一方面是由于气象条件不利于蓝藻发生，另一方面也归功于近年来合肥市政府的生态治理。1961—2015年安徽省大气环境容量呈现显著下降趋势，大气自净能力在不断减弱，春夏季大气环境容量高于秋冬季，因此污染天气多发生在秋冬季节，沿江地区的大气环境容量在全省中相对较高。2007—2016年寿县国家气候观象台观测的农田生态系统（稻茬冬小麦和一季稻）主要表现为二氧化碳净吸收，一年中二氧化碳排放与吸收呈双峰型动态特征，与作物生育阶段有着密切关系。

7.1　气候变化对植物物候的影响

植物物候是指植物受生物因素（物种及品种类型、生理控制等）和环境因素（气温、日照、水分、土壤等）影响，而出现的以年为周期的自然现象，包括植物的发芽、展叶、开花、叶变色、落叶等，是植物长期适应季节性变化的环境而形成的生长发育节律。物候是响应气候变化最敏感、最容易观察到的特征，因而常常被认为是气候变化的“指纹”，也是研究生态系统响应气候变化机制的重要途径。安徽省位于江淮腹地，地处南北气候过渡带，近几十年来在全球气候变暖大背景下该地区气候也发生了显著变化。本节基于安徽省长时间序列的物候资料及气象观测数据，开展安徽省主要植物春、秋季关键物候期对气候变化的响应研究。

7.1.1　木本植物物候期变化特征

7.1.1.1　基本特征

安徽省木本植物物候期观测起始于1980年代，观测序列时间长、连续性好的木本植物共有5种分别为合欢、侧柏、悬铃木、楝树和刺槐，主要观测植物的花芽膨大期、叶芽膨大期、花芽开放期、叶芽开放期、展叶始期、展叶盛期、花蕾或花序出现、开花始期、开花盛期、开花末期、果实或种子成熟期、秋叶变色始变期、秋叶变色全变期、落叶始期和落叶末期共15个物候期，其中花芽膨大期、叶芽膨大期、花芽开放期及花蕾或花序出现日期的观测起始于 1994 年前后，考虑到其时间序列相对较短，因此本书对上述 4 个物候期不作分析。

图 7.1 给出了安徽省 5 种木本植物的叶芽开放期、展叶始期、开花始期、果实/种子成熟期、秋叶变色全变期、落叶末期 6 个关键物候期的出现日期。从图中可以看出，除果实/种子成熟期略晚于刺槐外，侧柏的其他各个物候期出现时间均要早于其他植物，年际变化幅度也较其他植物明显偏大。除侧柏外，悬铃木叶芽开放期和展叶始期最早，多年平均日期分别为 3 月 19 日和 3 月 28 日，其年际变率也较其他 3 种植物偏大，叶芽开放期最早出现日期为 2017 年 3 月 1 日，最晚出现日期为 1996 年 4 月 12 日，其年际变幅为 42 d；展叶始期最早出现日期为 2013 年 3 月 11 日，最晚出现日期为 1996 年 4 月 14 日，其年际变幅为 34 d。合欢的叶芽开放期、展叶始期和开花始期均为 4 种木本植物种最晚，多年平均出现日期分别为 4 月 12 日、4 月 20 日和 5 月 27 日，其年际变幅分别为 33 d、34d 和 29 d，仅小于悬铃木。楝树的叶芽开放期和展叶始期仅早于合欢，其多年平均出现日期分别为 4 月 4 日和 4 月 12 日。刺槐的叶芽开放期和展叶始期排在悬铃木之后，多年平均日期分别为 3 月 26 日和 4 月 3 日。楝树和刺槐的年际变率较其他木本植物偏小，其叶芽开放期变幅分别为 25 d 和 24 d，而展叶始期进一步缩小，分别为 20 d 和 23 d。

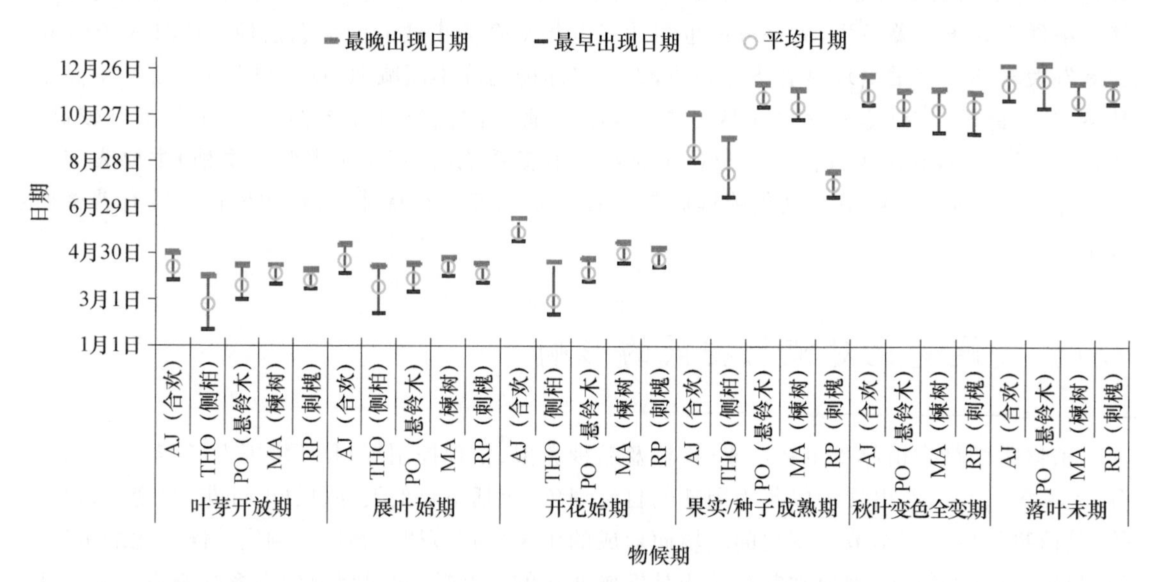

图 7.1　安徽省木本植物物候期出现日期

刺槐果实/种子成熟期最早，多年平均出现日期为 7 月 29 日，其次为侧柏，平均出现日期为 8 月 12 日，但其年际变幅 72 d 为所有植物中最大。合欢出现日期次于侧柏，平均出现日期为 9 月 10 日，其年际变幅 59 d 也仅次于侧柏；悬铃木最晚，平均出现日期为 11 月 6 日，楝树平均出现日期 11 月 6 日略早于悬铃木。4 种植物的秋叶变色全变期出现日期相对其他物候期比较集中，合欢平均出现日期 11 月 21 日较其他 3 种略晚，悬铃木、楝树和刺槐出现日期分别为 11 月 8 日、11 月 3 日和 11 月 7 日，但楝树和刺槐的年际变幅偏大，在 50 d 左右，分别为 52 d和 49 d，合欢和悬铃木的年际变幅较小均不足 40 d，分别为 36 d 和 39 d。落叶末期以楝树出现日期最早，平均日期为 11 月 13 日，刺槐次之，平均日期为 11 月 24 日；悬铃木最晚，平均日期为 12 月 11 日；合欢略早于悬铃木，平均日期为 12 月 5 日。此外，从图中还可以看出，随着生育进程推进，各物候期的年际变幅整体上有增大趋势。

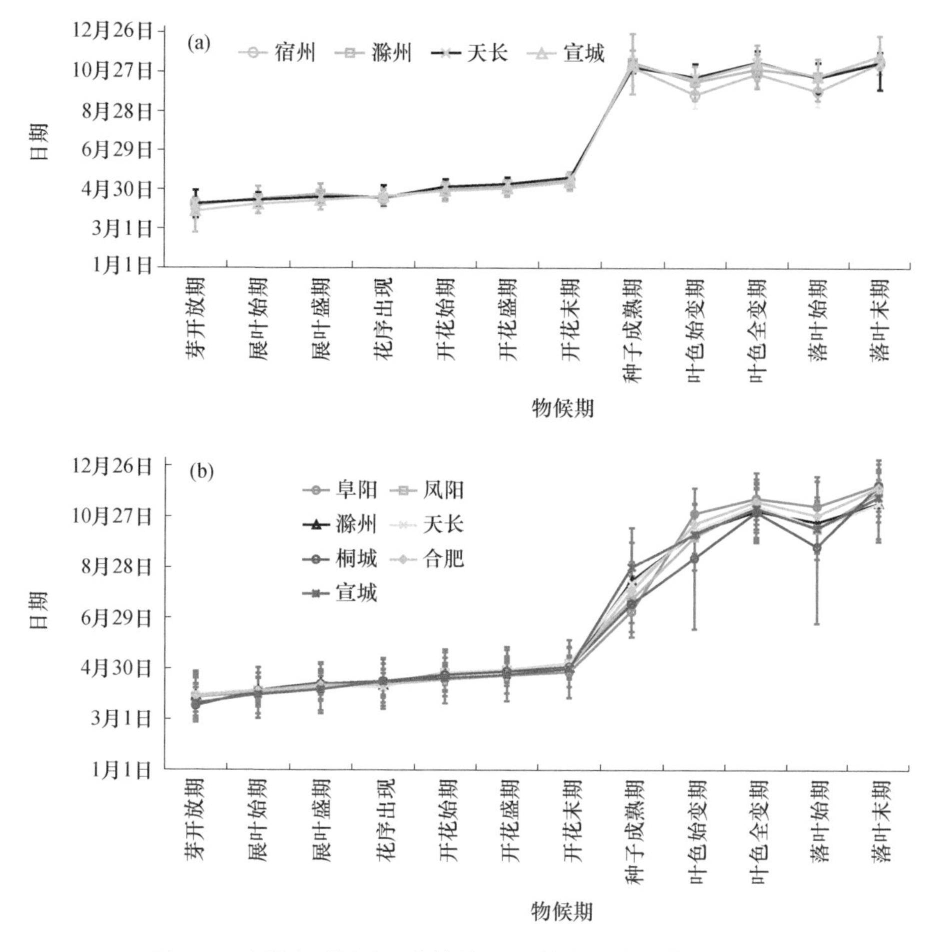

图 7.2 安徽省不同地区的楝树(a)和刺槐(b)物候期出现日期

为了揭示同一物种的物候期在不同地理纬度上的变化特征,图 7.2a、b 分别给出了楝树和刺槐物候期的时空变化特征。从图中可以看出,春夏季物候期(叶芽开放期—开花末期),无论楝树,还是刺槐的出现日期在地区间均无明显差异,相对而言江南地区的出现日期略偏早,且各地区的物候期年际变幅均较小。而秋冬季物候期(种子成熟期—落叶末期)出现日期在地区间差异明显,整体上呈现自北向南逐渐推迟,且年际变幅较春夏季物候期明显增大,沿江江南地区的物候期年际变幅较江北的偏大。

7.1.1.2 变化趋势

池州桂花物候期观测起始于 1983 年,至 2012 年起就停止观测,考虑到其时间序列已达 30 年,故也对其变化趋势进行了分析。表 7.1 给出安徽省楝树、刺槐、合欢、侧柏、桂花和悬铃木 6 种木本植物各物候期的线性变化趋势。结果表明:在全球气候变暖背景下,1980 年代初以来,木本植物春季物候期,包含叶芽开放期、展叶始期、展叶盛期、开花始期、开花盛期及开花末期的线性变化趋势范围介于 −1.013～0.482 d/a,普遍呈现出提前趋势(图 7.3a),其中所有木本植物的始花期和盛花期均呈提前趋势。具体来看,春季物候期 96 个序列中,65 个序列提前趋势通过 $\alpha=0.05$ 的显著性水平,占整个序列的 67.7%。相对而言,悬铃木和合欢提前程度较其他物种偏大,而刺槐和楝树则偏小。24 个物候期序列无明显变化趋势,7 个物候期序列推迟,仅桂花叶芽开放期呈现出明显的推迟趋势(图 7.4a)。

表 7.1　安徽省木本植物物候期变化趋势

（单位：d/a）

所属区域	观测地点	植物名称	时间序列	叶芽开放期	展叶始期	展叶盛期	开花始期	开花盛期	开花末期	果实/种子成熟期	叶色始变期	叶色全变期	落叶始期	落叶末期
沿淮淮北	宿州	楝树	1983—2018	−0.398**	−0.372**	−0.147	−0.417**	−0.365**	−0.361**	0.632**	−0.159	0.887**	−0.183	0.799**
		刺槐	1984—2018	−0.452**	−0.366**	−0.098	−0.374**	−0.359**	−0.302**	1.763**	−0.726**	0.099	−0.705**	0.515**
	阜阳	刺槐	1984—2018	−0.126	−0.161	−0.124	−0.224**	−0.230**	−0.159	−0.186	0.170	−0.073	0.184	0.310*
	寿县	悬铃木	1985—2018	−0.800**	−0.696**	−0.409**	−0.563**	−0.339**	−0.194	−0.416**	−0.748**	0.816**	−0.721**	0.927**
江淮之间	滁州	楝树	1983—2018	−0.414**	−0.254*	−0.055	−0.353**	−0.282**	0.159	−0.066	0.205	0.706**	0.007	0.272*
		刺槐	1985—2018	−0.502**	−0.422**	−0.407**	−0.335**	−0.296**	−0.234**	0.004	0.311	0.167	0.147	0.534**
	天长	楝树	1987—2018	−1.013**	−0.540**	−0.513**	−0.464**	−0.378**	−0.247	−0.315**	0.380	−0.190	0.369	0.493*
		刺槐	1987—2018	−0.379**	−0.350**	−0.073	−0.310**	−0.310**	−0.284**	0.519**	0.106	0.867**	−0.026	0.576**
	凤阳	刺槐	1985—2018	−0.843**	−0.633**	−0.606**	−0.449**	−0.451**	−0.381**	−0.773*	0.214	0.372	0.307	0.443*
	合肥	合欢	1985—2018	−0.584**	−0.623**	−0.583**	−0.536**	−0.456*	−0.673**	−0.494*	−0.351	−0.194	−0.094	0.237
		刺槐	1985—2018	−0.131	−0.205	−0.371**	−0.320**	−0.309**	−0.229*	1.023**	−0.204	0.024	−0.035	0.417*
	桐城	刺槐	1986—2018	−0.062	−0.315**	−0.384**	−0.284**	−0.316**	−0.304**	−0.162	1.196*	0.762**	1.869**	0.262
沿江江南	池州	桂花	1983—2012	0.482*	0.023	0.007	−0.223	−0.196	−0.194					
	宣城	楝树	1982—2018	0.080	−0.015	0.062	−0.459**	−0.372**	−0.165	1.703**	0.508**	1.064**	0.495*	0.726**
		刺槐	1982—2018	−0.071	−0.209	−0.146	−0.174	−0.225**	−0.179*	0.674**	0.423*	0.723**	0.249	0.883**
		侧柏	1982—2018	−0.852**	−0.460*	0.020	−0.464*	−0.301	−0.161	0.592*				

注：* 表示变化趋势通过 $\alpha=0.05$ 显著性水平检验，** 表示变化趋势通过 $\alpha=0.01$ 显著性水平检验。

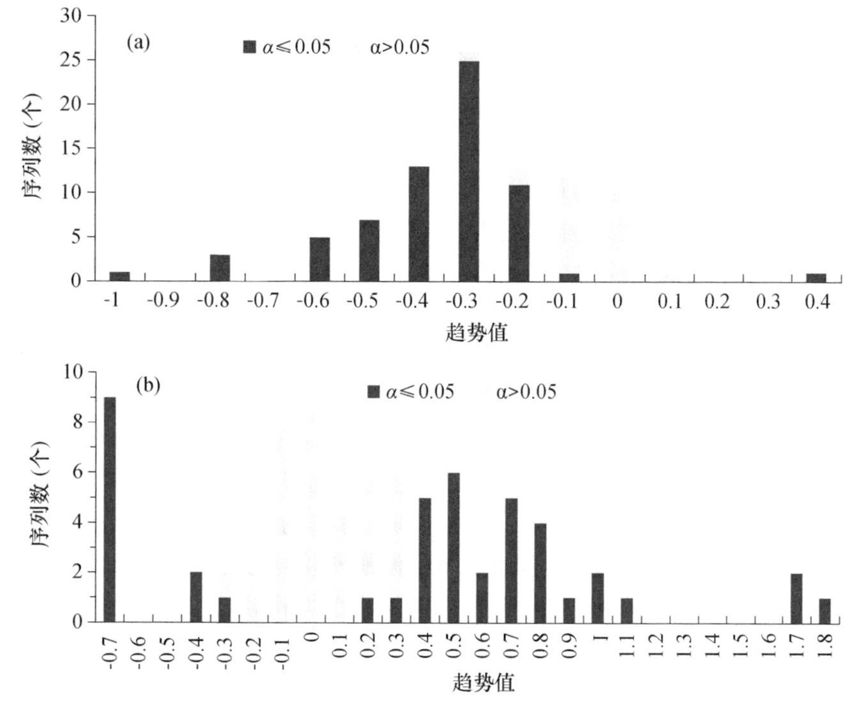

图7.3 安徽省木本植物春季(a)和秋季(b)物候期变化趋势值分布特征(单位:d/a)

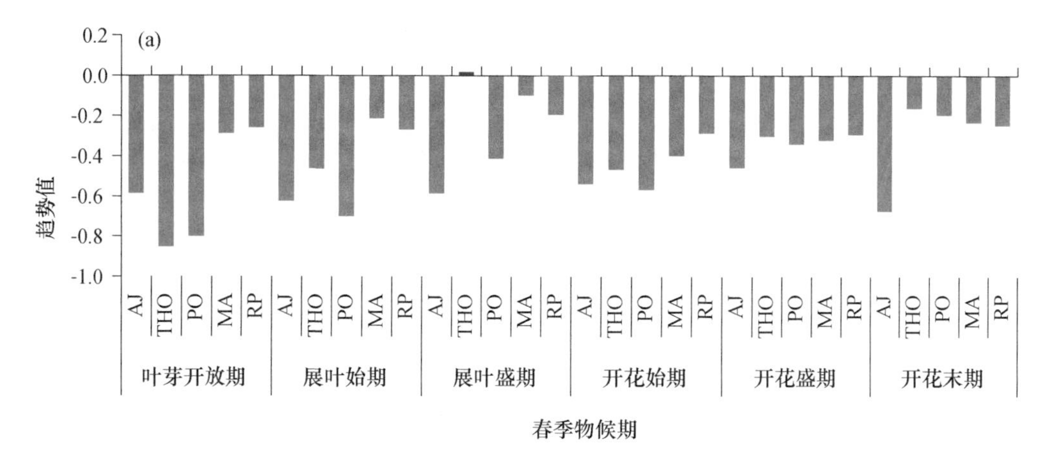

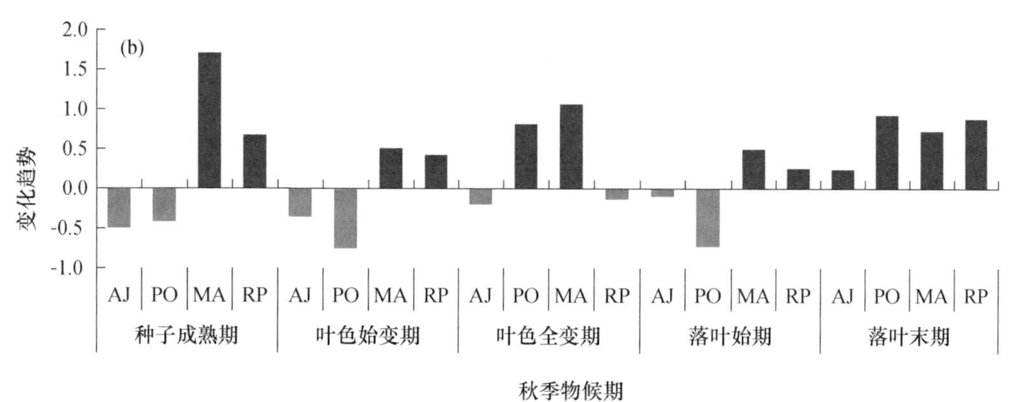

图7.4 安徽省木本植物春季(a)和秋季(b)物候期变化趋势(单位:d/a)

6种木本植物71个秋季物候期序列的线性变化趋势出现分化(图7.3b),其范围介于-0.773～1.869 d/a,主要以推迟为主。49个物候期序列推迟,其中31个推迟趋势通过α=0.05的显著性水平,占整个序列的50%左右。18个物候期序列无明显变化趋势。22个物候期序列提前,其中9个提前趋势通过α=0.05的显著性水平,占整个序列的12.7%。分物种来看,除楝树秋季物候期均呈现明显的推迟趋势外,其他物种在不同物候期的变化趋势存在差异,比如,合欢种子成熟期—落叶始期呈提前趋势,趋势值逐渐变小,至落叶末期时转变为推迟趋势。

图7.5给出了在不同地区楝树(a)和刺槐(b)各物候期的变化趋势,以揭示同一物种物候期的变化趋势是否存在地区间以及物候阶段内的差异。结果表明:除楝树春季开花始期和开花盛期以及秋季叶色全变期和落叶末期地区间的变化趋势表现出一致性外,其他的春、秋季物候期变化趋势均存在一定程度上的地区间差异。开花盛期之前,以江淮之间东部的天长春季物候期提前程度最大,淮河以北东部的宿州次之,而宣城地区楝树的芽开放期和展叶始期却表现出相反的推迟趋势。相对而言,楝树秋季物候期变化趋势在地区间的差异较春季物候期更为明显,推迟程度有自北向南逐渐增大的趋势。刺槐春季物候期在地区间表现出较为一致的提前趋势,但变化幅度存在地区间差异,而秋季物候期变化趋势和幅度均表现出明显的地区间差异,尤其是种子成熟期;秋季物候期推迟程度有呈自北向南逐渐变小的趋势。此外,从图中还可以看出,无论是春季还是秋季物候期,在同一物候阶段内不同状态(始期、盛期和末期)的变化趋势都存在差异。

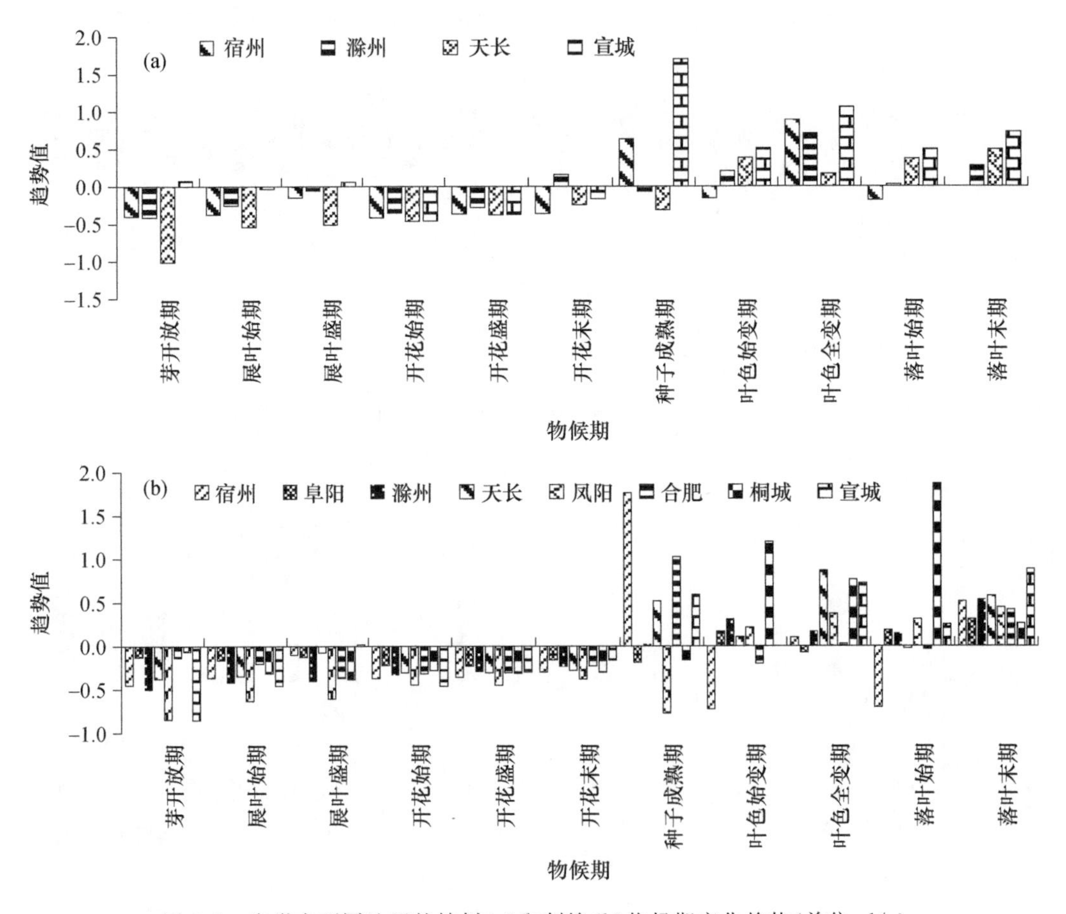

图7.5　安徽省不同地区的楝树(a)和刺槐(b)物候期变化趋势(单位:d/a)

总体来看，在气候变暖背景下，安徽省木本植物春季物候期普遍提前，而秋季物候期则以推迟为主。同种植物春季和秋季物候期的变化趋势存在一定程度上的地区间差异，尤其是秋季物候期。

7.1.2　草本植物物候期变化特征

7.1.2.1　基本特征

安徽省桐城市于 1985 年起开始车前草和蒲公英 2 种草本植物的物候观测，观测 2 种草本的萌芽期、展叶始期、展叶盛期、开花始期、开花盛期、开花末期、种子成熟始期、种子成熟全熟期、种子散布期、黄枯始期、黄枯普遍期及黄枯末期 12 个物候期。

从车前草和蒲公英各物候期出现日期来看(图 7.6)，草本植物物候期出现时间存在种间差异，蒲公英各物候期出现日期均要早于车前车，且随着生育进程的推进，两者同一物候期出现日期的差异愈加明显，从而可以说明同一区域内不同草本植物对气象要素的响应是不尽相同的。从年际变率来看，车前草在种子成熟阶段的年际变幅较蒲公英的偏大，其他阶段则相反，且两者的年际变幅均表现出随生育进程的推进而增大的趋势，特别是车前草在黄枯期三个状态(黄枯始期—全枯期)。这可能与车前草在偏暖年份出现二次萌发有关，导致黄枯期延迟，这与其他研究区域得到的结论基本一致。同研究时段内蒲公英并未有二次萌发记录，在序列一致性方面整体上优于车前草，其黄枯期三个状态的年际变幅介于 60～76 d，不足车前草年际变幅(199～203 d)的 1/3。

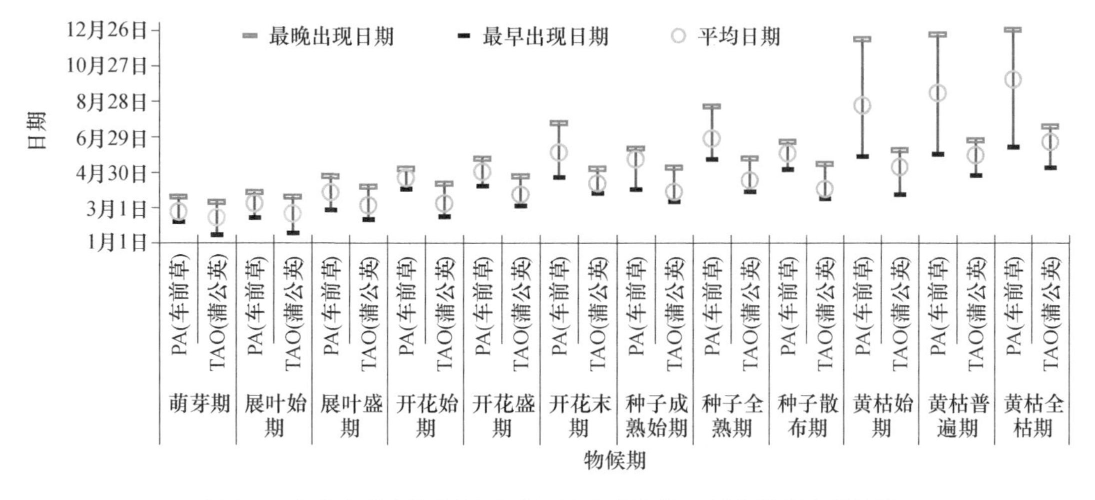

图 7.6　安徽省草本植物[车前草(○)和蒲公英(○)]物候期出现日期

7.1.2.2　变化趋势

图 7.7 给出了车前草和蒲公英不同物候阶段的变化趋势。由图可以看出，对于车前草和蒲公英自身而言，其同一物候阶段内的不同状态的变化趋势一致，但不同物种的同一物候阶段的变化趋势并不完全一致，蒲公英在前动期—种子散布期均表现提前趋势，这与木本植物春季物候期普遍提前的趋势基本一致，然而车前草在展叶始期、展叶盛期及种子全熟期却呈现出相反的推迟趋势。车前草和蒲公英物候期变化幅度有随着生育进程推进而变大的趋势。在种子散布期以前，同一物候阶段蒲公英的变化幅度较车前草的普遍偏大，黄枯期三个状态的变化幅度则较车前草明显偏小，不足其变化幅度的 1/4。此外，除萌动期和黄枯始期外，蒲公英各物

候阶段的变化趋势均通过 $\alpha=0.05$ 的显著性水平，而车前草仅开花盛期以及黄枯期三个状态的变化趋势通过 $\alpha=0.05$ 的显著性水平，其他的变化趋势均不明显(表 7.2)。

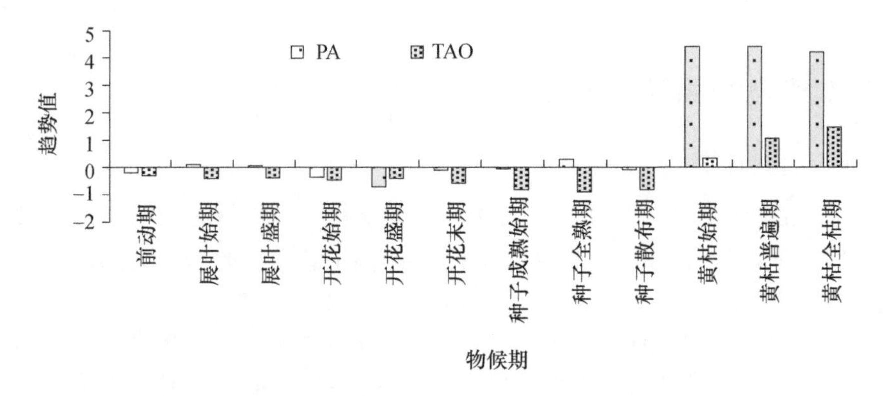

图 7.7　安徽省车前草和蒲公英物候期变化趋势(单位:d/a)

(阴影部分表示变化趋势通过 $\alpha=0.05$ 显著性水平检验)

表 7.2　安徽省草本植物关键物候期变化趋势　　(单位:d/a)

所属区域	观测地点	植物名称	时间序列	前动期(萌芽期)	展叶始期	展叶盛期	开花始期	开花盛期	开花末期
江淮之间	桐城	车前草	1985—2018	−0.198	0.109	0.025	−0.357	−0.707**	−0.103
		蒲公英	1985—2018	−0.298	−0.399*	−0.379*	−0.466*	−0.409*	−0.577**
所属区域	观测地点	植物名称	时间序列	果实/种子成熟始期	果实/种子全熟期	果实/种子散布期	黄枯始期	黄枯普遍期	黄枯全枯期
江淮之间	桐城	车前草	1985—2018	−0.009	0.300	−0.089	4.411**	4.408**	4.210**
		蒲公英	1985—2018	−0.813**	−0.897**	−0.811**	0.328	1.050**	1.460**

注：* 表示变化趋势通过 $\alpha=0.05$ 显著性水平检验，** 表示变化趋势通过 $\alpha=0.01$ 显著性水平检验。

7.1.3　木本植物物候期对气候变化的响应

7.1.3.1　物候期关键气候影响因子识别

采用 Pearson 相关分析，本研究探究了安徽省 5 种木本植物主要物候期(包括三个春季物候期，分别是叶芽开放期、展叶始期、开花始期；三个秋季物候期，分别是果实或种子成熟期、秋叶叶色始变期、落叶始期)与其前 6 个月至当前月的平均气温、降水量以及日照时数三个气候要素的滑动相关系数，以确定影响不同物候期的关键时段及气候影响因子。相关系数为负值表明随着气象要素值变大，相应的物候期提前，反之则推迟或延后；相关系数为正值则表明随着气候要素值变大，相应的物候期推迟或延后，反之则提前。

图 7.8 给出了合欢 6 个物候期与其前 6 个月及当前月的平均气温、降水量、日照时数三个气候要素的滑动相关分析结果以及相关系数显著性水平情况。结果表明：在全球气候变暖背景下，对于合欢而言，随着气候变暖，无论春季物候期还是秋季物候期，普遍表现出提前趋势，其中春季物候期前 1—2 个月温度是制约其早晚的主导气候因子，然而秋季物候期早晚与温度的相关程度并不显著。相比于温度，合欢春秋物候期早晚与降水和日照时数的变化无显著相关性，两者并非是决定物候期变化的关键气候因子。叶芽开放期和展叶始期与温度的相关系

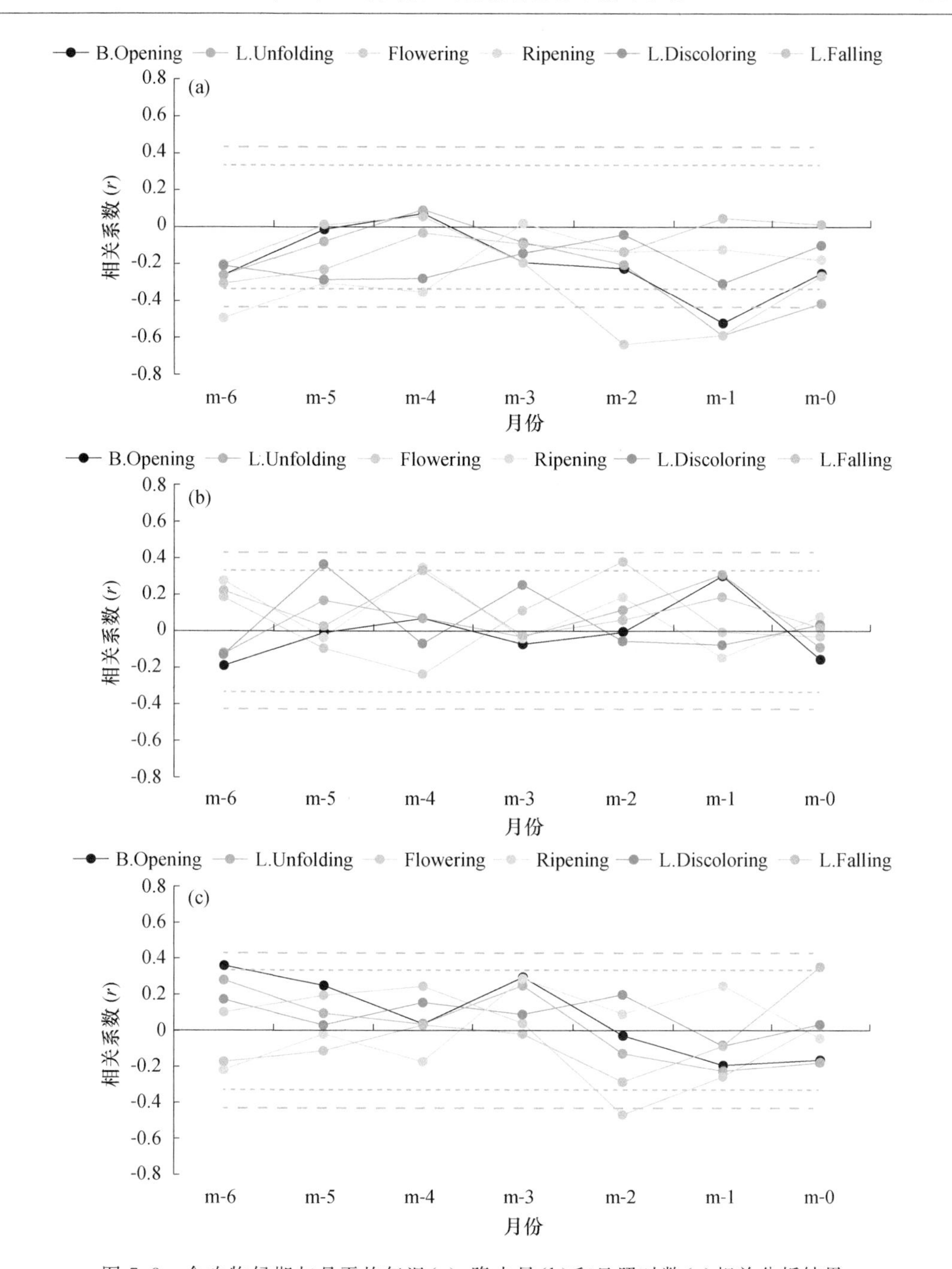

图7.8 合欢物候期与月平均气温(a)、降水量(b)和日照时数(c)相关分析结果

(B. Opening 表示叶芽开放期,L. Unfolding 表示展叶始期,Flowering 表示开花始期,Ripening 表示果实或种子成熟期,L. Discoloring 表示秋叶叶色始变期,L. Falling 表示落叶始期;m－6,m－5,…,m－0 分别是各物候期前第6个月、第5个月,…,当前月;---表示相关系数通过 $\alpha=0.05$ 显著性水平线,---表示相关系数通过 $\alpha=0.01$ 显著性水平线。以下图中类同)

数曲线分布模态基本一致,除上一年12月之外,其与当年冬季及早春温度均呈负相关,即冬季及早春变暖合欢叶芽开放期和展叶始期提前,反之则推迟,且与物候期出现月份越近的月平均气温的相关系数越大,至当年3月达最大,分别为－0.519和－0.584,均通过 $\alpha=0.01$ 显著性水平。此外,2—3月处于低温阴雨寡照气候环境时,合欢叶芽开放期和展叶始期有推迟的可能。开花始期与m－3至m－0的月平均气温呈负相关,3月时两者相关系数－0.633达最大,

其次 4 月为−0.585，均通过 α=0.01 显著性水平。3—4 月变暖时，开花始期显著提前，反之则推迟。如 3 月出现低温连阴雨气候环境时，开花始期明显推迟，反之则提前。成熟期、秋叶变色始期及落叶始期与前 6 个月及当前月平均气温以负相关为主，其中成熟期早迟与 3 月和 5 月平均气温显著负相关，即春季变暖时成熟期将明显提前。结合与降水和日照时数的相关分析可以得出，夏季凉爽湿润、日照偏多时，成熟期往往会推迟，反之则提前；夏秋季温度偏低、降水偏多、日照偏多时，叶变色始期将推迟，反之则提前；9—10 月出现阴雨寡照气候环境时，落叶始期将推迟，秋季暖干化则可能使得落叶期提前。但合欢春秋物候期与前期降水和日照时数的相关普遍较低，大多数相关系数未能通过 α=0.05 显著性水平。

图 7.9 给出了侧柏 4 个物候期与光温水三个气候因子的相关分析结果及显著性水平情况。从图中可以看出，叶芽开放期和开花始期与光温水三者相关系数的变化趋势基本一致，其与前 6 个月及当前月平均气温以负相关为主，即秋冬季气候变暖，叶芽开放期和开花始期提前，反之则推迟，且呈现出月份越临近相关系数越大的趋势，与 12 月及当前月 2 月平均气温的相关系数通过 α=0.05 显著性水平，其中均是与 2 月平均气温的相关系数最大，分别为−0.525 和−0.529，通过 α=0.01 显著性水平。展叶始期与 12 月至翌年 3 月平均气温呈负相关，冬季及早春气温偏暖，展叶始期提前，反之则推迟，且与平均气温相关系数的分析结果有类似于叶芽开放期和开花始期的变化特征，月份越临近相关程度越显著，其中与 1—3 月平均气温通过 α=0.05 显著性水平，也是与 2 月平均气温相关系数最大，为−0.465，通过 α=0.01 显著性水平。从而说明，平均气温影响三个物候期的时段基本上是一致的。成熟期与春季气温、日照和春夏季降水呈正相关，当春季温暖湿润、日照偏多时可使得侧柏成熟期推迟，反之则提前；与 6—7 月平均气温和日照呈负相关，特别是 7 月处于晴热少雨的气候环境下，侧柏成熟期将显著提前，反之则推迟。

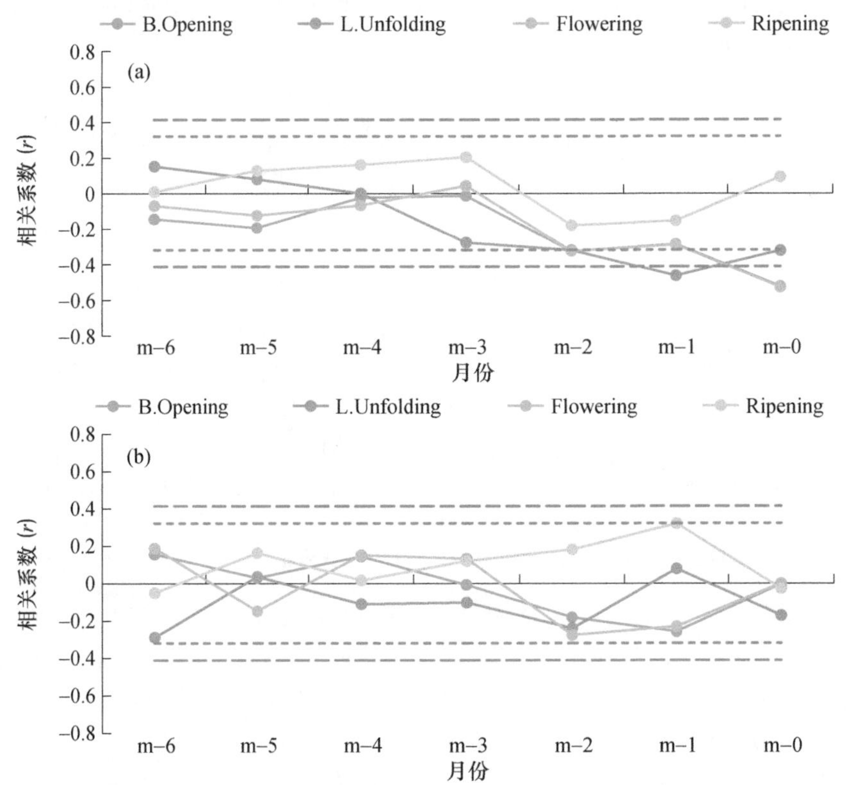

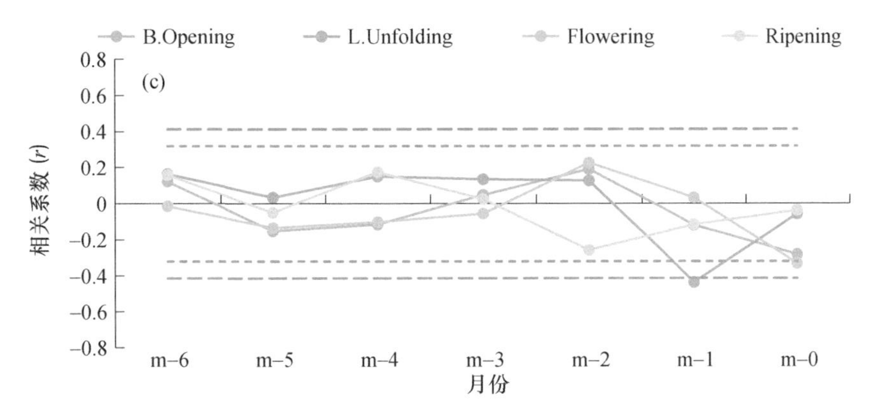

图 7.9　侧柏物候期与月平均气温(a)、降水量(b)和日照时数(c)相关分析结果

(参数说明同图 7.8)

图 7.10 给出了悬铃木 6 个物候期分别与其前 6 个月至当前月的平均气温、降水量和日照时数的相关分析结果及显著性水平情况。结果表明,悬铃木无论春季还是秋季物候期,与月平均气温普遍呈负相关,即气候变暖,春秋季物候期均有可能提前,反之则推迟。但秋季叶变色始期和落叶始期两个物候期与气温相关系数均未通过 $\alpha=0.05$ 显著性水平;春季三个物候期及成熟期与平均气温的相关系数,呈月份越临近相关系数越大,相关程度越显著,其中叶芽开放期、展叶始期及开花始期等春季三个物候期均是与 2 月平均气温的相关系数最大,分别为－0.576、－0.799 和－0.805,均通过 $\alpha=0.01$ 显著性水平。成熟期与 6 月、10 月和 11 月平均气温的相关系数通过 $\alpha=0.05$ 显著性水平,其中 6 月相关系数－0.522 最大,通过 $\alpha=0.01$ 显著水平。春、秋物候期对日照时数变化表现出不同的响应,春季物候期与日照时数以正相关为主,但与临近 2 个月的日照时数均呈显著负相关,但相关程度较同时段的气温偏小。成熟期与临近 4 个月的日照时数均呈正相关,说明成熟期温度偏低、日照时长偏长有助于其物候期的推迟,反之则提前。秋叶变色始期和落叶始期与日照时数相关系数的变化模态基本一致,临近 3 个月内以正相关为主,其他时段内呈负相关。但秋季各物候期与日照时数的相关系数均未通过 $\alpha=0.05$ 显著性水平。相对于温度和日照时数来说,悬铃木各物候期对降水的变化不敏感,其与降水的相关系数均未通过 $\alpha=0.05$ 显著性水平。春秋季物候期以负相关为主,说明低温干燥日照长可使得悬铃木物候期推迟,反之则可能提前。

图 7.11 给出了宿州、滁州、天长及宣城 4 个地区的楝树 6 个物候期与其前 6 个月至当前月的平均气温、降水量和日照时数的相关分析结果及显著性水平情况。从图中可以看出:不同地区不同物候状态对同一时段的气候因子变化的响应程度存在差异,并且同一物候状态对同一时段的同一气候因子变化的响应程度也存在地区间差异。春季物候期对气温变化较为敏感,其与月平均气温的相关系数,表现出月份越近相关系数越大越显著的特征,而秋季物候期对气温变化不敏感,其与临近月平均气温的相关系数普遍未通过 $\alpha=0.05$ 显著性水平。具体来看,宿州地区春秋物候期与平均气温的相关系数呈截然相反的分布特征,春季物候期与各月气温均呈负相关,即随着气候变暖春季物候期将普遍呈现出提前的变化趋势,并且与平均气温的相关系数有随月份越临近变大的趋势,最大值均出现在 3 月,分别为－0.721、－0.719 和－0.728。而该地区秋季物候期与平均气温以正相关为主,即气候变暖将导致该地区秋季物候期普遍推迟,但除成熟期与其前 1～2 个月平均气温的相关系数通过 $\alpha=0.05$ 显著性水平外,其他的均未能通过 $\alpha=0.05$ 显著性水平。此外,冬末春初(2—3 月)出现冷湿、寡照气候环境时,楝树的春季物候期将推迟,尤其 3 月处于连阴雨气候条件下展叶始期和开花始期均显著推迟。当冬季出现暖湿、寡照气候环境时,成熟期将推迟,反之则提前,而盛夏(7—8 月)出现暖干化、长日照的气候环境时,秋叶变色始期和落叶始期将推迟,反之则提前。

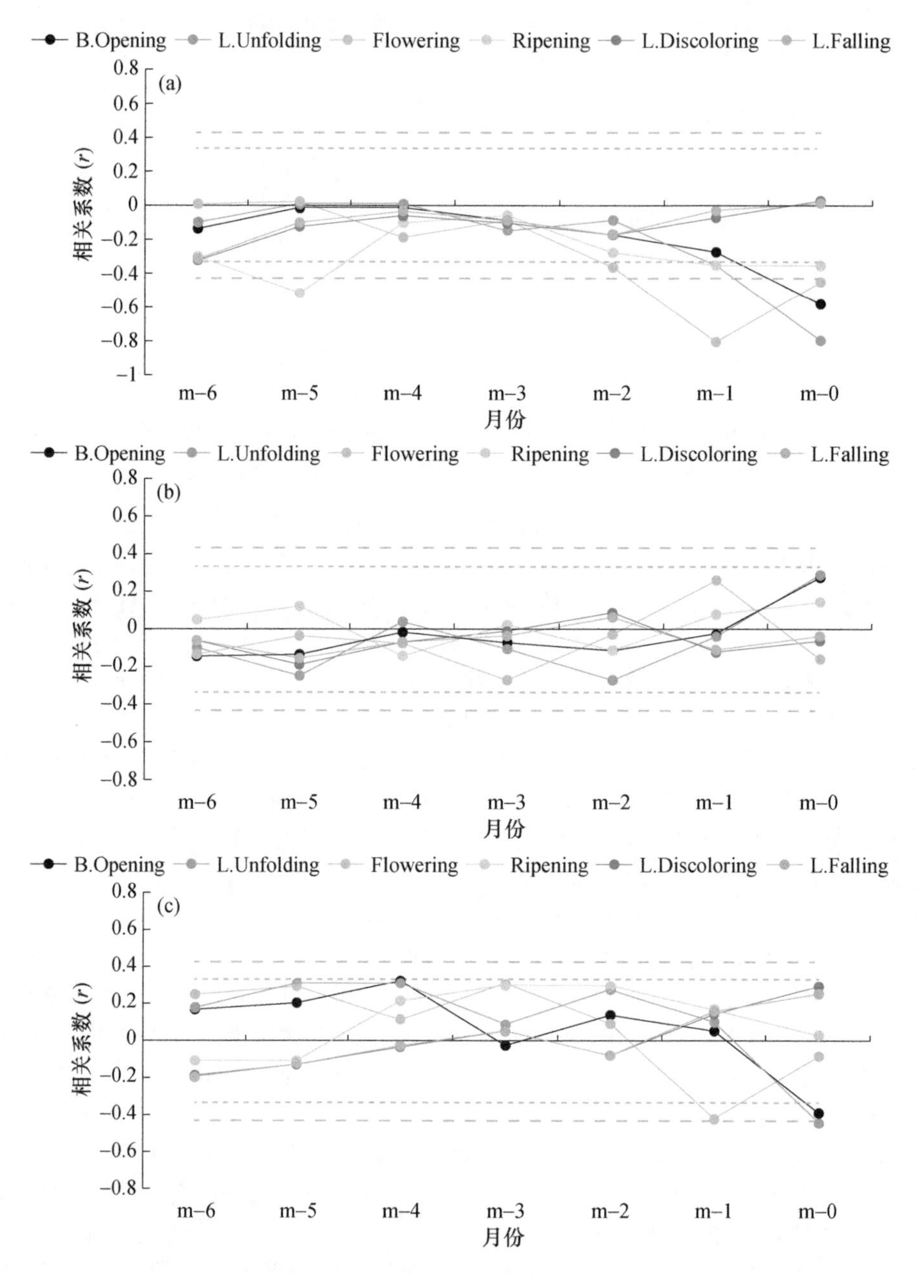

图 7.10　悬铃木物候期与月平均气温(a)、降水量(b)和日照时数(c)相关分析结果

(参数说明同图 7.8)

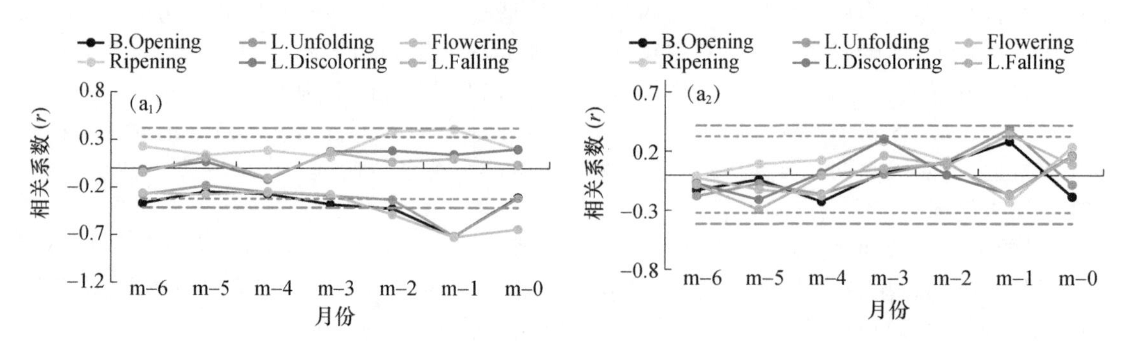

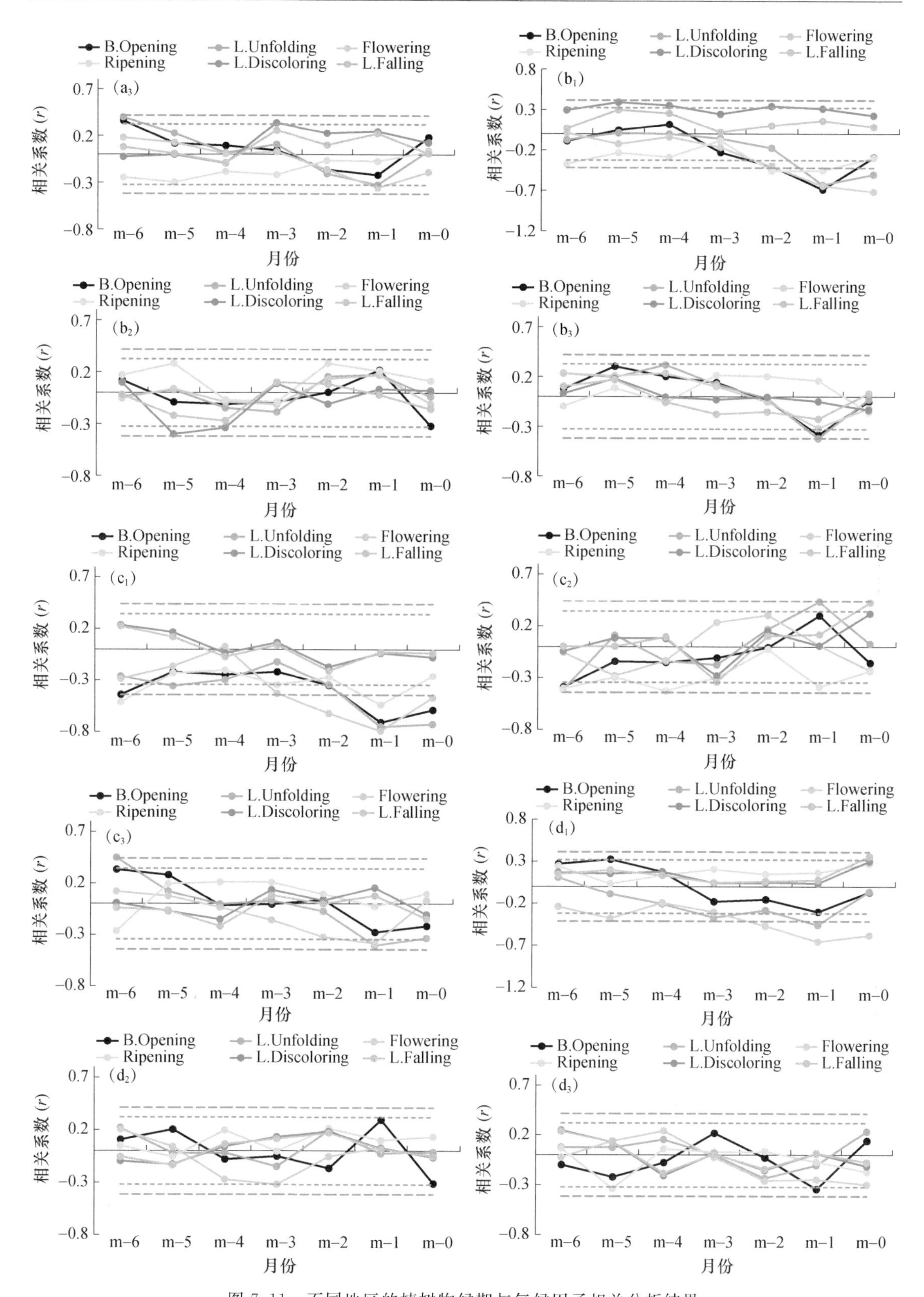

图 7.11 不同地区的楝树物候期与气候因子相关分析结果

（a,b,c,d 分别为：宿州、滁州、天长、宣城；下标 1,2,3 分别表示：月平均气温、降水量和日照时数。参数说明同图 7.8）

滁州地区楝树春季物候期及成熟期与平均气温普遍呈负相关，气候变暖将使得上述4个物候期提前，且与宿州地区类似，物候期与平均气温的相关系数随时间临近逐渐变大，其中叶芽开放期和展叶始期均是与m－1(3月)相关系数达最大，开花始期则与当前月(4月)相关系数最大，而成熟期则与m－2(9月)相关系数最大，且4个相关系数均通过$\alpha=0.01$显著性水平。秋叶变色始期和落叶始期与平均气温的相关系数随月份临近有变小趋势，且与前期平均气温的相关系数变化幅度月际间变幅较小。此外，秋叶变色始期对温度变化的响应较落叶始期更为敏感，其与m－2、m－4及m－5平均气温相关系数通过$\alpha=0.05$显著性水平，即与5月、6月和9月平均气温显著相关，其中与5月相关系数最大为0.392。春季物候期与临近月降水量呈正相关，而与日照时数呈负相关，即前期处于冷湿、寡照气候环境下，物候期将推迟，尤其3月将显著推迟，反之则提前。成熟期与临近月降水量和日照时数以正相关为主，即前期处于冷湿、多日照气候环境下，成熟期将推迟，反之则提前。春末夏初(5—6月)处于冷湿、寡照气候环境下，秋叶变色期和落叶始期将提前，反之则推迟，而初秋(9月)暖湿、寡照气候环境下往往使得两者推迟，反之则提前。

天长地区楝树春季物候期及成熟期与前期平均气温呈负相关。在气候变暖背景下，春季物候期将提前，且与前期平均气温的相关系数随时间临近而逐渐变大，其中芽开放期和展叶始期在3月达最大，开花始期在4月达最大，上述相关系数均通过$\alpha=0.01$显著性水平。秋季物候期与前期平均气温无显著相关性，其相关系数随时间临近而逐渐变小，在m－3时由正相关转变为负相关，且月际间变幅较小。冬末春初(2—3月)处于冷湿、寡照气候环境下春季物候期将推迟，特别3月出现低温阴雨寡照气候环境时将使得展叶始期和开花始期显著推迟，反之则提前。秋季物候期与前期平均气温、降水量和日照时数普遍无显著相关性。其中成熟期与前期平均气温和降水量呈负相关，其与10月气温的相关系数通过$\alpha=0.01$显著性水平，而与日照时数呈正相关，即前期处于暖湿、寡照气候环境下，成熟期将可能提前，反之则推迟。秋叶变色始期和落叶始期所在当前月处于冷湿、寡照气候环境时，其有可能推迟，反之则提前。

宣城地区楝树春季物候期同样与前期平均气温普遍呈负相关关系，且随时间临近相关系数逐渐变大，其中开花始期对温度变化最为敏感，其次为展叶始期，两者均与3月平均气温相关系数最大，且均通过$\alpha=0.01$显著性水平；芽开放期在m－4至m－6与平均气温呈正相关，随后由正转负，相关系数为三者中最小，且与平均气温的相关系数均未通过$\alpha=0.05$显著性水平。秋季物候期与平均气温普遍呈不显著的正相关，其中落叶始期与当前月10月平均气温显著相关，即10月变暖时，落叶始期显著推迟。当冬末春初处于冷湿、寡照气候环境时，尤其3月，春季物候普遍推迟，反之则提前。成熟期与前期气温、降水呈不显著正相关，与日照时数呈不显著负相关，说明前期暖湿、寡照气候环境可能使得成熟期推迟，反之则有可能提前。秋叶变色始期和落叶始期与m－1至m－4降水呈不显著正相关，其他时段则为不显著负相关，与日照时数则相反，m－1至m－4呈不显著负相关，其他时段则为不显著正相关。结合前期平均气温来看，夏季及初秋处于暖湿、寡照气候环境，秋叶变色始期及落叶始期可能推迟，而处于冷干、长日照环境下，两者则可能提前。

图7.12给出了8个地区刺槐6个春秋季物候期与前期气候因子的相关分析情况。由图可知，各地春季物候期与平均气温普遍呈负相关，相关系数随时间临近而逐渐变大，说明在气候变暖背景下，各地刺槐春季物候期普遍提前，临近月平均气温升温幅度越大，春季物候期出现时间越早。但秋季物候期地区间差异明显，对前期气温的变化不敏感，两者的相关系数普遍未通过$\alpha=0.05$显著性水平。刺槐物候期对降水和日照时数变化的响应也存在较为明显的地区间差异，但其相关系数大多数未通过$\alpha=0.05$显著性水平。分区域来看，宿州地区，除成熟

期与前期平均气温呈正相关外，其他物候期普遍呈负相关，说明在全球气候变暖背景下，宿州地区刺槐成熟期推迟，春季物候期和秋叶变色始期和落叶始期则提前，其中春季三个物候期均与3月平均气温的相关程度最高，相关系数均通过$\alpha=0.01$显著性水平，秋叶变色始期和落叶始期与4月和5月平均气温显著相关，相关系数通过$\alpha=0.05$显著性水平，且均与5月平均气温的相关程度最高。结合降水和日照时数来看，冬末春初处于冷湿、寡照气候环境时，春季物候期则表现出推迟，处于暖干、多日照气候环境时，则表现出提前。成熟期前2个月处于温高、雨少、寡照气候环境时，其往往推迟，反之则提前。9—10月处于暖湿、寡照气候环境时秋叶变色始期和落叶始期提前，反之则推迟。

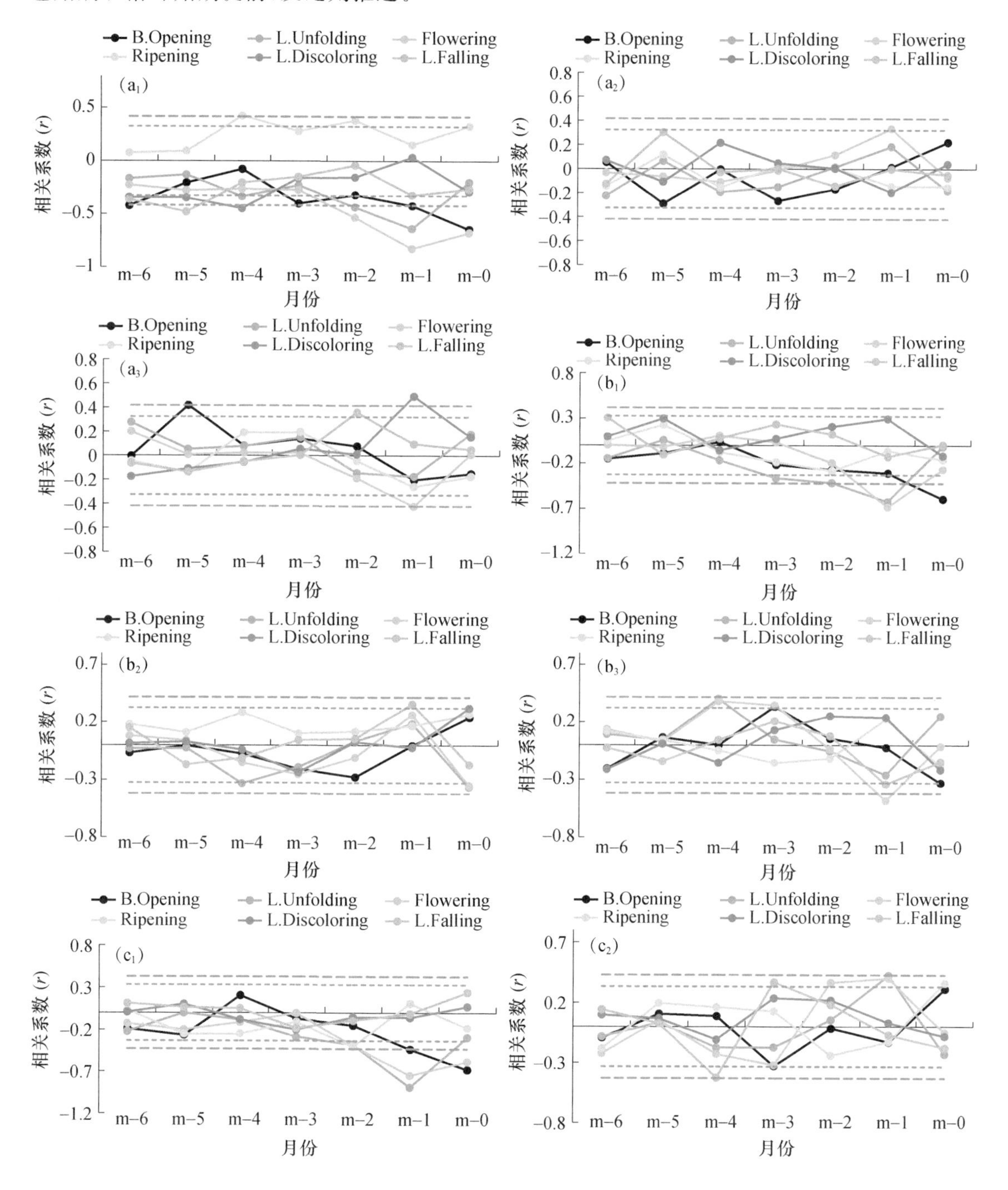

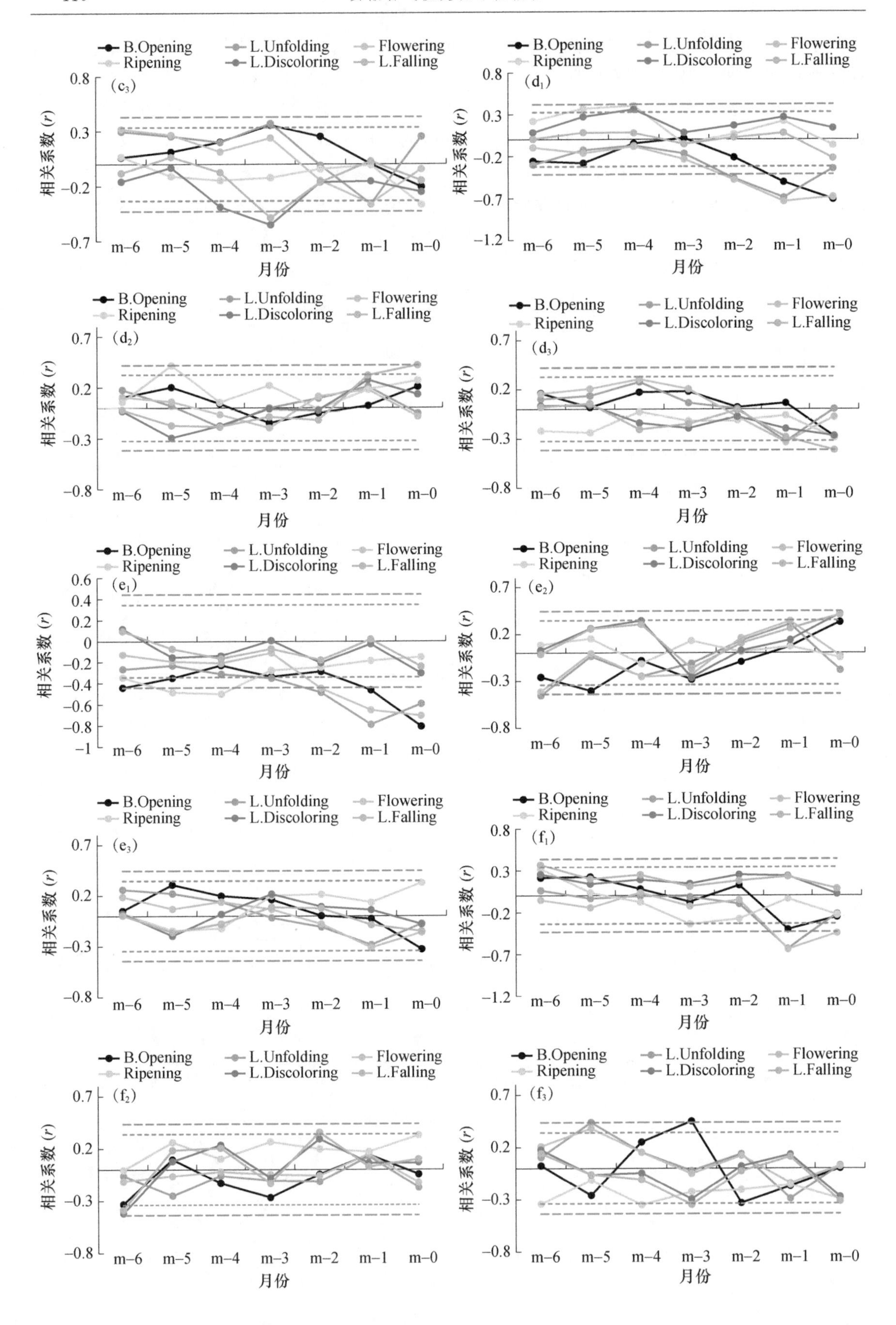
B.Opening
L.Unfolding
Flowering
Ripening
L.Discoloring
L.Falling
(c3)
相关系数（r）
0.8
0.3
-0.2
-0.7
m-6
m-5
m-4
m-3
m-2
m-1
m-0
月份
(d1)
0.8
0.3
-0.2
-0.7
-1.2
(d2)
0.7
0.2
-0.3
-0.8
(d3)
(e1)
0.6
0.4
0.2
0
-0.2
-0.4
-0.6
-0.8
-1
(e2)
(e3)
(f1)
(f2)
(f3)

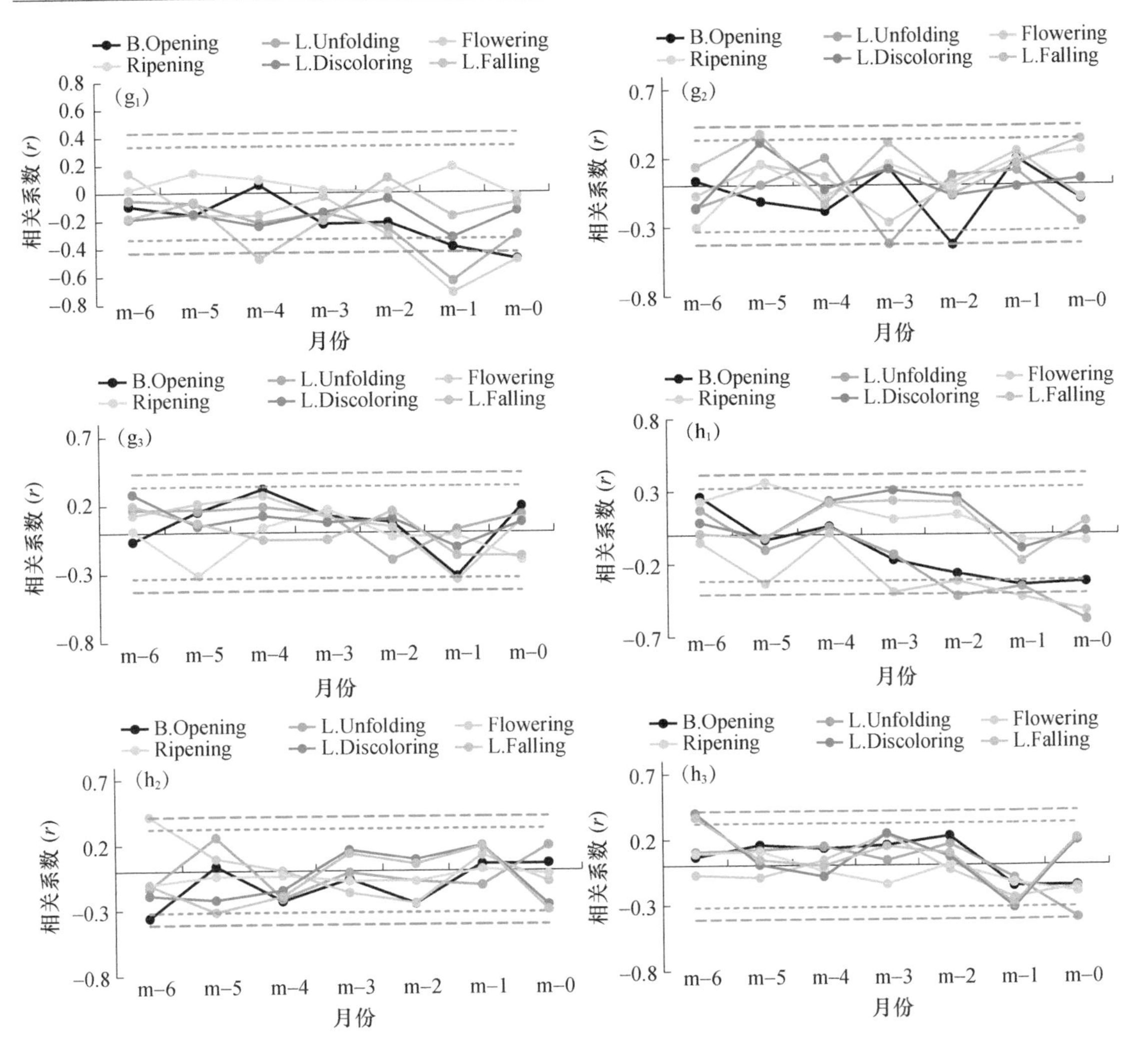

图 7.12 不同地区的刺槐物候期与气候因子相关分析结果

(a,b,c,d,e,f,g,h 分别为:宿州、阜阳、凤阳、滁州、天长、桐城、合肥、宣城;下标 1,2,3 分别表示:平均气温、降水和日照时数。参数说明同图 7.8)

阜阳地区刺槐的三个春季物候和成熟期与前期平均气温以负距平为主,且春季物候期与平均气温相关程度随时间临近而逐渐变高,均与 3 月平均气温的相关程度最高,相关系数均通过 $\alpha=0.01$ 显著性水平。其他两个秋季物候期与平均气温以正距平为主,即在全球变暖背景下,阜阳地区刺槐的春季物候期提前,而秋季的秋叶变色始期和落叶始期则推迟。综合光温水三方面来看,早春 3 月处于冷湿、寡照气候环境下,春季物候期则普遍推迟,当处于暖干、日照多气候环境下则提前。

凤阳地区刺槐无论春季物候期还是秋季物候期,与前期平均气温以负相关为主。春季物候期与平均气温相关分析结果可以发现,月份越临近平均气温与春季物候期出现日期的相关程度越高,对其影响越大,其中芽开放期与 m−0 负相关程度最高,展叶始期和开花始期与 m−1 负相关程度最高,进一步分析,三者均是与 3 月平均气温负相关程度最高,均通过 $\alpha=0.01$ 显著性水平。秋季物候期与平均气温相关系数的月际变幅相对较小,且均未通过 $\alpha=0.05$ 显著性水平。3 月处于冷湿、寡照气候环境时,春季物候期普遍推迟,处于暖干、日照多气候环境时则提前。春末夏初处于低温、干燥、寡照气候环境时，成熟期可能推迟，反之则提前。当盛夏至初秋(7—9月)处于凉湿、寡照气候环境时，秋季物候期推迟；当处于暖干、日照多气候环境时，则提前。

滁州地区刺槐春秋季物候期与前期平均气温呈截然相反的关系，三个春季物候期与平均气温普遍呈负相关，且月份越临近相关性程度越高，气温对物候期的影响越显著，这与宿州、阜阳和凤阳地区的结果基本一致，其芽开放期与m−0负相关程度最高，展叶始期和开花始期与m−1负相关程度最高，且均是与3月平均气温负相关程度最高，通过$\alpha=0.01$显著性水平。秋季物候期与前期温度呈不显著的正相关，即前期温度偏暖时，秋季物候期则普遍推迟，反之则提前。无论春季还是秋季物候期与降水和日照时数的相关程度普遍较低，大多数相关系数未能通过$\alpha=0.05$显著性水平。当3月处于冷湿、寡照气候环境时，春季三个物候期普遍推迟，处于暖干、日照多气候环境时则提前。成熟期与前期气温和降水呈正相关，与日照时数呈负相关，即前期处于暖湿、寡照气候环境下，成熟期将推迟，反之则提前。当9—10月处于暖湿、寡照气候环境时，秋季物候期将推迟，反之则提前。

天长地区刺槐春秋物候期与平均气温都呈负相关，即在当前全球气候变暖背景下，春秋物候期普遍呈现出提前趋势，三个春季物候期与平均气温相关程度随月份临近而升高，均与3月平均气温的相关系数最大，且均通过$\alpha=0.01$显著性水平；秋季物候期与平均气温相关系数月际波动小，均未能通过$\alpha=0.05$显著性水平。春季物候期与2—3月降水呈不显著正相关、日照时数呈不显著负相关，说明当2—3月处于冷湿、寡照气候环境时，三个春季物候期推迟，当处于暖干、日照多气候环境下，春季物候期则提前。成熟期与前三个月内的日照时数呈不显著正相关，当4—7月处于低温、多日照环境时，成熟期将推迟，反之则提前。9—10月处于低温阴雨寡照气候环境下，往往使得秋叶变色始期和落叶始期推迟。

桐城地区刺槐秋叶变色始期和落叶始期与平均气温呈正相关，但相关系数未能通过$\alpha=0.05$显著性，成熟期和三个春季物候期与平均气温以负相关为主，其中春季物候期与平均气温的相关程度随时间临近而升高，其中叶芽开放期与2月平均气温负相关程度最高，展叶始期和开花始期均与3月平均气温负相关程度最高，三者的相关系数均通过$\alpha=0.01$显著性水平，成熟期与4月平均气温的相关系数通过$\alpha=0.05$显著性水平。从图中还可以发现，春季物候期和成熟期前期处于冷湿、寡照气候环境时，其往往推迟，反之则提前。当夏末秋初暖湿、寡照气候环境下，秋叶变色始期和落叶始期往往提前，反之则推迟。但春秋季物候期与降水和日照时数相关性程度普遍偏低，大多数相关系数未通过$\alpha=0.05$显著性水平。

合肥地区刺槐与平均气温相关系数分布模态类似于宿州地区，其成熟期与平均气温呈不显著的正相关，其他物候期与平均气温普遍以负相关为主，其中三个春季物候期与平均气温相关程度随时间临近而升高，三个物候期均是与3月平均气温相关程度最高，其相关系数均通过$\alpha=0.01$显著性水平。秋季的秋叶变色始期和落叶始期与前期气温相关系数普遍未通过$\alpha=0.05$显著性水平。从图7.12中还可以看出，冬末春初处于冷湿、寡照气候环境往往导致春季物候期推迟，暖干、日照多可使得春季物候期提前。春末夏初暖湿、寡照气候环境往往使得成熟期推迟，反之则提前。9—10月处于冷湿、寡照气候环境时，秋叶变色始期和落叶始期以推迟为主，反之则提前。与其他地区一样，降水和日照时数并非是制约合肥地区刺槐春秋季物候期早晚的关键气候因子，其绝大多数相关系数未能通过$\alpha=0.05$显著性水平。

宣城地区刺槐春秋物候期对平均气温变化的响应截然相反，三个春季物候期与前期平均气温普遍呈负相关，相关程度随时间临近而逐渐升高，其中叶芽开放期、展叶始期和开花始期分别与 2 月、3 月和 4 月平均气温相关程度最高，相关系数分别通过 $\alpha=0.05$、$\alpha=0.01$ 和 $\alpha=0.01$ 显著性水平，说明该时段内气候变暖，三个春季物候期都将显著提前，反之则推迟。三个秋季物候期与平均气温呈不显著正相关，当前期气候变暖时，秋季物候期往往推迟，反之则提前。图中还可以发现，春季物候期与前期降水普遍呈负相关、日照时数呈正相关，从而可以说明前期处于暖湿、日照偏少气候环境下，春季物候期往往提前，而处于冷干、日照偏多环境时，则往往推迟。成熟期与前期降水和日照时数均呈负相关，说明前期气候暖干、寡照，成熟期往往推迟，冷湿、日照偏多时，成熟期却可能提前。其他两个秋季物候期与夏季降水呈正相关，与春季则呈负相关，与前期日照以正相关为主。但无论春季还是秋季物候期与降水和日照时数的相关性程度普遍较低，大多数未通过 $\alpha=0.05$ 显著性水平，降水和日照时数不是影响宣城地区刺槐物候期的关键气候因子。

综上可以得出，木本植物春季物候期早迟与其前 1～2 个月的平均气温冷暖高度相关，但与降水和日照时数相关程度不显著；秋季物候期与前期气候因子的相关性程度普遍不显著。此外，研究还发现，早春连阴雨往往使得春季物候期有所推迟，夏末初秋干旱则会造成秋季物候期提前。

7.1.3.2　物候期对气候变化敏感性分析

研究发现，安徽省主要木本植物春秋季物候期对气候变化表现出不同的响应特征，春季普遍提前，秋季则以推迟为主，且物候期之前的临近月份的温度是制约安徽省木本植物春季物候期的关键气候因子。本研究通过统计分析，进一步厘清了两者之间的关系，揭示了物候期对温度变化的敏感程度。

结合上文相关分析可知，合欢叶芽开放期、展叶始期和开花始期均与 3 月平均气温相关程度最高，其是制约春季物候期的关键气候因子。图 7.13 给出了合欢的叶芽开放期、展叶始期和开花始期和 3 月平均气温的散点图。由图可知，合欢三个春季物候期与温度之间均呈非线性关系。具体关系如下。

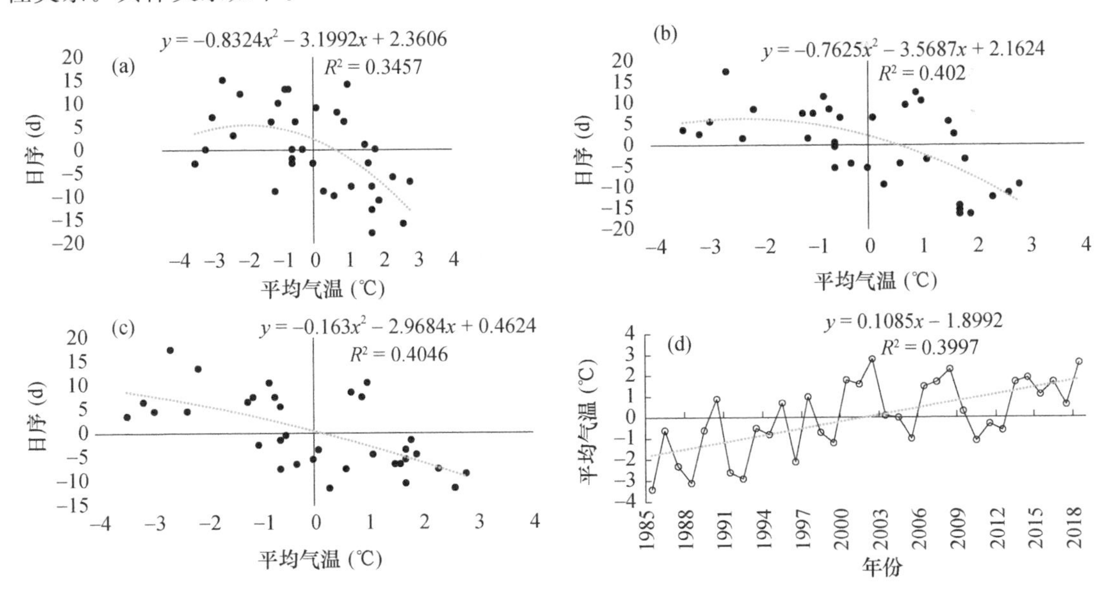

图 7.13　合肥市合欢春季物候期日序与平均气温散点图

(a)叶芽开放期；(b)展叶始期；(c)开花始期；(d)合肥市 3 月平均气温距平历年演变及线性变化趋势

$$叶芽开放期: y=-0.8324x^2-3.1992x+2.3606 \quad (7.1)$$

$$展叶始期: y=-0.7625x^2-3.5687x+2.1624 \quad (7.2)$$

$$开花始期: y=-0.163x^2-2.9684x+0.4624 \quad (7.3)$$

式(7.1)—式(7.3)中,y 为物候期日序距平,x 为月平均气温距平,以下各式类同,在此不再赘述。

进一步分析表明,3 月平均气温每上升(下降)1 ℃时,合欢叶芽开放期、展叶始期和开花始期分别提前(推迟)1.67 d、2.17 d 和 2.67 d,以开花始期对 3 月平均气温变化最为敏感,展叶始期次之。1985 年以来,合肥市 3 月平均气温以 0.1085 ℃/a 的线性速率显著上升($\alpha=0.01$),近 34 年上升了约 3.7 ℃,使得叶芽开放期、展叶始期和开花始期分别提前了 20.9 d、21.5 d 和 12.8 d。

相关分析表明,侧柏叶芽开放期、展叶始期和开花始期与 2 月平均气温相关程度最高。图 7.14 给出了侧柏三个春季物候期与 2 月平均气温的散点图。从图中可以看出,物候期与平均气温均呈非线性关系。具体关系如下。

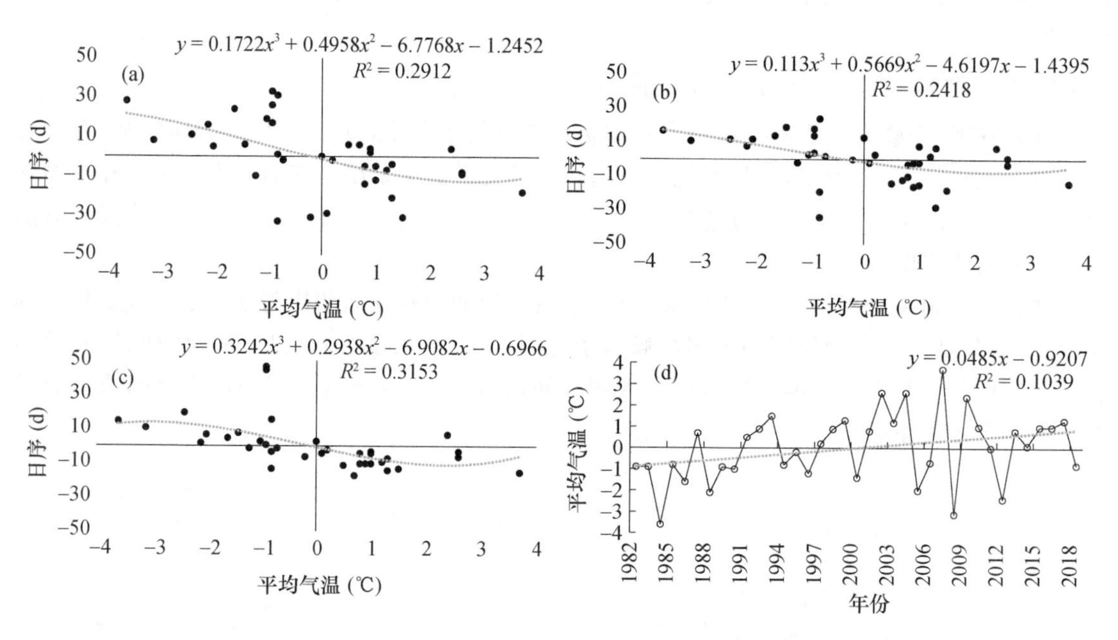

图 7.14 宣城市侧柏春季物候期日序与平均气温散点图

(a)叶芽开放期;(b)展叶始期;(c)开花始期;(d)宣城市 2 月平均气温距平历年演变及线性变化趋势

$$叶芽开放期: y=0.1722x^3+0.4958x^2-6.7768x-1.2452 \quad (7.4)$$

$$展叶始期: y=0.113x^3+0.5669x^2-4.6197x-1.4395 \quad (7.5)$$

$$开花始期: y=0.3242x^3+0.2938x^2-6.9082x-0.6966 \quad (7.6)$$

进一步分析表明,2 月平均气温每上升(下降)1 ℃,侧柏叶芽开放期、展叶始期和开花始期分别提前(推迟)7.4 d、5.4 d 和 7 d,以叶芽开放期对 2 月平均气温最为敏感,开花始期次之。1982 年以来,宣城市 2 月平均气温以 0.0485 ℃/a 的线性速率显著上升($\alpha=0.05$),近 37 年上升了 1.8 ℃,使得侧柏叶芽开放期、展叶始期和开花始期分别提前了 10.8 d、7.3 d 和 10.3 d。

相关分析表明,3 月平均气温是制约悬铃木春季物候期的关键气候因子,其与悬铃木叶芽开放期、展叶始期和开花始期的相关程度均是最高。图 7.15 给出了寿县悬铃木三个春季物候期与 3 月平均气温的散点图,从图中可以看出,物候期与平均气温均呈非线性关系。具体关系如下。

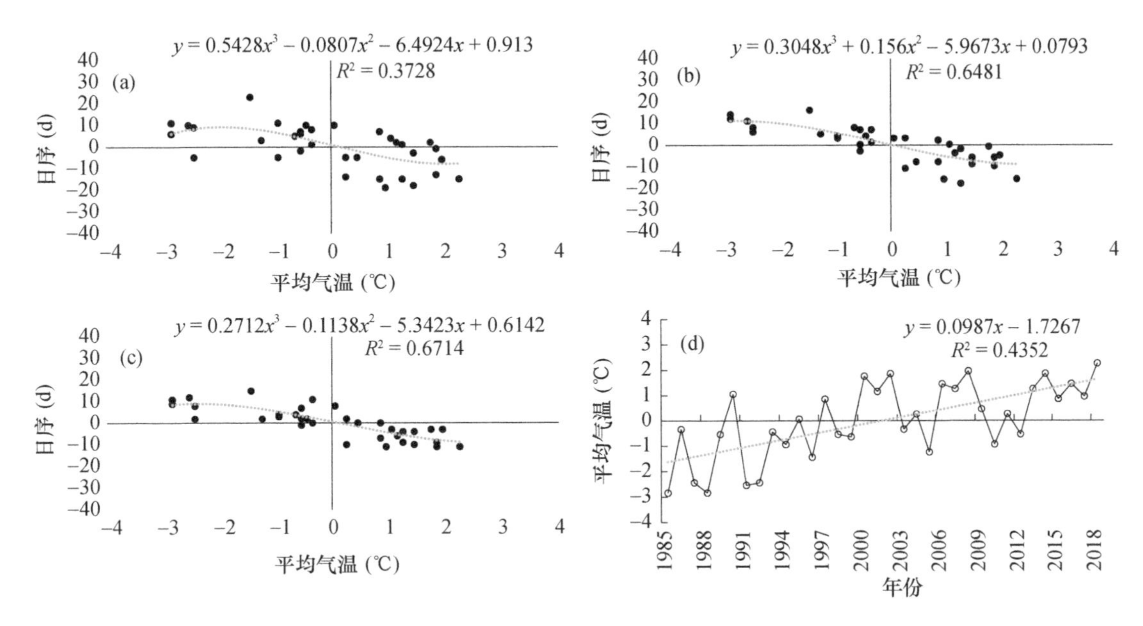

图7.15 寿县悬铃木春季物候期日序与平均气温散点图

(a)叶芽开放期;(b)展叶始期;(c)开花始期;(d)寿县3月平均气温距平历年演变及线性变化趋势

$$叶芽开放期:y=0.5428x^3-0.0807x^2-6.4924x+0.913 \tag{7.7}$$

$$展叶始期:y=0.3048x^3+0.156x^2-5.9673x+0.0793 \tag{7.8}$$

$$开花始期:y=0.2712x^3-0.1138x^2-5.3423x+0.6142 \tag{7.9}$$

进一步分析表明,3月平均气温每上升(下降)1 ℃,悬铃木叶芽开放期、展叶始期和开花始期分别提前(推迟)5.1 d、5.4 d和4.6 d,展叶始期对温度变化最为敏感,叶芽开放期敏感程度略低。1985年以来,寿县3月平均气温以0.0987 ℃/a的线性变化速率显著上升(α=0.01),近34年上升了约3.4 ℃,使得悬铃木叶芽开放期、展叶始期和开花始期分别提前了1.3 d、6.7 d和8.3 d。

图7.16—7.19给出了安徽省不同地区楝树春季物候期与温度之间的关系图。分地区来看,相关分析表明,宿州市楝树叶芽开放期、展叶始期和开花始期三个春季物候期均与3月平均气温相关程度最高。图7.16给出了宿州市三个春季物候期与3月平均气温的散点图,从图中可以看出,物候期与平均气温均呈非线性关系。具体关系如下。

$$叶芽开放期:y=-0.188x^3-0.319x^2-2.3002x+0.6613 \tag{7.10}$$

$$展叶始期:y=-0.1069x^3-0.3861x^2-2.462x+0.8827 \tag{7.11}$$

$$开花始期:y=0.0565x^3-0.3225x^2-3.3684x+0.8369 \tag{7.12}$$

进一步分析表明,3月平均气温每上升(下降)1 ℃,楝树叶芽开放期、展叶始期和开花始期分别提前(推迟)2.1 d、2.0 d和2.8 d,以开花始期对温度变化最为敏感,叶芽开放期和展叶始期对温度变化的敏感性程度接近。1983年以来,宿州市3月平均气温以0.101 ℃/a的线性速率显著上升(α=0.01),近36年上升了3.6 ℃,使得楝树叶芽开放期、展叶始期和开花始期分别提前了21 d、18.3 d和13 d。

相关分析表明,滁州市楝树三个春季物候期同样与3月平均气温相关程度最高。图7.17给出了三个春季物候期与3月平均气温的散点图,从图中可以看出,物候期与平均气温均呈非线性关系。具体关系如下。

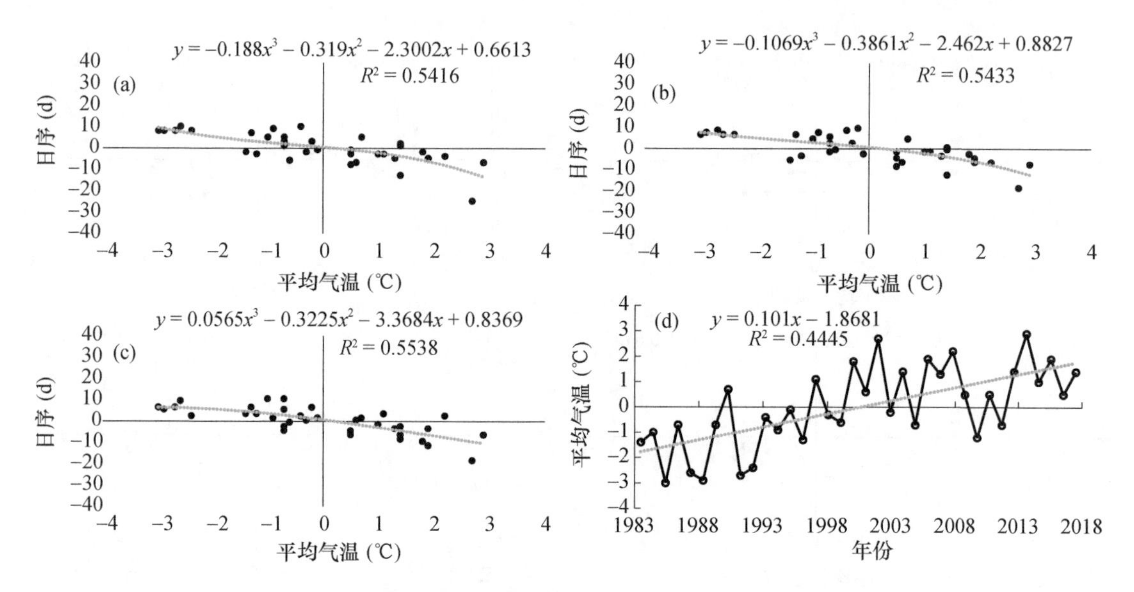

图 7.16　宿州市楝树春季物候期日序与平均气温散点图

(a)叶芽开放期;(b)展叶始期;(c)开花始期;(d)宿州市 3 月平均气温距平历年演变及线性变化趋势

$$叶芽开放期:y=-0.3074x^2-2.989x+0.7429 \quad (7.13)$$

$$展叶始期:y=-0.2942x^2-2.7394x+0.711 \quad (7.14)$$

$$开花始期:y=-0.2076x^2-2.5436x+0.5017 \quad (7.15)$$

进一步分析表明,3 月平均气温每上升(下降)1 ℃,楝树叶芽开放期、展叶始期和开花始期分别提前(推迟)2.6 d、2.3 d 和 2.2 d,三者对温度变化的敏感程度较为接近,以叶芽开放期最为敏感。1983 年以来,滁州市 3 月平均气温以 0.0855 ℃/a 的线性速率显著上升($\alpha=0.01$)。近 36 年上升了约 3.1 ℃,使得叶芽开放期、展叶始期和开花始期分别提前 11.4 d、10.5 d 和 9.3 d。

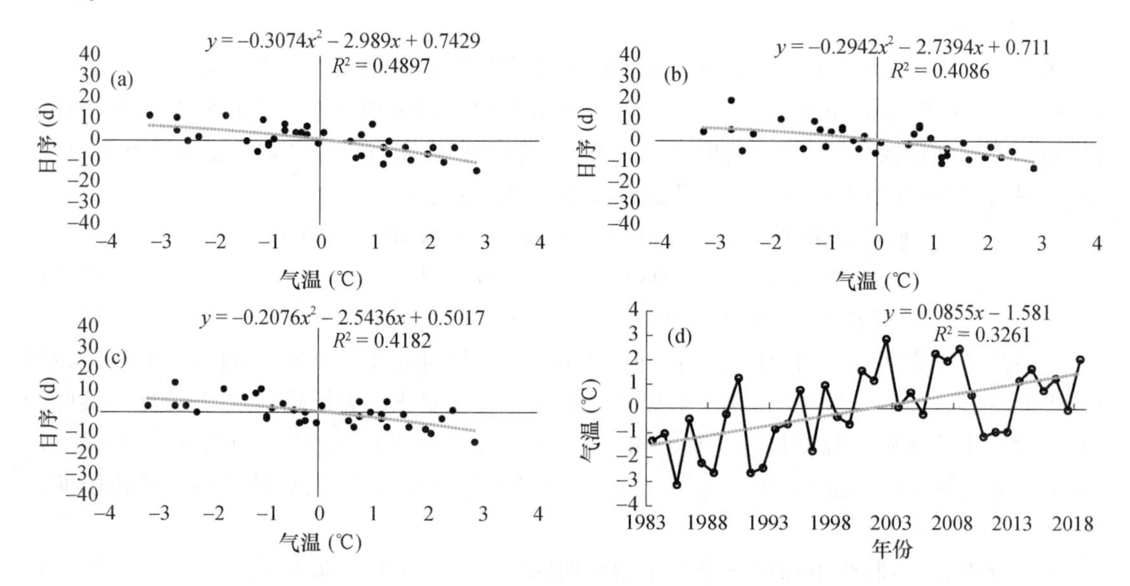

图 7.17　滁州市楝树春季物候期日序与平均气温散点图

(a)叶芽开放期;(b)展叶始期;(c)开花始期;(d)滁州市 3 月平均气温距平历年演变及线性变化趋势

相关分析表明，天长市楝树叶芽开放期和展叶始期与 3 月平均相关程度最高，开花始期与 4 月相关系数最大。图 7.18 分别给出了三个春季物候期与平均气温的散点图。从图中可以看出，物候期与温度普遍呈近似于线性分布关系。具体关系如下。

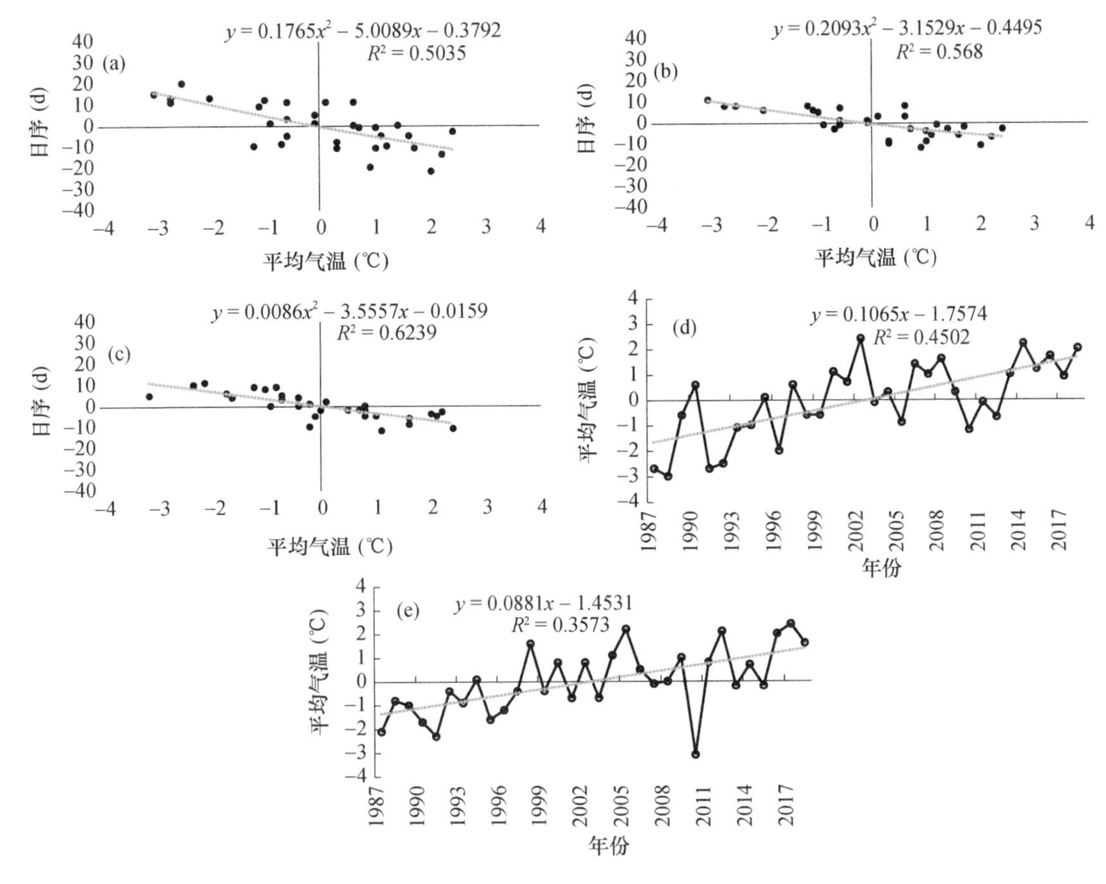

图 7.18　天长市楝树春季物候期日序与平均气温散点图

(a)叶芽开放期；(b)展叶始期；(c)开花始期；(d)和(e)分别为天长市 3 月和 4 月平均气温距平历年演变及线性变化趋势

$$叶芽开放期：y=0.1765x^2-5.0089x-0.3792 \tag{7.16}$$

$$展叶始期：y=0.2093x^2-3.1529x-0.4495 \tag{7.17}$$

$$开花始期：y=0.0086x^2-3.5557x-0.0159 \tag{7.18}$$

进一步分析表明，3 月平均气温每上升(下降)1 ℃，叶芽开放期和展叶始期分别提前(推迟)5.2 d 和 3.4 d，4 月平均气温每上升(下降)1 ℃，开花始期提前(推迟)3.6 d，以叶芽开放期对温度变化最为敏感，展叶始期和开花始期对温度变化的敏感程度较为接近。1987 年以来，天长市 3 月和 4 月平均气温分别以 0.1065 ℃/a 和 0.0881 ℃/a 的线性速率显著上升($\alpha=0.01$)，近 32 年分别上升了 3.4 ℃和 2.8 ℃，使得叶芽开放期、展叶始期和开花始期分别提前 15.4 d、8.8 d 和 10 d。

相关分析表明，宣城市 3 月平均气温与楝树展叶始期和开花始期相关程度最高。图 7.19 给出了春季两个物候期与平均气温的散点图，从图中可以看出，物候期与平均气温均呈非线性关系。具体关系如下。

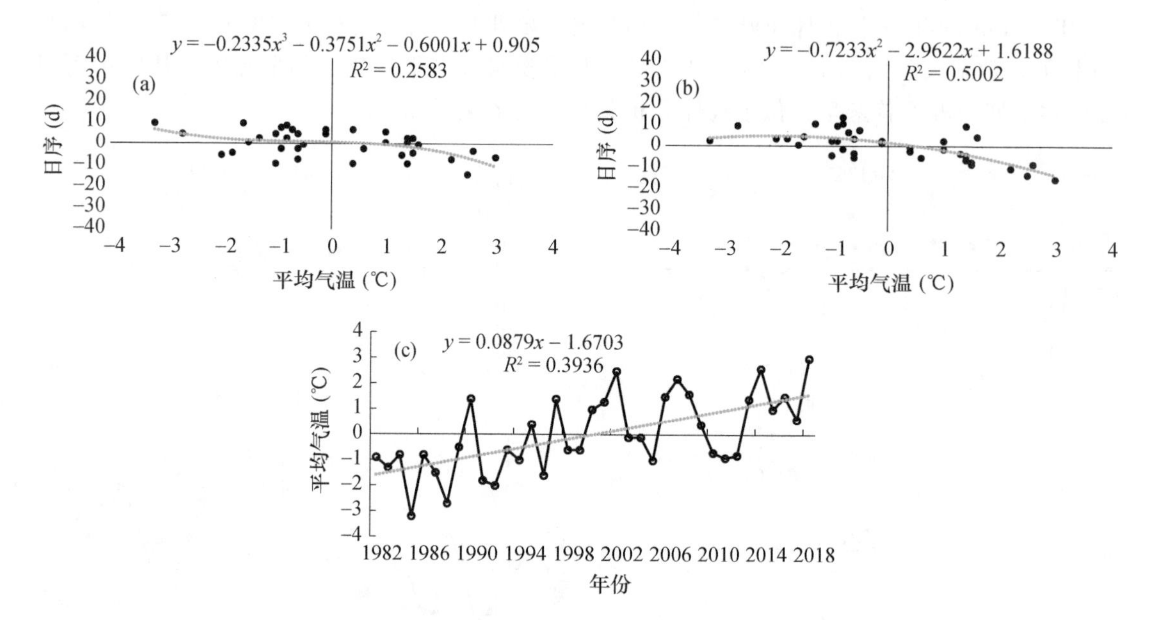

图 7.19 宣城市楝树春季物候期日序与平均气温散点图

(a)展叶始期;(b)开花始期;(c)宣城市 3 月平均气温距平历年演变及线性变化趋势

$$展叶始期:y=-0.2335x^3-0.3751x^2-0.6001x+0.905 \tag{7.19}$$

$$开花始期:y=-0.7233x^2-2.9622x+1.6188 \tag{7.20}$$

进一步分析表明,3 月平均气温每上升(下降)1 ℃,楝树展叶始期和开花始期分别提前(推迟)0.1 d 和 2.1 d,开花始期对温度变化极为敏感,展叶始期对温度变化敏感程度较低。1982 年以来,宣城市 3 月平均气温以 0.0879 ℃/a 的线性变化速率显著上升($\alpha=0.01$),近 37 年上升了约 3.3 ℃,使得展叶始期和开花始期分别提前了 9.1 d 和 15.7 d。

图 7.20—7.27 给出了安徽省不同地区刺槐春季物候期与温度之间的关系图。具体来看,通过相关分析表明,3 月平均气温是制约宿州市刺槐叶芽开放期、展叶始期和开花始期三个春季物候期的关键气候因子,其与三个春季物候期的相关系数最大。图 7.20 给出了刺槐三个春季物候期与 3 月平均气温的散点图,从图中可以看出,三个物候期与温度均呈非线性关系。具体关系如下。

$$叶芽开放期:y=0.1765x^2-5.0089x-0.3792 \tag{7.21}$$

$$展叶始期:y=0.2093x^2-3.1529x-0.4495 \tag{7.22}$$

$$开花始期:y=0.0086x^2-3.5557x-0.0159 \tag{7.23}$$

进一步分析表明,3 月平均气温每上升(下降)1 ℃,刺槐叶芽开放期、展叶始期和开花始期分别提前(推迟)2.8 d、2.3 d 和 2.5 d,以叶芽开放期对温度变化最为敏感,开花始期次之。1984 年以来,宿州市 3 月平均气温以 0.1028 ℃/a 的线性速率显著上升($\alpha=0.01$),近 35 年上升了约 3.6 ℃,使得叶芽开放期、展叶始期和开花始期分别提前了 13.4 d、13.3 d 和 17.3 d。

通过相关分析表明,阜阳市刺槐叶芽开放期、展叶始期和开花始期三个春季物候期均与 3 月平均气温相关系数最高,其是制约该地区春季物候期的关键气候因子。图 7.21 给出了三个春季物候期和温度的散点图,从图中可以看出,三个春季物候期与温度均呈线性关系。具体关系如下。

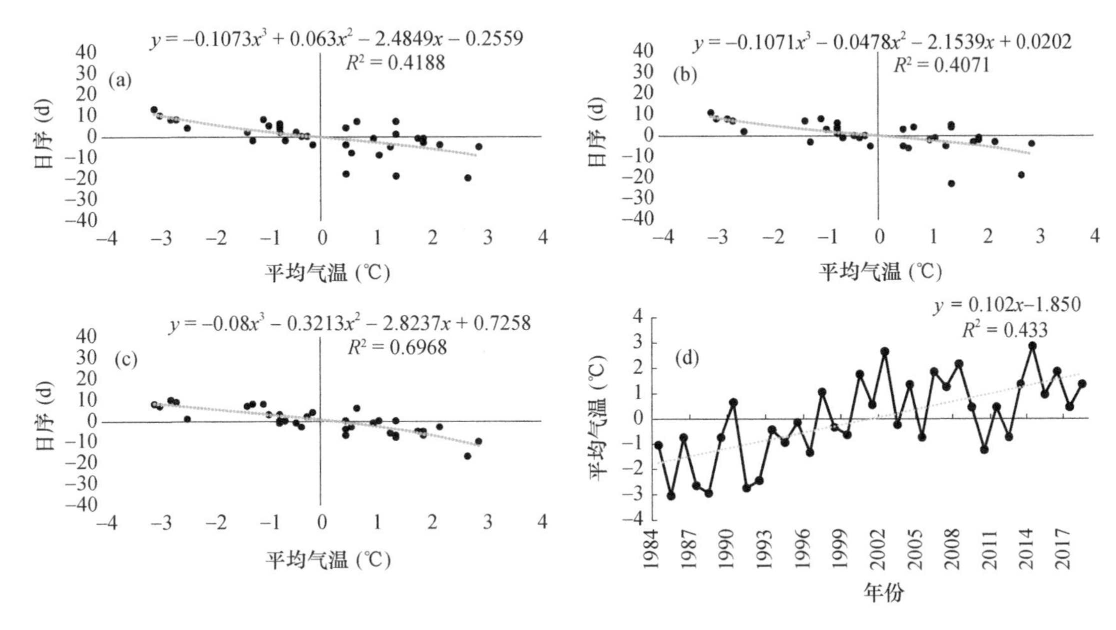

图 7.20　宿州市刺槐春季物候期日序与平均气温散点图

(a)叶芽开放期;(b)展叶始期;(c)开花始期;(d)宿州市 3 月平均气温距平历年演变及线性变化趋势

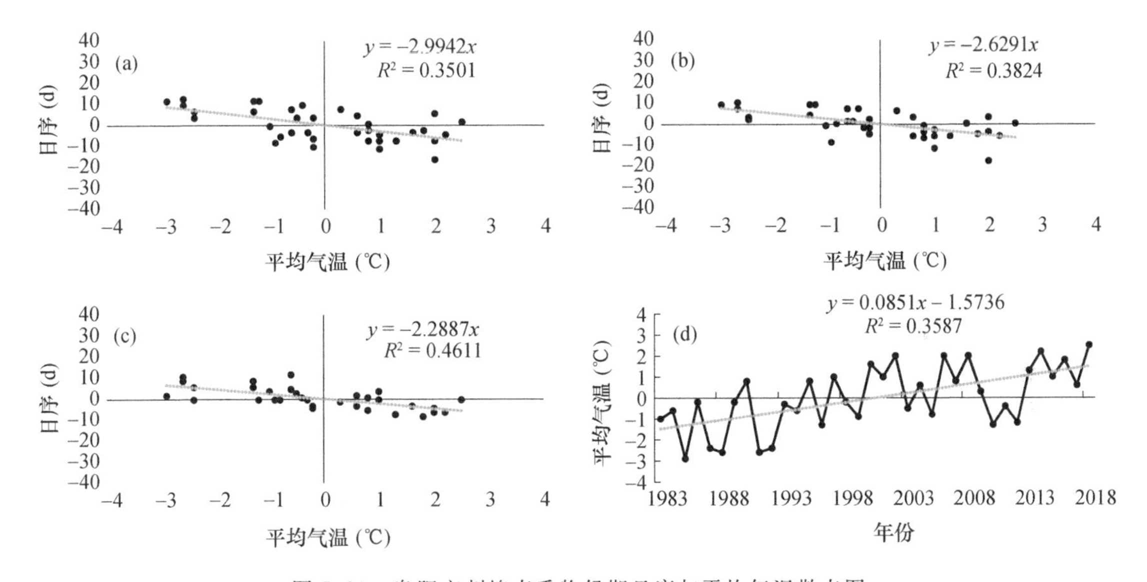

图 7.21　阜阳市刺槐春季物候期日序与平均气温散点图

(a)叶芽开放期;(b)展叶始期;(c)开花始期;(d)阜阳市 3 月平均气温距平历年演变及线性变化趋势

$$叶芽开放期:y=-2.9942x \tag{7.24}$$

$$展叶始期:y=-2.6291x \tag{7.25}$$

$$开花始期:y=-2.2887x \tag{7.26}$$

进一步分析表明,3 月平均气温每上升(下降)1 ℃,刺槐叶芽开放期、展叶始期和开花始期分别提前(推迟)3 d、2.6 d 和 2.3 d,其中以叶芽开放期对温度变化最为敏感,展叶始期和开花始期对温度的敏感程度较为接近。1983 年以来,阜阳市 3 月平均气温以 0.0851 ℃/a 的线性速率显著上升(通过 $\alpha=0.01$ 显著性水平),近 36 年上升了约 3.1 ℃,使得叶芽开放期、展叶始期和开花始期分别提前了 9.2 d、8.1 d 和 7.0 d。

通过相关分析表明，凤阳县刺槐叶芽开放期、展叶始期和开花始期均与3月平均气温相关程度最高，其是该地区三个春季物候期的关键影响气候因子。图7.22给出了三个春季物候期与温度的散点图，从图中可以看出三个春季物候期与温度均呈非线性关系。具体关系如下。

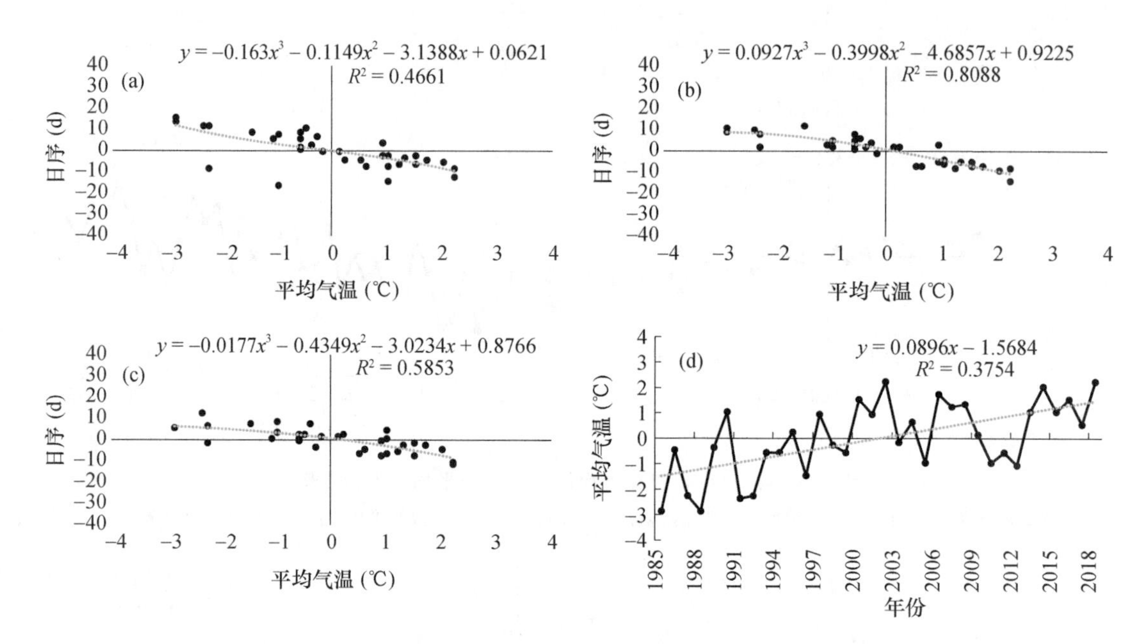

图7.22 凤阳县刺槐春季物候期日序与平均气温散点图

(a)叶芽开放期；(b)展叶始期；(c)开花始期；(d)凤阳县3月平均气温距平历年演变及线性变化趋势

$$叶芽开放期：y=-0.163x^3-0.1149x^2-3.1388x+0.0621 \tag{7.27}$$

$$展叶始期：y=0.0927x^3-0.3998x^2-4.6857x+0.9225 \tag{7.28}$$

$$开花始期：y=-0.0177x^3-0.4349x^2-3.0234x+0.8766 \tag{7.29}$$

进一步分析表明，3月平均气温每上升(下降)1 ℃，叶芽开放期、展叶始期和开花始期分别提前(推迟)3.4 d、4.1 d和2.6 d，以展叶始期对温度变化最为敏感，叶芽开放期次之。1985年以来，凤阳县3月平均气温以0.0896 ℃/a的线性速率显著上升(通过$\alpha=0.01$显著性水平)，近34年上升了约3.0 ℃，使得叶芽开放期、展叶始期和开花始期分别提前了15.2 d、14.4 d和12.9 d。

通过相关分析表明，滁州市刺槐叶芽开放期、展叶始期和开花始期均与3月平均气温相关系数最大，其是该地区刺槐三个春季物候期的关键影响气候因子。图7.23给出了三个春季物候期与温度散点图，从图中可以看出，三个物候期与温度均呈非线性关系。具体关系如下。

$$叶芽开放期：y=-0.0211x^3-0.1006x^2-3.3189x+0.2308 \tag{7.30}$$

$$展叶始期：y=0.1483x^3-0.1135x^2-4.3734x+0.3615 \tag{7.31}$$

$$开花始期：y=0.1296x^3-0.2449x^2-3.5796x+0.6681 \tag{7.32}$$

进一步分析表明，3月平均气温每上升(下降)1 ℃，刺槐叶芽开放期、展叶始期和开花始期三个春季物候期分别提前(推迟)3.2 d、4.0 d和3.0 d，以展叶始期对温度变化最为敏感，叶芽开放期和开花始期两者对温度变化的敏感程度较为接近。1983年以来，滁州市3月平均气温以0.0855 ℃/a的线性速率显著上升(通过$\alpha=0.01$显著性水平)，近36年来上升了约3.1 ℃，使得刺槐叶芽开放期、展叶始期和开花始期分别提前了11.6 d、9.9 d和8.9 d。

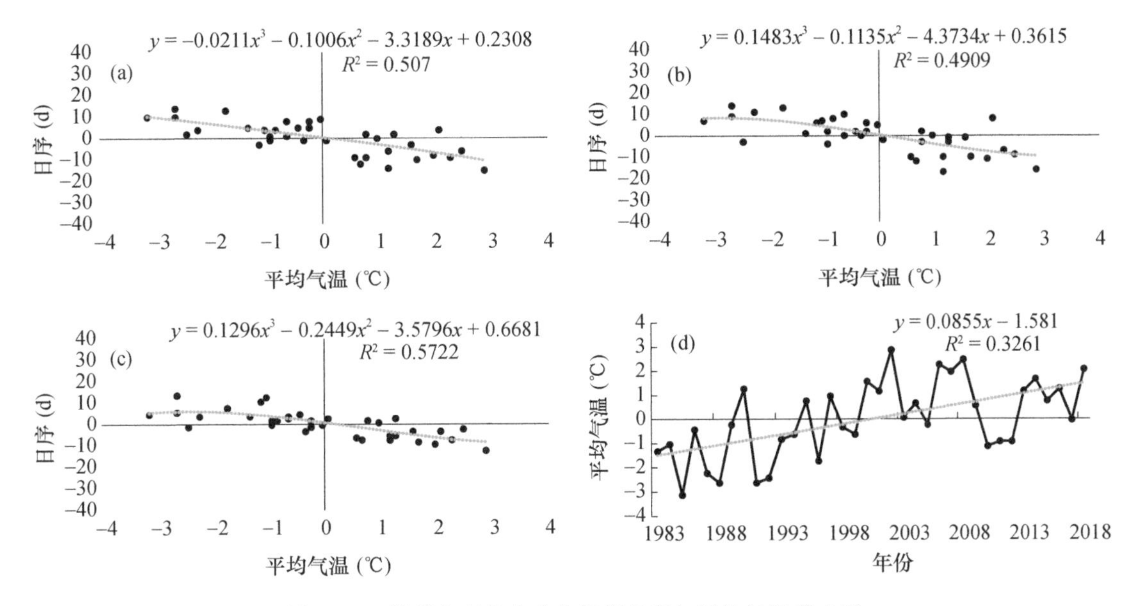

图 7.23　滁州市刺槐春季物候期日序与平均气温散点图

(a)叶芽开放期;(b)展叶始期;(c)开花始期;(d)滁州市 3 月平均气温距平历年演变及线性变化趋势

通过相关分析表明,天长市刺槐叶芽开放期、展叶始期和开花始期均与 3 月平均气温相关系数最大,其是制约该地区三个春季物候期变化的关键气候因子。图 7.24 给出了该地区三个春季物候期与温度的散点图。从图中可以看出,三个春季物候期与温度均呈非线性关系。

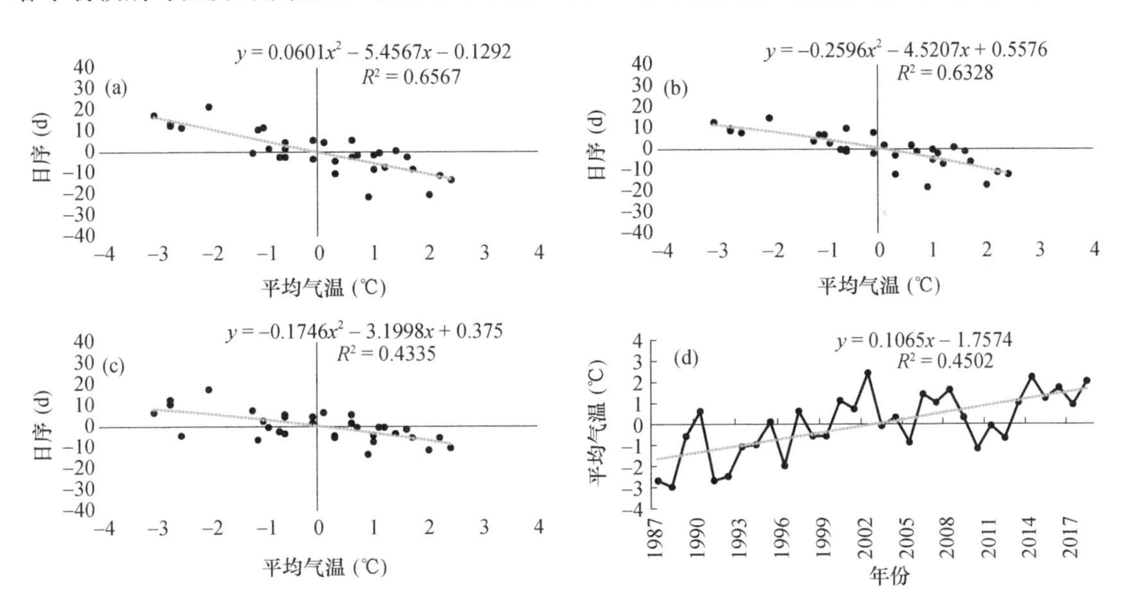

图 7.24　天长市刺槐春季物候期日序与平均气温散点图

(a)叶芽开放期;(b)展叶始期;(c)开花始期;(d)天长市 3 月平均气温距平历年演变及线性变化趋势

具体关系如下。

$$\text{叶芽开放期}: y = 0.0601x^2 - 5.4567x - 0.1292 \tag{7.33}$$

$$\text{展叶始期}: y = -0.2596x^2 - 4.5207x + 0.5576 \tag{7.34}$$

$$\text{开花始期}: y = -0.1746x^2 - 3.1998x + 0.375 \tag{7.35}$$

进一步分析表明,3 月平均气温每上升(下降)1 ℃,刺槐叶芽开放期、展叶始期和开花始期分别提前(推迟)5.5 d、4.2 d 和 3.0 d,以叶芽开放期对温度变化最为敏感,展叶始期次之。1987 年以来,天长市 3 月平均气温以 0.1065 ℃/a 的线性速率显著上升(通过 $\alpha=0.01$ 显著性水平),近 32 年上升了 3.4 ℃,使得刺槐叶芽开放期、展叶始期和开花始期分别提前了 18.0 d、17.9 d 和 12.6 d。

通过相关分析表明,桐城市刺槐展叶始期和开花始期均与该地区 3 月平均气温相关程度最高,其是制约该地区刺槐两个春季物候期变化的关键气候因子。图 7.25 给出了该地区刺槐展叶始期和开花始期与温度的散点图,从图中可以看出,两个物候期均与温度呈非线性关系。具体关系如下。

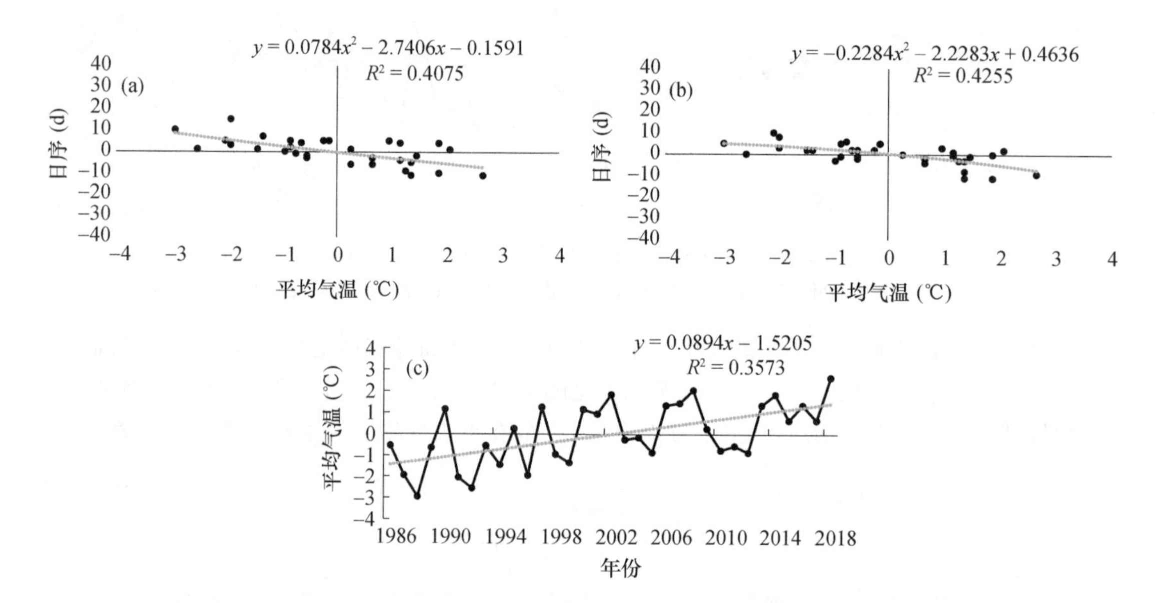

图 7.25　桐城市刺槐春季物候期日序与平均气温散点图

(a)展叶始期;(b)开花始期;(c)桐城市 3 月平均气温距平历年演变及线性变化趋势

$$展叶始期:y=0.0784x^2-2.7406x-0.1591 \tag{7.36}$$

$$开花始期:y=-0.2284x^2-2.2283x+0.4636 \tag{7.37}$$

进一步分析表明,该地区 3 月平均气温每上升(下降)1 ℃,刺槐展叶始期和开花始期分别提前(推迟)2.8 d 和 2.0 d,展叶始期较开花始期对温度变化更为敏感。1986 年以来,该地区 3 月平均气温以 0.0894 ℃/a 的线性速率显著上升(通过 $\alpha=0.01$ 显著性水平),近 33 年来上升了约 3.0 ℃,使得刺槐展叶始期和开花始期分别提前 7.6 d 和 8.1 d。

通过相关分析表明,合肥市刺槐叶芽开放期、展叶始期和开花始期三个春季物候期均与该地区 3 月平均气温相关程度最高,其是制约该地区春季物候期的关键气候因子。图 7.26 给出了该地区三个春季物候期与温度的散点图,从图中可以看出,三个春季物候期与温度均呈线性关系。具体关系如下。

$$叶芽开放期:y=-1.9567x \tag{7.38}$$

$$展叶始期:y=-2.585x \tag{7.39}$$

$$开花始期:y=-2.6434x \tag{7.40}$$

进一步分析表明,该地区 3 月平均气温每上升(下降)1 ℃,刺槐叶芽开放期、展叶始期和

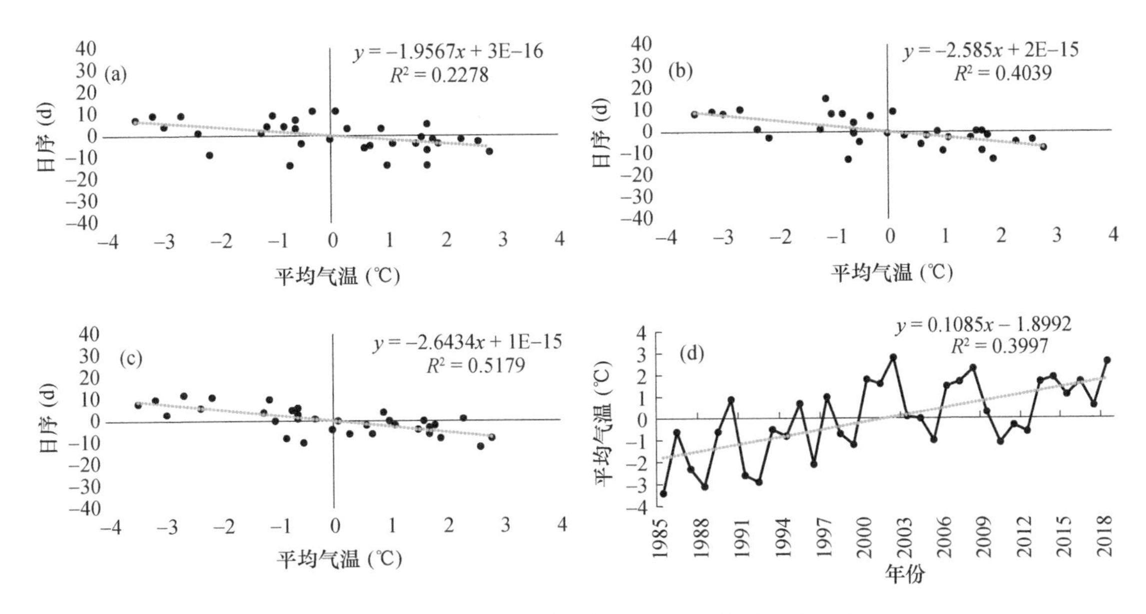

图 7.26　合肥市刺槐春季物候期日序与平均气温散点图

(a)叶芽开放期;(b)展叶始期;(c)开花始期;(d)合肥市 3 月平均气温距平历年演变及线性变化趋势

开花始期分别提前(推迟)约 2.0 d、2.6 d 和 2.6 d,开花始期和展叶始期较叶芽开放期对温度变化更为敏感。1985 年以来,该地区 3 月平均气温以 0.1085 ℃/a 的线性速率显著上升(通过 α=0.01 显著性水平),近 34 年上升了约 3.7 ℃,使得该地区刺槐叶芽开放期、展叶始期和开花始期分别提前了 7.2 d、9.5 d 和 9.8 d。

通过相关分析表明,宣城市刺槐展叶始期与该地区 3 月平均气温相关程度最高,而开花始期与该地区 4 月平均气温相关系数最大。图 7.27 分别给出了该地区展叶始期和开花始期与温度的散点图,从图中可以看出,两个物候期与平均温度均呈非线性关系。具体关系如下。

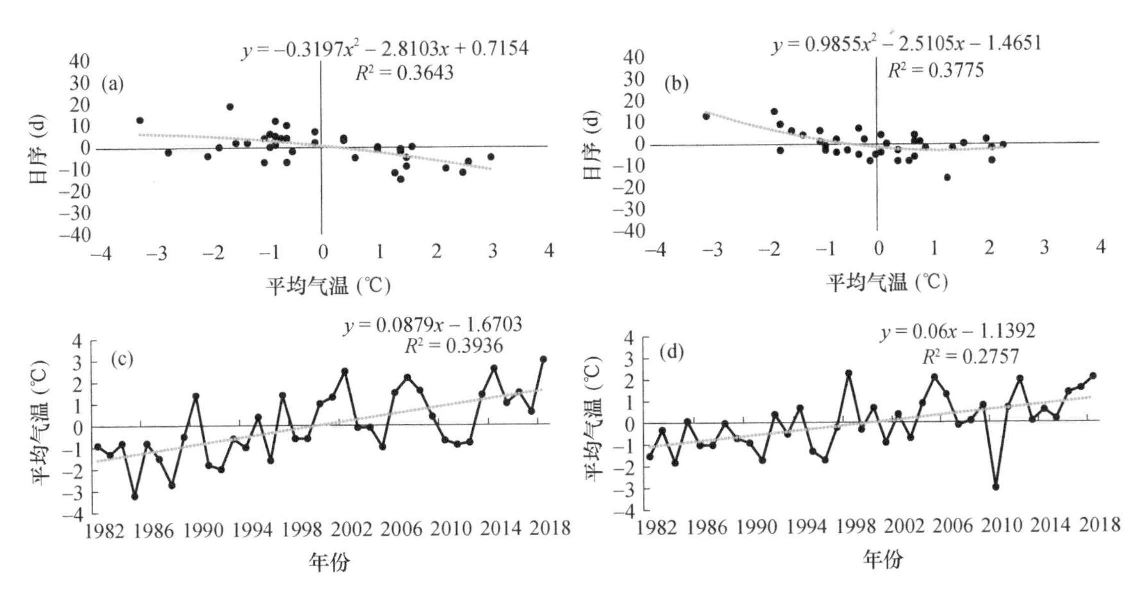

图 7.27　宣城市刺槐春季物候期日序与平均气温散点图

(a)展叶始期;(b)开花始期;(c)和(d)分别为宣城市 3 月和 4 月平均气温距平历年演变及线性变化趋势

$$展叶始期：y=-0.3197x^2-2.8103x+0.7154 \tag{7.41}$$

$$开花始期：y=0.9855x^2-2.5105x-1.4651 \tag{7.42}$$

进一步分析表明，该地区3月平均气温每上升(下降)1 ℃，展叶始期提前(推迟)2.4 d，4月平均气温每上升(下降)1 ℃，开花始期提前(推迟)约3.0 d，从而可以说明开花始期相比于展叶始期对温度的变化更为敏感。1982年以来，该地区3月和4月平均气温分别以0.0879 ℃/a和0.06 ℃/a的线性速率显著上升(通过$\alpha=0.01$显著性水平)，近37年分别上升了约3.3 ℃和2.2 ℃，使得展叶始期和开花始期分别提前了11.8 d和2.2 d。

综上来看，不同植物的叶芽开放期、展叶始期和开花始期与前期温度之间普遍呈现非线性关系，且在多数情况下叶芽开放期对前期温度变化最为敏感，展叶始期次之。

7.1.4 草本植物物候期对气候变化的响应

7.1.4.1 物候期关键气候影响因子识别

从图7.28中可以看出，车前草萌动期与冬季各月平均气温、降水量以及1—2月日照时数呈负相关，其中与2月平均气温、12月日照时数的相关系数分别通过$\alpha=0.05$和$\alpha=0.01$显著性水平。展叶始期与冬季各月气温、日照时数及冬末春初降水呈负相关，其中与12月平均气温相关系数通过$\alpha=0.05$显著性水平。说明冬季处于暖湿、日照偏多气候环境时，车前草萌动期及展叶始期出现日期往往提前，而处于冷干、日照偏少环境时，则表现出推迟。

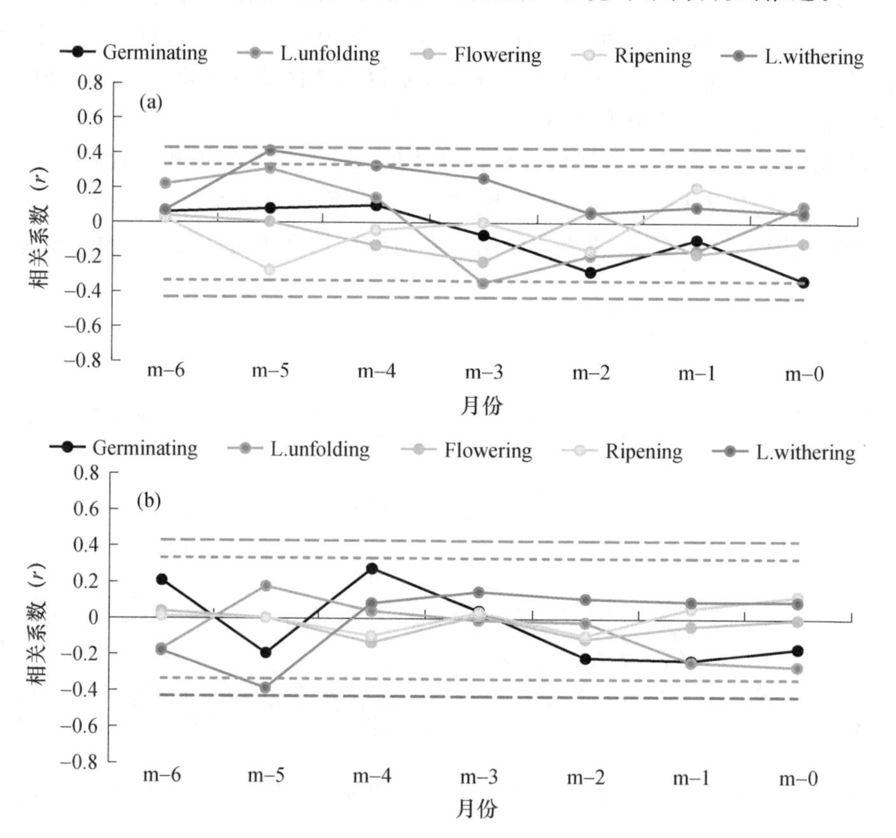

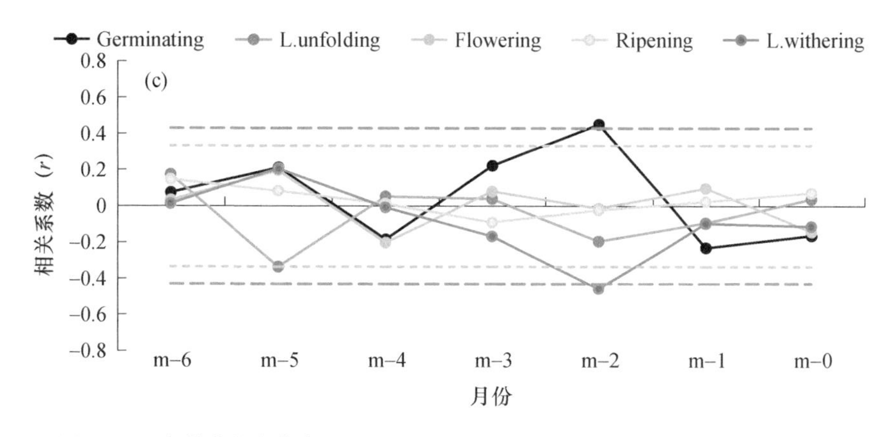

图 7.28　车前草物候期与月平均气温(a)、降水量(b)和日照时数(c)相关分析结果
(Germinating：萌动期；L. withering：黄枯始期，其他参数同图 7.8)

开花始期与前期温度以不显著的负相关为主，而与降水及日照时数相关性低。说明前期温度偏高时，开花始期往往有提前的倾向，而降水和日照时数的变化对开花始期几乎没有影响。

成熟始期与 4—5 月气温呈正相关，与其他时段平均温度呈负相关，但相关系数均未通过 $\alpha=0.05$ 显著性水平。其与降水和日照时数相关程度同样偏低。说明春季气温偏暖，成熟期有推迟趋势，而冬季变暖，成熟期往往会提前。

黄枯始期与前期温度和降水以正相关为主，而与日照时数以负相关为主，说明春夏季处于暖湿、寡照气候环境下，车前草黄枯期往往推迟，而处于气温偏低、降水偏少、日照偏多环境时，黄枯期则往往提前。但黄枯始期仅与 3 月气温和降水及 6 月日照时数的相关系数通过 $\alpha=0.05$ 显著性水平。

从图 7.29 中可以看出，蒲公英萌动期、展叶始期、开花始期和成熟始期与前期平均气温普遍以负相关为主，且相关程度随月份临近而变大，其中前三个物候期均与 2 月平均气温相关程度最高，其相关系数均通过 $\alpha=0.05$ 显著性水平。成熟始期与 2—3 月平均气温均显著相关，其中与 3 月平均气温相关系数通过 $\alpha=0.01$ 显著性水平。与前期临近月份降水量也普遍呈负相关，但绝大多数相关系数未通过 $\alpha=0.05$ 显著检验。与前期临近月份日照时数以正相关为主，尤其与 11—12 月相关程度高，其相关系数通过 $\alpha=0.05$ 显著性水平，其中展叶始期与 12 月日照时数相关系数通过 $\alpha=0.01$ 显著性水平。黄枯始期与前期温度呈正相关，其中与 3 月和 1 月平均气温相关系数通过 $\alpha=0.05$ 显著性水平，与降水量也以正相关为主，而与日照时数相关性程度则较低。从而可以说明，冬季处于暖干气候环境时，蒲公英萌动期、展叶始期、开花始期及成熟始期往往表现出提前，当处于冷湿环境时，则推迟。春季处于暖湿环境时，蒲公英黄枯期往往推迟，冷干时往往提前。

总体来看，蒲公英各物候期的早晚与前期气温高低显著相关，与前期降水和日照时数相关程度普遍较低，尤其是降水。车前草各物候期早晚与前期气候因子变化无明显关系。

7.1.4.2　物候期对气候变化敏感性分析

通过相关分析表明，桐城市车前草春季物候期与前期温度、降水和日照时数的相关系数普遍未通过 $\alpha=0.05$ 显著性水平。该地区蒲公英萌动期和展叶始期与 2 月平均气温相关程度最高，而开花始期与 3 月平均气温相关系数最大。图 7.30 分别给出了三个春季物候期与温度的

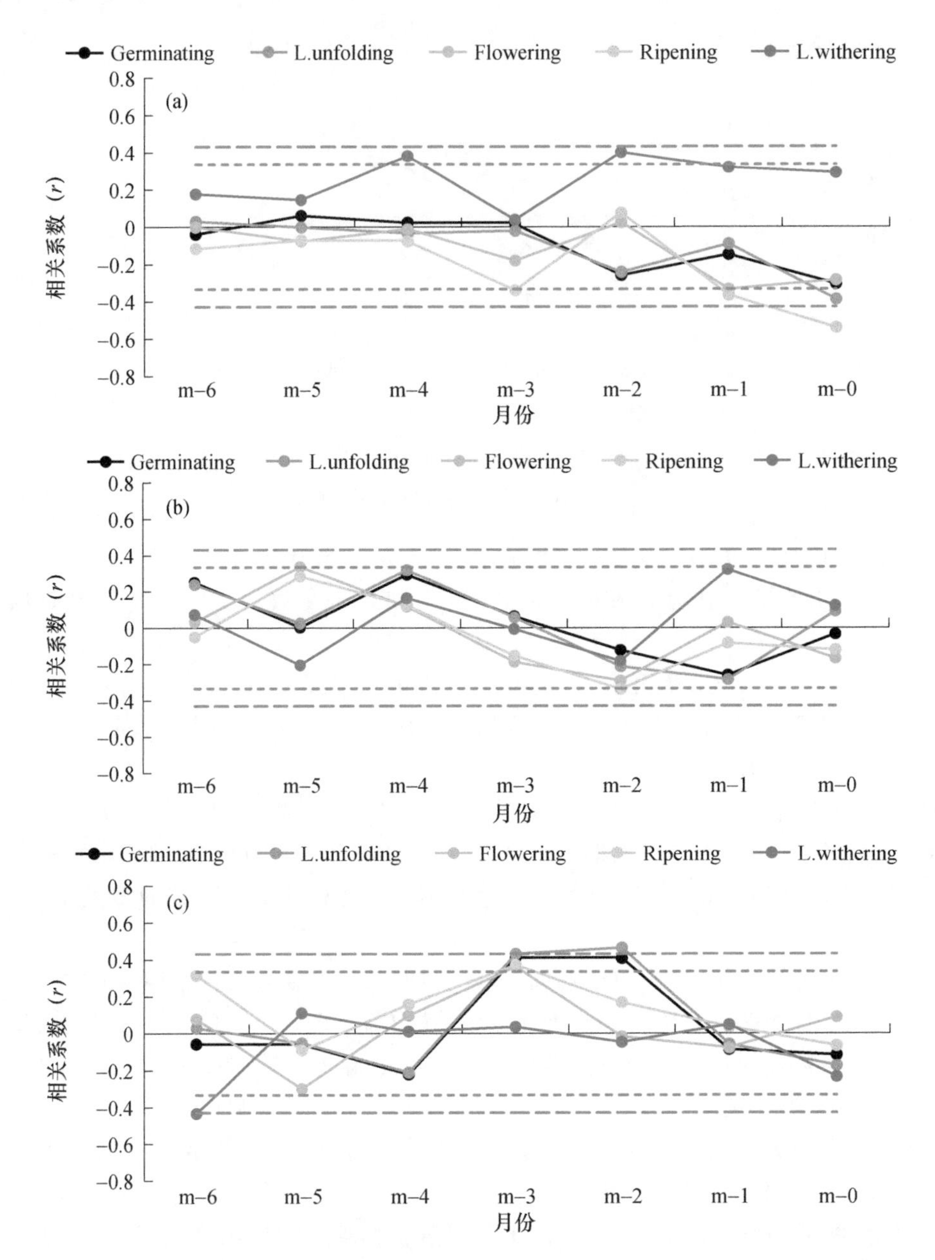

图 7.29 蒲公英物候期与月平均气温(a)、降水量(b)和日照时数(c)相关分析结果
(参数说明同图 7.28)

散点图，从图中可以看出，该地区蒲公英三个春季物候期与温度均呈非线性关系。

具体关系如下。

$$萌动期:y=0.3736x^3-0.1353x^2-4.8785x+0.1994 \quad (7.43)$$

$$展叶始期:y=0.432x^3-0.3062x^2-5.1084x+0.631 \quad (7.44)$$

$$开花始期:y=-0.309x^3+0.979x^2-3.0887x-2.4476 \quad (7.45)$$

进一步分析表明，该地区 2 月平均气温每上升(下降)1 ℃，蒲公英萌动期和展叶始期分别提前(推迟)约 4.4 d 和 4.9 d，3 月平均气温每上升(下降)1 ℃，蒲公英开花始期提前(推迟)约 4.4 d。1986 年以来，该地区 2 月和 3 月平均气温分别以 0.0254 ℃/a 和 0.0976 ℃/a 的线性

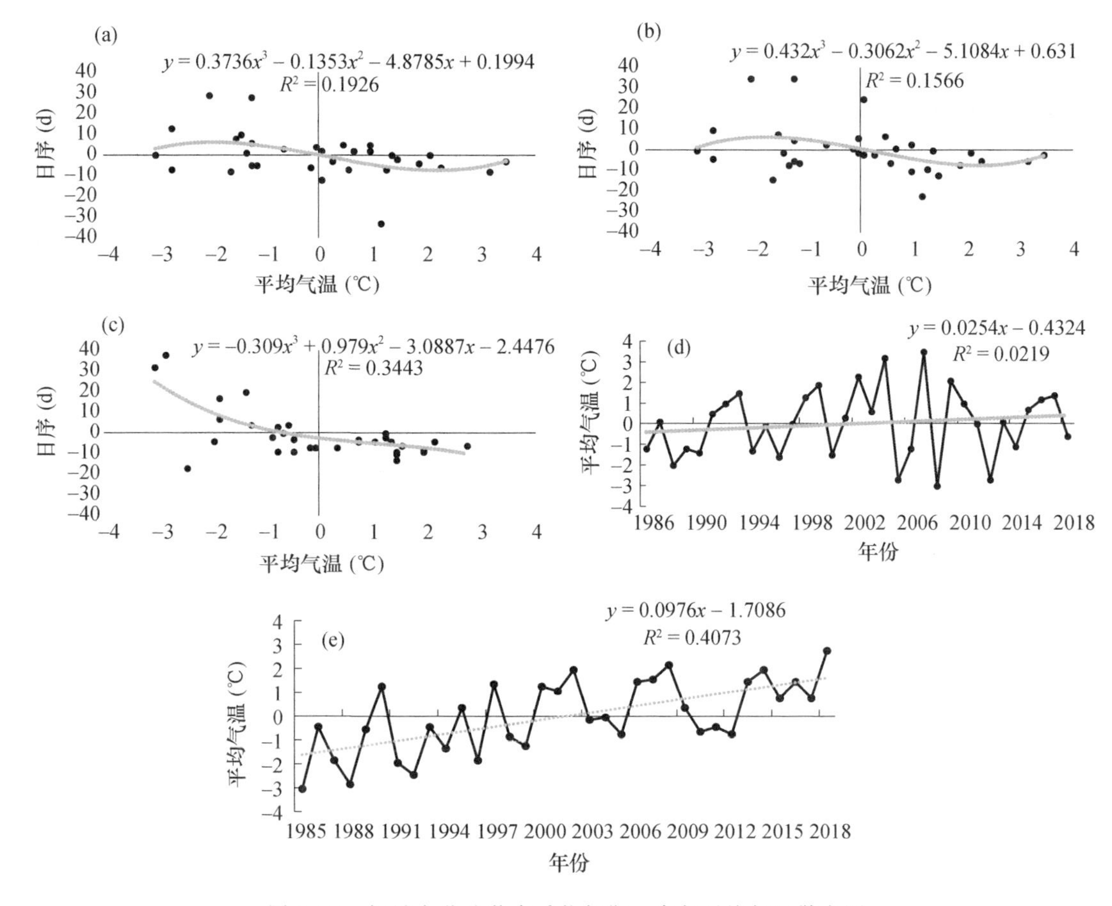

图 7.30　桐城市蒲公英春季物候期日序与平均气温散点图

(a)萌动期;(b)展叶始期;(c)开花始期;(d)和(e)分别为桐城市2月和3月平均气温距平历年演变及线性变化趋势

速率上升,其中3月平均气温线性变化趋势通过 $\alpha=0.01$ 显著性水平,近33年来2月和3月平均气温分别上升了0.8 ℃和3.2 ℃,分别使得萌动期、展叶始期和开花始期提前了约3.8 d、4.5 d和4.6 d。

从而说明,展叶始期对前期温度变化更为敏感,萌动期和开花始期两者对温度变化的敏感程度较为接近。

7.2　气候变化对森林生态系统的影响

安徽是我国南方集体林区重点省份,林业在全省国民经济和社会发展中占有重要地位。安徽林地总面积449.33万 hm^2,森林面积395.85hm^2,森林覆盖率28.65%(表7.3)。

表 7.3　安徽森林资源情况一览(2014年森林资源清查数据)

林地总面积	森林面积	森林覆盖率	活立木总蓄积
449.33万 hm^2	395.85万 hm^2	28.65%	26145万 m^3

2000—2017年,根据卫星遥感监测获得的安徽省平均年植被指数呈现显著升高的趋势,

平均每 10 年上升 0.046,2007 年后基本都在平均值以上(图 7.31)。2004—2017 年安徽省森林面积持续增加,在 2000 年代末期开始森林面积基本稳定且持续偏高(图 7.32)。不论从植被指数还是森林面积均反映出安徽省的植被持续增加。

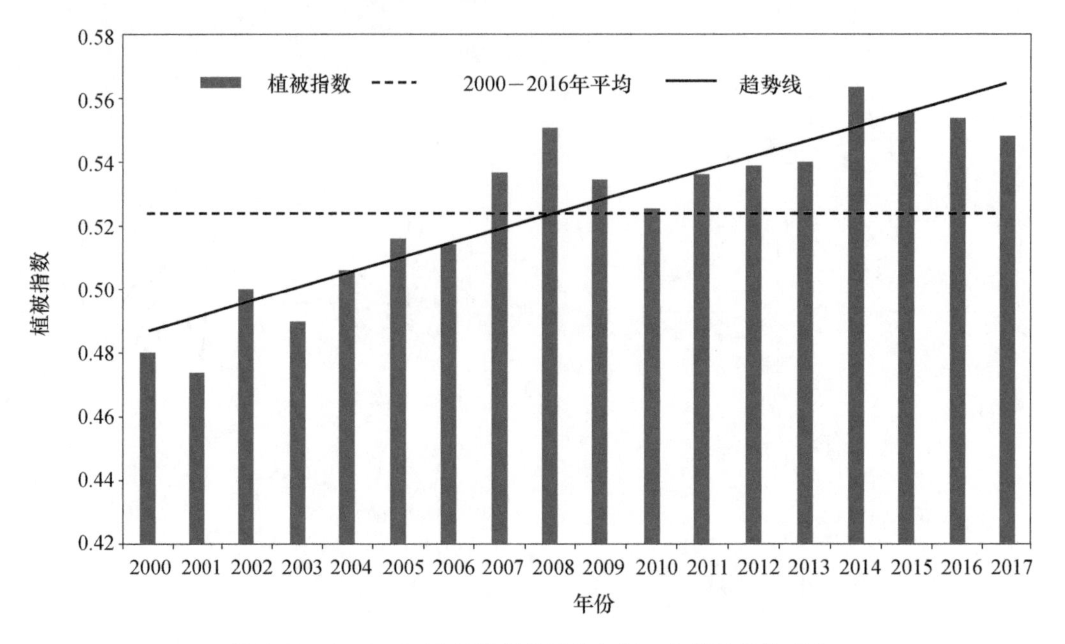

图 7.31　2000—2017 年安徽省平均年归一化植被指数变化

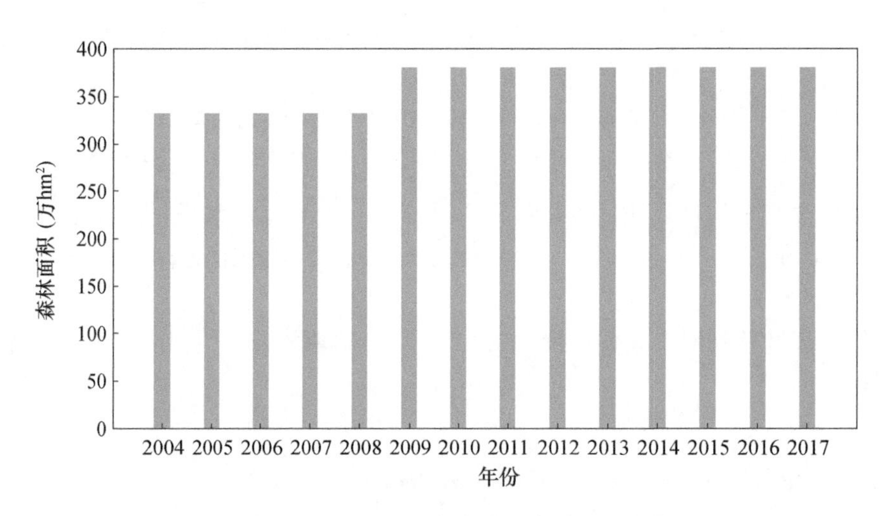

图 7.32　2004—2017 年安徽省森林面积变化

气候变化是森林生态系统变化的先导因子,对森林产生一定程度的影响,使得森林物候、布局、生产力和服务功能等发生改变。

(1)对森林物候的影响。气候变暖、温度上升,木本植物春季物候期整体提前,物候期随纬度变化的幅度减小(郑景云 等,2002)。

(2)对森林分布和组成结构产生影响。温带落叶阔叶林面积将扩大,较南的森林类型取代较北的类型,部分地区林线海拔升高,生物多样性和物种关系链可能发生变动,将使得一些动、植物或微生物濒危或消失(潘愉德 等,2001)。

(3)对生产力的影响。2004—2017年,随着气候变暖,安徽森林面积增加,森林总生物量和总生产量均呈持续增加趋势,且增加速度大大超过森林面积增加速度。随着林分面积成熟度的增加,林分生物量和生产量总量及其平均值也都在增加。不过,极端气候事件的发生,如夏季高温干旱引发火灾等,仍会使森林生态系统生产力下降(彭少麟 等,2002)。

(4)对林火和森林有害生物的影响。干旱天气的强度和频率增加,森林可燃物积累多,防火期明显延长,早春和夏季森林火灾多发,林火发生区扩大。由于气候变暖,森林病虫害分布区向北扩大,发生期提前,世代数增加,发生周期缩短,危害程度加大,并促进了外来入侵病虫害的扩展和危害。

(5)对森林生态系统功能与价值的影响。森林主要的生态系统服务中,土壤形成、废物处理、生物防害、食品生产、文化的价值都有不同程度的减少,而气候调节、干扰调节、水分调节、水分供应、防止侵蚀、养分循环、原材料、基因资源和休闲游乐的价值都增加,特别是防止侵蚀、养分循环及原材料的价值,增加幅度很大(张明军 等,2004)。林分在安徽生态系统中的森林碳汇功能作用越来越重要,而经济林和竹林的重要性在降低。

(6)对林业重大工程的影响。1990年代安徽开始实施长江淮河防护林和世界银行贷款造林项目等,进入21世纪后,围绕建设森林生态网络体系,先后实施了退耕还林、长江淮河防护林、治沙造林、兴林抑螺以及世行林业项目等重点工程,林业快速恢复发展。

7.3　气候变化对湖泊湿地的影响

气候变化不仅使得降水、气温、云量等气候参数发生明显变化,而且会对全球水文循环过程和区域水文情势产生深刻的影响。湿地水文条件对气候变化的响应主要表现在因降雨量、蒸发及植物蒸腾量的变化,引起湿地生态系统水文环境条件的变化。据研究,2011—2040年淮河流域气候将趋于暖湿,但年径流量将可能以减少趋势为主(高歌 等,2008),这将进一步加剧湿地面积的萎缩。湿地的萎缩和破坏,使湿地生态功能得不到正常发挥,抵御自然灾害和水污染的能力明显降低(吴培任 等,2006)。

由于气候变化和人类活动导致安徽湿地生态环境的逐步恶化,例如颍河中下游地区与沭河中下游地区水生态系统遭到严重破坏,水环境恶化,自净能力差,水生态系统脆弱,河流一度处于病态(赵长森 等,2008)。应用卫星遥感技术对巢湖蓝藻进行动态监测表明:2012—2017年共有237 d监测到藻类发生。其中2012—2015年藻类发生天数呈现波动上升趋势,至2015年达到最高值(57 d),2016年起发生天数开始下降,2017年藻类发生次数低于前5年同期(图7.33a);2012—2017年年平均发生面积介于40—90 km^2,约为湖区面积的一成左右,没有明显的时间变化趋势,年平均发生面积最大的为2012年(89.47 km^2),最小的为2017年(39.93 km^2),2017年年平均发生面积明显低于前5年(图7.33b)。

2012—2017年8—10月(主要集中期)巢湖蓝藻气象指数变化(由风速和气温构成,此指数越大表明蓝藻水华出现的可能性越大。),指数平均值为57 d,无显著的线性变化趋势(图7.34)。2012—2015年指数逐年上升,2015年达到最高值,之后开始下降,2017年为2012年以来最低值。巢湖蓝藻气象指数与蓝藻年发生频次和年平均发生面积变化趋势较为一致,能较好反映蓝藻变化情况。近年来合肥市政府不断加强生态文明建设和环境保护工作,巢湖生态修复保护等工程显现成效,湖体水质基本保持稳定。巢湖气象条件及生态治理是2015年以来蓝藻暴发频次和年平均发生面积减少的主要原因。但随着增温进一步加剧，风速持续低位振荡，未来巢湖仍有蓝藻大面积暴发的气象风险。

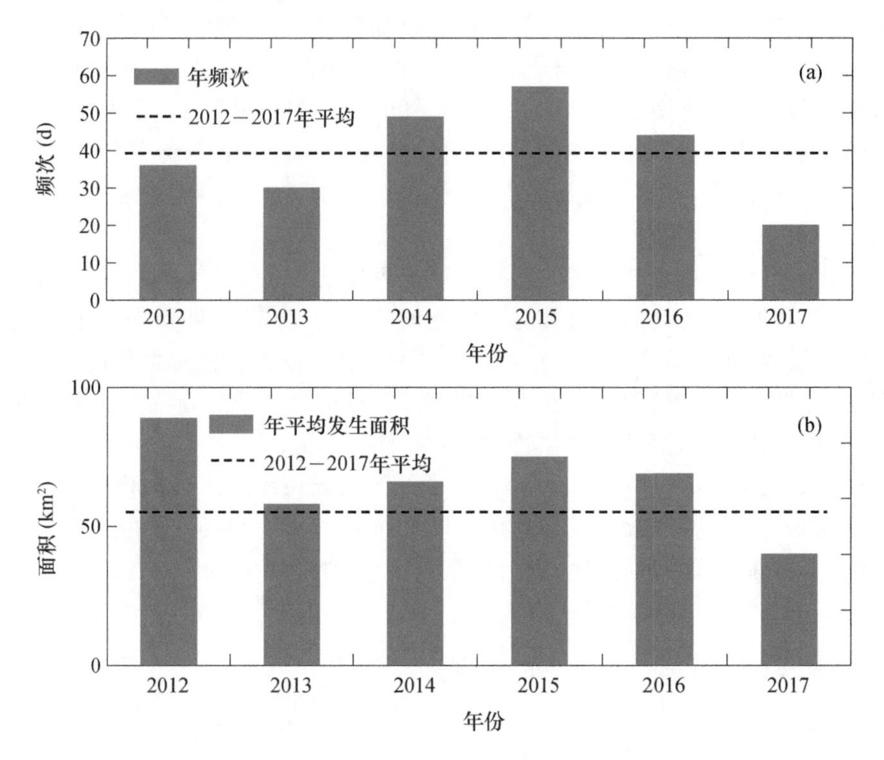

图 7.33　2012—2017 年巢湖蓝藻发生频次(a)、年平均发生面积(b)

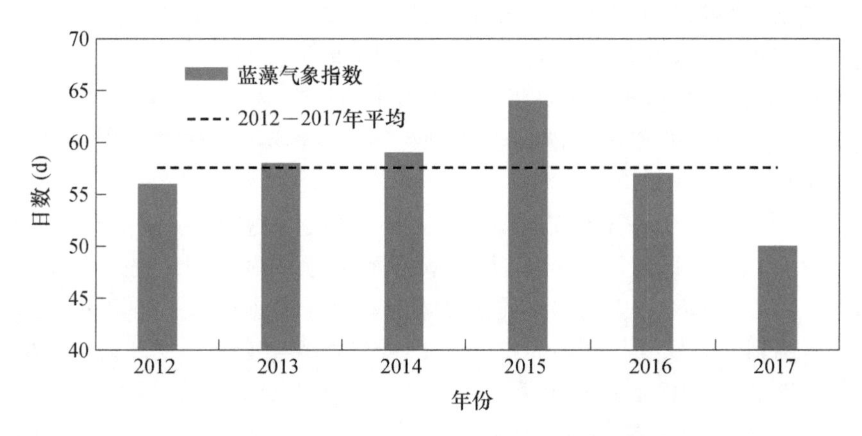

图 7.34　2012—2017 年巢湖蓝藻气象指数变化

7.4　气候变化对大气环境的影响

大气环境容量反映大气自身对污染物的通风扩散和降水清洗能力，容量越小，表明大气对污染物的容纳能力越差。根据安徽省各气象站的风速、云量和降水等观测资料，研究了安徽省大气环境容量的变化特征。

(1)安徽省大气环境容量显著下降。1961—2015年安徽省大气环境容量呈现显著下降趋势,大气自净能力在不断减弱,大气可容纳的污染物全省平均每10年下降504.6 t/ km^2(图7.35)。与此同时,研究还发现安徽省春夏季大气环境容量高于秋冬季,因此污染天气多发生在秋冬季节。沿江地区的大气环境容量在全省中相对较高,但是全省各地各季节的大气环境容量均表为持续地减少。

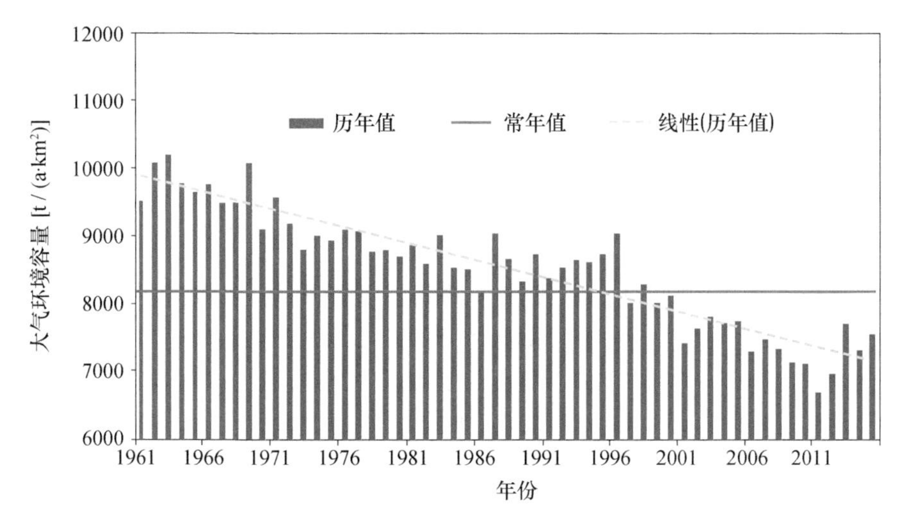

图7.35 1961—2015年安徽省平均大气环境容量历年演变

(2)大气稳定度增加、混合层厚度下降、通风能力变弱,导致了大气环境容量的降低。大气环境容量主要与大气的水平疏散和垂直混合能力有关。根据气象观测结果统计,1961—2015年安徽省各地平均风速呈现一致的下降趋势,全年和秋冬季的小风日数(日平均风速≤2.5 m/s)显著上升。受小风日数、云量等因素的影响,大气稳定类稳定度平均每10年上升1.5%(图7.36),混合层厚度平均每10年下降9 m,即大气更加稳定,垂直混合能力减弱。加之风速的持续减小,大气水平疏散能力也随之减弱,因此大气对污染物的综合通风稀释能力下降,通风量平均每10年减小168.4 m^2/s(图7.37),最终导致了大气环境容量的降低。

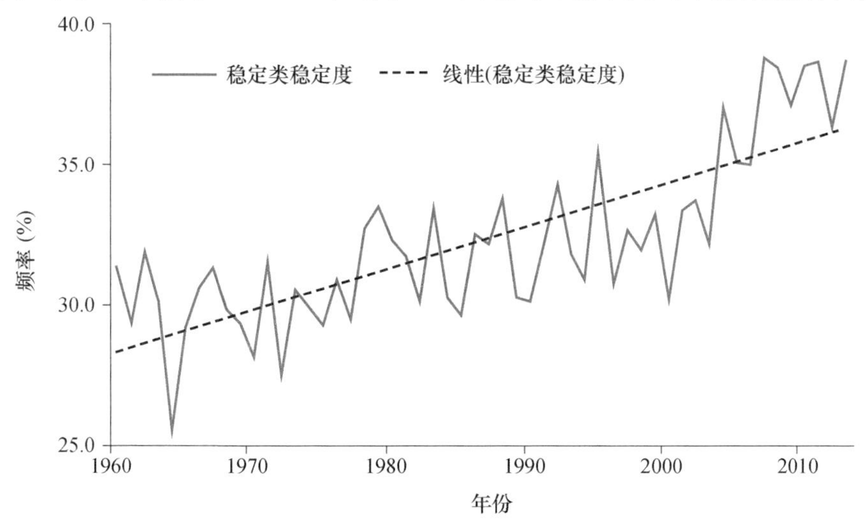

图7.36 1961—2015年安徽省稳定类大气稳定度频率逐年变化曲线

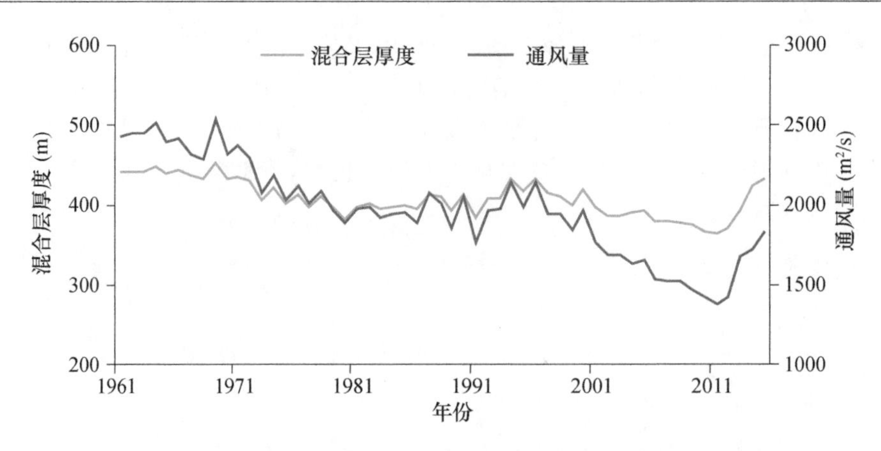

图 7.37　1961—2015 年安徽省平均大气混合层厚度和通风量年变化曲线

(3)大气环境容量受气候变化和人类活动共同作用的影响。一方面在气候变化背景下,全省的平均风速持续降低,减弱了大气扩散能力;另一方面城市化进程等人类活动,显著改变了下垫面,大量建筑阻挡了空气流通,产生了一系列城市气候效应。这两方面因素共同削弱了大气自净能力。持续下降的大气环境容量,再加上污染物排放的增加,使得近年来污染天气频发。

7.5　气候变化对寿县通量的影响

寿县国家气候观象台于 2007 年建成近地层二氧化碳通量观测系统,下垫面为水稻和冬小麦轮作农田,监测评估主要温室气体通量变化,为科学认识中国东部季风区典型农田生态系统碳循环过程提供事实依据。

寿县国家气候观象台观测的农田生态系统(稻茬冬小麦和一季稻)主要表现为二氧化碳净吸收。2007—2016 年,一年中农田生态系统二氧化碳排放与吸收呈双峰型动态特征,与作物生育阶段有着密切关系。早春,随着冬小麦的返青生长,二氧化碳通量逐渐表现为净吸收,并随着生长发育而增强;6 月,随着小麦的成熟收割、腾茬、水稻种植,下垫面的呼吸与分解使得二氧化碳通量表现为净排放;其后随着水稻进入生长期,二氧化碳通量再次表现为净吸收,直至 10 月上旬水稻成熟;而水稻收获期,冬小麦播种与出苗期,二氧化碳通量基本表现为弱排放,12 月冬小麦进入越冬期,二氧化碳通量表现为弱吸收(图 7.38)。

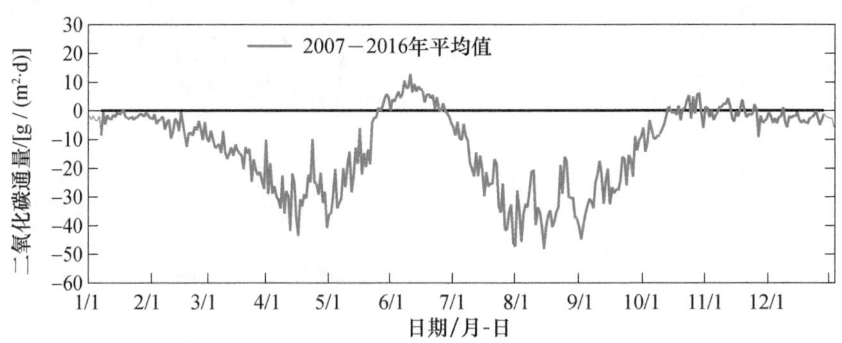

图 7.38　寿县农田生态系统二氧化碳通量逐月变化

7.6 生态系统适应气候变化的对策建议

综上所述，气候变化和人类活动已经并将持续对安徽省森林、湖泊湿地等生态系统产生影响，且以负面影响为主。为了减缓气候变化对生态系统的影响，适应气候变化，科学合理地制定应对策略已迫在眉睫。

（1）增加森林覆盖率，增强林业碳汇

加快森林资源培育，扩大森林面积，增加森林覆盖率；建设一批大径材树木的培育和固碳示范林，加强复层林和混交林经营的试点和示范，增强森林生态系统的固碳能力。

强化林地保护管理和采伐限制地行为的防控力度，减少毁林和森林退化所导致的温室气体源排放量，继续实施退耕还林和封山育林，加强生态经济示范基地建设；鼓励使用速生材、合成材，开展废旧木制品分类回收和再生利用，促进木材综合利用，提高木材资源的再利用比例；加强林业有害生物和森林火灾等森林灾害监测预警和应急防控体系建设，提高森林生态系统适应气候变化和抵御灾害能力。

（2）建设湿地保护工程，保护生物多样性

结合水土保持，退耕还林还草，实施退耕还湖、退耕还沼还泽，通过河湖岸边建立植物保护带，营造绿色屏障和生态隔离带，减少泥沙淤积；建设农业面源治理等防治工程，逐步恢复河流、湖泊等湿地水生态系统。

在气候变化高风险区域建立自然保护区，加强湿地生态系统的保护与管理，以保存湿地生态类型多样性和抢救湿地野生动植物多样性，保护湿地生物多样性，增强防御气候变化风险的能力。

（3）加强大气污染防治工作，多举措打赢蓝天保卫战

加快推进钢铁行业超低排放改造、工业炉窑综合整治、挥发性有机物深度治理、燃煤锅炉淘汰等专项行动，开展柴油货车（船）污染治理，实施机动车国六排放标准，建立健全空气质量生态补偿制度，持续开展秸秆禁烧工作。

加强可再生能源资源勘查和建设规划，推进皖北平原和江淮丘陵地区风电开发利用，扩大皖北、皖中地区光伏发电应用规模，加快粮食主产区农林生物质电厂建设，有序推进皖南和大别山区抽水蓄能电站规划建设。依托长三角区域空气质量联合预测预警机制，提高重污染天气预测预警能力，夯实应急减排清单，实施差异化应急管理。

第8章　城市化对安徽省气候环境的影响

近年来，在全球变暖背景下，随着城市化进程加快，城市区域迅速扩张，下垫面性质发生剧烈改变，城市热岛效应愈发显著，引发极端天气气候事件频发。

近50年，除最高气温极大值外，其他气温极值都有明显上升趋势，以最低温度极小值上升最为显著；暖日、暖夜天数呈增加趋势，而冷日、冷夜天数呈减少趋势，其中暖夜和冷夜变化趋势更为明显；各极端指数的变化趋势总体均表现为城市站较乡村站更为显著，郊区站介于两者之间。城市站最高气温极大值、最低气温极大值和最低气温极小值因城市化造成的增温分别为0.144 ℃/10 a、0.184 ℃/10 a和0.161 ℃/10 a，增温贡献率分别达100.0%、58.8%和21.6%，但城市化对最高气温极小值影响较弱；季节尺度的城市化影响基本都造成增温，春、秋季更明显，而增温贡献率以春、夏季更明显，冬季最小或不显著。城市化效应使暖日和暖夜天数增加、冷夜天数减少的趋势更加显著，城市化影响贡献率都在40%以上；暖日、暖夜和冷夜天数的城市化影响贡献率都在冬季为最小或不显著。

近30年，安徽省年、季平均风速和最大风速呈显著减少趋势，小风日数呈显著增加趋势。城市站的变化速率明显大于乡村站，郊区站基本介于二者之间。2000年开始安徽省城市化进程加快，导致城市站与乡村站平均风速及小风日数距平的差异有明显增大趋势。城市站与乡村站年平均风速的趋势系数之差为−0.10(m/s)/10 a，城市化对年平均风速减弱的贡献率为40.0%，春季更为明显；城市站与乡村站年小风日数的趋势系数之差为15.58 d/10 a，城市化对年小风日数增多的贡献率为46.9%，秋、冬季更为明显；城市化对年最大风速的影响不明显。

1961年以来，安徽城市表现出明显的城市热岛、雨岛、干岛、混浊岛现象，城市通风能力降低，易受到洪涝、高温、暴雨等天气气候灾害的影响，水务、能源、交通以及通信等基础设施领域已经显示出一定的气候暴露度和脆弱性。要做到城市适应气候变化，需要积极开展适应气候变化型城市建设，推广试点城市的工作经验，在城市规划、设计、改造和建设中充分考虑气候变化下的城市的主要气候风险和气候承载力，一方面因地制宜提高城市基础设施设计和建设标准，改善人居环境，建设资源节约、生态和谐、环境友好、体感舒适的城市；另一方面提升城市防灾减灾能力，建立相对完备的气候变化及影响评估体系，提高极端天气气候事件的监测预测水平，增强应急保障能力，保障城市防汛安全、能源和水资源供给安全、交通运行安全，提升城市适应气候变化的能力。

8.1　城市化对极端气候事件的影响

8.1.1　城市化对极端气温事件的影响

根据IPCC第五次评估报告指出(IPCC，2013)，近一个多世纪(1901—2012年)全球地表平均温度升高0.89 ℃。在北半球,1983—2012年很可能是过去1400年来最暖的30年。该报告对气候变化事实和趋势的最新评估结论显示,温室气体的排放以及土地利用类型改变等为主的人类活动影响极有可能是导致20世纪中叶以来气候变暖的主要因素。近年来,在全球变暖背景下,随着城市化进程加快,城市区域迅速扩张,下垫面性质发生剧烈改变,城市热岛效应愈发显著,引发极端天气气候事件频发(任春燕 等,2006;赵娜 等,2011;赵宗慈 等,2012;吴婕 等,2015)。

大量研究表明,城市化不仅会使局地短期升温,也会影响区域气温序列的长期变化趋势。为定量考察城市化对研究城市的气温及其极端事件变化的影响,以往研究多采用城郊对比法。对于城市站和郊区站有不同的分类方法,可以基于人口数据资料(吴婕 等,2015;方锋 等,2007;周雅清和任国玉,2005,2009;Ren et al,2007,2008);或是卫星遥感数据(夜间灯光数据或土地利用数据等)(Peterson,2003;任国玉 等,2010;Ren and Ren,2011;杨元建 等,2011);还有利用数学统计分析站点相似性从而对不同站点进行归类(如EOF或PCA)(Li et al,2004;Li et al,2010;初子莹和任国玉,2005);以及利用NCEP/NCAR再分析资料在同化过程中没有用到地面观测资料的特点,将地面观测资料与其对比(OMR)(Kalnay and Cai,2003),来评估城市化对气候变化的影响(杨续超 等,2009;孙敏 等,2011;陈静林 等,2013)。总的来看,不管何种台站分类方法,针对中国不同区域(周雅清和任国玉,2005,2009;Ren et al,2007,2008;初子莹和任国玉,2005;唐红玉 等,2005;陈正洪 等,2005;谢志清 等,2007;Jones et al,2008),最低气温在全国表现为一致的增温趋势,而最高气温变化趋势具有空间差异;受城市化影响,最低气温上升幅度明显高于最高气温。不同时间尺度、不同区域的地面气温序列中都存在明显的城市化影响。不仅如此,与最高、最低气温相关的极端气温指数强度和发生频率也有显著的变化和区域差异(华丽娟 等,2006;张雷 等,2011;王君 等,2013;Zhou and Ren,2011)。

总的来看,目前国内有关城市化对基于最高和最低气温资料的极端气温指数的研究虽然刚起步不久,但已经取得了不少有特色的原创性成果。华丽娟等(2006)研究发现大城市极端气温指数要高于小城镇,且变化趋势呈现暖指数增多、冷指数减少的特征。张雷等(2011)指出北京城市化影响对与日最低气温有关的极端气温指数的贡献率达100%。王君等(2013)分析发现城市化对城市站点最高温度影响较小,但对极端暖夜(冷夜)的变化趋势影响较为显著。Zhou等(2011)分析了中国地区极端气温指数的变化趋势,结果表明在与最低气温相关的极端气温指数中,存在明显的城市化影响。周雅清等(2014)的分析进一步确定,华北地区与最低气温相关的极端气温指数变化趋势中的城市化影响比与最高气温相关的极端指数显著。Ren等(2014)分析指出,城市化导致冷夜减少、暖夜增加,线性趋势分别达1.485 d/10 a和2.264 d/10 a,而冷日和暖日变化趋势相对较小。

综上来看,就全国而言,城市化对极端气温事件的影响是显而易见且不容忽视的。然而针对安徽区域而言,目前城市化对安徽省地面气温资料影响方面的研究多针对平均状态的气温序列(杨元建 等,2011;Yang et al,2013;石涛 等,2011),而专门对其极端气温序列的研究尚不多见。本章节将根据Yang等(2013)和Li等(2015)提出的基于遥感土地利用和地表温度信息的台站分类方法,对城市和乡村台站的极端气温指数变化特征进行系统分析,进一步探讨城市化对安徽省极端气温事件的影响。

8.1.1.1　资料与方法

(1)资料和台站分类方法

利用安徽省气象信息中心经过质量控制后的地面气温资料数据集,选取1961—2010年安徽省81个气象台站的逐日观测资料,包括逐日最高气温、最低气温资料。站点分类依据Yang

等(2013)、Li 等(2015)的分类方法。①城市站:台站周边 2 km 缓冲区范围内的建成区面积比例≥50%;②郊区站:台站周边 2 km 缓冲区范围内的建成区面积比例在 25%~50%;③乡村站:台站周边 2 km 缓冲区范围内的建成区面积比例<25%。同时兼顾资料序列长度不少于 50 年且搬迁次数不多于 1 次,最终选取确定乡村站 11 个、郊区站 17 个和城市站 18 个,共 46 个,站点分布如图 8.1 所示。其中少数搬迁 1 次的台站根据 Yang 等(2013)标准正态方法进行检验和订正。

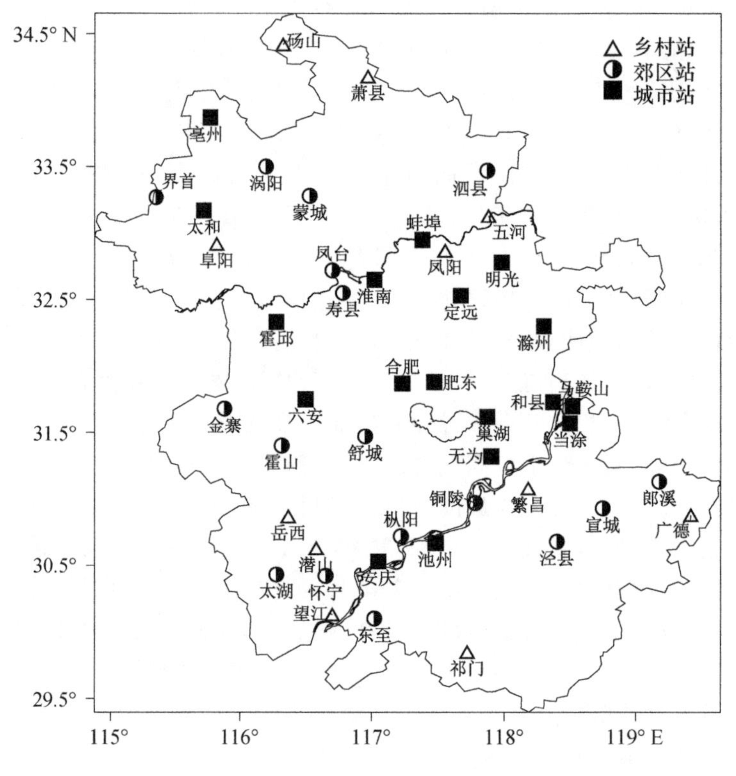

图 8.1 安徽省城市站、郊区站和乡村站分布

(2)指数定义与分析方法

本章节选取 8 个极端气温指数进行分析,可分为两类(表 8.1):第一类是绝对极端指数,包括每个站点每年日最高气温序列的极大值和极小值,日最低气温序列的极大值和极小值;第二类是相对极端指数,即基于相对阈值的指数,包括暖日(夜)、冷日(夜)天数等。根据已有研究,目前采用不同的相对阈值计算方法(黄丹青和钱永甫,2009;Zhai and Pan,2003;Zhang et al,2005;Bonsal et al,2001)只对相对极端阈值本身和极端气温事件年际、年代际变化的分析结果有影响,而对于检测出的极端气温事件的长期变化趋势几乎没有影响(Zhang et al,2005;Bonsal et al,2001;李娇 等,2013)。本研究相对阈值定义采用的是较为传统的百分位阈值法,具体是将安徽省某台站参考气候期内(选取时段为 1961—2010 年)同日的最高气温资料按升序排列,得到该日第 95(5)个百分位值,这样依次得到 366 个值,将其作为逐日的极端高温事件的上(下)阈值。当某日最高气温超过(低于)此阈值时,认为该日发生了暖(冷)日事件。暖(冷)夜事件则以逐日最低气温为研究对象,定义同上。阈值计算方法采用的是经验公式排序法(Bonsal et al,2001;李娇 等,2013)。通过上述方法统计得到每个站点每年的绝对极端指数和相对极端指数序列,再分别对各类站点作平均,从而得到区域序列。

表 8.1　极端气温指数定义

	指数名称	定义	单位
绝对极端指数	日最高气温极大值	年或季内日最高气温的极端最大值	℃
	日最高气温极小值	年或季内日最高气温的极端最小值	℃
	日最低气温极大值	年或季内日最低气温的极端最大值	℃
	日最低气温极小值	年或季内日最低气温的极端最小值	℃
相对极端指数	暖日天数	年或季内日最高气温>95%分位值的天数	d
	冷日天数	年或季内日最高气温<5%分位值的天数	d
	暖夜天数	年或季内日最低气温>95%分位值的天数	d
	冷夜天数	年或季内日最低气温<5%分位值的天数	d

线性趋势计算采用最小二乘法，趋势显著性检验采用 t 检验方法，气候突变检测采用 Mann－Kendall 方法（魏风英，2007）。季节划分时段为冬季（12 月至次年 2 月）、春季（3—5 月）、夏季（6—9 月）和秋季（9—11 月）。

在分析城市化影响时，分别定义城市化影响和城市化影响贡献率（周雅清和任国玉，2014）。以乡村站作为参考站，将城市站序列与其作差，得到城市化对极端气温指数变化趋势的影响，城市化影响显著性检验采用相关系数检验。

具体计算方法如下：

$$E_u=\frac{T_u-T_r}{|T_u|}\times 100\% \tag{8.1}$$

式中：E_u 为城市化贡献率，T_u、T_r 分别为城市站及乡村站气候要素的趋势系数。对气温而言，城市化贡献率如为正值即表明城市化效应造成升温，负值即表明城市化造成降温。

8.1.1.2　气候态及变化趋势的空间分布

从绝对极端指数的多年平均（1961—2010 年均值）来看（图 8.2），近 50 年安徽省江淮之间中东部及大别山区南部局部年平均的日最高气温极大值在 36.1～37.5 ℃，其他大部地区为 37.5～38.4 ℃（亳州、涡阳）。多年平均的日最高气温极小值江北大部为－2.0～0.0 ℃，沿江江南为 0.0～1.0 ℃；多年平均的日最低气温极大值淮河以北大部和江南为 25.0～28.0 ℃，沿淮至沿江一带为 28.0～29.6 ℃；多年平均的日最低气温极小值合肥以南大部为－9.0～－5.4 ℃，其他地区为－12.0～－9.0 ℃。

从绝对极端指数的变化趋势来看（图 8.3），不同指数的空间分布有较明显的差异。1961—2010 年，日最高气温极大值大致呈现南部上升、北部下降的变化趋势，但仅沿江中东部局部地区较为显著；除淮北局部地区外，淮河以南日最高气温极小值均呈现显著上升趋势，趋势系数为 0.3～0.6 ℃/10 a，沿江大部在 0.5 ℃/10 a 以上；全省日最低气温极大值均呈现上升趋势，大部地区位于 0.1～0.4 ℃/10 a，具有明显的局地性，淮南、安庆、东至、枞阳等地达 0.4～0.5 ℃/10 a；全省日最低气温极小值均呈现显著的上升趋势，位于 0.3～1.1 ℃/10 a，以沿淮淮北地区最为显著，大部在 0.9 ℃/10 a 以上。

从相对极端指数的多年平均（1961—2010 年均值）来看（图 8.4），全省暖日天数在 13.9～14.3 d，冷日天数在 14.3～14.6 d，暖夜天数为 13.8～14.3 d，冷夜日数为 14.0～14.6 d。多年平均的各个指标的数值范围跨度较小；在空间分布上没有明显的一致性。

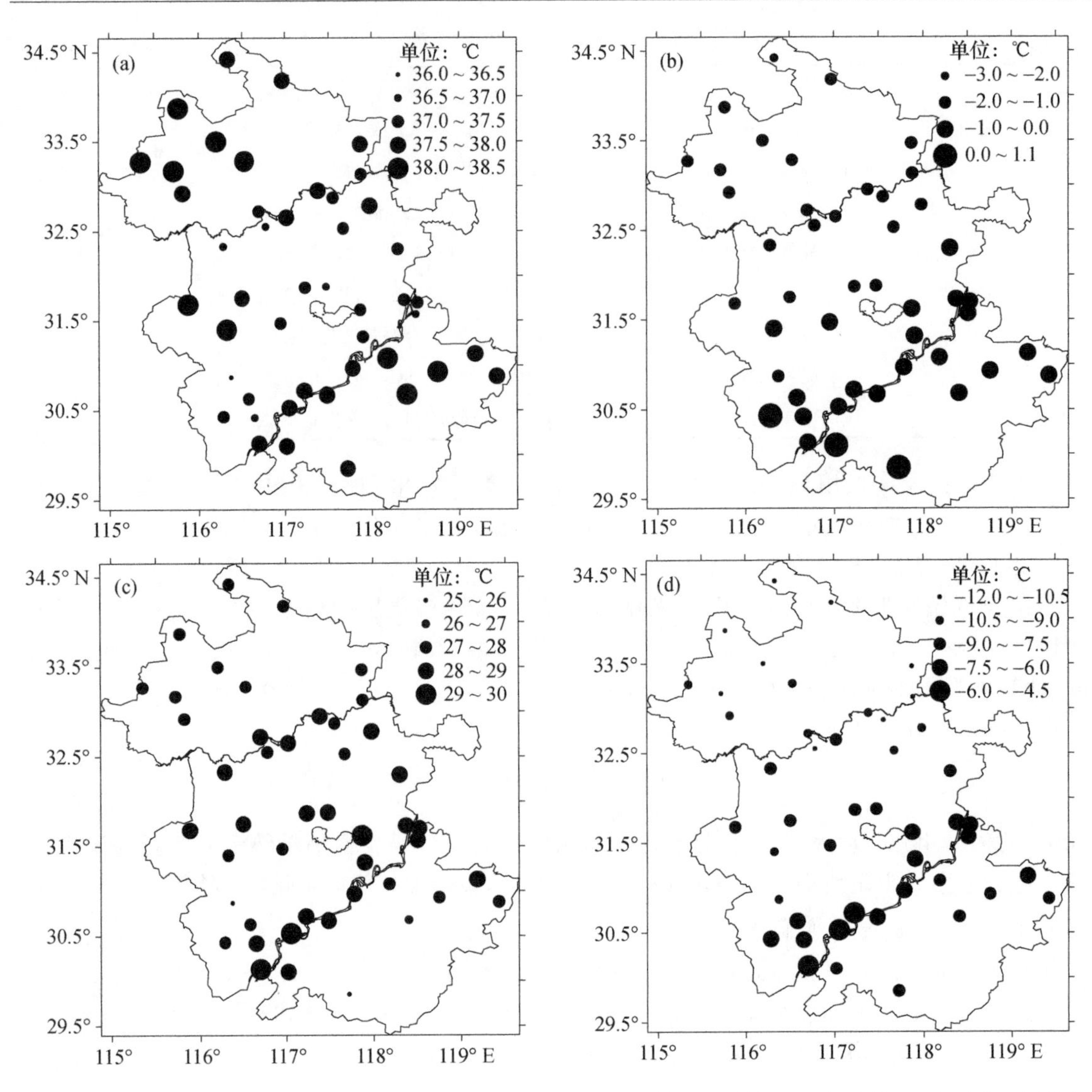

图 8.2　安徽省 1961—2010 年平均的日最高气温(a)极大值、(b)极小值，日最低气温(c)极大值、(d)极小值空间分布

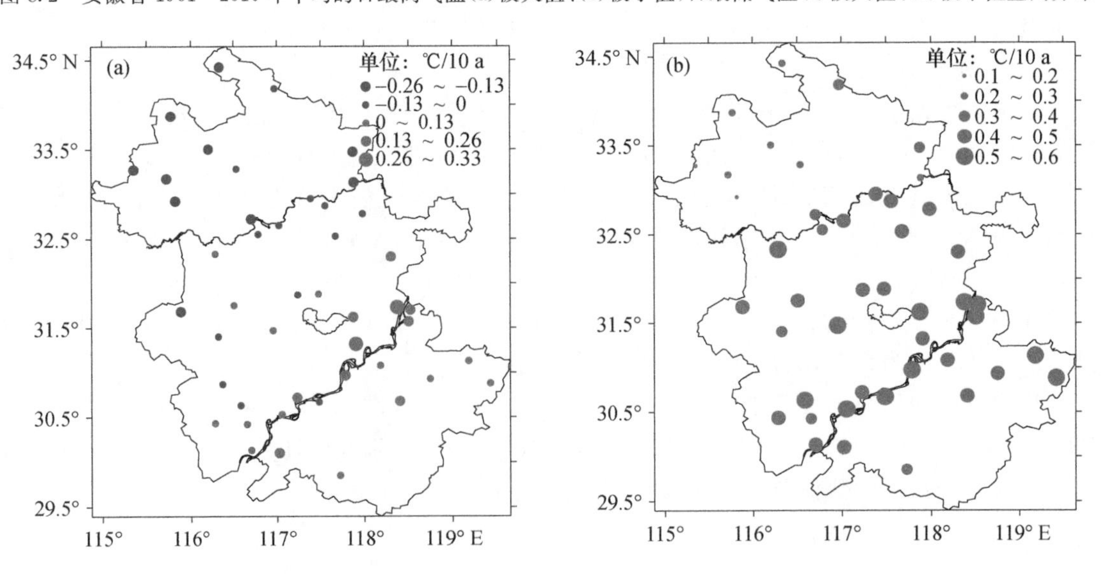

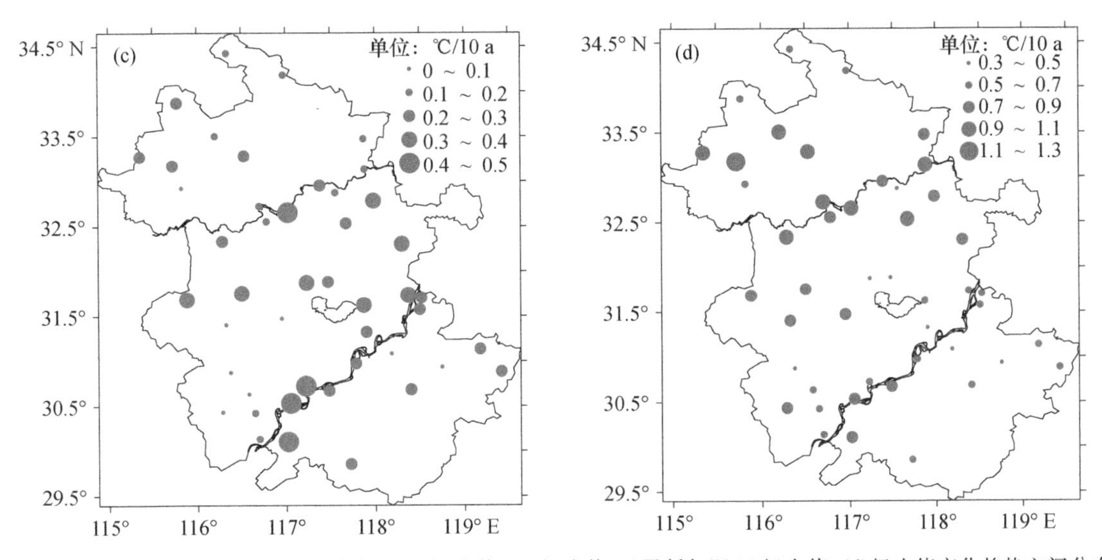

图 8.3　安徽省 1961—2010 年日最高气温(a)极大值、(b)极小值、日最低气温(c)极大值、(d)极小值变化趋势空间分布

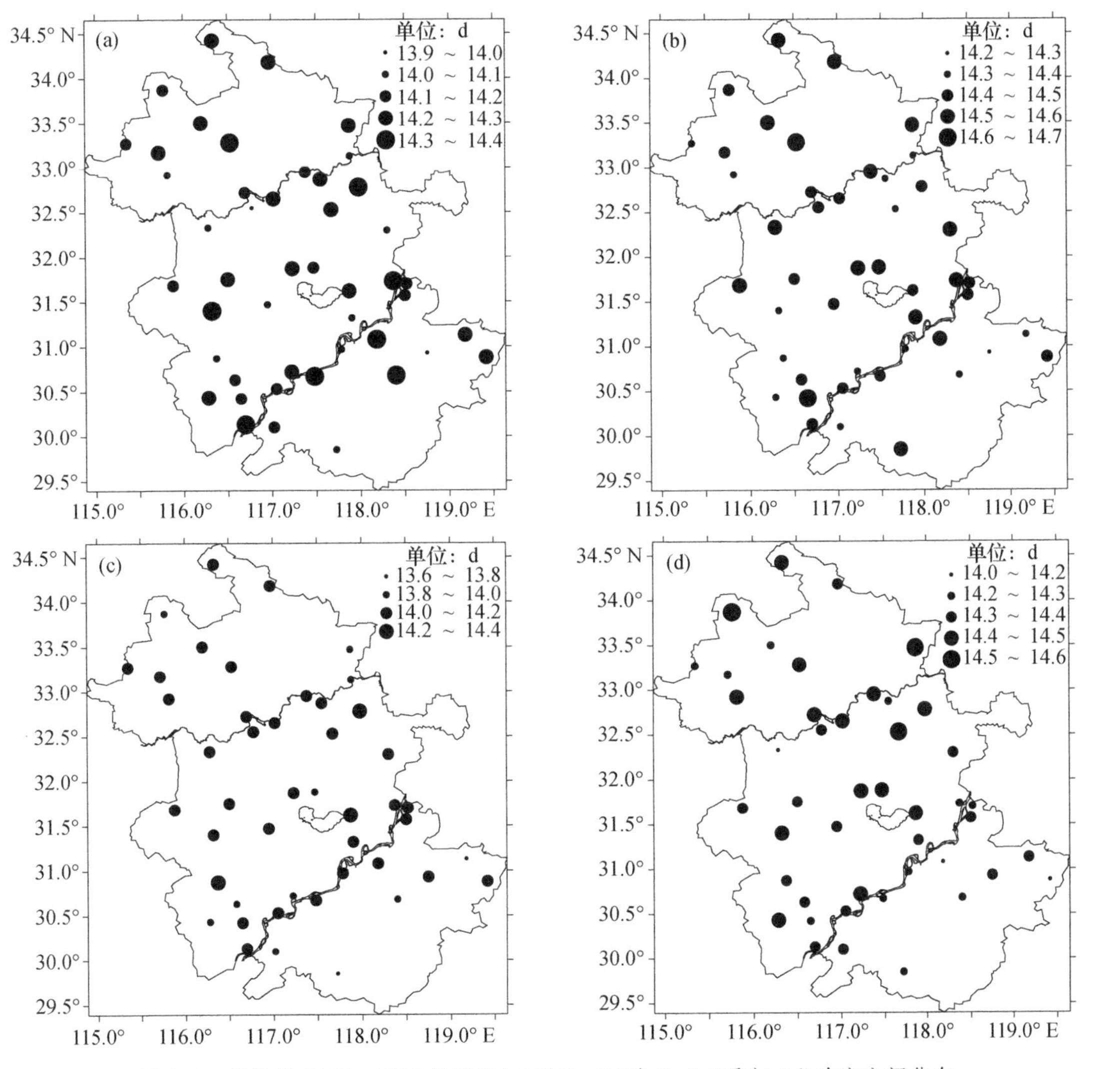

图 8.4　安徽省 1961—2010 年平均(a)暖日、(b)冷日、(c)暖夜、(d)冷夜空间分布

相对极端指数的总体变化趋势呈现暖日、暖夜天数增加，冷日、冷夜天数减少。从空间上看(图 8.5)，暖日天数在淮河以北呈现减少趋势，淮河以南为增加趋势，在沿江中东部局部较为显著；冷日天数全省基本呈现弱的减少趋势；暖夜天数基本为显著的上升趋势，大部地区位于 2.0～5.0 d/10 a；冷夜天数为显著的下降趋势，大部地区位于－1.0～－6.0 d/10 a。

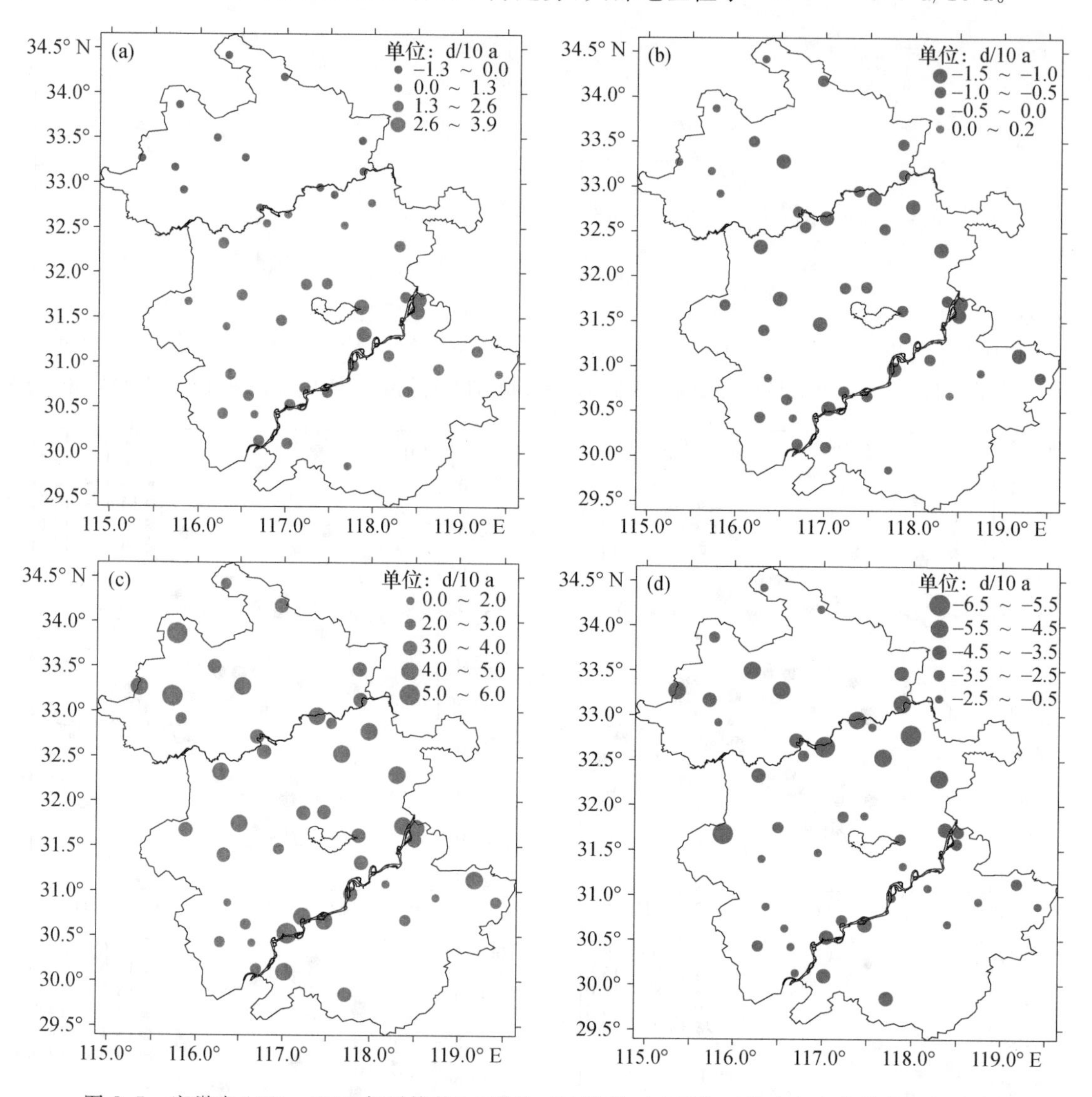

图 8.5　安徽省 1961—2010 年平均的(a)暖日、(b)冷日、(c)暖夜、(d)冷夜变化趋势空间分布

8.1.1.3　不同类型台站极端气温指数的年际变化特征

(1)绝对极端指数

图 8.6 给出安徽省城市站和郊区站平均的绝对极端气温指数距平的时间序列。可以看出，最高气温极大值(图 8.6a_1)呈现明显的年际波动，2 类站点都没有明显的变化趋势(表 8.2)；除了春季城市站有较显著的上升趋势外，其余均不显著(表 8.2)。Mann－Kendall 检验显示 1986 年以前两者均呈现下降趋势，1980 年代中后期开始转为上升趋势(图略)，这与华丽娟等(2006)指出我国东部地区大城市和小城镇的极端最高气温在 1990 年代以后有明显的增温趋势的研究结论一致。

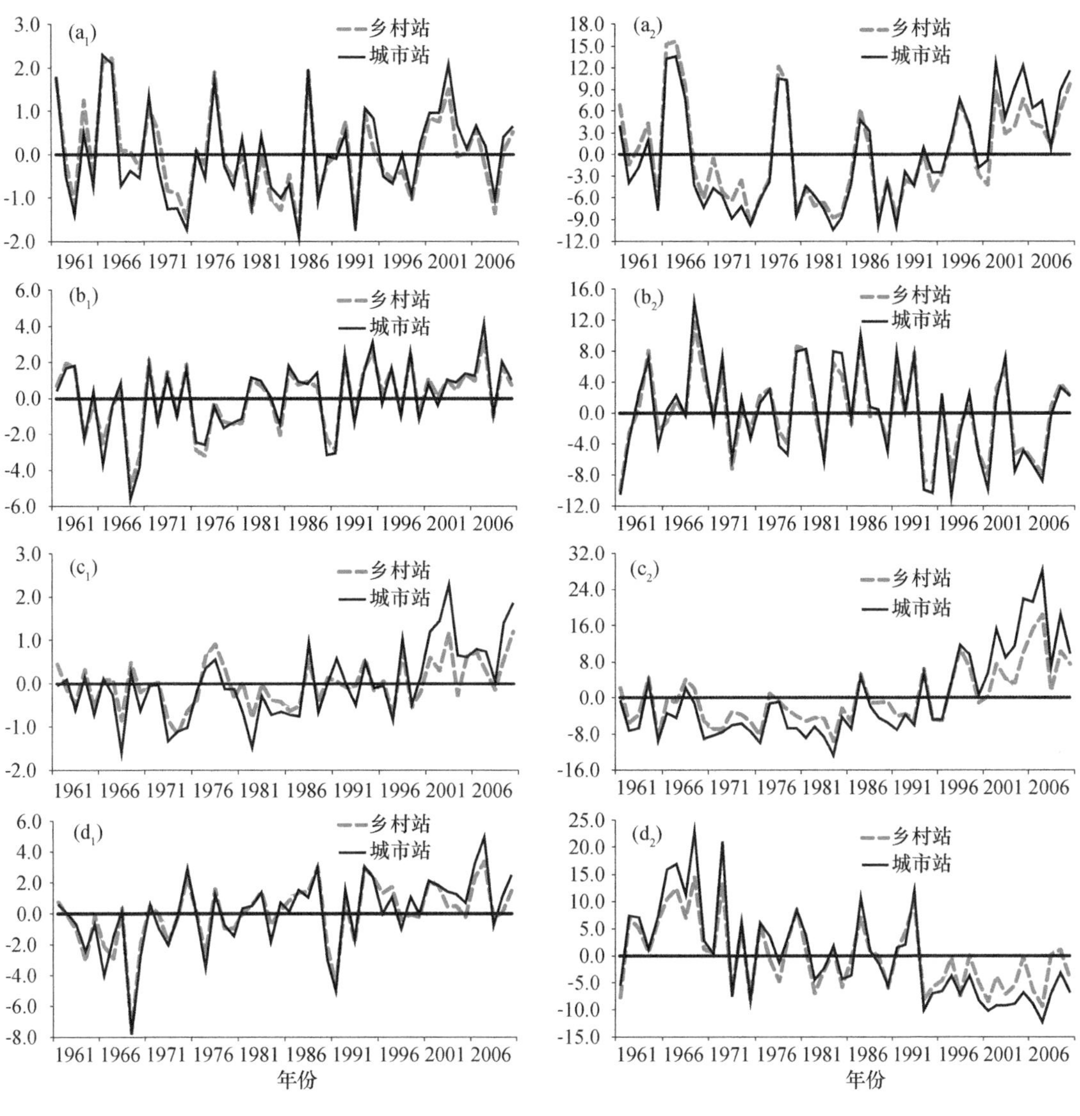

图 8.6　1961—2010 年安徽省城市站和乡村站不同类别极端气温指数距平逐年变化

下标 1：绝对极端指数（单位：℃），最高气温（a）极大值、（b）极小值，最低气温（c）极大值、（d）极小值；

下标 2：相对极端指数（单位：d），（a）暖日天数，（b）冷日天数，（c）暖夜天数，（d）冷夜天数

表 8.2　1961—2010 年安徽省城市站、郊区站和乡村站极端气温指数变化趋势

指数名称	站类别	变化趋势（℃/10 a）					指数名称	站类别	变化趋势（d/10 a）				
		年	春季	夏季	秋季	冬季			年	春季	夏季	秋季	冬季
最高气温	乡村站	−0.082	0.073	−0.094	0.124	0.175	暖日	乡村站	0.456	0.295	−0.622	0.555*	0.159
极大值	城市站	0.062	0.272*	0.052	0.285	0.252	天数	城市站	1.605*	0.690**	−0.167	0.761**	0.235
最高气温	乡村站	0.400*	0.176	−0.235*	0.197	0.339	冷日	乡村站	−0.642	−0.356	0.554*	−0.137	−0.723*
极小值	城市站	0.466*	0.113	−0.227	0.267	0.374	天数	城市站	−0.883	−0.479	0.637**	−0.245	−0.804*
最低气温	乡村站	0.129*	0.014	0.128*	0.156	0.483*	暖夜	乡村站	2.421**	0.477*	0.644**	0.583*	0.741**
极大值	城市站	0.313**	0.279*	0.311**	0.253	0.554**	天数	城市站	4.417**	1.022**	1.332**	1.033**	1.021**
最低气温	乡村站	0.582**	0.138	0.118	0.442*	0.573**	冷夜	乡村站	−2.179**	−0.555**	−0.314	−0.411	−0.922**
极小值	城市站	0.744**	0.325*	0.247*	0.716**	0.733**	天数	城市站	−3.822**	−1.081**	−0.563*	−0.971**	−1.239**

注：*、** 分别表示通过 0.05 和 0.01 显著性水平。

最高气温极小值(图 8.6b_1)呈现显著的上升趋势，乡村站和城市站线性增加趋势分别0.40 ℃/10 a、0.47 ℃/10 a，且都通过了 0.05 的显著性水平(表 8.2)；夏季为减小趋势，乡村站达显著性水平；其他季节为上升趋势，都未达显著性水平。Mann－Kendall 检验也显示，2、3 类站点在1970 年代前为下降趋势，1970 年代前中期为急剧上升期，1980 年代开始呈现稳定上升趋势(图略)。

最低气温极大值(图 8.6c_1)呈现显著上升趋势，乡村站和城市站线性增加趋势分别为0.13 ℃/10 a 和 0.31 ℃/10 a，城市站达 0.01 的显著性水平。四季均表现为上升趋势(表8.2)，其中冬季线性增加趋势最显著，乡村站和城市站分别为 0.48 ℃/10 a 和0.55 ℃/10 a，达 0.05 显著性水平；夏季次之，线性增加趋势分别为 0.13 ℃/10 a 和 0.31 ℃/10 a，城市站通过 0.01 显著性水平。

最低气温极小值(图 8.6d_1)上升趋势显著，线性增加趋势乡村站、城市站分别为0.58 ℃/10 a、0.74 ℃/10 a，均达 0.01 的显著性水平。四季也表现为上升趋势，秋、冬季城乡站基本都通过显著性检验，其中冬季线性增加趋势最大，乡村站和城市站分别达 0.57 ℃/10 a和0.73 ℃/10 a，秋季次之，而夏季最小。城市站年和季节变化趋势均达显著性水平。

(2)相对极端指数

暖日天数(图 8.6a_2)在 1990 年代前波动较为剧烈，自 1990 年代开始呈上升趋势，总体线性增加率乡村站(0.46 d/10 a)＜城市站(1.61 d/10 a)，但仅城市站通过 0.05 的显著性水平。夏季为不显著的减少趋势，春、秋、冬三季都为增加趋势；秋季线性增加率最大，乡村站和城市站分别达 0.56 d/10 a 和 0.76 d/10 a，都通过 0.05 显著性水平；春季线性增加率大于冬季，仅城市站在春季通过 0.01 显著性水平(表 8.2)。

冷日天数(图 8.6 b_2)年际波动较为明显，乡村站和城市站的线性减少率分别是 0.64 d/10 a和 0.88 d/10 a，都没有通过 0.05 的显著性水平。夏季为显著增加趋势，春、秋、冬三季都为减少趋势，其中夏、冬季均通过 0.05 显著性水平(表 8.2)。

暖夜天数(图 8.6c_2)在 1980 年代之前呈现规律的年际变化，自 1990 年代初开始呈明显上升趋势，2000 年以来暖夜天数总体上乡村站＜城市站，2007 年暖夜天数最多，分别为乡村 33 d和城市 42 d。乡村站和城市站线性增加趋势分别为 2.42 d/10 a 和 4.42 d/10 a，都通过 0.01的显著性水平。这与华丽娟等(2006)的研究结果基本一致。四季都为显著增加趋势，线性增加率乡村站＜城市站，其中城市站春、秋、冬季较为接近，夏季相对较大。

冷夜天数(图 8.6d_2)在 1970 年代前为上升趋势，自 1970 年代初开始下降，乡村站和城市站线性减少率分别为 2.18 d/10 a 和 3.82 d/10 a，均通过 0.01 显著性水平。四季均为减少趋势，冬季＞春季＞秋季＞夏季，仅乡村站在夏、秋季趋势不显著(表 8.2)。

8.1.1.4　城市化影响贡献率

(1)绝对极端气温指数

对绝对极端气温指数的城市化影响及其贡献率进行分析(表 8.3)。从年尺度来看，最高气温极小值的城市化影响不明显；而对最高气温极大值和最低气温极大、极小值的城市化影响均为正值，贡献率分别 100.0%、58.8%和 21.6%。从季节尺度来看，最高气温极小值城市化影响不显著，而极大值的城市化影响为春季最大，秋、夏季次之，但贡献率以夏季最大，春、秋季次之，冬季不显著。最低气温极大值的城市化影响均为正值，春季最大，夏、秋季次之，冬季不显著；最低气温极小值城市化影响都是正值，秋季最大，春、冬季次之，夏季最小。最低气温极端值贡献率均表现为春季最大，其中极大值受城市化影响贡献率高达 95.0%，极小值也有 57.5%。

(2)相对极端气温指数

从年尺度来看，冷日天数的变化趋势受城市化影响不明显；暖日天数、暖夜天数和冷夜天数的城市化影响分别为1.149 d/10 a、1.996 d/10 a和−1.643 d/10 a，贡献率分别达71.6%、45.2%和43.0%，表明城市化对暖日和暖夜天数增多、冷夜天数减少的趋势均有显著的影响。从季节尺度来看，暖日天数城市化影响四季都为正值，夏季最大，春、秋季次之，城市化影响贡献率分别为100%、57.1%和27.1%，表明城市化对暖日天数的增加为正贡献；冷日天数城市化影响基本为负值，仅在春季通过0.05显著性水平；暖夜天数城市化影响四季也都为正值，夏季最大，春、秋季次之，但贡献率以春、夏季最为显著，都在50%以上；冷夜天数城市化影响四季都为减少趋势，秋季最大，春、冬季次之，贡献率秋季最大，达57.7%，冬季最小(表8.3)。

表8.3 1961—2010年安徽省极端气温指数城市化影响

指数名称		城市化影响(℃/10 a)	城市化影响贡献率(%)	指数名称		城市化影响(d/10 a)	城市化影响贡献率(%)
最高气温极大值	年	0.144**	100.0	暖日天数	年	1.149**	71.6
	春	0.199**	73.2		春	0.394**	57.1
	夏	0.146**	100.0		夏	0.455**	100.0
	秋	0.161**	56.5		秋	0.206**	27.1
	冬	0.077	/		冬	0.077	/
最高气温极小值	年	0.066	/	冷日天数	年	−0.241	/
	春	−0.063	/		春	−0.122*	25.5
	夏	0.009	/		夏	0.083	/
	秋	0.070	/		秋	−0.108	/
	冬	0.035	/		冬	−0.082	/
最低气温极大值	年	0.184**	58.8	暖夜天数	年	1.996**	45.2
	春	0.265**	95.0		春	0.545**	53.3
	夏	0.183**	58.8		夏	0.688**	51.7
	秋	0.098*	38.7		秋	0.451**	43.7
	冬	0.070	/		冬	0.279**	27.3
最低气温极小值	年	0.161*	21.6	冷夜天数	年	−1.643**	43.0
	春	0.187**	57.5		春	−0.526**	48.7
	夏	0.129*	52.2		夏	−0.249*	44.2
	秋	0.274**	38.3		秋	−0.560**	57.7
	冬	0.161**	22.0		冬	−0.317**	25.6

注：*、**分别表示达到0.05和0.01显著性水平；“/”表示城市化影响未达到0.05显著性水平，不进行城市化影响贡献率的计算。

8.1.1.5 小结

近50年来，除最高气温极大值外，其他气温极值都有明显上升趋势，以最低温度极小值最为显著；暖日、暖夜天数为增加趋势，而冷日、冷夜天数为减少趋势，其中暖夜和冷夜变化趋势更为明显；各极端指数的变化趋势总体均表现为城市站较乡村站更为显著。

城市站最高气温极大值、最低气温极大值和最低气温极小值因城市化造成的增温分别为0.144 ℃/10 a、0.184 ℃/10 a和0.161 ℃/10 a，增温贡献率分别达100.0%、58.8%和21.6%，但城市化对最高气温极小值影响较弱；季节尺度的城市化影响基本都造成增温，春、秋季更明显，而增温贡献率以春、夏季更明显，冬季不显著。

城市化效应使暖日和暖夜天数增加、冷夜天数减少的趋势更加显著，城市化影响贡献率都在 40%以上；暖日、暖夜和冷夜天数的城市化影响贡献率在冬季为最小或不显著。

8.1.2 城市化进程对安徽省风速的影响

风是表征大气环流特征以及气候变化研究的重要因子，同时也是重要的清洁能源之一。近年来，地面风速的变化趋势受到越来越多的学者关注，对整个中国区域而言地面风速变化既有共性又有区域性差异。例如，多项研究（王遵娅 等，2004；任国玉 等，2005；江滢 等，2007，2009；Jiang et al，2010a；史培军 等，2015）指出，近几十年来中国绝大部分地面气象台站平均风速呈明显的减小趋势；金巍等(2012)研究表明，近 40 年东北三省年平均地面风速变化呈显著递减趋势，且各季和逐月风速下降趋势均通过了 0.001 显著性检验；马芹等(2012)对黄土高原地区平均风速的变化趋势研究发现黄土高原地区年、四季平均风速均呈极显著减小趋势；郑祚芳等(2014)研究表明近 40 年北京区域平均风速呈减弱趋势，距中心城区越近的站点，风速减弱趋势越明显；付桂琴等(2015)对近 50 年河北省 73 个地面气象站风观测资料分析发现河北省年平均风速呈减小趋势，3.0 m/s 以下的风速日数呈明显增加趋势，8.0 m/s 以上的日数呈显著减小趋势。

已有研究表明，导致风速减小的可能原因，除大气环流的变化（江滢 等，2007）、测风仪器换型（江滢 等，2007；曹丽娟 等，2010）、台站搬迁（曹丽娟 等，2010）以及观测场周边环境的变化（刘学锋 等，2009，2012）等因素外，城市化进程所造成的影响不可忽视（徐阳阳 等，2009）。Coutts 等(2007)认为，城市化的发展导致城市下垫面的动力特征和热力特征的改变（刘树华 等，2002；Hu et al，2005a，b），从而使得风速等气象要素的特征发生改变，也成为影响区域和全球气候变化的一个重要因子；刘学锋等(2009)研究表明，河北省气象台站所在城镇城市化程度是风速减小趋势不可忽略的原因，其影响程度约在 1/4。于宏敏等(2014)指出，黑龙江省近地层风速呈明显减弱趋势，城市站减弱趋势较乡村站明显，城市站与乡村站的风速差值有增大趋势。

针对安徽省风速资料，本节对不同类型台站风速的年、季变化规律进行统计，探讨城市化进程对风速的影响的基本规律，以期为进一步明确地面风速变化的原因、城市气候成因分析、气候资料的均一化问题以及风能资源评估等方面研究提供科学依据。

8.1.2.1 资料与方法

(1)资料

为了研究城市化对风速的影响，需要尽可能排除仪器换型和台站搬迁等其他因素对风速资料序列的影响。1969—1970 年，我国气象台站测风仪器进行过全国范围的更新，安徽省亦从 1969 年开始陆续将各个台站的维尔德型测风仪转换为 EL 电接风风速计，此次仪器的换型造成了测风数据存在一定的系统偏差。2000—2010 年期间，安徽省部分气象台站由 EL 电接风型转换为自动站仪器测风，但属个别台站行为，其测风数据产生的偏差并不能对全省风速产生明显影响，故而可以忽略（江滢 等，2007，2009；Jiang et al，2010a）。此外，目前对风速时间序列的均一性订正还没有成熟的方法（曹丽娟 等，2010），主要是因为风速受局地下垫面性质、热力和动力差异（刘树华 等，2002；Hu et al，2005a，b）的影响太大。

鉴于近 30 年为安徽省城市化高速发展时期，兼顾考虑站点观测资料序列的完整性、站点地理分布的均匀性和搬迁次数少于 1 次的原则，以及排除仪器换型的因素对风速资料序列的影响，本研究最终选取安徽省 61 个地面气象观测站 1981—2010 年逐日平均风速、逐日最大风速(一日中 10 min 平均风速的最大值,QX/T51－2007)资料进行分析。

(2)计算方法

目前国内外关于城市化对风速的影响研究中,城市站、乡村站的划分标准主要是基于台站位置、人口等建立的,如江滢等(2007,2009)、Jiang 等(2010)、吴息等(2016a,b)、刘学锋等(2009)。进一步参考 Yang 等(2013)、Li 等(2015)的在城市化对气温的影响研究中的关于城郊台站的分类方法,本研究最终使用高分辨率(30m)陆地卫星遥感分类方法进行分类:①城市站:台站周边 2 km 缓冲区范围内的建成区面积比例大于 50%;②郊区站:台站周边 2 km 缓冲区范围内的建成区面积比例在 25%～50%;③乡村站:台站周边 2 km 缓冲区范围内的建成区面积比例小于 25%。该方法能充分考虑站点下垫面的物理特征,并从宏观层面上反映气象观测环境的历史变迁,最后将安徽省 61 站划分为乡村站 17 个、郊区站 25 个、城市站 19 个(图 8.7)。

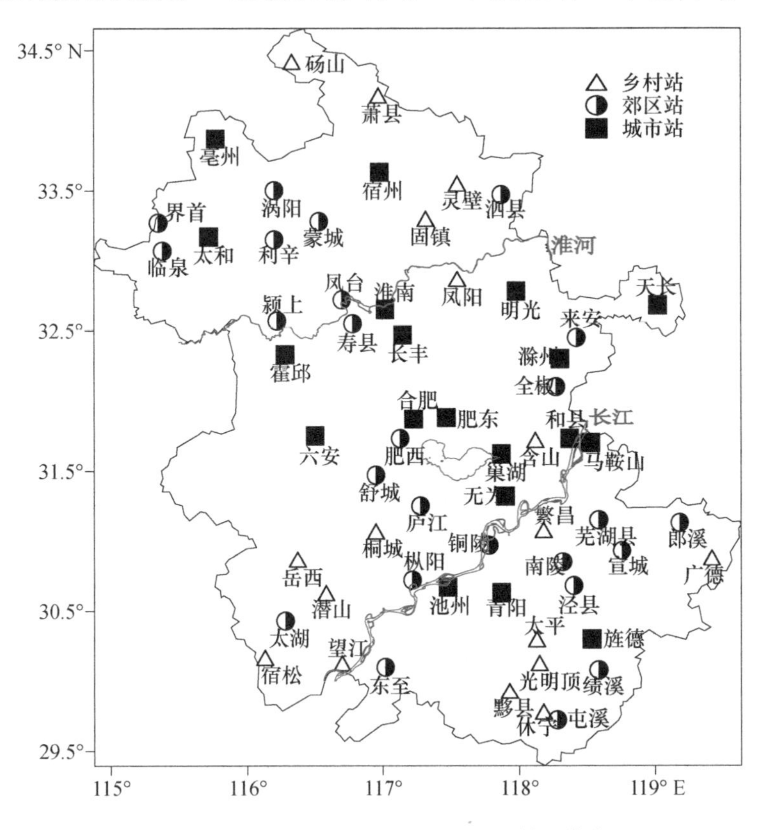

图 8.7　安徽省城市站、郊区站和乡村站分布

选取春(3—5 月)、夏(6—8 月)、秋(9—11 月)、冬(12 月至次年 2 月)四季和年平均风速、最大风速和小风日数(日平均风速≤2.0 m/s 的天数)等三个特征量,对 61 站的变化趋势特征进行分析:

$$Y_i = a + b t_i \tag{8.1}$$

式中:Y_i 为参量;t_i 为时间,a 为截距,b 为斜率,把 $b \times 10$ 作为趋势系数。

在分析平均风速、最大风速和小风日数的年际变化特征时,为了消除海拔高度、地形等地理因子的影响,对数据采用距平处理(周雅清和任国玉,2005;陈正洪 等,2005;石涛 等,2011)。具体方法如下:

$$F_d = F - \overline{F} \tag{8.2}$$

式中：F 为平均风速、最大风速或小风日数，$\overline{F}$为 1981—2010 年平均值，F_d 为距平值。城市化贡献率同前节。

8.1.2.2 气候态及变化趋势的空间分布

近 30 年安徽省长江以北地区的年平均风速基本为 2.0～3.0 m/s，长江以南大部地区为 0.8～2.0 m/s，最大值出现在黄山光明顶站（海拔高度 1840.4 m）达 5.7 m/s，其次为桐城站（海拔高度 85.4 m）为 3.1 m/s（图 8.8a）；全省年平均最大风速均超过 10.0 m/s，其中沿淮、沿江地区相对较大，为 13.0～16.0 m/s，黄山光明顶站为 21.5 m/s，桐城站为 18.9 m/s（图 8.8b）；全省年平均小风日数的空间分布特征与平均风速、最大风速基本相反，大部地区为 120～300 d，其中黄山光明顶站不足 10 d，桐城站为 62 d（图 8.8c）。

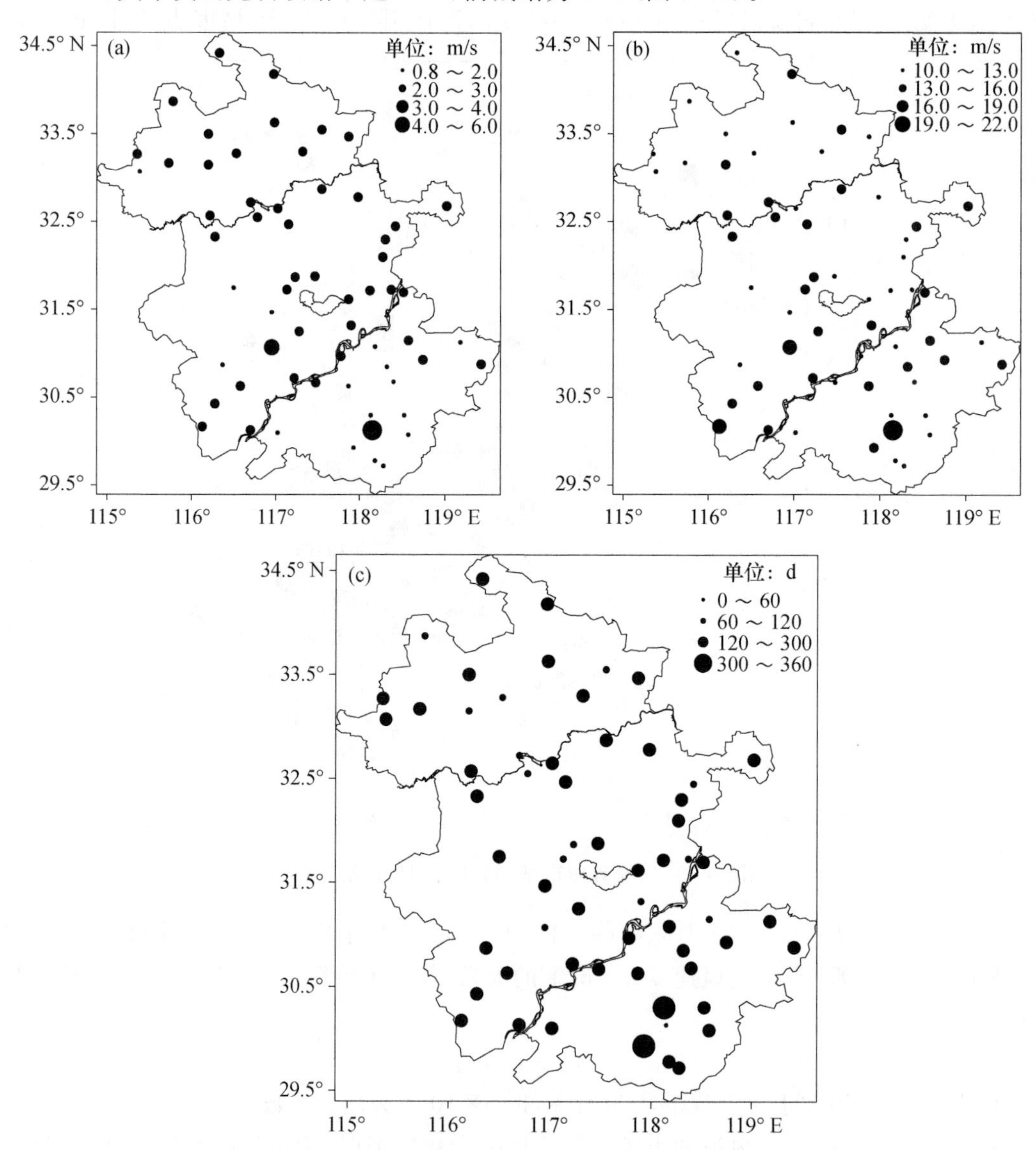

图 8.8 安徽省 1981—2010 年平均风速(a)、平均最大风速(b)和平均小风日数(c)分布图

近 30 年安徽省各地的年平均风速呈显著减少趋势，平均趋势系数为－0.2(m/s)/10 a，大部地区处于－0.4～－0.1(m/s)/10 a，其中沿淮和皖东地区下降趋势更为显著，可达

−0.6～−0.4(m/s)/10 a(图 8.9a)；全省各地年最大风速亦呈显著减少趋势，平均趋势系数为−1.6(m/s)/10 a，大部地区处于−2.0～−0.1(m/s)/10 a，其中沿淮、皖东和沿江西部地区下降趋势更为明显，达−4.0～−2.0(m/s)/10 a(图 8.9b)；全省年小风日数呈显著增加趋势，平均趋势系数为 27.6 d/10 a，大部地区处于 10～60 d/10 a，其增加趋势更为显著的区域基本对应年平均风速更为显著减小的区域(图 8.9c)。

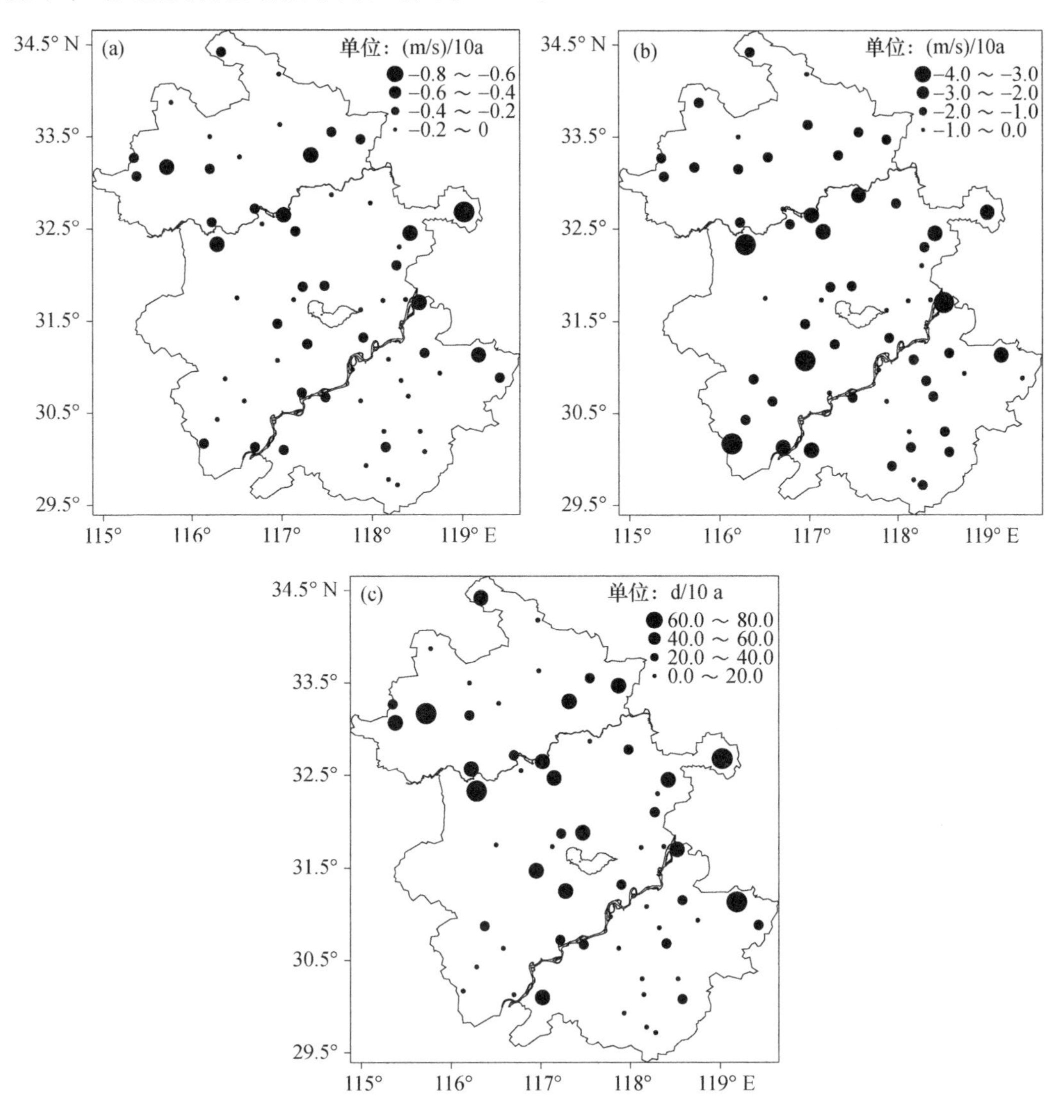

图 8.9　安徽省 1981—2010 年年平均风速变化趋势(a)、年最大风速变化趋势(b)和年小风日数变化趋势(c)分布图

8.1.2.3　不同类型台站平均风速、最大风速、小风日数的年际变化特征

从年际变化特征来看(图 8.10)，近 30 年全省年平均风速、年最大风速呈明显波动减小趋势，其中在 1997 年以前均为正距平，之后基本小于常年值(1981—2010 年平均值，下同)；全省年小风日数呈明显波动增加趋势，其中在 2002 年以前较常年值以偏少为主，之后开始偏多。

进一步分析乡村站、郊区站和城市站等三种不同类型台站的风速变化趋势特征发现(表 8.4)：各类型台站在不同季节的变化趋势是一致的，平均风速均呈显著减少趋势，其中冬季减

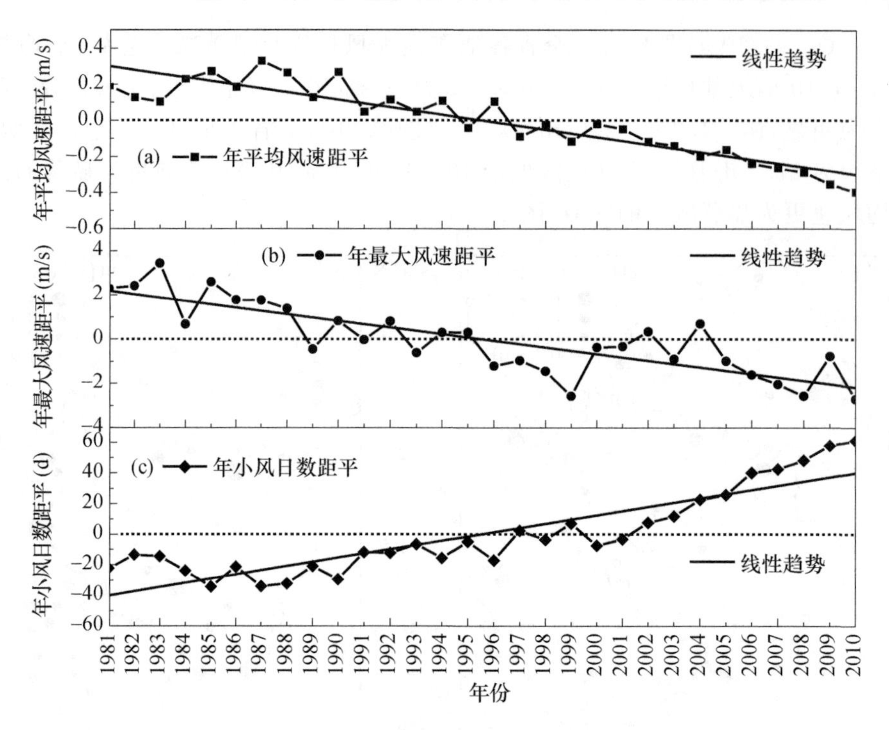

图 8.10 安徽省 1981—2010 年历年平均风速距平(a)、最大风速距平(b)和小风日数距平(c)演变

小的速率略大、夏季略小，春、秋季接近；最大风速亦均呈显著减少趋势，其中春季减小速率最大、夏季最小，秋、冬季接近；小风日数则均呈显著增加趋势，其中夏季增加速率最大、秋季次之，春季最小。

表 8.4 安徽省 1981—2010 年不同类型台站历年平均风速、最大风速和小风日数趋势系数（所有趋势均通过 0.01 显著性水平检验）

	平均风速[(m/s)/10 a]				最大风速[(m/s)/10 a]				小风日数(d/10 a)			
	乡村站	郊区站	城市站	61 站	乡村站	郊区站	城市站	61 站	乡村站	郊区站	城市站	61 站
春	−0.14	−0.22	−0.41	−0.21	−1.50	−1.53	−1.84	−1.61	3.73	6.24	7.12	5.81
夏	−0.16	−0.22	−0.22	−0.20	−1.17	−0.99	−1.27	−1.00	5.70	8.53	8.38	7.69
秋	−0.14	−0.22	−0.24	−0.21	−1.23	−1.20	−1.51	−1.30	4.41	8.49	9.18	7.57
冬	−0.15	−0.22	−0.28	−0.22	−1.23	−1.09	−1.44	−1.36	4.31	7.34	9.15	7.06
年	−0.15	−0.21	−0.25	−0.21	−1.54	−1.32	−1.71	−1.58	17.63	30.16	33.21	27.62

对不同类型台站而言，城市站的变化速率明显大于乡村站，郊区站在平均风速和小风日数两个特征量上的变化速率介于乡村站和城市站之间。对于最大风速而言，只有少数季节的郊区站的变化速率略小于乡村站，其他季节郊区站变化率仍介于乡村站和城市站之间。总的来看，这亦佐证了本研究对站点分类的合理性以及不同下垫面类型台站对风速影响的差异性。

对比城市站和乡村站的平均风速、最大风速和小风日数的历年各季节演变，结果显示(图 8.11)：在 2000 年以前 20 年，城市站平均风速距平在各季节基本大于乡村站，从 2000 年开始，城市站平均风速距平小于乡村站，且与乡村站距平值的差异有增大趋势；与之相反，城市站小风日数距平在 2000 年以前在各季节基本小于乡村站，2000 年以后开始大于乡村站，且与乡村站距平值的差异有增大趋势；就最大风速而言，城市站与乡村站距平值的差异总体并不明显。

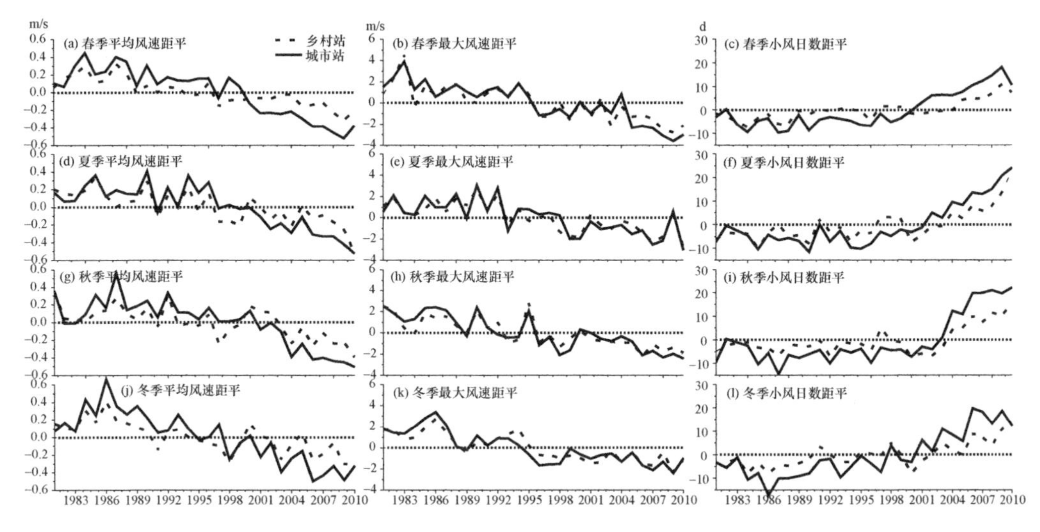

图 8.11 安徽省城市站和乡村站 1981—2010 年历年各季节平均风速距平(a,d,g,j)、最大风速距平(b,e,h,k)和小风日数距平(c,f,i,l)演变

Yang 等(2013)、Li 等(2015)指出,利用卫星遥感的台站分类方法能充分考虑站点的下垫面的物理特征,合理区分城市站点与其他站点,适于分析受城市化影响程度大小。并应用于安徽省国家级气象台站分类研究中,结果表明:1980 年代安徽省的城市站、郊区站和乡村站个数比例分别站总台站数的 2%、7.6%和 90.4%,至 1990 年代上述比例变为 7.6%、34.6%和 57.8%,而 2000 年以后,该比例变为 34.6%、38.5%和 26.9%,城市站比例明显提高,说明 2000 年开始安徽省城市化进程加快,越来越多的气象台站不断被城镇包围,其被动“进城”的现象明显加速,在这种情况下风速多被城市下垫面的摩擦效应削弱(吴息 等,2016a,2016b),这就进一步解释了 2000 年后安徽省风速城乡差异增大趋势明显的原因。

8.1.2.4 城市化影响贡献率

在同一大气环流控制背景下,城市站与乡村站变化趋势系数的差值可认作是城市化的影响。由表 8.5 可知,安徽省城市站与乡村站年平均风速的趋势系数之差为−0.10(m/s)/10 a,其城市化贡献率达−40.0%,说明城市化对年平均风速造成了显著的减弱贡献;年小风日数的趋势系数之差为 15.58 d/10 a,其城市化贡献率为 46.9%,说明城市化对年小风日数造成了显著的增加贡献;而年最大风速的趋势系数之差为−0.17(m/s)/10 a,其城市化贡献率仅为−9.9%,说明城市化对年最大风速的影响不明显。

表 8.5 安徽省 1981—2010 城市站平均风速、最大风速和小风日数的城市化贡献率

	平均风速		最大风速		小风日数	
	城市化影响/(m/s)/10 a	城市化贡献率(%)	城市化影响/(m/s)/10 a	城市化贡献率(%)	城市化影响/d/10 a	城市化贡献率(%)
春	−0.27	−65.9	−0.34	−18.5	3.39	47.6
夏	−0.06	−27.3	−0.10	−7.9	2.68	32.0
秋	−0.10	−41.7	−0.28	−18.5	4.77	52.0
冬	−0.13	−46.4	−0.21	−14.6	4.84	52.9
年	−0.10	−40.0	−0.17	−9.9	15.58	46.9

就各个季节而言，平均风速在春季受城市化影响最大，城市化贡献率为 65.9％，在夏季受影响最小，城市化贡献率为 27.3％；最大风速在春、秋受城市化影响较大，城市化贡献率均为 18.5％，在夏季受影响较小，城市化贡献率为 7.9％；小风日数在秋、冬季受城市化影响较大，城市化贡献率分别为 52.0％、52.9％，在夏季受影响较小，城市化贡献率为 32.0％。

8.1.2.5 小结

利用安徽省 61 个地面气象台站 1981—2010 年的风速观测资料，结合卫星遥感台站分类方法，对不同类型台站平均风速、最大风速和小风日数的变化趋势以及城市化对其影响程度进行了分析，得到以下结论：

(1)近 30 年安徽省各地的年平均风速呈显著减少趋势，平均趋势系数为－0.2(m/s)/10 a，其中沿淮和皖东地区下降趋势更为显著，可达－0.6～－0.4(m/s)/10 a。年最大风速亦呈显著减少趋势，平均趋势系数为－1.6(m/s)/10 a，其中沿淮、皖东和沿江西部地区下降趋势更为明显，达－4.0～－2.0(m/s)/10 a；年小风日数呈显著增加趋势，平均趋势系数为 27.6 d/10 a，其增加趋势更为显著的区域基本对应年平均风速更为显著减小的区域。

(2)不同类型台站在各季节的平均风速均呈显著减少趋势，冬季减小的速率略大、夏季略小，春、秋季接近；最大风速亦均呈显著减少趋势，春季减小速率最大、夏季最小，秋、冬季接近；小风日数则均呈显著增加趋势，其中夏季增加速率最大、秋季次之，春季最小。城市站的变化速率明显大于乡村站，郊区站在平均风速和小风日数两个特征量上的变化速率介于乡村站和城市站之间。

(3)城市站各季节平均风速距平在 2000 年以前基本大于乡村站，从 2000 年开始小于乡村站，且城乡差异有增大趋势；城市站小风日数距平在 2000 年以前基本小于乡村站，2000 年以后开始大于乡村站，且城乡差异有增大趋势；而最大风速距平值的城乡差异总体并不明显。2000 年开始城乡风速差异变大主要是归结于安徽省 2000 年后城市化进程加快，越来越多的气象台站不断被城镇包围，其被动“进城”的现象明显加速，导致地面风速受城市下垫面摩擦效应而逐渐削弱越发显著。

(4)安徽省城市站与乡村站年平均风速的趋势系数之差为－0.10(m/s)/10 a，其城市化贡献率达－40.0％，说明城市化对年平均风速造成了显著的减弱贡献；年小风日数的趋势系数之差为 15.58 d/10a，其城市化贡献率为 46.9％，说明城市化对年小风日数造成了显著的增加贡献；而年最大风速的趋势系数之差为－0.17(m/s)/10 a，其城市化贡献率仅为－9.9％，说明城市化对年最大风速的影响不明显。就各个季节而言，平均风速在春季受城市化影响最大，城市化贡献率为 65.9％，在夏季受影响最小，城市化贡献率为 27.3％；小风日数在秋、冬季受城市化影响较大，城市化贡献率分别为 52.0％、52.9％，在夏季受影响较小，城市化贡献率为 32.0％；最大风速在春、秋季受城市化影响相对较大，城市化贡献率均为 18.5％，在夏季受影响较小，城市化贡献率仅为 7.9％。

8.2 高影响天气气候事件下的城市脆弱性

1961 年以来安徽省出现了以变暖为主的气候变化特征。在气候变暖和城市快速发展背景下，安徽的城市表现出城市热岛、城市干岛、城市雨岛、城市混浊岛等城市特有的气候特征，并面临夏季高温热浪、极端强降水引起的内涝、雾霾频发等一系列城市气候问题。合肥市是安徽省的省会，是长三角世界级城市群副中心和"一带一路"、长江经济带双节点城市，是合肥都市圈、合芜蚌国家自主创新示范区核心城市，城市气候效应尤为明显。本节以合肥市为研究对象，研究了高影响天气气候事件下安徽城市的脆弱性。

8.2.1 合肥市自然地理情况

合肥地处中纬度江淮之间，属亚热带季风性湿润气候，季风明显，四季分明，气候温和，雨量适中。合肥气象站年平均气温 16.2 ℃，年平均降水量 1000.9 mm，年平均日照时数 1868.1 h，平均相对湿度 75%，年平均风速 2.8 m/s。

合肥地形以丘陵岗地为主，主城区地势由西北向东南倾斜，江淮分水岭自西向东横贯全境。境内自然环境优美，名胜古迹众多，四度获得"中国人居环境范例奖"，是国家首批命名的 3 个全国园林城市之一，也是全国优秀生态旅游城市。2018 年末，市内有城市公园 187 个，占地面积 5382 hm^2，建成区绿化覆盖面积 20210.2 hm^2。

8.2.2 合肥城市化发展情况

1949 年至今，合肥市行政区划经过多次调整。截至 2018 年，合肥市区面积 1312.48 km^2，建成区面积 466.0 km^2，户籍人口 281.3 万，城镇化率达 74.97%。对合肥市统计局统计年鉴(http://tjj.hefei.gov.cn/tjnj/index.html)相关数据进行分析，发现：1970 年代后期以来，合肥市区耕地面积不断减少，其中 2005—2007 年间直线下降，到了 2013 年，耕地面积已经不到 1978 年的十万分之二(图 8.12a)。相对的，合肥市区固定资产投资则从 1990 年代中期以后不断增加，2000 年代中期以后进一步攀升，2016 年固定资产投资达到了 1978 年的 3847 倍(图 8.12b)。此外，人口和产业结构的变化也明显地看出合肥城市化发展的进程。1970 年代后期以来，合肥市区以非农人口为主，并且呈现明显增加的趋势；与此同时，总人口数也随着非农人口数的增加而增加；农业人口则变化不大；2014—2015 年，非农人口有一次跃升，同期农业人口锐减；2016 年，非农人口占到了人口总数的 95.9%(图 8.12c)。从产业结构看，1970 年代后期至今，合肥市区第一产业产值变化不大，至 1990 年代中期以前，三种产业产值基本相当；但 1990 年代中期以后，第二和第三产业产值逐渐增加，2000 年代中期以后直线攀升；第二产业产值在 2012 年达到最高峰后，近几年以振荡变化为主；而第三产业产值至今仍保持较大增速，并有超过第二产业产值的趋势(图 8.12d)。2009—2018 年，合肥城镇化率明显高于全省，并保持继续上升势头(图 8.12e)。

8.2.3 合肥城市气候特点

8.2.3.1 资料说明

研究区域范围为合肥市主城区，面积约 2640 km^2，包括市辖区和 9 个外围乡镇：庐阳区、蜀山区、包河区、瑶海区、高新区、经开区、新站高新区、双凤开发区、桃花镇、上派镇、花岗镇、紫蓬镇、撮镇镇、桥头集镇、店埠镇、小庙镇、高刘镇、岗集镇、双墩镇(图 8.13)。目前已经收集到研究区内合肥、肥东、肥西 3 个国家气象站 1961 年以来平均气温、降水、相对湿度、平均风速和能见度等观测资料。此外，从 2009 年开始，合肥陆续布设区域气象站，区域气象站观测资料一

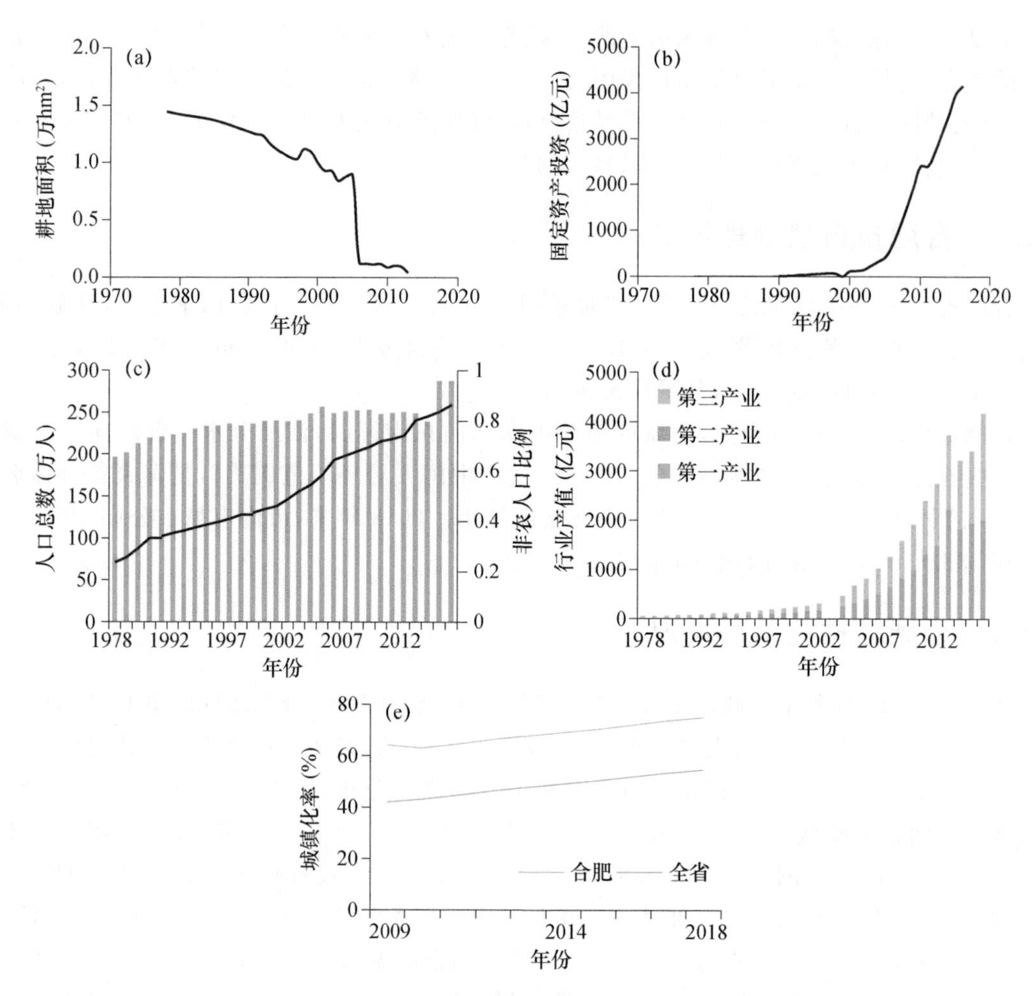

图 8.12　1978—2016 年合肥市区耕地面积（a，单位：hm^2）、固定资产投资（b，单位：亿元）、人口数（c，单位：万人）和行业产值（d，单位：亿元）和 2009—2018 年合肥城镇化率（e）的变化

定程度弥补了国家站数据空间精度的不足，研究中还利用了这部分资料。

基于上述资料情况，并考虑到城市化进程下的县城也在不断形成新的小型热岛，因而分两个阶段研究合肥的城市气候特点：①1961—2010 年，取合肥站作为城市站，由于肥东站建站时间早于肥西站，因而取其为郊区站，将两站进行对比；②2011—2018 年，研究对象包括研究区域范围内资料可靠性和完整度较高的所有气象站（图 8.13），从空间上更好地考察城市气候效应。

8.2.3.2　城市热岛

定义合肥市热岛强度为合肥站与肥东站的平均气温之差。1961—2010 年，合肥站平均气温为 16.01 ℃，肥东站为 15.78 ℃，合肥城市热岛强度为 0.23 ℃。从气候变化情况看，合肥站和肥东站年平均气温均明显升高，升温速率合肥站为 0.25 ℃/10 a，肥东站为 0.22 ℃/10 a，合肥站升温略快于肥东站，城市热岛强度也表现出略增加的趋势，速率为 0.04 ℃/10 a。热岛强度增加最明显的时期在 1960 年代至 2000 年代前期；2004 年由于迁站的关系，热岛强度有所下降，但迁站后仍表现出略增加的趋势（图 8.14）。

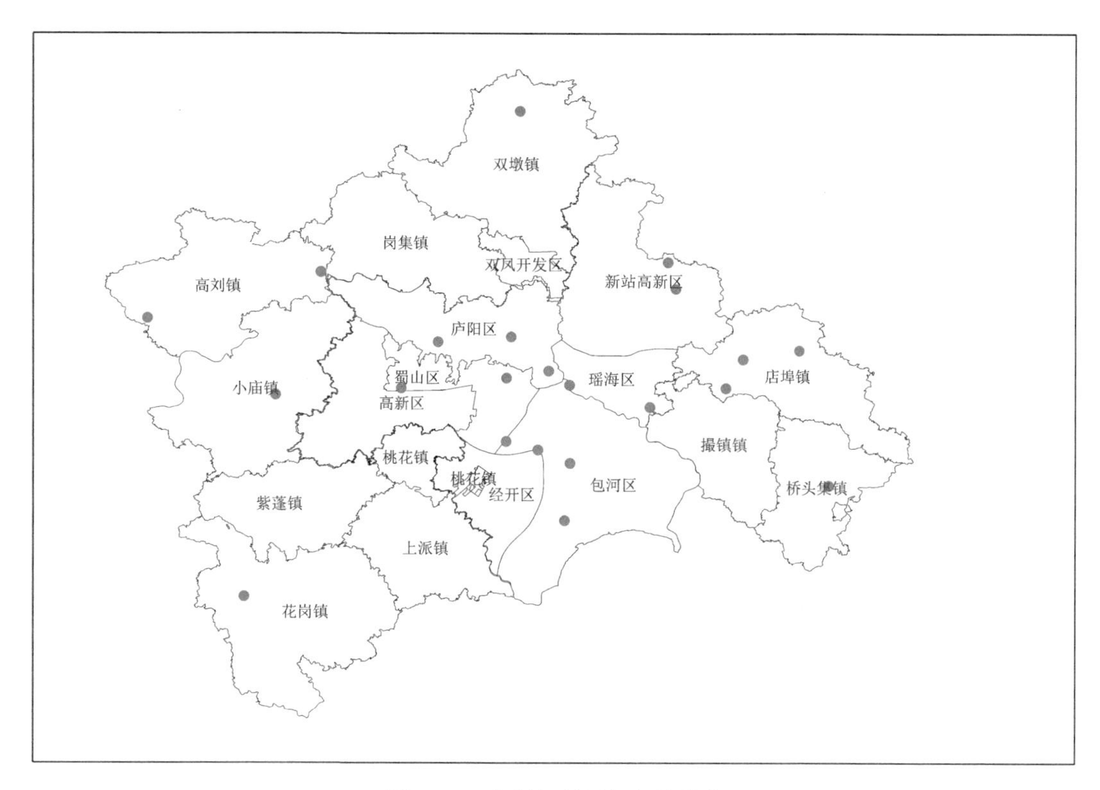

图 8.13　本研究所用气象站分布

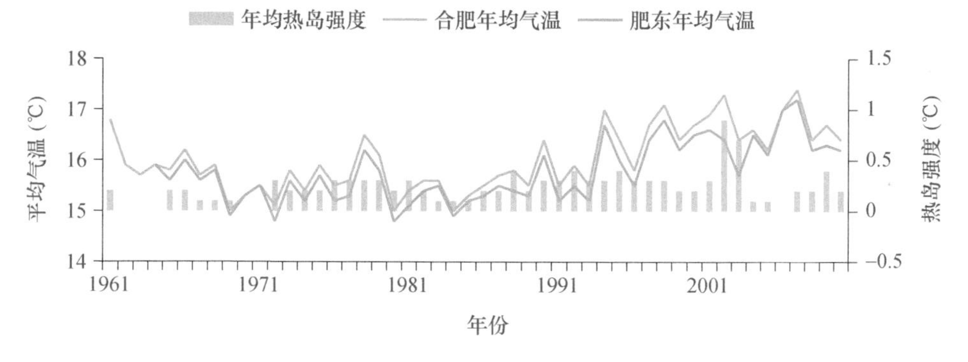

图 8.14　1961—2010 年合肥和肥东站平均气温及热岛强度的变化

2011—2018 年,合肥市平均气温由市区向郊区环状递减,中心城区平均气温普遍超过 17.0 ℃,近郊在 16.5～17.0 ℃,北部及西部郊区在 16.0～16.5 ℃,城市热岛效应明显(图 8.15)。

8.2.3.3　城市干岛

定义合肥市干岛强度为合肥站与肥东站的平均相对湿度之差。1961—2010 年,合肥站平均相对湿度为 75.48%,肥东站为 77.69%,合肥站较肥东站偏干 2.21%。从线性变化趋势看,合肥站年平均相对湿度明显减小,减小速率为 0.59%/10 a,并且在 1993 年发生了突变;而肥东站的线性变化趋势不明显(图 8.16)。

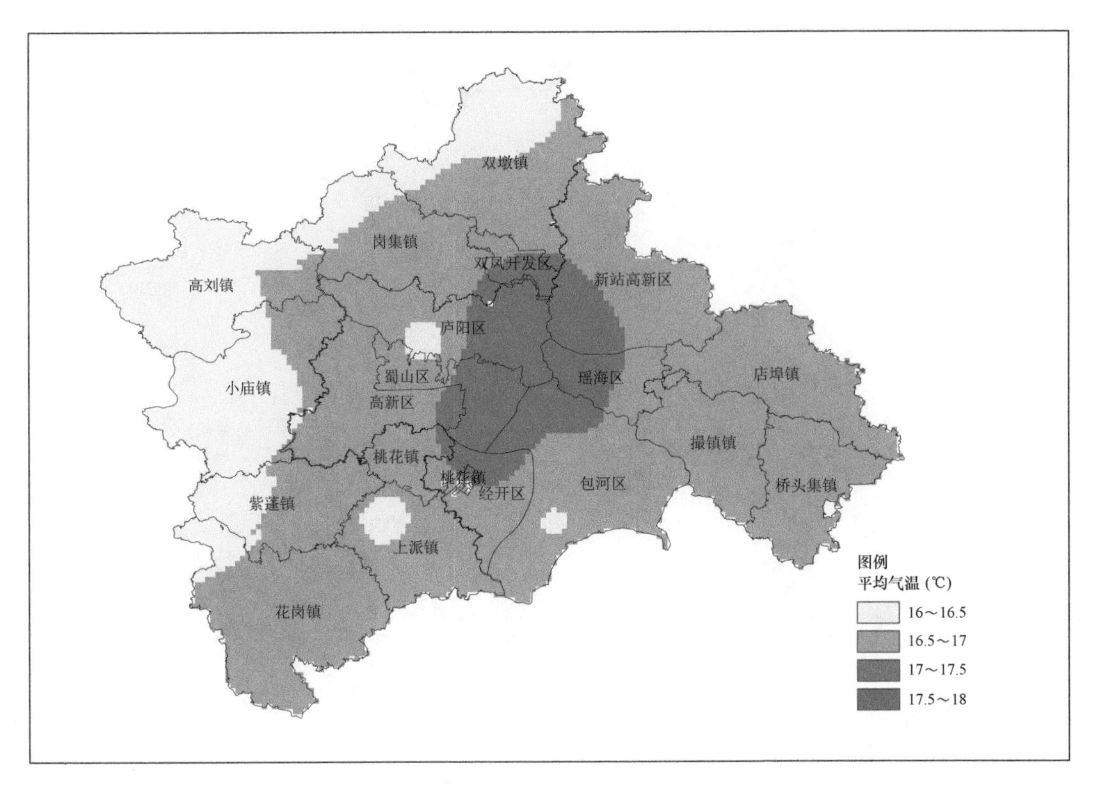

图 8.15　2011—2018 年合肥市平均气温的空间分布

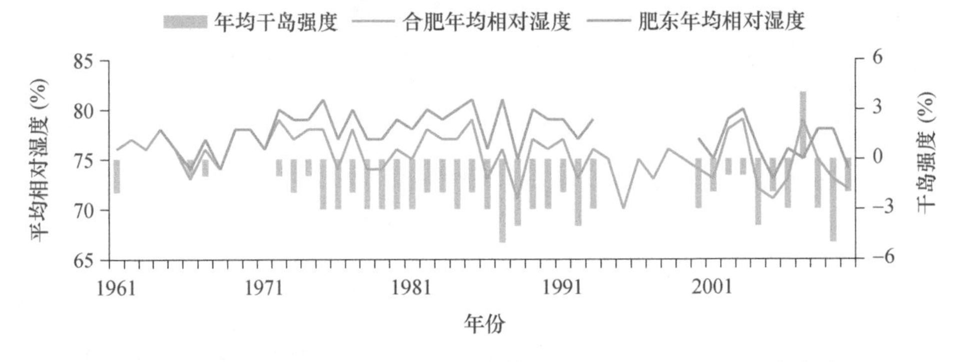

图 8.16　1961—2010 年合肥和肥东站平均相对湿度及干岛强度的变化(中断部分存在缺测)

2011—2018 年,合肥市平均相对湿度主要表现出南高北低、东高西低的分布特征,并且受下垫面影响较大,巢湖、水库及湿地等水域周边相对湿度较高,而城市建筑密集区则较低。市区多在 65%左右,相对郊区偏低(图 8.17)。

8.2.3.4　城市雨岛

定义合肥市雨岛强度为合肥站与肥东站的降雨量之差。由于区域气象站全年数据存在一定的缺测,但 5—9 月相对较完整,这一时期是合肥的汛期,降水多发生于此阶段,因而城市雨岛主要参考汛期降雨量。

1961—2010 年,合肥站平均汛期降雨量为 592.2 mm,肥东站为 578.9 mm,二者接近,城市雨岛不明显,并且没有表现出明显的线性变化趋势(图 8.18)。

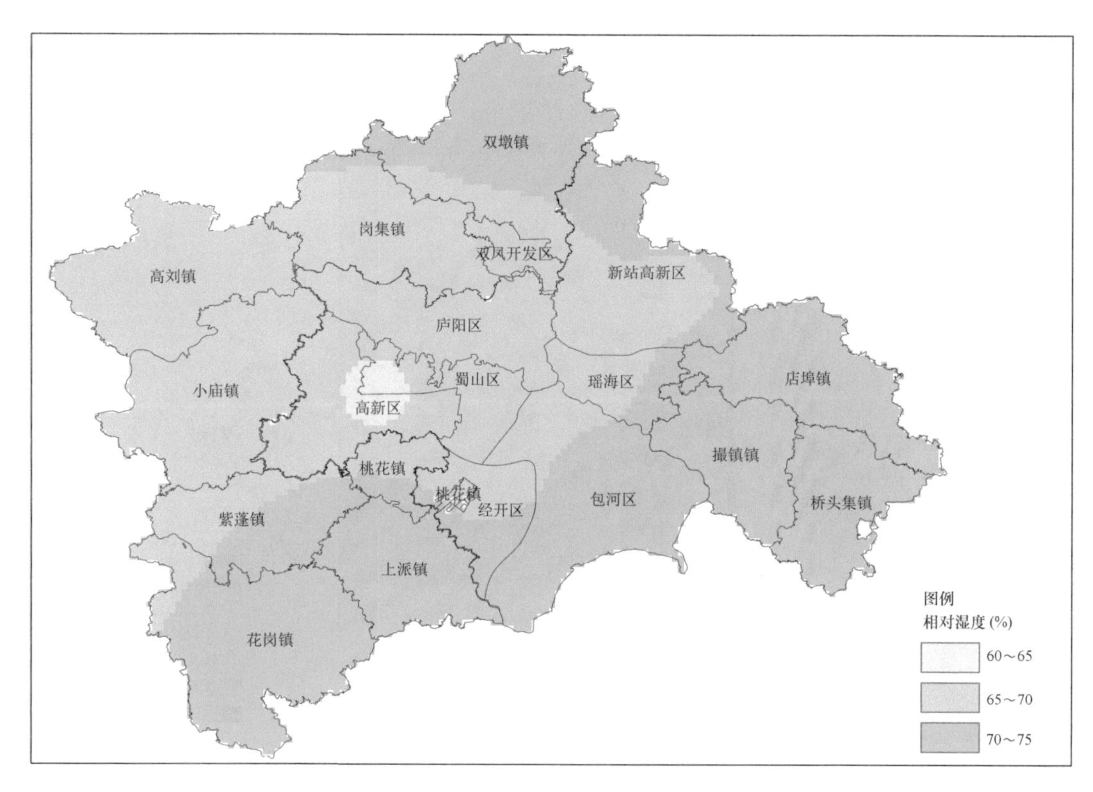

图8.17 2011—2018年合肥市平均相对湿度的空间分布

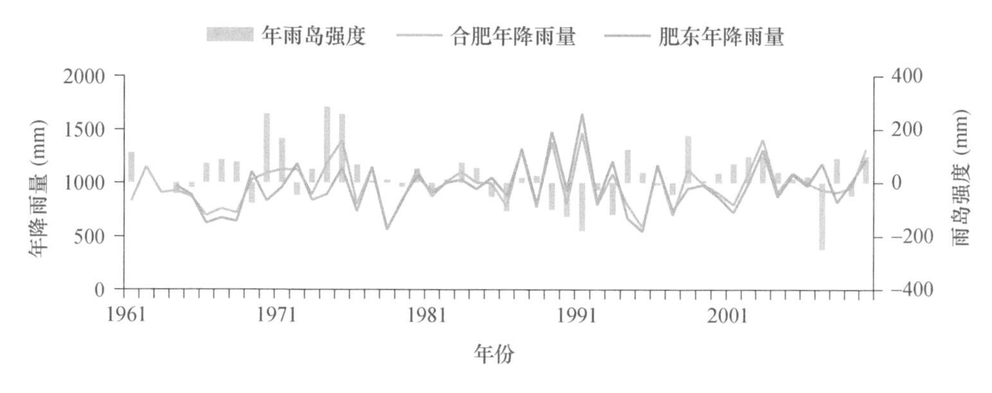

图8.18 1961—2010年合肥和肥东站汛期降雨量及雨岛强度的变化

2011—2018年,合肥市平均汛期降雨量为400～750 mm,空间分布主要表现为南多北少,南部降雨大值区有向中心城区延伸扩展的趋势;相同纬度下,市区降雨明显较周边偏多,呈现出一定的城市雨岛现象(图8.19)。

8.2.3.5 城市混浊岛

由于区域气象站没有能见度观测;而肥东站从1980年开始有较连续的能见度观测,至2015年每日观测3次(08时、14时和20时),2016年开始有24 h观测,精度提高;为保持序列的一致性,本节研究时段取为1980—2015年,研究对象取合肥站和肥东站3个时次(08时、14时和20时)能见度的平均值(以下简称平均能见度)。将某一时段合肥站与肥东站的平均能见度之差定义为该时段的城市混浊岛强度。

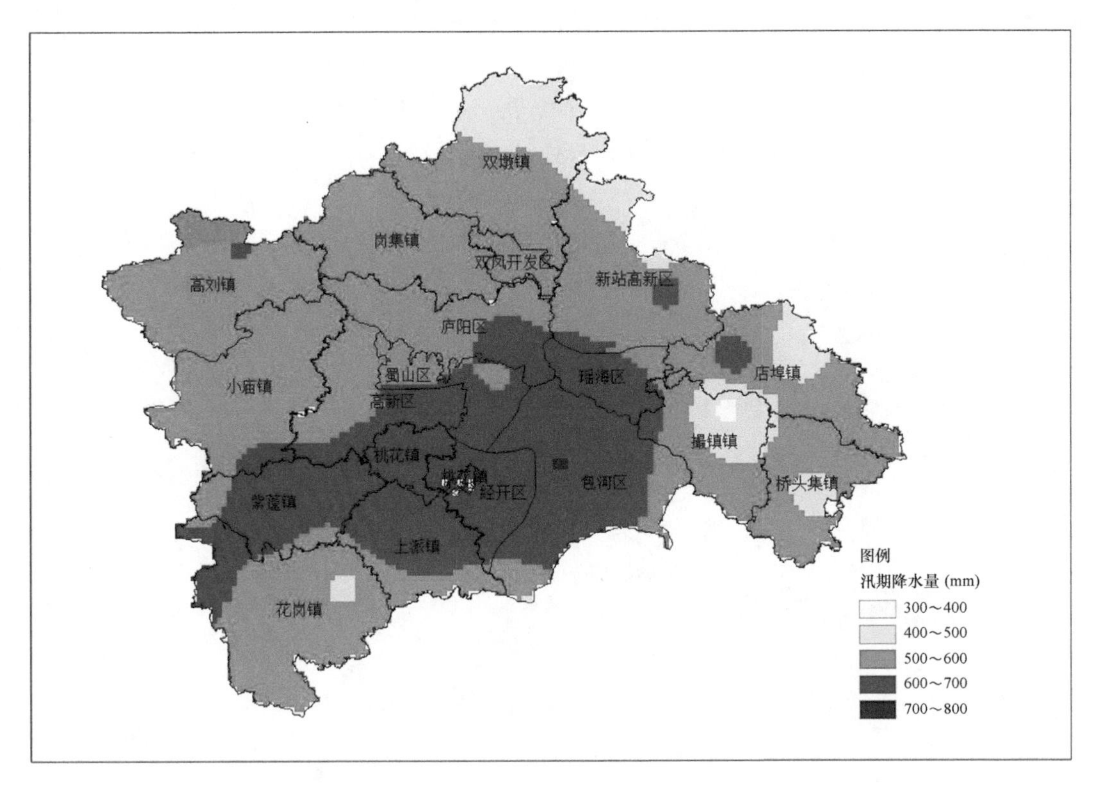

图 8.19　2011—2018 年合肥市平均汛期降雨量的空间分布

1980—2015 年，合肥站平均能见度为 9.9 km，肥东站平均能见度为 11.8 km，肥东站能见度明显优于合肥站。不过，合肥站和肥东站平均能见度均呈现明显减小的趋势，减小速率合肥站为 1.8 km/10 a，肥东站为 0.4 km/10 a，合肥站能见度减小速率明显快于肥东站。对应的有，混浊岛强度以 1.4 km/10 a 的增速明显增大，其中 1980 年代前期为负值，1980 年代中期以后转为正值，2000 年以后明显增大（图 8.20）。

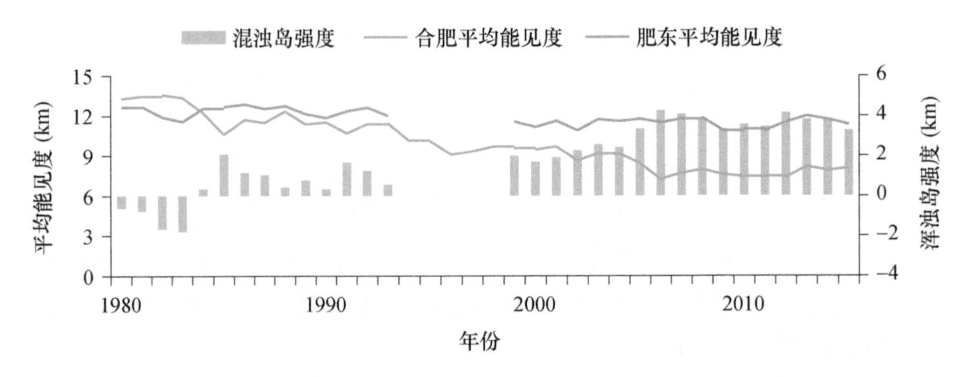

图 8.20　1961—2015 年合肥和肥东站平均能见度的变化（中断部分存在缺测）

8.2.3.6　城市风环境的变化

1961—2010 年，合肥站平均风速为 2.63 m/s，肥东站为 2.68 m/s，二者接近。肥东站平均风速呈现出明显的减小趋势，减小速率为 0.4(m/s)/10 a；而合肥站由于多次迁站的关系，风速没有表现出明显的线性变化趋势，但 2000 年以后明显减小（图 8.21）。

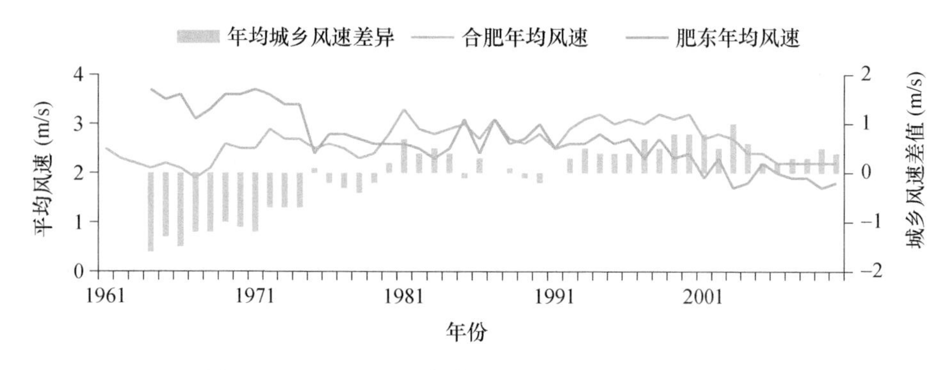

图 8.21　1961—2015 年合肥和肥东站平均风速的变化

从 2011—2018 年合肥市平均风速分布图上(图 8.22),则可以明显看出城乡风速的差异。合肥市平均风速为 1～2.5 m/s,虽然整体表现为由南向北递减的特征,但市区则存在一个明显的小风区,风速<1.5 m/s,并且局地静风频率较郊区偏高 5%～10%(图略),通风环境明显差于郊区。

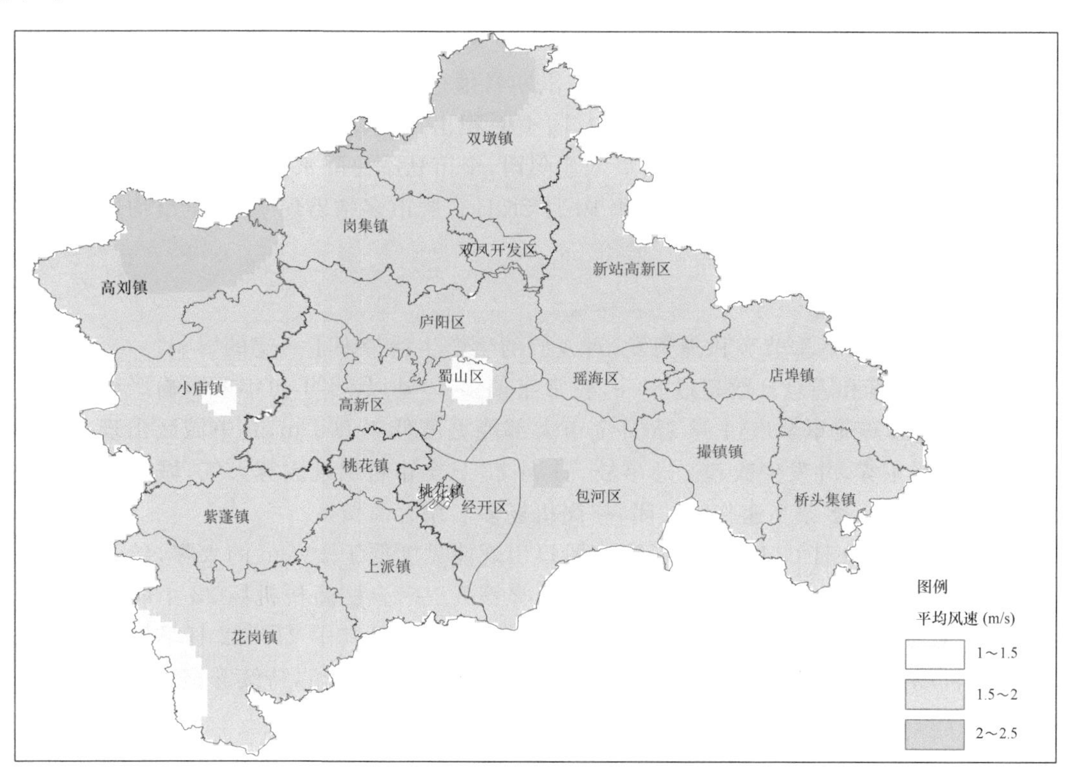

图 8.22　2011—2018 年合肥市平均风速的空间分布

8.2.4　城市气象灾害

8.2.4.1　高温热浪

1990 年代合肥站年平均气温曲线发生气候突变,1990 年代之后平均气温的线性增长趋势非常显著,合肥站平均气温历史前三位的年份均出现在 21 世纪以后。2010 年以来合肥站平均高温日数(日最高气温≥35 ℃)为 22 d,要比常年高温日数多出 7 d,近年来高温逐渐呈现出持续性、极端性等特点。

2013 年夏季持续高温炙烤,合肥市平均高温日数长达 35 d,为 1970 年以来第二高位。8 月 6 日—8 月 18 日合肥站日最高气温均在 37 ℃以上,最长连续高温日数(日最高气温≥37 ℃)达 13 d,创下建站以来新高。8 月 15 日合肥电网负荷达到 458.9 万 kW,在当年夏季第 11 次突破历史纪录。

2017 年夏季合肥市出现历史罕见高温,其中 7 月 23—27 日合肥本站连续 5 d 超 40 ℃,7 月 27 日出现 41.1 ℃历史极端高温,突破建站以来历史记录极值。7 月 14—31 日合肥站日最高气温均在 35 ℃以上,最长连续高温日数达 18 d,为 1970 年以来最多。

8.2.4.2　暴雨洪涝

近年来合肥市降水极端性突出,强对流天气频发。合肥站最大日降水量历史前十的年份中 60%出现在 21 世纪以后;1970 年代以来,合肥站共测得 16 d 日降水量大于 100 mm,达到大暴雨量级,其中就有 10 d 出现在 21 世纪以后,超过一半,使得近年来合肥“看海模式”屡见不鲜。

2016 年合肥站年总降水量 1502 mm,较常年偏多 5 成,为 1970 年以来最多。2016 年汛期全市平均降雨日数为 45 d,较常年偏多 5 成,汛期暴雨过程多,渍涝严重,其中 7 月 1 日当日,全市 94%国土面积出现暴雨以上降雨,44%国土面积出现大暴雨,17%国土面积出现特大暴雨。此外 2016 年的秋季还遭遇了历史最强连阴雨,全市秋季总降水量 468.6 mm,较常年偏多 1.5 倍,为 1970 年以来最多,9 月 30 日和 10 月 26 日合肥市多站出现暴雨,全市均达到最强连阴雨强度等级。

8.2.4.3　雾和霾

近年来合肥市秋冬季节雾和霾频发,对人们的生产生活带来了一定的影响。

2013 年全市雾和霾总日数超过 80 d,较常年偏多 40 d 以上,年初年末影响严重。1 月 24 日起至月末,雾和霾笼罩全市,1 月 25 日全市大部能见度低于 500 m,其中城区出现 30 m、肥西出现 50 m 强浓雾,并发生数起交通事故。1 月 28 日全市再出现大雾天气,城区出现能见度不足 50m 的强浓雾,多条高速临时关闭,骆岗机场多名旅客滞留。

2015 年 11 月 20 日 08 时前后,长丰南段口出现能见度低于 100 m 的大雾,导致合淮阜高速超过 70 辆车发生特大连环追尾事故。23 日,雾霾天气对合肥新桥机场 22 个航班造成不同程度影响。12 月 20—26 日合肥市出现大范围持续雾霾天气,其中 21—22 日早晨高速均临时封闭,合肥机场连续多日进出港航班延误,每天逾 3000 名旅客滞留,持续雾霾天气还导致空气出现污染。

8.2.5　合肥市城市基础设施领域的气候风险评估

通过对合肥市交通、水务、能源、电信和民政建筑等领域的专家开展问卷调查,并借助(长江三角洲)气候和基础设施评估工具(CIAT),获得了合肥市气候灾害及其对基础设施的影响评估结果(Sun et al,2019)。

8.2.5.1　基础设施暴露度评估结果

在当前情况下,合肥城市基础设施领域中交通领域、电信领域和水务领域的气候风险暴露度相对较高,民政建筑次之,能源领域最低。未来,随着气候变化的影响,合肥城市基础设施五个领域的气候风险暴露度排列顺序会发生一些变化，水务领域对于气候变化风险有着相对较高的暴露度，通信和民政建筑领域的暴露度略有降低，但是未来能源的暴露度会明显增加(图 8.23)。

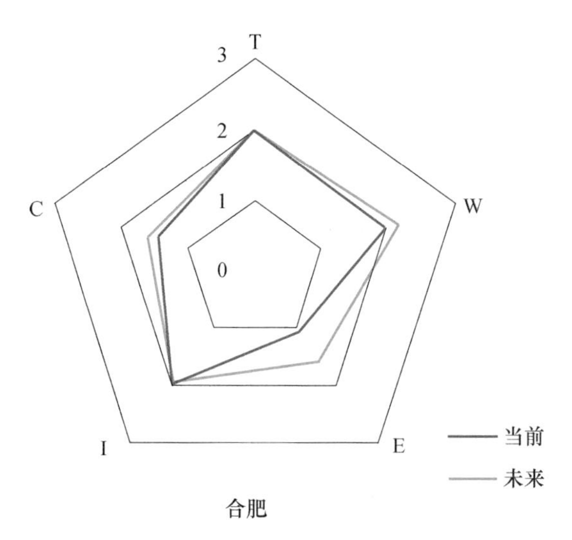

图 8.23　合肥市基础设施领域(交通 T、水资源 W、能源 E、通信 I 和城市建筑 C)对于气象灾害风险的累积暴露度

8.2.5.2　基础设施脆弱性评估结果

在当前情况下，合肥城市基础设施领域的气候风险脆弱性为交通领域、能源领域和水务领域脆弱性较高，交通领域最高，通信领域脆弱性最低。未来，随着气候变化的影响，合肥城市基础设施五个领域的气候风险脆弱性排列顺序发生了一些变化，依旧是交通领域对于气候变化风险有着相对较高的脆弱性，水务、能源和民政建筑领域的暴露度略有降低，但是未来通信的脆弱性有明显增加(图 8.24)。

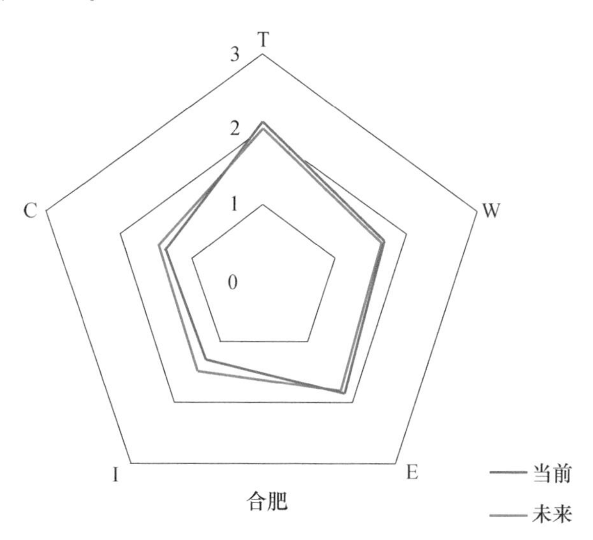

图 8.24　合肥市基础设施领域(交通 T、水资源 W、能源 E、通信 I 和城市建筑 C)对于气象灾害风险的累积脆弱性

8.2.5.3 基础设施领域的气候风险综合评估

一个城市基础设施领域的气候风险大小程度和其社会经济有着密切关系，城市经济实力强，在基础设施领域的设计、维护和运营阶段都针对气候变化的影响做了相应的防护措施，则即使暴露度和脆弱性都比较高，但总体气候风险还是可控的。合肥在地理位置和经济发展方面的地位相对于江浙沪的一线城市偏弱，气候变化因素在城市发展规划和运营中所占的比重与发达省份一线城市还存在一定差距，导致了中等暴露和更高脆弱性的分布。为了更好地应对气候变化带来的日益增加的气象/气候风险，在未来城市系统规划设计和运行维护中，必须综合考虑土地利用、能源效率、人口增长和城市建设环境等多种因素，提高城市系统在适应气候变化过程中的弹性和灵活性。

需要指出的是，由于风险是危险性、暴露度和脆弱性的复杂相互作用，它们又与气候系统和人类社会经济过程有关，目前对于风险的综合判断还是基于专家认识的基础上，有可能偏于保守，未来需要充分考虑极端气候事件相关的关键风险，以选择最合适的发展路径。

8.3 城市适应气候变化的对策建议

综上所述，安徽城市表现出明显的城市热岛、雨岛、干岛、混浊岛现象，城市通风能力降低，易受到洪涝、高温、暴雨等天气气候灾害的影响，水务、能源、交通以及通信等基础设施领域已经显示出一定的气候暴露度和脆弱性。要做到城市适应气候变化，需要积极开展适应气候变化型城市建设，推广试点城市的工作经验，在城市规划、设计、改造和建设中充分考虑气候变化下的城市的主要气候风险和气候承载力，一方面因地制宜提高城市基础设施设计和建设标准，改善人居环境，建设资源节约、生态和谐、环境友好、体感舒适的城市；另一方面提升城市防灾减灾能力，建立相对完备的气候变化及影响评估体系，提高极端天气气候事件的监测预测水平，增强应急保障能力，保障城市防汛安全、能源和水资源供给安全、交通运行安全，提升城市适应气候变化的能力。

(1)加强城市规划引领

在城市总体规划、专项规划和区域规划中，充分考虑城市基本气候条件、面临的主要气候风险、影响的重点领域、气候承载力以及未来气候变化的趋势等因素，做到城市的科学布局和合理配置。

(2)建设气候友好型城市

因地制宜，依托各城市的地理、气候、生态和历史人文等特征，保护城市固有绿地、森林、湖泊、湿地等自然系统，充分发挥其在涵养水源、调节气温、保持水土以及促进物种多样性等各个方面的生态功能。

推进海绵城市建设。做好对城市河湖、坑塘、湿地等水体自然形态的保护和恢复，大力建设微型湿地、下沉式绿地、植草沟等城市“海绵体”，加大对雨洪资源的利用效率，构建良性的城市水循环系统。

实施城市更新和综合改造，优先采用绿色节能建筑材料，促进水的循环利用、节约用水，减少人为活动的热排放、优化城市热辐射的空间分布，改进步道通风、创造城市风道，增加绿化和植被覆盖率等，不断提高城市宜居性和舒适度。

(3)加强城市的稳定性和抗风险能力

充分考虑强降水、高温、雾霾、大风和雨雪冰冻等极端天气气候事件对城市的影响，优化城市建筑、给排水、供电、供气、交通、信息通信等生命线系统的设计标准加强城市的稳定性和抗风险能力。

在水资源领域：要加强城市备用水源地、应急供水设施和管网建设，提高城市应对高温、干旱缺水的能力。推进城市防洪堤建设和管理，开展内河整治、河渠排水排污治理和积水易涝点治理，完善区域除涝泵闸工程建设，建设科学合理的城市防洪排涝体系。

在能源领域：充分考虑高温热浪、低温冰冻等极端气候事件对能源供应保障的影响，优化供电供气等基础设施设计、建设和运行调度标准，强化能源供应应急管理。

在交通领域：识别交通领域在暴雨洪涝、低温雨雪冰冻、雾霾等极端天气下的脆弱性和危险源，分析影响程度，新增、修订重点交通基础设施在规划、设计、建设、运营、维护等各个阶段的技术标准。在隧道、下立交、大客流、大型活动场所等设置照明、标识、警示等指示系统等。

在通信领域：针对低温雨雪冰冻和大风等极端气候事件，提高通信基础设施和网络规划设计、运行维护标准，加强城市公众预警防护系统建设。建立极端天气气候事件信息管理系统和预警信息发布平台，拓展动态服务网络，通过各类媒体及时向政府、机关、企业和公众发布预警信息。

(4)建立并完善城市灾害风险综合管理系统

提升城市应急保障服务能力。加强城市极端天气气候事件危险源监控、风险排查和重大风险隐患治理等基础性工作，建立健全城市多部门联防联动的常态化管理体系，完善应急救灾响应机制，加强运行协调和应急指挥系统建设、专业救援队伍建设、社区宣传教育、应急救灾演练等工作，提高对灾害的预防、规避能力和恢复重建能力，降低灾害损失。

(5)夯实城市适应气候变化科技支撑能力

加强适应基础理论研究。建立基础数据库，系统开展适应气候变化科学基础研究，加强气候变化监测、未来趋势预估及对城市敏感脆弱领域、区域和人群的影响和风险分析。开展适应气候变化决策、管理及人文社会科学研究。不断提高极端天气气候事件预测预警技术、人工影响天气技术、气候变化影响与风险评估技术、应对极端天气气候事件的城市生命线工程安全保障技术、城市生态适宜性评估技术等具有一定普适性的适应气候变化技术。

第9章　分市报告

1961—2015年，全省各市均出现了以变暖为主要特征的气候变化，年降水量均无显著变化趋势，平均年霜冻日数呈现明显减少趋势，夏季日数增多。其中淮南市地表年平均气温上升速率为全省最高，安庆市则最低；马鞍山市平均相对湿度减少速率和平均地面温度上升速率均为全省最高；铜陵市平均风速降低速率为全省最高；阜阳市年蒸散量减少速率为全省最高；亳州市年日照时数减少速率为全省最高。

气候变化导致全省各市农业热量资源显著增加，平均≥10 ℃的年活动积温显著增加；水资源总量均无显著变化，但需水量均有所上升，供需矛盾日益凸显；快速城市化使得各市气温显著升高，城市热岛效应更加显著；全省各市大气环境容量基本呈现下降趋势，不利于污染物扩散。

9.1　合肥市气候变化评估

1961—2015年，合肥市出现了以变暖为主要特征的气候变化，平均、最高、最低气温显著升高，气温日较差显著减小，年蒸散量显著减少，平均相对湿度显著减小，年霜冻日数显著减少，极端低温显著升高；入春时间显著提前，入秋时间显著推迟，夏季日数显著增多，冬季日数显著减少。

气候变化导致合肥市农业热量资源显著增加，但农业生产潜力下降，病虫害增加，对粮食生产的负面影响已经显现；水资源形势不容乐观，且极端水文事件增加，部分地区供需矛盾加大；城市热岛效应凸显，内涝风险不断加大；大气环境容量持续下降，不利于污染物扩散。

9.1.1　合肥市地理特征概况

合肥市地处江淮之间，环抱全国五大淡水湖之一的巢湖，通过南淝河、巢湖和裕溪河，可以通江达海。境内有丘陵岗地、低山残丘、低洼平原三种地貌，以丘陵岗地为主，江淮分水岭自西向东横贯全境。合肥地处中纬度地带，属北亚热带湿润季风气候，季风显著，四季分明，气候温和，雨量适中。

现辖巢湖市、肥东县、肥西县、长丰县、庐江县，瑶海区、庐阳区、蜀山区、包河区，总面积11445.1 km^2，常住人口800余万。

9.1.2　气候变化的观测事实

(1)气温

1961—2015年，合肥市地表年平均气温呈现显著上升趋势，平均每10年上升0.18 ℃；

1994 年以前年平均气温大多低于常年,之后总体偏高;排名前三位的高值年为 2007 年、2006 年、1961 年,排名前三位的低值年为 1980 年、1969 年和 1972 年(图 9.1)。

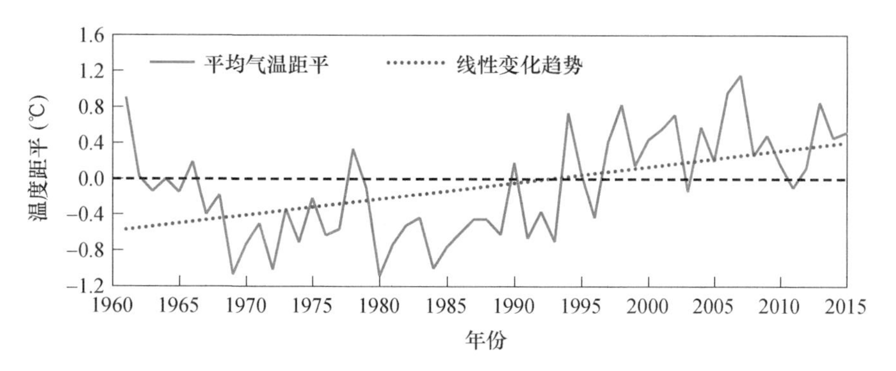

图 9.1　1961—2015 年合肥市地表年平均气温距平变化

1961—2015 年,合肥市地表年平均最高气温显著上升,平均每 10 年上升 0.2 ℃,1990 年代中期以后总体偏高。地表年平均最低气温显著上升,平均每 10 年上升 0.3 ℃,1990 年代中期以前最低气温总体较常年偏低,之后总体偏高。

1961—2015 年,合肥市地表年平均气温日较差呈现显著下降趋势,平均每 10 年下降 0.1 ℃;1960 年代—1970 年代气温日较差总体较常年偏大,之后主要以常年值为中心做年际振荡变化;2005　2015 年气温日较差变化幅度较小。

(2)降水

1961—2015 年,合肥市平均年降水量无显著线性变化趋势,但年际变化比较明显;排名前三位的高值年为 1991 年、1987 年和 2003 年,排名前三位的低值年为 1978 年、1966 年和 2001 年(图 9.2)。

1961—2015 年,合肥市平均年降水日数和降水强度均无显著的线性变化趋势。

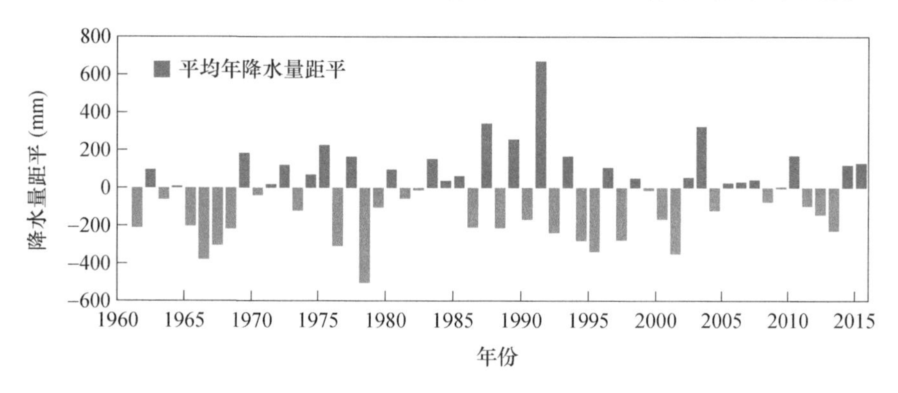

图 9.2　1961—2015 年合肥市平均年降水量距平变化

(3)蒸散

1961—2015 年,合肥市平均年蒸散量呈现显著的减少趋势,平均每 10 年减少 12.2 mm;1960 年代—1980 年代总体偏多,1990 年代偏少,2000 年代以来逐渐增多(图 9.3)。

(4)相对湿度

1961—2015 年,合肥市平均相对湿度呈现显著的减少趋势,平均每 10 年减少 0.4%,其中 2004 年以来持续偏小。

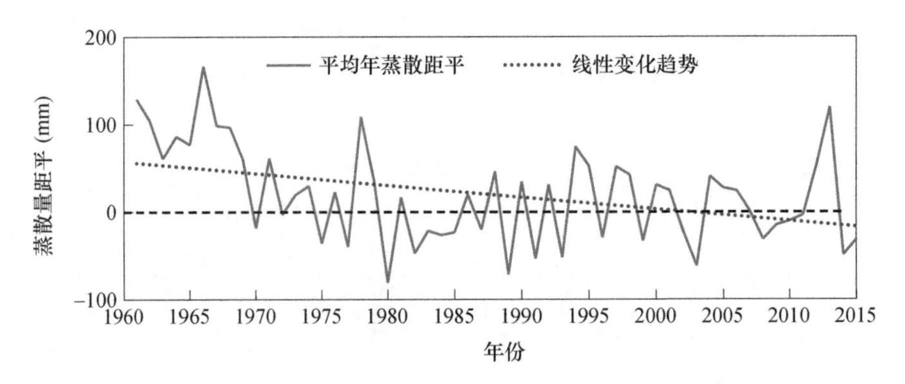

图 9.3 1961—2015 年合肥市平均年蒸散量距平变化

(5)风速

1961—2015 年,合肥市平均风速呈现显著较小趋势,平均每 10 年减小 0.24 m/s;1997 年以前风速总体较常年偏高,之后持续偏低(图 9.4)。

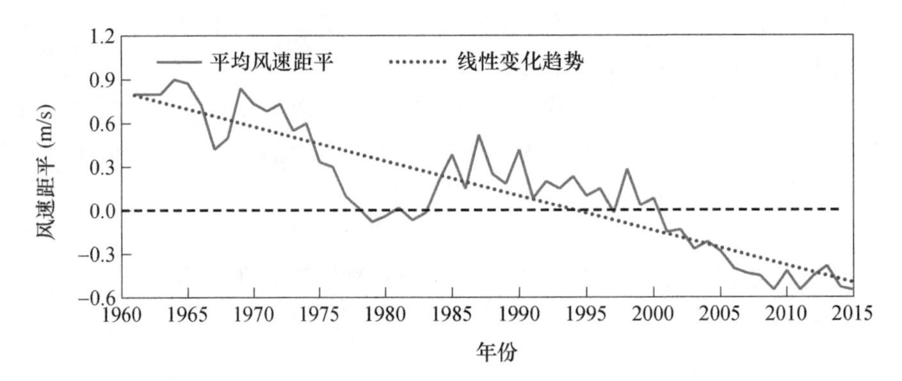

图 9.4 1961—2015 年合肥市平均风速距平变化

(6)日照时数

1961—2015 年,合肥市平均年日照时数呈现显著减少趋势,平均每 10 年减少 83.4 h;1960 年代—1970 年代较常年总体偏多,1980 年代以后则以常年值附近的年际振荡变化为主(图 9.5)。

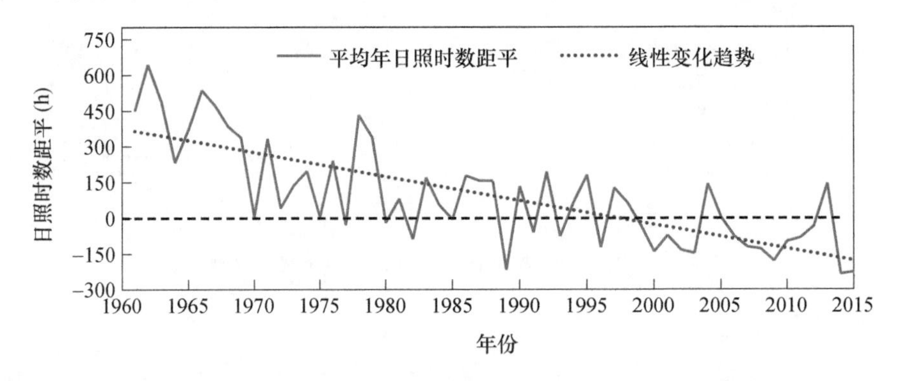

图 9.5 1961—2015 年合肥市平均年日照时数距平变化

(7)地面温度

1961—2015 年,合肥市年平均地面温度无显著变化趋势;1960 年代末至 1990 年代初地面温度总体较常年偏低,1990 年代中期以来以偏高为主(图 9.6)。

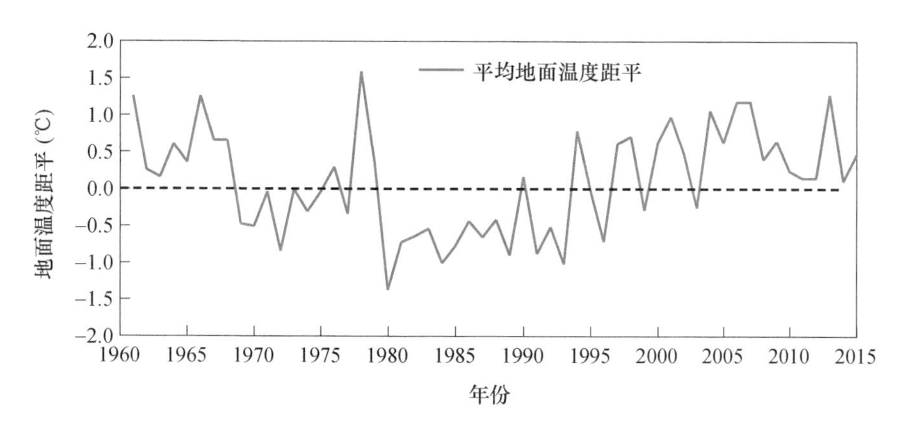

图 9.6　1961—2015 年合肥市年平均地面温度距平变化

(8)雾

1961—2015 年,合肥市平均年雾日数阶段性变化特征显著,存在显著的趋势转折点;1960 年代至 1980 年代末呈现显著的上升趋势,之后显著下降,1990—2015 年平均每 10 年减少 2.2 d。

(9)极端气候事件

干旱:1961—2015 年,合肥市平均年干旱日数无显著的线性变化趋势,但年际变化显著;排名前三位的高值年分别是 1978 年、1968 年、1983 年。1961—2015 年,合肥市单站年最长持续干期和持续湿期无显著的线性变化趋势。

极端降水:1961—2015 年,合肥市暴雨日数、单站年 1 日最大降水量和 5 日最大降水量均无显著的线性变化趋势。

极端暖事件:1961—2015 年,合肥市平均年高温日数无显著的线性变化趋势;但是从不同年代上来看,1960 年代至 1980 年代中期高温日数显著减少,进入 2000 年代后高温日数开始显著增加。

极端冷事件:1961—2015 年,合肥市平均年霜冻日数呈现显著的减少趋势,平均每 10 年减少 4 d;1960 年代至 1980 年代总体较常年偏多,2000 年代中期以来主要表现为常年值附近的年际振荡变化。

冰雹发生次数:1961—2015 年,合肥市年冰雹日数无显著的线性变化趋势。

雷暴日数:1961—2013 年,合肥市平均雷雨次数无显著的线性变化趋势。

大风日数:1961—2015 年,合肥市平均大风次数呈现显著减少的线性变化趋势。平均每 10 年减少 2.2 次;1980 年代之前较常年偏多,1990 年代之后较常年偏少。

(10)四季变化

1961—2015 年,合肥市平均入春时间呈现显著提前的趋势,平均每 10 年提前 1.8 d;入秋时间则显著推迟,平均每 10 年推迟 2.6 d;入夏和入冬时间的线性变化趋势不显著。

1961—2015 年,平均夏季日数呈现显著增多的趋势,平均每 10 年增多 3.6 d;平均冬季日数呈现显著的减少趋势,平均每 10 年减少 3 d,春季和秋季日数的线性变化趋势不显著。

9.1.3　气候变化对合肥市的影响

9.1.3.1　对农业生产的影响

农业气候资源变化特征:1961—2015 年,合肥市平均≥10 ℃的年活动积温呈现显著的增加趋势，平均每 10 年增加 62.6 ℃ · d；1960 年代—1990 年代中期总体较常年偏低，之后则以偏高为主（图 9.7）。

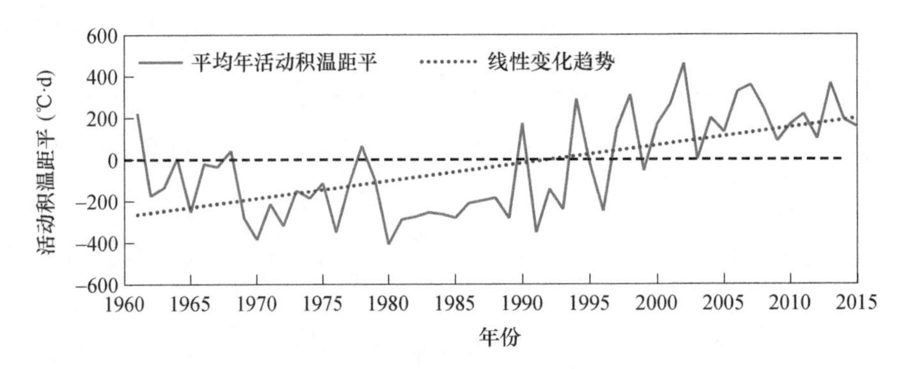

图 9.7　1961—2015 年合肥市平均≥10 ℃的年活动积温距平变化

气象灾害的影响：连阴雨是合肥市常见的气象灾害，常导致涝渍和病虫害流行。合肥市年连阴雨发生次数具有显著的年代际变化特征，最多出现在 1965 年，多达 12 次；最少出现在 1988 年，仅为 4 次。从年连阴雨发生次数来看，年均发生次数为 6.7 次。从不同年代看，年发生次数先增多后减少；进入 2000 年代，连阴雨次数有增加的趋势。

1988—2016 年，合肥市农作物成灾面积和受灾面积波动较大，2005—2016 年农作物成灾面积和受灾面积有所下降，其中旱涝灾害对农作物的影响最大（朱静萍，2018）。

对作物产量的影响：1988—2016 年，合肥市气温、降水与粮食产量的相关系数均为负值，表明温度升高、降水过多对粮食产量有较大的负面影响，引起粮食总产量下降（朱静萍，2018）。

9.1.3.2　对地表水资源的影响

水资源现状及变化特征：合肥市多年平均水资源总量（2000—2014 年）为 37.91 亿 m^3，其中地表水资源量为 35.92 亿 m^3，地下水资源量为 6.24 亿 m^3，人均水资源量为 496 m^3。合肥市水资源总量、地表水资源量及地下水资源量均无显著的线性变化趋势，但年际波动显著，这与合肥市降水量总体变化有密切关系。

可利用降水资源变化特征：1961—2015 年全市可利用降水资源量略有增长，但趋势未通过显著性水平。总的来看，合肥市可利用降水资源量年际波动较大，降水资源量年际分配不均，易发生旱涝灾害。

9.1.3.3　对大气环境的影响

1961—2015 年，合肥市平均大气环境容量呈现显著下降趋势，1990 年代后下降趋势显著，不利于大气污染物扩散（图 9.8）。2010 年代以来城市平均大气环境容量为 7234 t/km^2，仅占常年的 78%。全市的平均风速持续降低和快速城市化进程共同削弱了大气自净能力，再加上污染物排放的增加，使得近年来污染天气频发。

9.1.3.4　城市热岛

城市热岛效应：1970—2015 年，合肥站平均气温 16.1 ℃，长丰站 15.5 ℃，肥西站15.7 ℃，肥东站 15.9 ℃，城市站显著热于郊区站；其中最低气温偏高最为显著，合肥站较长丰站平均偏高 0.9 ℃，较肥西站偏高 0.6 ℃，较肥东站偏高 0.3 ℃。1970 年以来，4 个站平均气温均呈现显著增加趋势，合肥和长丰站平均每 10 年增加约 0.4 ℃，肥西和肥东站平均每 10 年增加约 0.3 ℃，城市和郊区的温度差进一步加大。1990 年代之后，合肥城市热岛效应较之前显著增强，这与 1990

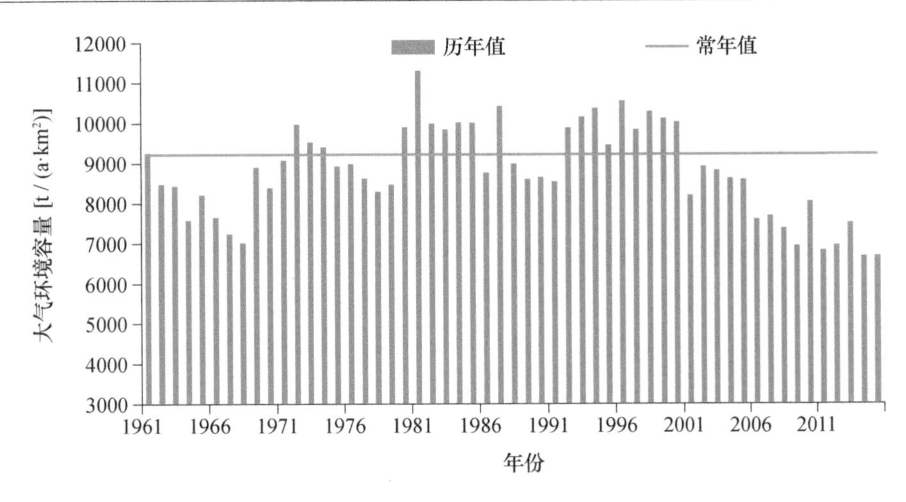

图 9.8　1961—2015 年合肥市大气环境容量变化

年后城市化进程加快相符合，快速城市化使得城市气温显著升高，城市热岛效应更显著。

形成原因：

城市热岛效应的形成原因来源于气候变化和人类活动两方面。在这两个因素综合作用下，才形成同一时间尺度合肥市区气温高于郊区的热岛现象。

气候变化因素主要体现在风速下降，小风日数增加。观测数据显示，合肥站 2000 年之后平均风速显著下降，其速率为每年约下降 0.07 m/s，小风日数（≤2.5 m/s）显著增加，增加幅度约为每年 9 d。

城市化因素主要体现在以下三方面。

以合肥市全社会用电量为例，1985 年为 13.76 亿 kW · h，到 2014 年达到 226.14 亿 kW · h，增加了近 16 倍，能源消耗和燃料燃烧时排放大量热量，直接增暖了城市大气。

城市建筑规模膨胀。城市中的建筑、广场和道路等大量增加，仅 2011—2014 年合肥市建筑用地就增加了 3626 hm^2，导致城市夜间表面温度下降缓慢；而绿地、林木和水体等却不断减少，缓解热岛效应的能力减弱。此外，城内大量高层建筑削弱了风速，使得热量平衡的水平输送相对困难。

城市温室气体排放增长。以民用汽车为例，1999 年合肥全市只有约 4 万辆，而 2014 年接近 98 万辆，增加了近 24 倍，产生了大量的温室气体以及其他气溶胶。温室气体的增温作用叠加气溶胶吸收下垫面热辐射的保温作用，引起大气进一步升温。

9.1.3.5　城市内涝

城市内涝特征：

根据合肥站 1951—2011 年降水资料统计，合肥市区平均每年发生暴雨 2～3 次，大暴雨平均约 4 年发生一次。合肥市暴雨日数主要表现为年际波动特征，暴雨是造成市区严重洪涝灾害的主要因素。

近年来，暴雨积涝屡有发生，显示合肥市内涝安全仍存在薄弱环节。内涝对城市造成较为严重的危害，公众和媒体普遍关注。根据新闻报道以及有关部门的资料，对 2010—2013 年合肥市暴雨期间主要积涝点的分布情况进行了不完全统计，2010 年共计 30 处积涝点，2011 年共计 39 处积涝点，2012 年共计 55 处积涝点（因维护管理造成的积涝点已去除），2013—2015 年约有 41 处出现积水。

积涝原因分析：

以 2012 年 8 月 20 日强降雨为例，当日 19 时至 24 时，合肥出现大暴雨天气，市区最大降雨量超过 142 mm，最大小时雨量达到 90 mm，导致市区西南区域 68 处发生积涝。超强降雨是引起此次积涝的直接和关键原因，降雨期间蜀山区、政务区 1 h 降雨量达到 90.5 mm，包河区 1 h 降雨量达到 84.5 mm，远高于城市排水设施的排水能力(39.5 mm/h)，内涝积水难以避免。此次积涝事件，反映出城市排水、排涝设施在规划、设计与运行管理中存在缺陷和不足。

9.2 芜湖市气候变化评估

1961—2015 年，芜湖市出现了以变暖为主要特征的气候变化，平均、最高、最低气温和地面温度显著升高，平均相对湿度显著减小，年霜冻日数显著减少，极端低温显著升高。此外，芜湖市年平均风速、平均日照时数、冰雹日数、平均雷暴日数、大风日数显著下降；入春时间显著提前，入秋时间显著推迟，年平均夏季日数显著增多，冬季日数显著减少。

气候变化改变芜湖市农业气候资源时空分布格局，光能资源减少，热量资源增加，给农业带来生长季延长等正面影响的同时，也导致农业生产潜力下降，农业生产的不稳定性增加等负面影响；水资源总体变化不显著；城市热岛效应凸显；大气环境容量持续下降，不利于污染物扩散。

9.2.1 芜湖市地理特征概况

芜湖市地处中纬度地带，属北亚热带湿润季风气候。芜湖地处长三角西南部，南倚皖南山系，北望江淮平原，是华东重要的工业基地、科教基地和全国综合交通枢纽。芜湖市地势南高北低，地形呈不规则长条状；地貌类型多样，平原丘陵皆备，河湖水网密布。境内有长江、青弋江，气象灾害类多次频。

现辖无为市、镜湖区、弋江区、鸠江区、湾沚区、繁昌区、南陵县，总面积 6026 km^2，全市常住人口 377.8 万。

9.2.2 气候变化的观测事实

(1)气温

1961—2015 年，芜湖市地表年平均气温呈现显著上升趋势，平均每 10 年上升 0.19 ℃；1994 年之前年平均气温总体低于常年，之后总体高于常年。排名前三的高值年为 2007 年、2013 年、2006 年，排名前三的低值年为 1980 年、1984 年、1972 年(图 9.9)。

1961—2015 年，芜湖市地表年平均最高气温显著上升，平均每 10 年上升 0.3 ℃；1993 年之后总体偏高。芜湖市地表年平均最低气温显著上升，平均每 10 年上升 0.2 ℃，1990 年代中期以前最低气温总体较常年偏低，之后总体偏高。

(2)降水

1961—2015 年，芜湖市平均年降水量无显著线性变化趋势(图 9.10)，但年际变化显著；排名前三位的高值年为 1983 年、1991 年、1999 年，排名前三位的低值年为 1978 年、1968 年、1994 年。

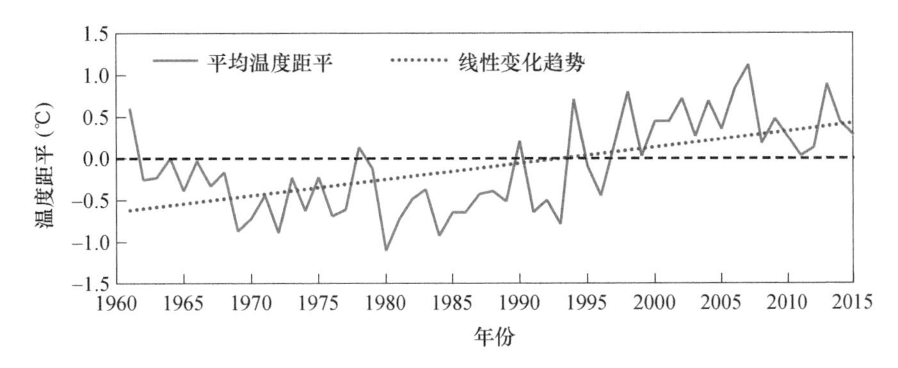

图 9.9　1961—2015 年芜湖市地表年平均气温距平变化

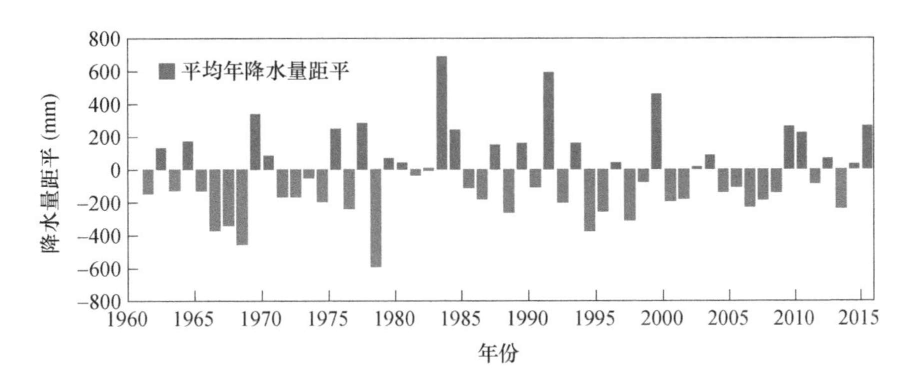

图 9.10　1961—2015 年芜湖市平均年降水量距平变化

1961—2015 年，芜湖市平均年降水日数和降水强度均无显著的线性变化趋势。

(3)蒸散

1961—2015 年，芜湖市平均年蒸散量没有显著的线性变化趋势。1960 年代总体偏多，之后振荡变化，2000 年代以来以偏多为主(图 9.11)。

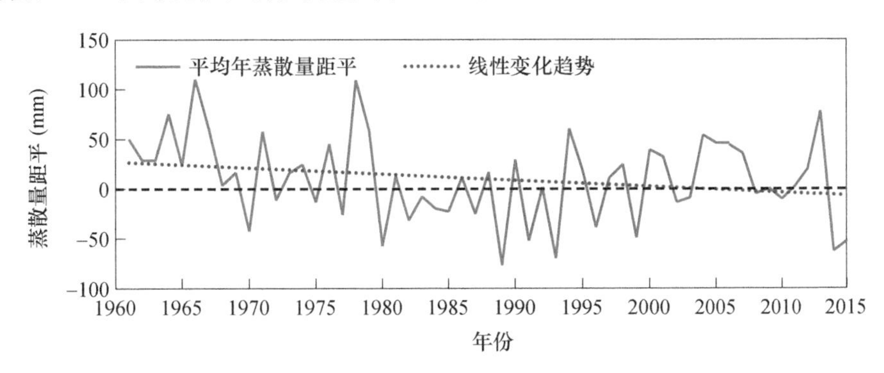

图 9.11　1961—2015 年芜湖市平均年蒸散量距平变化

(4)相对湿度

1961—2015 年，芜湖市平均相对湿度呈现显著减小趋势，平均每 10 年减少 0.8%，其中 2004 年以来持续偏小。

(5)风速

1961—2015 年，芜湖市平均风速呈现显著减少趋势，平均每 10 年减少 0.2 m/s；1995 年以前风速总体较常年偏高，之后持续偏低，2012—2015 年连续 4 年偏高（图 9.12）。

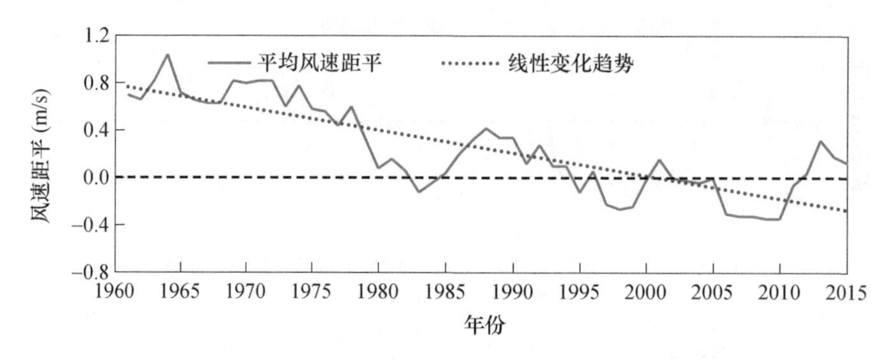

图 9.12　1961—2015 年芜湖市平均风速距平变化

（6）日照时数

1961—2015 年，芜湖市平均年日照时数呈现显著减少趋势，平均每 10 年减少 80.4 h。1960 年代—1980 年代较常年总体偏多，1990 年代至 2005 年以在常年值附近的年际振荡变化为主，之后则一直偏少（图 9.13）。

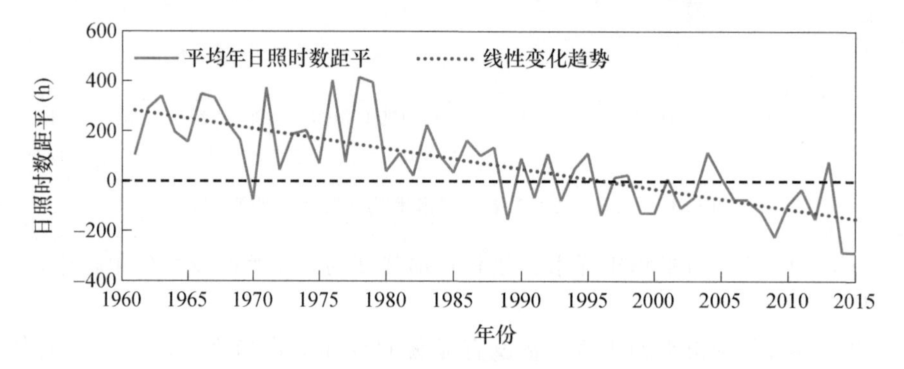

图 9.13　1961—2015 年芜湖市平均年日照时数距平变化

（7）地面温度

1961—2015 年，芜湖市年平均地面温度呈现显著增加趋势，平均每 10 年增加 0.21 ℃。1960 年代—1990 年代前期总体较常年偏低，2000 年代以来持续偏高（图 9.14）。

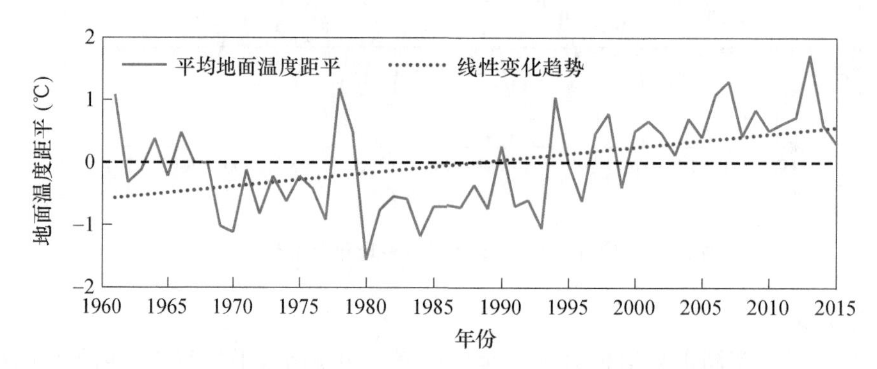

图 9.14　芜湖市 1961—2015 年平均地面温度距平变化

（8）雾

1961—2015 年，芜湖市平均年雾日数阶段性变化特征显著，存在显著的趋势转折点；1960

年代—1990年代初呈现显著的上升趋势，之后显著下降。1991—2015年平均每10年减少5.3 d。

(9)极端气候事件

干旱：1961—2015年，芜湖市平均年干旱日数无显著线性变化趋势，但年际变化显著，排名前三位的高值年分别是1978年、1968年、1997年，2015年未出现干旱。1961—2015年芜湖市单站最长持续干期和持续湿期均无显著的线性变化趋势。2000年代中期以来最长持续干期和持续湿期均以较常年偏少为主。

极端降水：1961—2015年，芜湖市暴雨日数、单站年1日最大降水量和5日最大降水量无显著的线性变化趋势。

极端暖事件：1961—2015年，芜湖市平均年高温日数和年极端高温无显著的线性变化趋势；但2000年以来，平均年高温日数总体偏多，年极端高温总体偏高。

极端冷事件：1961—2015年，芜湖市平均年霜冻日数呈现显著减少趋势，每10年减少3 d。1960年代—1980年代总体较常年偏多，2000年代中期以来主要表现为常年值附近的年际振荡变化特征。

冰雹发生次数：1961—2015年，芜湖市年冰雹日数呈显著减少趋势，平均每10年减少0.4次；2000年后冰雹日数总体偏少。

雷暴日数：1961—2013年，芜湖市平均年雷暴日数呈显著减少趋势，平均每10年减少3 d。1960年代—1980年代总体偏多，之后偏少。

大风日数：1961—2015年，芜湖市平均年大风日数呈显著减少趋势，平均每10年减少3 d。1960年代—1980年代总体偏多，之后偏少。

(10)四季变化

1961—2015年，芜湖市平均入春时间显著提前，平均每10年提前1.7 d；入秋时间显著推迟，平均每10年推迟2.1 d；入夏和入冬时间线性变化趋势不显著。

芜湖市四季分明，就常年来看，春、秋季较短，约为两个月，夏、冬季较长，时长约为四个月。1961—2015年，平均夏季日数呈现显著增多趋势，平均每10年增多3 d；平均冬季日数呈现显著减少趋势，平均每10年减少2 d，春季和秋季日数的线性变化趋势不显著。

9.2.3 气候变化对芜湖市的影响

9.2.3.1 对农业生产的影响

农业气候资源变化特征：1961—2015年，芜湖市平均≥10 ℃的年活动积温为5405.4 ℃·d，呈现显著增多趋势，平均每10年增加70.7 ℃·d，2000年代之前基本以较常年偏低为主，之后则以偏高为主(图9.15)。

气候生产潜力：随着全球气候变暖以及人口剧增，粮食面临的形势将更加严峻。芜湖市气候生产潜力为20600～23600 kg/(hm^2·a)，空间分布以市区及湾沚区最高，繁昌区、无为市及南陵县北部次之，南陵县南部最低。芜湖市南部多丘陵，气候生产潜力的空间分布与土地耕种条件的配合较好，有利于气候生产潜力的发挥。

芜湖市气候生产潜力自1960年以来呈显著下降趋势，其中市区下降幅度为0～300 kg/(hm^2·a)，湾沚区、无为市、繁昌区东部、南陵县东北部下降幅度为300～600 kg/(hm^2·a)，其他区域下降幅度为600～900 kg/(hm^2·a)。这主要是受日照时数下降的影响，不过气候变

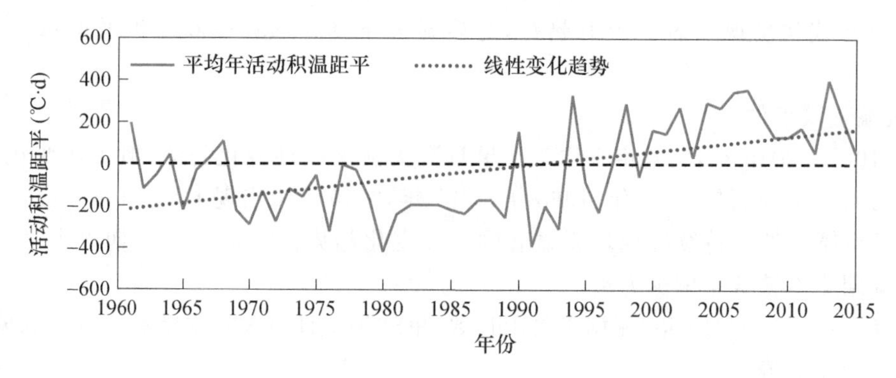

图 9.15　芜湖市 1961—2015 年平均年活动积温距平变化

暖、无霜期变长在一定程度上抵消了太阳辐射减少的效应。

旱涝灾害：由于 2011 年无为县并入芜湖市，为减少行政区划对绝对受灾面积的影响，使用农作物受灾面积占播种面积的比例来代替分析芜湖市 2000—2015 年洪涝和旱灾受灾情况。结果表明，2000—2015 年芜湖市洪涝和旱灾受灾面积百分比变化趋势不显著。

对病虫害的影响：芜湖市进入 2000 年代以来，随着气候变暖，每千公顷病虫害发生的面积同样呈上升趋势，但不显著。

对作物产量的影响：总体来看，1998 年以来，芜湖市粮食单产呈显著上升趋势，但由气候条件造成的年际波动(气候产量)非常显著，尤其是 2012—2015 年气候产量均为负值，表明气候变化对粮食生产的负面影响已经显现。

从主要粮食作物看，水稻作为芜湖市最主要的粮食作物，种植面积占比最大，其单产的气候产量变化特征和粮食单产的变化特征类似，变化幅度很大，尤其是近 4 年(2012—2015 年)均为负值，表明气候变化对水稻生产的负面影响已经显现。

小麦是芜湖市第二大粮食作物，其种植面积约为水稻的 1/20。1998—2015 年芜湖市小麦单产的气候产量变化较水稻更为平缓，变化幅度不大，1998—2000 年为正值，然后减少，至 2002 年达到最低值后持续上升，2005 年转为正值后至 2008 年达到最高值，之后小麦气候产量持续减少，2012 年再次转为负值，且持续减少。

9.2.3.2　对地表水资源的影响

水资源现状及变化特征：芜湖市 1999—2015 年平均水资源总量 24.3 亿 m^3，人均 902 m^3，为安徽省人均水资源量的 78%，其中地表水资源 23.5 亿 m^3，人均 878 m^3，地下水资源 5.2 亿 m^3，人均 194m^3。芜湖市人均水资源总量、地表水资源量、地下水资源量均无显著线性变化，但年际波动显著，这与全市降水量总体变化有密切关系。芜湖市行政区划调整后(2011—2015 年)年平均用水总量 29.9 亿 m^3，其中农业用水量 12.2 亿 m^3，工业用水量 14.9 亿 m^3，均无显著的变化趋势。

可利用降水资源变化特征：1961—2015 年芜湖市可利用降水资源量略有增长，但趋势未通过显著性水平。总的来看，芜湖市可利用降水资源量年际波动较大，最丰年为 1983 年 1059.9 mm，最少年为 1978 年仅 336.7 mm。1961—2015 年芜湖市可利用降水资源量以波动变化为主，呈不显著增多趋势。

径流量变化：长江芜湖段全长 121 km，长江水量主要来自上中游，下游产水量仅占总水量的 6.4%(大通以下仅占 4.8%)。因芜湖距大通仅一百多千米，其间又无大支流注入，故芜湖段的径流量及其变化可用大通水文站资料为代表。长江大通水文站年均径流量无显著变化趋势，但近年有增加趋势。

9.2.3.3　对大气环境的影响

1975—2015年芜湖市大气环境容量呈现显著下降趋势，大气自净能力在不断减弱，大气可容纳的污染物每年下降120.95 t/km²(图9.16)。

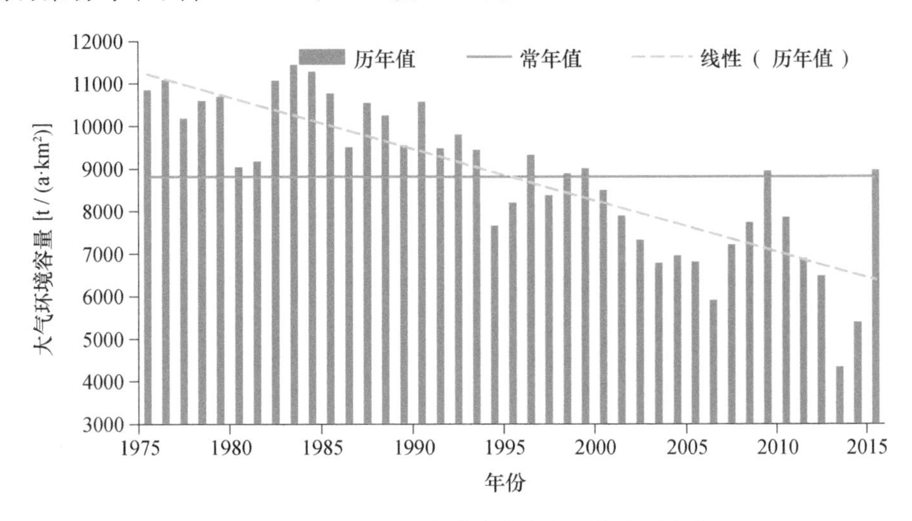

图9.16　1975—2015年芜湖市大气环境容量变化

混合层厚度下降、通风能力变弱，是导致大气环境容量降低的可能原因。大气环境容量主要与大气的水平疏散和垂直混合能力有关。根据气象观测结果统计，芜湖市1961—2015年平均风速呈显著下降趋势。芜湖市没有探空站，距离最近的南京探空站混合层厚度平均每10年下降9 m，垂直混合能力减弱(李聪 等，2016)。加之风速的持续减小，大气水平扩散能力也随之减弱，因此大气对污染物的综合通风稀释能力下降，通风量减小，最终导致了大气环境容量的降低。

9.2.3.4　城市热岛

城市热岛效应：

以芜湖市国家气象观测站作为城市站，下属无为市、繁昌区、湾沚区、南陵县作为区县站，以张家山区域站(原芜湖市国家观测站站址，2003年迁站)作为城中站，以分布在芜湖市北、东、南郊的下闸、贝斯特、万春以及位于长江西侧的汤沟站作为城郊站，以上述两组观测站的平均气温差作为城市热岛效应的强度，研究芜湖市的热岛效应特征。

1975—2015年(湾沚区观测站1975年建站)芜湖观测站平均气温16.4 ℃，无为市16.1 ℃，繁昌区15.9 ℃，湾沚区16.1 ℃，南陵县15.8 ℃，城市站显著高于区县站。1975—2003年，繁昌区、湾沚区、南陵县与芜湖市观测站的年平均气温差呈显著上升趋势，上升幅度分别为每10年0.2 ℃、0.1 ℃、0.3 ℃，无为市呈不显著上升趋势，这可能和无为市位于江北，气候特征差别相对较大有关。2003年之后城市站减去区县站的气温差呈下降趋势，这主要是因为2004年芜湖市观测站迁站至城北郊区，2014年又搬迁至城东大阳埠湿地公园，不再位于市区中心，这也从侧面反映出城市热岛的影响。

芜湖市年平均最高气温和最低气温观测站与区县站之差的变化趋势与年平均气温类似，其中最低气温的城郊之差更加显著，平均差值大于平均气温和最高气温，且四县差值于

1975—2003 年均表现出显著的上升趋势(每 10 年上升 0.2 ℃、0.4 ℃、0.3 ℃、0.5 ℃)。最高气温的差值相对较小,且 1975—2003 年仅有湾沚区和南陵县表现出显著的上升趋势(每 10 年上升 0.2 ℃、0.1 ℃)。这说明城市热岛对最低温度的影响最大。

形成原因:

城市热岛效应的形成原因来源于气候变化和人类活动两方面。在这两个因素综合作用下,才形成同一时间尺度芜湖市区气温高于郊区的热岛现象。

气候变化因素主要表现为风速下降,小风日数增加。当无风或小风时,在城市下垫面长波辐射和人为作用下而增暖的空气滞留在城市低空,热量不易外散,热岛得以维持。风速增大,空气的水平和垂直交换则会破坏热岛效应。观测数据显示,芜湖市近 50 年平均风速显著下降,其速率为每年约下降 0.02 m/s。

城市化因素则包含以下三个方面。

人工热源不断增加。城市化进程加快,人口、工厂生产、交通运输愈加集中,能源消耗激增,芜湖市全社会用电量 1993 年为 8.2178 亿 kW·h,人均 395 kW·h;2015 年为 155.33 亿 kW·h,人均 4037 kW·h,人均用电量翻了 10 倍。能源消耗和燃料燃烧时排放大量热量,直接增暖了城市大气。

城市建筑规模膨胀。城市中的建筑、广场和道路等大量增加,2007—2015 年芜湖市建设用地共计 1271.99 km^2 导致城市夜间表面温度下降缓慢;而绿地、林木和水体等却不断减少,缓解热岛效应的能力减弱。此外,城内大量高层建筑削弱了风速,使得热量平衡的水平输送相对困难。

城市温室气体排放增长。城市中机动车辆、工业生产等不断增加,1998 年芜湖市每百户城镇居民拥有 1 辆家用汽车,17 台空调,到 2013 年增加到每百户城镇居民拥有 30.7 辆家用汽车,166.3 台空调,产生了大量的温室气体以及其他气溶胶。温室气体的增温作用叠加气溶胶吸收下垫面热辐射的保温作用,引起大气进一步升温。

9.2.3.5　对森林生态系统的影响

芜湖市 2011 年区划调整后(2011—2015 年)平均森林面积 9.7 万 hm^2,平均森林蓄积量 368.6 万 m^3。近年来芜湖市造林大幅度增加,森林覆盖率也在逐渐提升。

2005—2015 年芜湖市森林病虫害面积比例有不显著减少趋势,与对应时期芜湖市年平均气温、年平均最高气温、年平均最低气温、年平均相对湿度的相关系数分别为 0.47、0.54、0.44、0.49,由于资料时间较短,相关系数并没有通过显著性水平,但仍可以看出,森林病虫害还是受到了温、湿类气候因子的影响。

9.3　蚌埠市气候变化评估

1961—2015 年,蚌埠市出现了以变暖为主要特征的气候变化,平均气温、最低气温、极端低温显著升高;年平均气温日较差、平均年蒸散量、年平均相对湿度、年平均风速显著减小;平均年雾日数显著增加;平均年日照时数、平均年霜冻日数、平均年冰雹日数、平均年大风次数、平均年雷暴日数显著减少。

气候变化对蚌埠市小麦生产有正面影响,而对水稻生产则有负面影响;可利用降水资源量增加，但年际波动较大，易发生干旱；城市热岛效应凸显，内涝风险显著加大；全市大气环境容量无显著变化趋势，近年来上升显著，大气污染扩散能力增强。

9.3.1　蚌埠市地理特征概况

蚌埠市是安徽省重要的综合性工业基地，位于黄淮海平原与江淮丘陵的过渡地带，属北亚热带湿润季风气候，季风显著，四季分明，气候温和，雨量适中，光照充足，无霜期较长。

现辖龙子湖区、蚌山区、禹会区、淮上区、怀远县、五河县、固镇县，总面积 5952 km^2，户籍人口 380 余万。

9.3.2　气候变化的观测事实

(1)气温

1961—2015 年蚌埠市年平均气温呈显著的上升趋势，平均每 10 年上升 0.18 ℃；蚌埠市年平均气温的常年值为 15.5 ℃，在 1994 年以前年平均气温大多低于常年，之后总体偏高。年平均气温高值排名前三的年份分别为 2007 年、2004 年、1994 年，排名前三的低值年为 1969 年、1972 年、1980 年(图 9.17)。

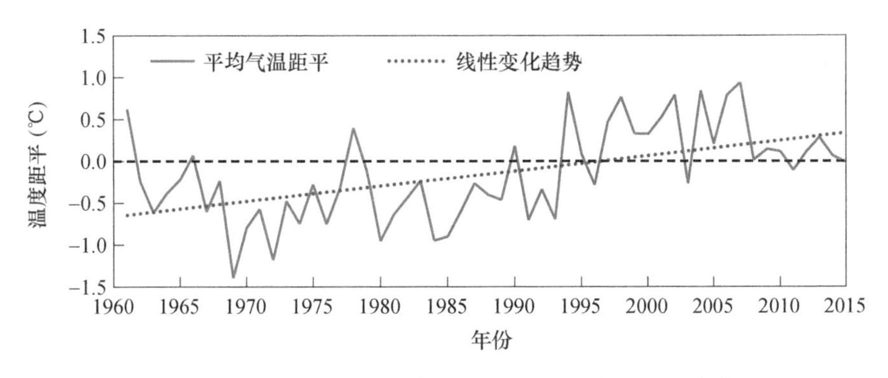

图 9.17　1961—2015 年蚌埠市地表年平均气温距平变化

1961—2015 年，蚌埠市地表年平均最高气温无显著的线性变化趋势。1994 年之前，年平均最高气温低于常年，1994 年之后大多偏高；其中 2004 年为最高值年，达到 21.5 ℃，较常年偏高 1.2 ℃，1985 年为最低值年，为 19.1 ℃，较常年偏低 1.2 ℃。地表年平均最低气温显著上升，平均每 10 年上升 0.3 ℃，1994 年以前年平均最低气温总体低于常年值，之后总体偏高；其中 2007 年为最高值年，达到 12.7 ℃，较常年偏高 1.1 ℃，1969 年为最低值年，为 9.7 ℃，较常年偏低 1.9 ℃。地表年平均气温日较差呈现显著下降趋势，平均每 10 年下降 0.3 ℃，1995 年以前总体较常年值偏大，之后总体为围绕常年值振荡变化，且变化幅度较小。

(2)降水

1961—2015 年，蚌埠市平均年降水量无显著线性变化趋势；偏多排名前三的分别为 1991 年偏多 429.8 mm，2003 年偏多 397.9 mm，2007 年偏多 369.36 mm；偏少排名前三的分别为 1978 年偏少 457 mm，1966 年偏少 343.2 mm，1976 年偏少 317.6 mm(图 9.18)。

1961—2015 年，蚌埠市平均年降水日数和降水强度均无显著的线性变化趋势。

(3)蒸散

1961—2015 年，蚌埠市平均年蒸散量呈显著减少趋势，平均每 10 年减少 12.9 mm；1980

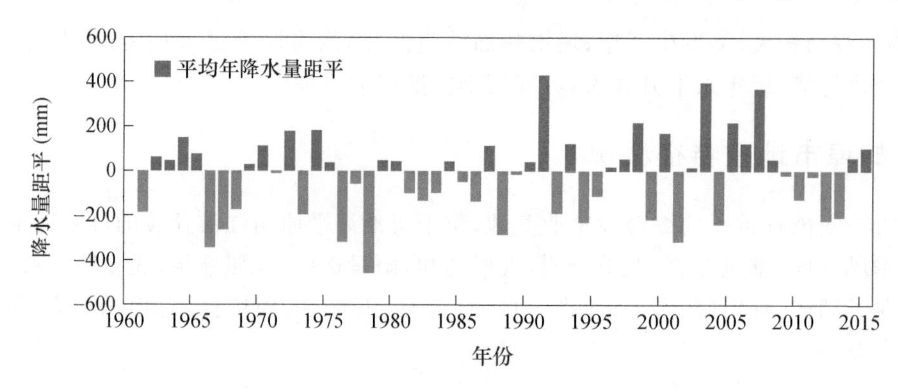

图 9.18　1961—2015 年蚌埠市平均年降水量距平变化

年代以前总体偏多，1980 年代—1990 年代中期偏少；2000 年代以来总体增加（图 9.19）。

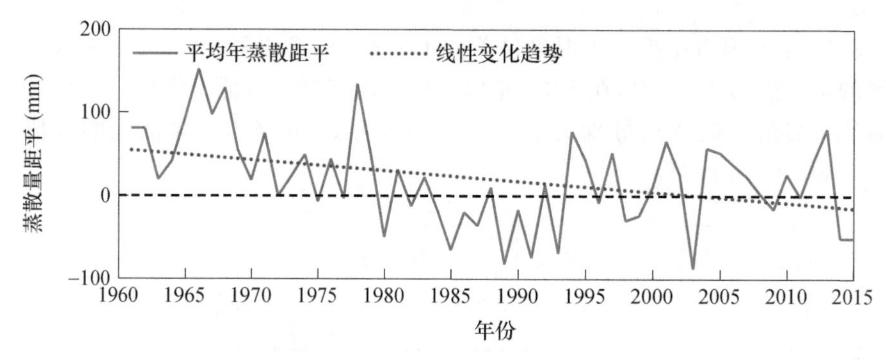

图 9.19　1961—2015 年蚌埠市平均年蒸散量距平变化

（4）相对湿度

1961—2015 年，蚌埠市平均相对湿度无显著的线性变化趋势，2004 年以来持续偏小。

（5）风速

1961—2015 年，蚌埠市年平均风速呈显著下降趋势，平均每 10 年减小 0.25 m/s；1991 年之前总体为较常年偏大，1992—1999 年期间偏小，2000—2005 年期间又转为偏大，之后到 2015 年总体为偏小（图 9.20）。

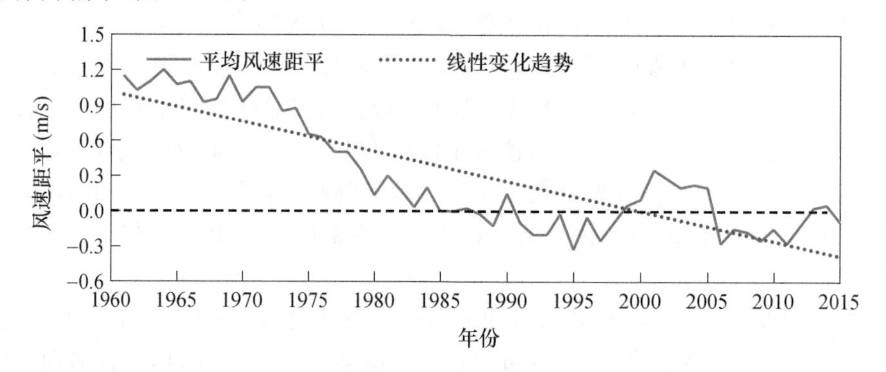

图 9.20　1961—2015 年蚌埠市平均风速距平变化

（6）日照时数

1961—2015 年，蚌埠市平均年日照时数呈现显著减少趋势，平均每 10 年减少 70.9 h；1996 年以前较常年总体偏多，之后总体偏少（图 9.21）。

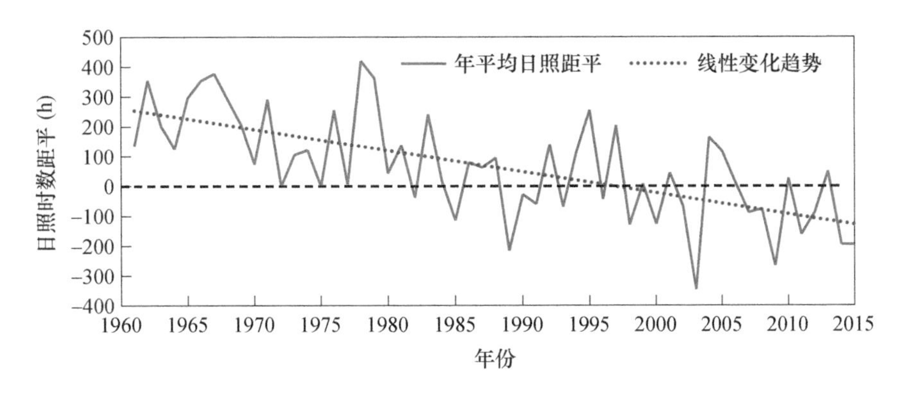

图 9.21　1961—2015 年蚌埠市平均年日照时数距平变化

(7)地面温度

1961—2015 年,蚌埠市年平均地面温度无显著变化趋势;1990 年代中期以来总体高于常年值(图 9.22)。

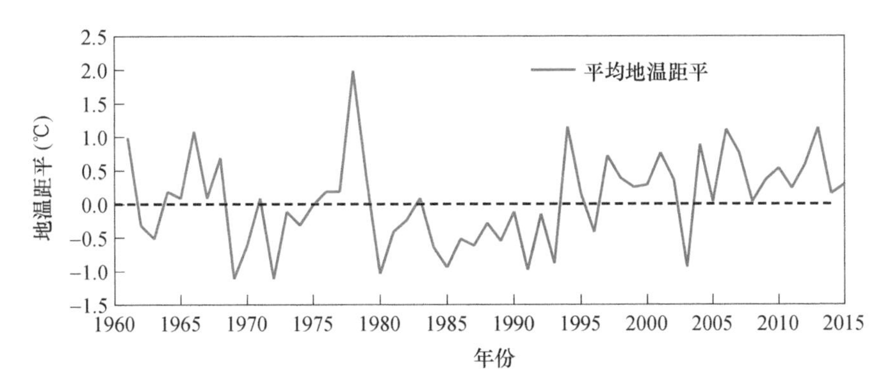

图 9.22　1961—2015 年蚌埠市年平均地面温度距平变化

(8)雾

1961—2015 年,蚌埠市平均年雾日数呈显著上升趋势,平均每 10 年增加 1.5 d。1960 年代—1990 年代总体少于常年值,之后总体多于常年值。

(9)极端气候事件

干旱:1961—2015 年,蚌埠市平均年干旱日数无显著线性变化趋势,排名前三位的年份分别是 1978 年、1988 年和 1966 年。1961—2015 年蚌埠市单站最长持续干期和持续湿期均无显著的线性变化趋势。

极端降水:1961—2015 年,蚌埠市暴雨日数、单站年 1 日最大降水量和 5 日最大降水量也均无显著的线性变化趋势。

极端暖事件:1961—2015 年,蚌埠市平均年高温日数无显著的线性变化趋势,平均年高温日数排名前三位的年份分别为 1967 年、1978 年和 1966 年。

极端冷事件:1961—2015 年,蚌埠市平均年霜冻日数呈现显著减少趋势,平均每 10 年减少 5 d,1990 年代末期到 2000 年代初期为最少时段,2003 年以后为在常年值附近的年际振荡变化。极端低温呈上升趋势,平均每 10 年上升 0.1 ℃;极端低温排名前三的年份分别是 1969 年(-24.3 ℃)、1991 年(-18.9 ℃)和 1993 年(-17.3 ℃)。

冰雹发生次数:1961—2015 年,蚌埠市年冰雹站次数总体呈减少趋势,冰雹出现站次排名前三的年份分别是1967年(7次)、1974年(7次)和1982年(6次)。

雷暴日数:1961—2013年,蚌埠市平均年雷暴日数呈显著的线性下降趋势,在1980年代以前平均年雷暴日数远多于常年值,之后表现为在常年值附近振荡。

大风日数:1961—2015年,蚌埠市平均年大风次数在1980年代之前为显著线性下降趋势,之后稳定保持在常年值附近振荡变化。

(10)四季变化

1961—2015年,蚌埠市平均入秋时间显著推迟,平均每10年推迟2.1 d;入春、入夏和入冬时间的线性变化趋势不显著;1961—2015年,各季节日数的线性变化趋势不显著。

9.3.3 气候变化对蚌埠市的影响

9.3.3.1 对农业生产的影响

农业气候资源变化特征:1961—2015年,蚌埠市平均≥10 ℃的年活动积温呈显著增加趋势,平均每10年增加51.5 ℃·d;其中在1990年代中期以前总体低于常年值,之后总体高于常年值(图9.23)。

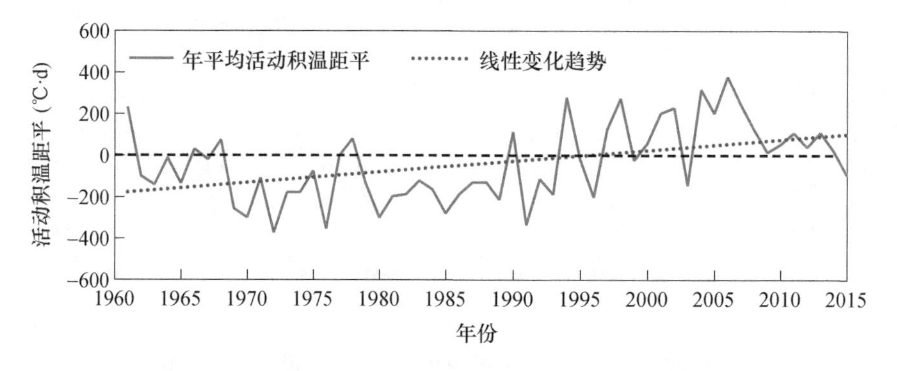

图9.23　蚌埠市1961—2015年平均年活动积温距平变化

气候生产潜力:1961—2015年蚌埠市气候生产潜力平均值为21324 kg/(hm^2·a)。在1980年代偏低,平均值为20204 kg/(hm^2·a);1961—1979年的平均值为22022 kg/(hm^2·a);1991—2015年期间的平均值为21245 kg/(hm^2·a)。

蚌埠市气候生产潜力的变化主要是受太阳辐射下降的影响,但是与此同时气候变暖、无霜期变长在一定程度上抵消了太阳辐射减少的效应。

对病虫害的影响:蚌埠市近几十年因各类病虫害发生导致作物受灾面积大多呈显著上升趋势。春季低温连阴雨加重了小麦赤霉病的发生流行程度。

对种植制度的影响:随着气候变暖,蚌埠市的种植制度逐渐由两季种植制度部分转变为三季种植制度;对光热需求较多的作物-玉米种植面积显著增加。

对主栽作物品种类型的影响:蚌埠地区新中国成立初期小麦种植主要使用冬性品种,占总面积的80%以上;之后由于对早熟要求不断提高和气候变暖的影响,1990年代冬性品种几乎绝迹,春性、半冬性品种各占约50%;2010年代以来由于暖冬现象日趋显著,冬季冻害和春季倒春寒的频繁危害,冬性、半冬性品种的比例上升。

对作物产量的影响:

总体来看,1960年代以来,蚌埠市粮食单产呈现显著上升趋势,但由气候条件造成产量的年际波动，气候产量在 2000 年代以来不断下降，尤其是 2003 年以来气候产量基本为负值，表明气候变化对粮食生产的负面影响已经显现。

从主要粮食作物的单产来看，1960 年代—1970 年代小麦气候产量维持在一个相对较小的波动范围；1980 年代—1990 年代波动加大，且以正值为主，表明总的气候条件对小麦生长有利；在最近几年气候产量持续上升，表明气候对小麦生产有正面影响。

对水稻而言，1960 年代—1970 年代气候产量多为负值，气候对水稻生产不利；1980 年代以正值为主，说明气候对水稻生长有利；1990 年代以来气候产量持续下降；2005 年以来基本为负值，表明气候变化对水稻生产的负面影响已经显现。

9.3.3.2　对地表水资源的影响

水资源现状：蚌埠市多年平均地表水资源量为 13.7 亿 m^3，水资源总量 20.2 亿 m^3，产水系数仅为 0.386，低于安徽省 0.44 的多年平均产水系数；人均资源占有量为 561 m^3，是安徽省的 2/5、全国的 1/5、全球陆地的 1/20。

可利用降水资源变化特征：1961—2015 年蚌埠市可利用降水资源量显著增长。总的来看，蚌埠市可利用降水资源量年际波动较大，最丰年为 1991 年 484.6 mm，最少年为 1978 年 −611.56 mm，但可利用降水资源量呈每 10 年增加 28 mm 的趋势，说明随着气候变化蚌埠市的可利用降水资源量在增加。1961—2015 年蚌埠市可利用降水资源量为负值的年份为 32 年，占 58%，说明蚌埠市降水资源在近六成的年份里不足以抵消陆面蒸发的损耗，可利用降水资源较为紧张，易发生干旱，同时考虑到较为密集的人口分布，水资源问题已成为制约地区发展的重要因素之一。

9.3.3.3　对大气环境的影响

1961—2015 年蚌埠市大气环境容量无显著下降趋势，年代际变化特征明显，1960 年代—1980 年代大气环境容量持续下降，之后开始回升(图 9.24)。

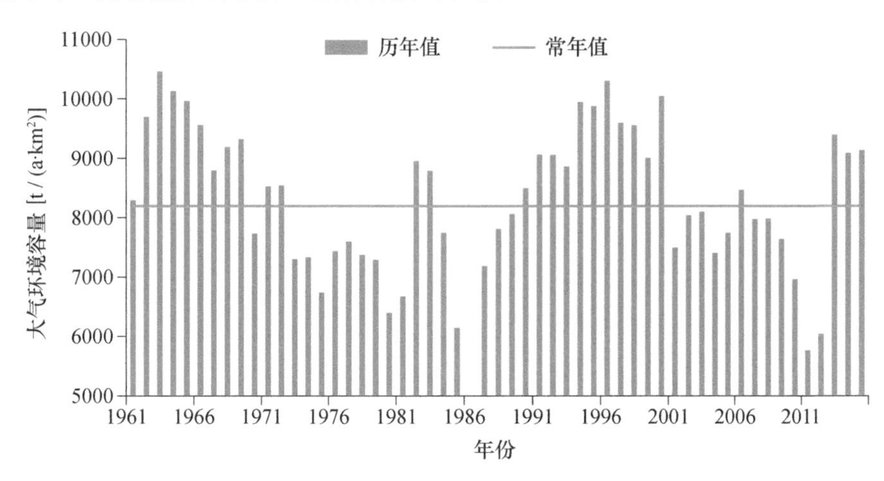

图 9.24　1961—2015 年蚌埠市大气环境容量变化

大气稳定度增加、风速变小变弱，导致了大气环境容量的降低。大气环境容量主要与大气的水平疏散和垂直混合能力有关。根据气象观测结果统计，1961—2015 年蚌埠市平均风速呈现显著的下降趋势，全年和秋冬季的小风日数(日平均风速≤2.5 m/s)显著上升，导致大气对污染物的综合通风稀释能力下降。

9.3.3.4 城市热岛

城市热岛效应：

以蚌埠站作为城市站，探测环境较好的五河、固镇站作为郊区站，以城市站和郊区站平均的气温差作为城市热岛效应的强度，研究蚌埠市的热岛效应特征。

1961—2015 年，蚌埠站平均气温 15.5 ℃，五河站 15.1 ℃，固镇站 15.1 ℃（1967—2015 年），城市站显著高于郊区站；平均最低气温分别为：蚌埠站 11.9 ℃、五河站 11.2 ℃、固镇站 11.2 ℃；平均最高气温分别为：蚌埠站 20.5 ℃、五河站 20 ℃、固镇站 20.4 ℃。作为城市站的蚌埠站最低气温偏高最为显著。

从年平均气温看，2013 年之前蚌埠站高于五河站和固镇站，而自 2013 年开始，蚌埠站开始低于五河站和固镇站。此现象产生的原因是蚌埠站自 2013 年 1 月 1 日搬迁至蚌埠郊区，证明了蚌埠城市热岛效应是真实存在的。三个站平均气温均呈现显著增加趋势，蚌埠和五河站平均每 10 年增加约 0.2 ℃，固镇站每 10 年上升约 0.3 ℃，并且在 2013 年前城市和郊区的温度差进一步加大。1980 年代之后，蚌埠城市热岛效应较之前显著增强，这与 1980 年后城市化进程加快相符合，快速城市化使得城市气温显著升高，城市热岛效应更显著。

形成原因：

城市热岛效应的形成原因来源于气候变化和人类活动两方面。在这两个因素综合作用下，才形成同一时间尺度蚌埠市区气温高于郊区的热岛现象。

气候变化因素包括风速下降，小风日数增加。当无风或小风时，在城市下垫面长波辐射和人为作用下，增暖的空气滞留在城市低空，热量不易外散，热岛得以维持。风速增大，空气的水平和垂直交换则会破坏热岛效应。但观测数据显示，蚌埠站 2000 年之后平均风速显著下降，其速率为每年约下降 0.06 m/s。

城市化因素主要包括以下三方面。

人工热源不断增加。城市化进程加快，人口、工厂生产、交通运输愈加集中，能源消耗激增，以蚌埠市全社会用电量为例，2000 年为 10.88 亿 kW · h，到 2015 年达到 66.07 亿 kW · h，增加了近 6 倍多，能源消耗和燃料燃烧时排放大量热量，直接增暖了城市大气。

城市建筑规模膨胀。城市中建筑、广场和道路等大量增加，蚌埠市城区建成面积由 2000 年的 51 km^2 增加到了 2015 年的 138 km^2，扩大了近 3 倍。城市高楼之间的反射作用，导致城市夜间表面温度下降缓慢；而绿地、林木和水体等却不断减少，缓解热岛效应的能力减弱。此外，城内大量高层建筑削弱了风速，使得热量平衡的水平输送相对困难。

城市温室气体排放增长。城市中机动车辆、工业生产等不断增加，从 2008 年开始，蚌埠市汽车销售总量不断增加，年均增率在 20%左右。到 2017 年 9 月初，蚌埠市机动车总量已达 436322 辆，产生了大量的温室气体以及其他气溶胶。温室气体的增温作用叠加气溶胶吸收下垫面热辐射的保温作用，引起大气进一步升温。

9.3.3.5 城市内涝

根据蚌埠站 1961—2015 年降水资料统计，蚌埠市区平均每年发生暴雨约 3.5 次，大暴雨平均约 4 年发生一次，暴雨是造成蚌埠市区严重洪涝灾害的主要因素。

城市内涝现状：近年来，蚌埠市暴雨积涝屡有发生。内涝对城市造成较为严重的危害，公众和媒体普遍关注。根据新闻报道以及有关部门资料，针对 2010—2017 年蚌埠市年内涝出现及分布情况的不完全统计表明，蚌埠市年出现内涝积水次数 3 次。

积涝原因分析：以2016年6月20—21日强降雨为例，20日20时至21日08时蚌埠市区出现暴雨天气，市区最大降雨量超过200 mm，最大小时雨量达到86 mm，导致市区多条道路发生积涝。连续强降雨是引起此次积涝的直接和关键原因，短时间集中降雨超过了于城市排水设施的排水能力，内涝积水难以避免。

9.4　淮南市气候变化评估

1961—2015年，淮南市出现了以变暖为主要特征的气候变化，平均、最高、最低气温和地面温度显著升高，气温日较差显著减小，年蒸散量显著减少，平均相对湿度显著减小，年霜冻日数显著减少，极端低温显著升高，雷暴大风等天气呈现减少趋势。其中淮南市地表年平均气温上升速率为全省最高。

气候变化导致淮南市热量资源增加，旱涝灾害受灾面积表现为下降趋势；可利用降水资源量年际波动较大；城市热岛效应凸显；全市大气环境容量持续下降，不利于污染物扩散。

9.4.1　淮南市地理特征概况

淮南市地处安徽省中北部，是中国能源之都、华东工业粮仓、安徽省重要的工业城市。淮南市位于沿淮地区，属北亚热带湿润季风气候，季风显著，四季分明，气候温和，雨量适中。

现辖寿县、凤台县、大通区、田家庵区、谢家集区、八公山区、潘集区、毛集社会发展综合实验区，总面积5533 km^2，总人口380余万。

9.4.2　气候变化的观测事实

（1）气温

1961—2015年，淮南市地表年平均气温呈现显著上升趋势，平均每10年上升0.25 ℃；1994年之前年平均气温大多低于常年，之后总体偏高；排名前三位的高值年为2007年、2013年、2006年；排名前三位的低值年为1969年、1972年和1984年（图9.25）。

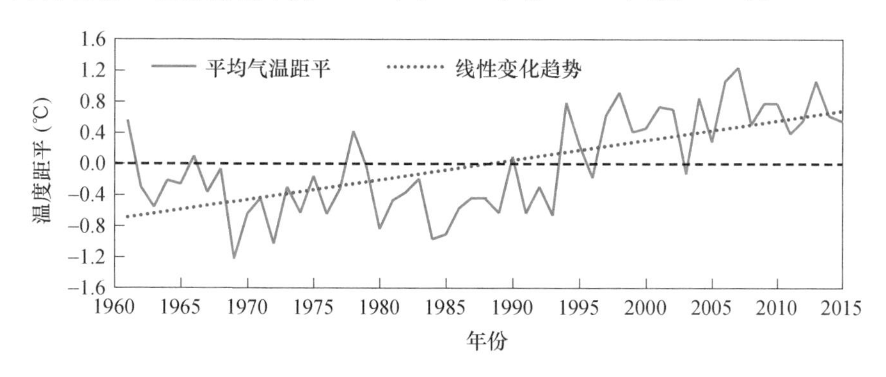

图9.25　1961—2015年淮南市地表年平均气温距平变化

1961—2015年，淮南市地表年平均最高气温显著上升，平均每10年上升0.1 ℃，1994年之后总体偏高。地表年平均最低气温显著上升，平均每10年上升0.4 ℃，1994年之前总体较常年偏低。地表年平均气温日较差呈现显著下降趋势，平均每10年下降0.3 ℃。1980年代之前气温日较差总体较常年偏大，之后呈显著下降趋势。

(2)降水

1961—2015 年，淮南市平均年降水量无显著线性变化趋势，但年际变化显著；排名前三位的高值年为 1991 年、2003 年、1972 年，排名前三位的低值年为 2001 年、1966 年、1978 年(图 9.26)。

1961—2015 年，淮南市平均年降水日数和降水强度均无显著的线性变化趋势。

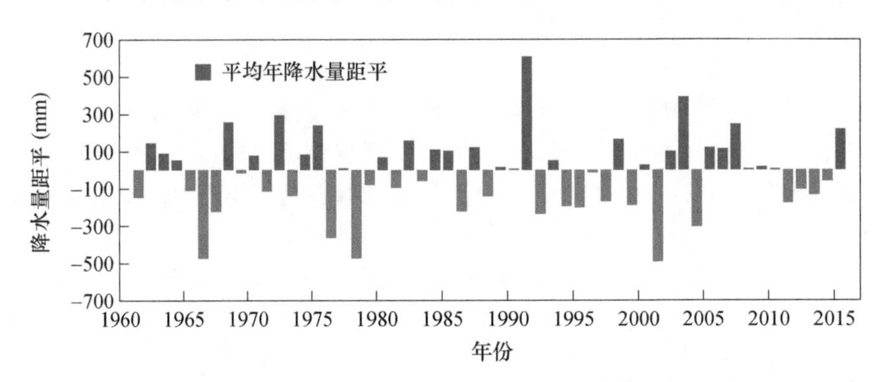

图 9.26　1961—2015 年淮南市平均年降水量距平变化

(3)蒸散

1961—2015 年，淮南市平均年蒸散量呈现显著减少趋势，平均每 10 年减少 14.7 mm；1960—1980 年代总体偏多，之后较常年偏少，2000 年代后略有上升(图 9.27)。

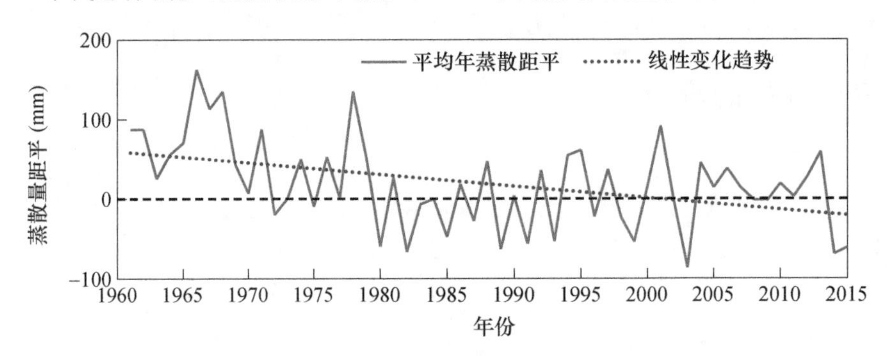

图 9.27　1961—2015 年淮南市平均年蒸散量距平变化

(4)相对湿度

1961—2015 年，淮南市平均相对湿度呈现显著减少趋势，平均每 10 年减少 0.74%，其中 2004 年以来持续偏小，下降趋势最为显著。

(5)风速

1961—2015 年，淮南市年平均风速呈现振荡减少趋势，平均每 10 年减少 0.12 m/s，1960 年代—1974 年较常年偏高，1975—1987 年较常年偏低，1987—2003 年较常年偏高，之后至 2015 年一直较常年偏低，振荡周期约为 30 年(图 9.28)。

(6)日照时数

1961—2015 年，淮南市平均年日照时数呈现显著减少趋势，平均每 10 年减少 97.6 h；1960 年代—1980 年代较常年总体偏多，1990 年代以后则以常年值附近的年际振荡变化为主，1996 年以后较常年总体偏少(图 9.29)。

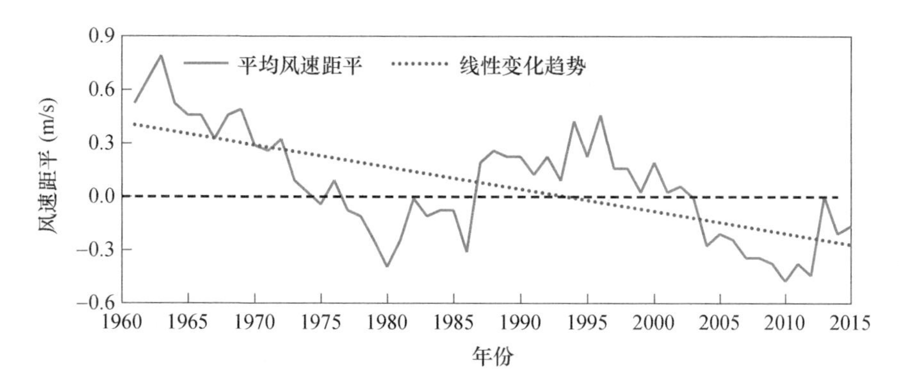

图 9.28 1961—2015 年淮南市平均风速距平变化

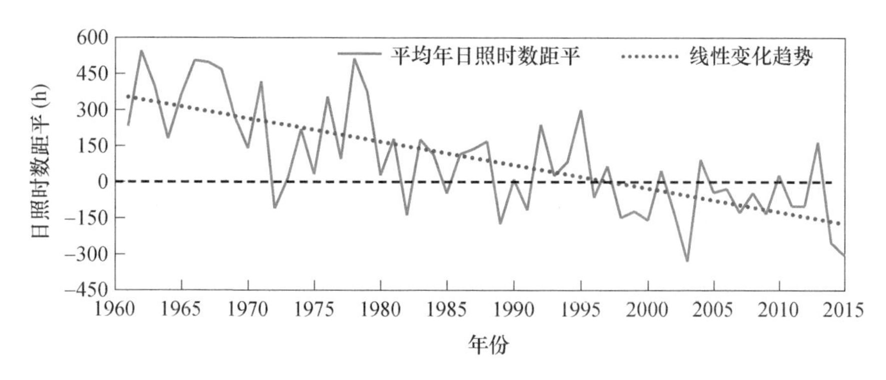

图 9.29 1961—2015 年淮南市平均年日照时数距平变化

(7)地面温度

1961—2015 年,淮南市年平均地面温度呈现显著增加趋势,平均每 10 年增加 0.18 ℃;1960 年代末至 1990 年代初地面温度总体较常年偏低,1990 年代中期以后则以偏高为主(图 9.30)。

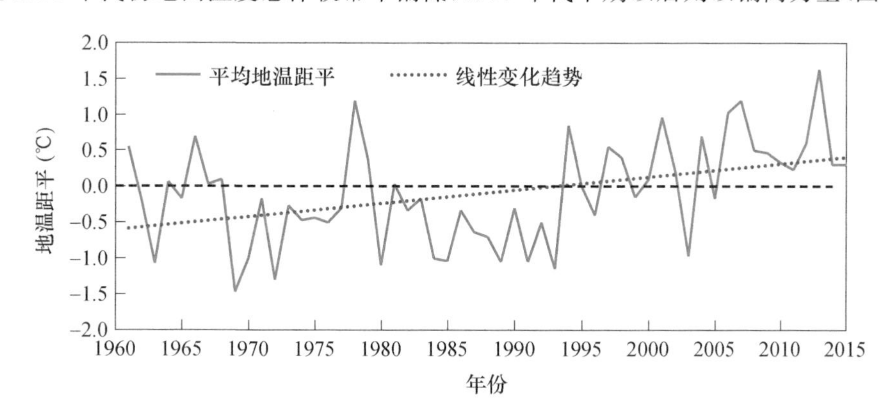

图 9.30 1961—2015 年淮南市年平均地面温度距平变化

(8)雾

1961—2015 年,淮南市年雾日数阶段性变化特征显著,存在显著的趋势转折点,1990 年代之前呈上升趋势,平均每 10 年增加 1.7 d,之后缓慢减少,平均每 10 年减少 0.5 d。

(9)极端气候事件

干旱:1961—2015 年,淮南市平均年干旱日数呈现减少趋势,年际变化显著;排名前三位的高值年为1978年、2004年、2001年，其中1972年、1987年、2003年、2011年和2015年没有出现干旱。1961—2015年淮南市单站最长持续干期和持续湿期均无显著的线性变化趋势。

极端降水：1961—2015年，淮南市暴雨日数无显著线性变化趋势，主要表现为年际波动特征；淮南市单站年1日最大降水量和5日最大降水量也均无显著的线性变化趋势。

极端暖事件：1961—2015年，淮南市平均年高温日数和极端高温均无显著的线性变化趋势。1960年代高温日数总体偏多，1980年代以后则以常年值附近的年际振荡变化为主，2010年后再次增加。1960年代—1980年代中期极端高温持续下降，1980年代后期极端高温开始上升。

极端冷事件：1961—2015年，淮南市年霜冻日数呈现显著减少趋势，平均每10年减少6.7 d，1960年代—1980年代总体较常年偏多，2006—2015年主要表现为常年值附近的年际振荡变化。1961—2015年，淮南市年极端低温呈现显著上升趋势，平均每10年上升1.0 ℃。

冰雹发生次数：1961—2015年，淮南市年冰雹日数无显著的线性变化趋势，1960年代后期至1970年代前期总体较常年偏多。

雷暴日数：1961—2013年，淮南市年雷暴日数呈现显著减少趋势，平均每10年减少3 d；1960年代—1970年代较常年偏多，1980年代—1990年代主要表现为常年值附近的年际振荡变化。

大风日数：1961—2015年，淮南市年大风日数呈现显著减少趋势，平均每10年减少2 d；1960年代—1990年代总体较常年偏多，1990年代以后较常年偏少。

（10）四季变化

1961—2015年，淮南市平均入春时间呈现显著提前的趋势，平均每10年提前1.9 d；入秋时间则显著推迟，平均每10年推迟3 d；入夏和入冬时间的线性变化趋势不显著。

1961—2015年，淮南市平均夏季日数显著增加，平均每10年增加3.6 d；平均冬季日数呈现显著缩短趋势，平均每10年减少3.2 d，其他季节日数的线性变化趋势不显著。

9.4.3 气候变化对淮南市的影响

9.4.3.1 对农业生产的影响

农业气候资源变化特征：1961—2015年，淮南市平均≥10 ℃的年活动积温阶段性变化特征明显，存在明显的趋势转折点。1990年代之前平均年活动积温呈下降趋势，平均每10年下降59.3 ℃·d；1990年代之后则有显著上升，平均每10年上升157.5 ℃·d（图9.31）。

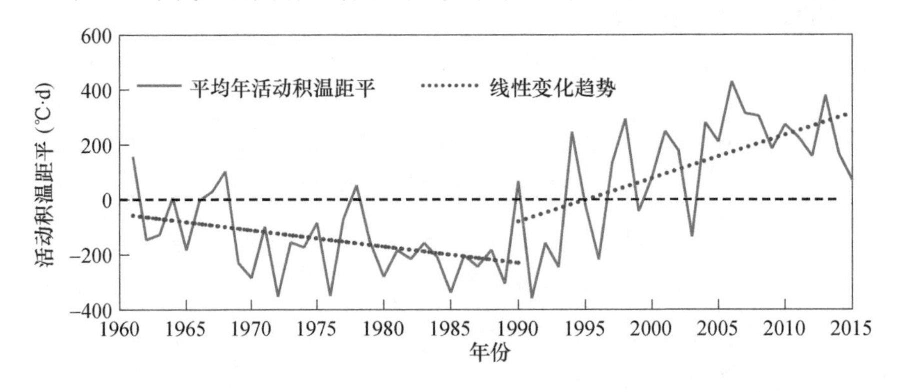

图9.31 1961—2015年淮南市平均≥10 ℃的年活动积温距平变化

旱涝灾害：2001—2015年，淮南市旱涝受灾面积整体表现为下降趋势。

9.4.3.2 对地表水资源的影响

水资源现状及变化特征：淮南市多年平均水资源总量(1999—2015年)8.21亿m^3，其中地表水资源量6.13亿m^3，地下水供水量3.51亿m^3。淮河干流入境水量76.9亿m^3。淮南市水资源总量、地表水资源量及地下水资源量均无显著线性变化趋势，但年际波动显著，这与淮南市降水量总体变化有密切关系。

可利用降水资源变化特征：1961—2015年全市可利用降水资源量略有增长，但趋势未通过显著性水平。总的来看，淮南市可利用降水资源量年际波动较大，最丰年为1991年，为644 mm，最少年为1966年，为−689 mm。

9.4.3.3 对大气环境的影响

1961—2015年淮南市大气环境容量呈现显著下降趋势，大气自净能力在不断减弱，大气可容纳的污染物全市平均每10年下降552 t/ km^2(图9.32)。

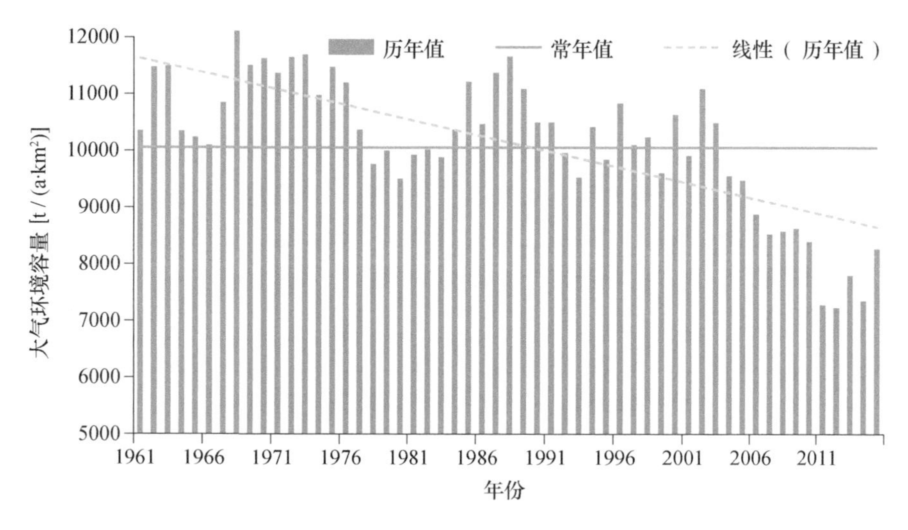

图9.32 1961—2015年淮南市大气环境容量变化

9.4.3.4 城市热岛

以淮南站作为城市站，寿县作为郊区站，以城市站和郊区站平均的气温差作为城市热岛效应强度，研究淮南市的热岛效应特征。

1970—2015年，淮南站平均气温16.0 ℃，寿县站15.2 ℃，城市站显著高于郊区站；其中最低气温偏高1.2 ℃，更为显著。1970年以来，2个站平均气温均呈现显著增加趋势，淮南站平均每10年增加约0.5 ℃，寿县站平均每10年增加约0.3 ℃，城市和郊区的温度差进一步加大。1990年代之后，淮南城市热岛效应较之前显著增强，这与1990年后城市化进程加快相符合，快速城市化使得城市气温显著升高，城市热岛效应更显著。

9.5 马鞍山市气候变化评估

1961—2016年，马鞍山市出现了以变暖为主要特征的气候变化，平均气温、最高气温、最低气温、地面温度、极端低温显著升高；平均相对湿度、年平均风速、年日照时数和年霜冻日数显著减少;入春时间显著提前,入秋和入冬时间显著推迟;夏季日数显著增加,冬季日数显著缩短。其中马鞍山市平均相对湿度减少速率为全省最高,地面温度上升速率为全省最高。

气候变化导致马鞍山市农业热量资源增加,给农业带来气候产量持续上升等正面影响的同时,因气象灾害频发,农业生产的不稳定性增加;极端水文事件增加,旱涝灾害频发;城市热岛效应凸显;内涝风险不断加大;全市大气环境容量持续下降,不利于污染物扩散。

9.5.1 马鞍山市地理特征概况

马鞍山位于长江下游南岸、安徽省东部,属北亚热带湿润季风气候,气候温和、雨量适中、光照充足,全年冬寒、夏热、春暖、秋凉,四季分明,季风明显。马鞍山市总体地势较平坦,略有北高南低之势。

现辖当涂县、含山县、和县,花山区、博望区、雨山区,总面积 4042 km^2,户籍人口 230 余万。

9.5.2 气候变化的观测事实

(1)气温

1961—2016 年,马鞍山市地表年平均气温呈现明显上升趋势,平均每 10 年上升 0.23 ℃;1994 年以前年平均气温大多低于常年,之后总体偏高;排名前三位的高值年为 2007 年、2006 年、2004 年和 2013 年(其中 2004 年与 2013 年为并列第三),排名前三位的低值年为 1980 年、1984 年和 1969 年(图 9.33)。

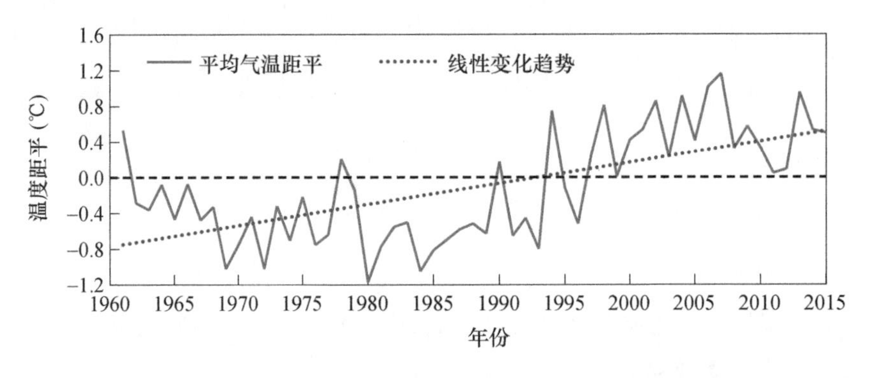

图 9.33　1961—2016 年马鞍山市地表年平均气温距平变化

1961—2016 年,马鞍山市年平均最高气温线性变化趋势明显,平均每 10 年上升 0.26 ℃;1960 年代—1980 年代中期显著下降,之后显著上升。年平均最低气温显著上升,平均每 10 年上升 0.26 ℃,1990 年代中期以前最低气温总体较常年偏低,之后总体偏高。年平均气温日较差无明显变化趋势;1960 年代—1970 年代气温日较差总体较常年偏大,之后主要以常年值为中心做年际振荡变化;1980 年代中期以来气温日较差变化幅度有所减小。

(2)降水

1961—2016 年,马鞍山市平均年降水量无显著的线性变化趋势,但年际变化明显;排名前三位的高值年为 1991 年、2016 年和 1987 年,排名前三位的低值年为 1978 年、1966 年和 2001 年(图 9.34)。

1961—2016 年,马鞍山市平均年降水日数和降水强度均无显著的线性变化趋势。

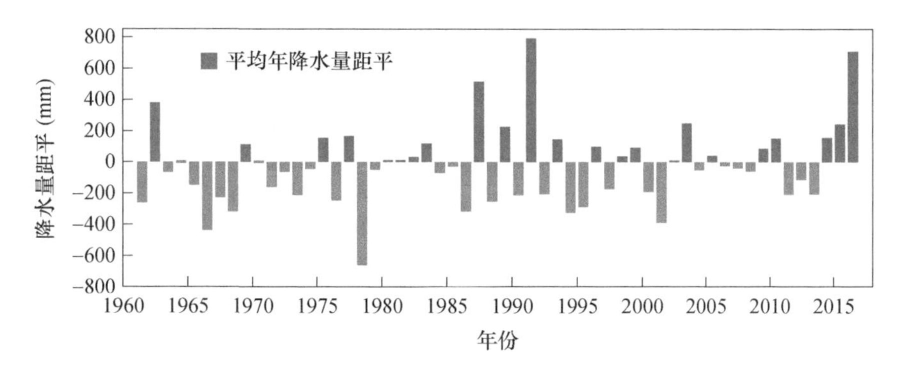

图 9.34　1961—2016 年马鞍山市平均年降水量距平变化

(3)蒸散

1961—2015 年，马鞍山市平均年蒸散量减少趋势不显著；1960 年代—1980 年代总体偏多，1990 年代偏少，2000 年代以来逐渐增加(图 9.35)。

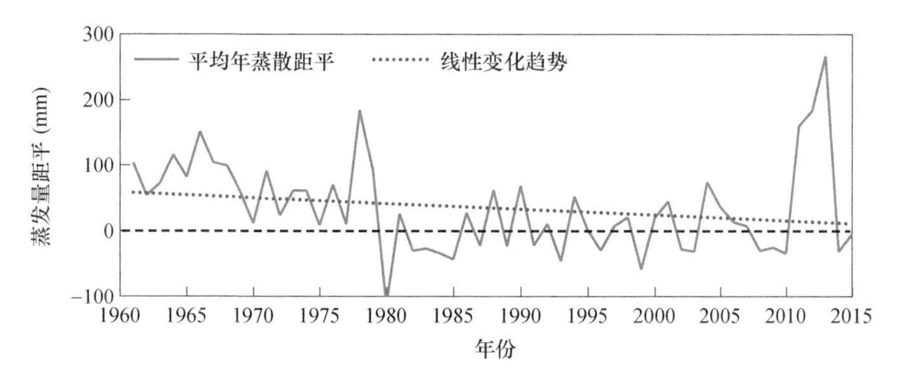

图 9.35　1961—2015 年马鞍山市平均年蒸散量距平变化

(4)相对湿度

1961—2016 年，马鞍山市平均相对湿度呈现明显减小趋势，平均每 10 年减小 0.96%，其中 2004 年以来持续偏小至 2015 年。

(5)风速

1961—2016 年，马鞍山市年平均风速呈现明显减小趋势，平均每 10 年减小 0.26 m/s；1995 年以前风速总体较常年偏高，之后持续偏低(图 9.36)。

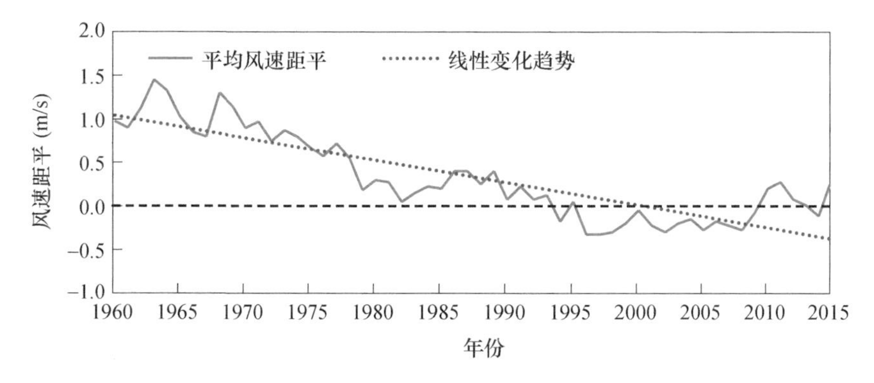

图 9.36　1961—2016 年马鞍山市年平均风速距平变化

(6)日照时数

1961—2016 年,马鞍山市平均年日照时数呈现明显减少趋势,平均每 10 年减少 75.2 h;1960 年代—1970 年代较常年总体偏多,1980 年代以后则以常年值附近的年际振荡变化为主(图 9.37)。

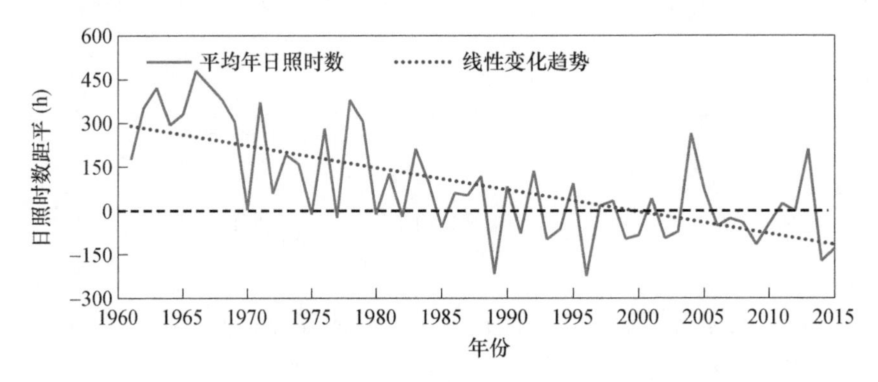

图 9.37　1961—2016 年马鞍山市平均年日照时数距平变化

(7)地面温度

1980—2015 年,马鞍山市年平均地面温度呈现显著增加趋势,平均每 10 年增加 0.54 ℃;1980 年代—1990 年代中期地面温度总体较常年偏低,1990 年代中期以来以偏高为主(图 9.38)。

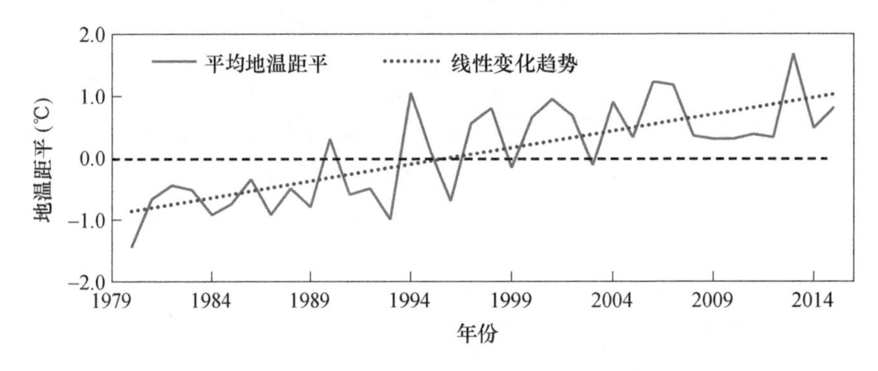

图 9.38　1961—2015 年马鞍山市年平均地面温度距平变化

(8)雾

1961—2016 年,存在明显的趋势转折点;1960 年代—1990 年代初呈明显的上升趋势,之后变化趋势不明显,1961—1992 年平均每 10 年增加 3.4 d。

(9)极端气候事件

干旱:1961—2016 年,马鞍山市单站年最长持续干期和持续湿期均无显著的线性变化趋势。

极端降水:1961—2016 年,马鞍山市暴雨日数、单站年 1 日最大降水量均无显著的线性变化趋势,主要表现为年际波动特征。

极端暖事件:1961—2016 年,马鞍山市平均年高温日数无显著的线性变化趋势;但是从不同年代上来看,1960 年代—1980 年代中期高温日数显著减少,进入 2000 年代后高温日数开始显著增加。

极端冷事件:1961—2016 年,马鞍山市平均年霜冻日数呈现明显减少趋势,平均每 10 年减少 3.4 d;1960 年代—1980 年代总体较常年偏多,2000 年代中期以来主要表现为常年值附近的年际振荡变化。

(10)四季变化

1961—2016年，马鞍山市平均入春时间呈现明显提前的趋势，平均每10年提前1.6 d；入秋时间则显著推迟，平均每10年推迟2.2 d；入夏时间的线性变化趋势不明显，平均每10年提前0.9 d；入冬时间推迟较显著，平均每10年推迟1.2 d。

1961—2016年，马鞍山市平均冬季日数呈现明显缩短趋势，平均每10年减少2.9 d，平均夏季日数呈现明显增长趋势，平均每10年增加3.1 d，其他季节日数的线性变化趋势不显著；1990年代以来夏季日数多高于常年。

9.5.3 气候变化对马鞍山市的影响

9.5.3.1 对农业生产的影响

农业气候资源变化特征：1961—2016年，马鞍山市平均≥10 ℃的年活动积温呈现明显增加趋势，平均每10年增加86.0 ℃·d；1960年代—1990年代中期总体较常年偏低，之后以偏高为主(图9.39)。

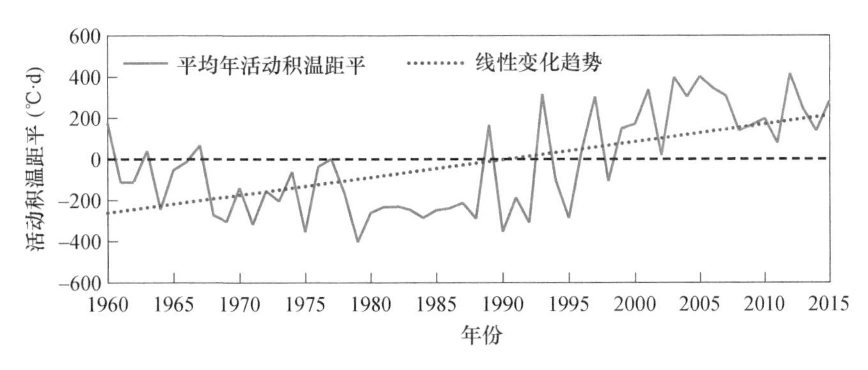

图9.39 1961—2016年马鞍山市平均≥10 ℃的年活动积温距平变化

气象灾害的影响：1988—2015年，马鞍山市旱涝事件整体表现为下降趋势，存在涝—旱—涝的循环交替过程，且年代际变化比较明显。分别从洪涝和干旱来看，两种灾害致灾面积均有较显著的增加趋势，近10年马鞍山市旱涝灾害受灾面积相对较大。

从1988—2015年低温冷冻灾害的受灾面积无显著变化趋势，1998年的冰冻雨雪灾害造成的受灾面积为全市有记录以来最大，达35266 hm^2，2002年以来马鞍山市冷冻灾受灾面积增大。

对主栽作物品种类型的影响：1990—2000年马鞍山市水稻种植面积持续下降，受到气候变暖的影响，自2000年代初开始水稻种植面积呈现上升趋势。

对作物产量的影响：1998年以来，马鞍山市无论是粮食总产量，还是水稻或小麦单产都呈现明显的上升趋势。农作物对气候变化最直接的响应主要体现在产量变化上。总体来看，由气候条件造成产量的年际波动(气候产量)很大，表明气候变化对粮食生产的影响非常明显。

从主要粮食作物的单产来看，2005年以前水稻气候产量多为负值，气候对水稻生产不利，2005年以后均为正值，最近几年气候产量持续上升，表明总的气候对水稻生长有利，气候对水稻生产有正面影响。2003年以前小麦气候产量维持在一个相对较小的波动范围，之后波动均以正值为主，且气候产量持续显著上升，表明气候对小麦生长正面影响明显。

9.5.3.2　对地表水资源的影响

水资源现状及变化特征：马鞍山市多年平均水资源总量（1999—2015 年）10.09 亿 m^3，其中地表水资源量 9.54 亿 m^3，地下水资源量 1.92 亿 m^3，人均水资源量 628.4 m^3，人均水资源量不足全国平均水平的 33%，全球的 8%。

马鞍山市水资源总量、地表水资源量及地下水资源量年际波动明显，且 2007 年后呈现较明显的上升趋势，这与马鞍山市降水量总体变化有密切关系。

马鞍山市多年平均用水总量（2010—2015 年）28.8 亿 m^3，其中农业用水量 7.7 亿 m^3，工业用水量 18.8 亿 m^3，人均用水量 1403.9 m^3。用水总量及工业用水量均呈现较明显增加趋势，农业用水量变化不大，因水资源总量也呈较明显增加趋势，马鞍山市水资源供需矛盾还不明显。

可利用降水资源变化特征：

1961—2015 年全市可利用降水资源量略有增长，但趋势未通过显著性水平。总的来看，马鞍山市可利用降水资源量年际波动较大，最丰年为 1991 年 1028.8 mm，最少年为 1978 年为 −608.3 mm。1961—2015 年马鞍山市可利用降水率以波动变化为主，趋势不显著，可利用降水率最大年约是最小年的 4 倍，降水资源量年际分配不均，易发生旱涝灾害。

马鞍山市可利用降水资源量呈现明显的南北分布差异。1981—2010 年马鞍山市可利用降水资源量平均为 174.9 mm，呈现从南向北、由西向东递减的空间格局，含山西部可达 200 mm以上，为中部地区的 2 倍。

1981—2010 年马鞍山市的可利用降水率平均为 0.16，和县东部、市区西部可利用降水率基本在 0.15 以下，大部分降水资源以陆面蒸发的形式损耗，可利用降水资源较为紧张，易发生干旱，同时考虑到上述地区较为密集的人口分布，水资源问题会成为制约这些地区发展的重要因素之一；对于当涂南部和含山西部，可利用降水率基本在 0.16 以上，水资源相对较为充沛，但是由于降水多集中在汛期，并且年际波动大，暴雨洪涝等灾害常对这些地区的社会经济发展和人民生命财产安全造成严重危害。

从近 50 年可利用降水量的线性演变趋势空间分布来看，全市为微弱的上升趋势，且和县东部、当涂西北部及市区西部等水资源本身较为欠缺的区域有所增加。全市可利用降水率变化特征基本相同，变化趋势总体来看较为微弱。

总的来看，马鞍山市可利用降水资源分布不均，和县、市区可利用降水资源较为紧张，当涂和含山虽然水资源较为充沛，但由于降水季节分配和年际波动等因素，易发生洪涝灾害。1961 年以来气候变化对可利用降水资源的空间分配产生了一定的有利影响，使得差异有缩小趋势。

9.5.3.3　对大气环境的影响

1961—2016 年马鞍山市大气环境容量呈现显著下降趋势，大气自净能力在不断减弱，大气可容纳的污染物全市平均每 10 年下降 946.1 t/km^2；2010—2015 年大气环境容量提升明显（图 9.40）。

9.5.3.4　城市热岛

城市热岛效应：

以马鞍山站作为城市站，当涂、含山、和县作为郊区站，以城市站和郊区站平均的气温差作为城市热岛效应的强度，研究马鞍山市的热岛效应特征。

1970—2016 年，马鞍山站平均气温 16.2 ℃，当涂站 16.1 ℃，含山站 15.8 ℃，和县站16.1 ℃，

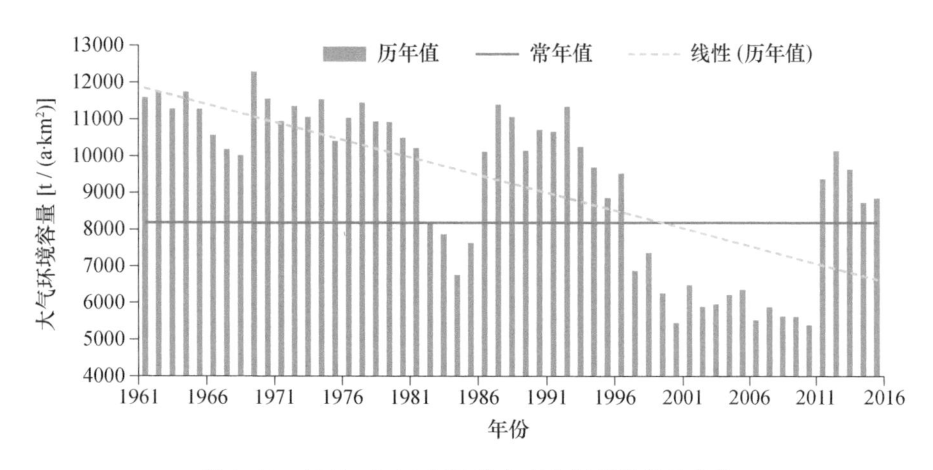

图 9.40　1961—2016 年马鞍山市大气环境容量变化

城市站高于郊区站；其中最低气温偏高最为明显，马鞍山站较当涂站平均偏高 0.1 ℃，较含山站偏高 0.4 ℃，较和县站偏高 0.1 ℃。1970 年以来，4 个站平均气温均呈现明显的增加趋势，马鞍山站、当涂站及和县站平均每 10 年增加约 0.4 ℃，含山站平均每 10 年增加约 0.3 ℃，城市和郊区的温度差进一步加大。1990 年代之后，马鞍山城市热岛效应较之前显著增强，这与 1990 年后城市化进程加快相符合，快速城市化使得城市气温显著升高，城市热岛效应更明显。

形成原因：

城市热岛效应的形成原因来源于气候变化和人类活动两方面。在这两个因素综合作用下，形成同一时间尺度马鞍山市区气温高于郊区的热岛现象。

气候变化因素主要表现为风速下降和小风日数的增加。马鞍山市 1995 年之后平均风速明显下降，其速率为每年约下降 0.27 m/s，小风日数（≤2.5 m/s）明显增加，增加幅度约为每年 9 d。风速下降，热量不易外散，热岛效应加剧。

城市化因素主要包括以下三个方面。

城市化进程加快。人口、工厂生产、交通运输愈加集中，能源消耗激增，以马鞍山市全社会用电量为例，2010 年为 116.11 亿 kW · h，到 2015 年达到 178.17 亿 kW · h，增长了 53.4%，能源消耗和燃料燃烧时排放大量热量，直接增暖了城市大气。

城市中的建筑、广场和道路等大量增加。2001—2016 年马鞍山市建筑用地增加了 1347 万 m^2，导致城市夜间表面温度下降缓慢；而绿地、林木和水体等却不断减少，缓解热岛效应的能力减弱。此外，城内大量高层建筑削弱了风速，使得热量平衡的水平输送相对困难。

城市中机动车辆、工业生产等不断增加。以民用汽车为例，1999 年马鞍山全市只有约 1.6 万辆，而 2015 年接近 18.3 万辆，增加了 10 倍，产生了大量的温室气体以及其他气溶胶。

9.5.3.5　城市内涝

对 2015 年马鞍山市暴雨期间主要的积涝点的分布情况进行了不完全统计，全市共计 34 处易涝点。

根据马鞍山站 1961—2015 年降水资料统计，马鞍山市区平均每年发生暴雨约 3 次，大暴雨平均约 1.5 年发生一次，强降水超过城市排水设施的排水能力是造成马鞍山市区严重洪涝灾害的主要因素。

9.6 淮北市气候变化评估

1961—2015年，淮北出现了以变暖为主要特征的气候变化，平均、最高、最低气温和地面温度显著升高，气温日较差显著减小，年蒸散量显著减少，平均相对湿度显著减小，平均风速显著减小，日照时数显著减小，入秋时间显著推迟。

气候变化导致淮北市农业气候资源和复种指数增加；受极端气候事件影响，农作物气候产量波动性较大；气候变化所带来的水果品质提高对特色产业的发展和壮大有积极的作用；水资源供需矛盾加大。

9.6.1 淮北市地理特征概况

淮北市位于安徽省北部，地处苏鲁豫皖四省之交，属暖温带半湿润季风气候。主要气候特征是季风显著，四季分明，气候温和，雨水适中，春温多变，秋高气爽，冬季显著，夏雨集中。

现辖溪县、相山区、杜集区、烈山区，总面积2741 km²，常住人口220余万。

9.6.2 气候变化的观测事实

(1)气温

1961—2015年，淮北市地表年平均气温呈现显著的上升趋势，平均每10年上升0.24 ℃；1994年以前年平均气温大多低于常年，之后总体偏高；排名前三位的高值年为2006年、2007年、1994年，排名前三位的低值年为1969年、1972年和1984年(图9.41)。

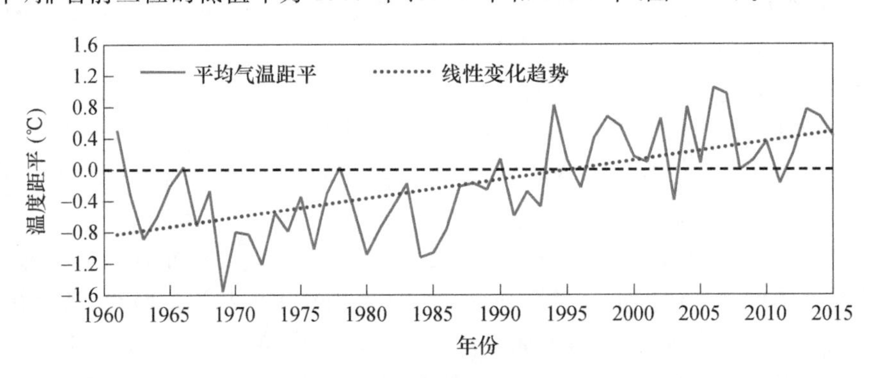

图9.41　1961—2015年淮北市地表年平均气温距平变化

1961—2015年，淮北市地表年平均最高气温无显著的线性变化趋势，1990年代中期以后总体偏高。1961—2015年，淮北市地表年平均最低气温显著上升，平均每10年上升0.4 ℃，1990年代中期以前最低气温总体较常年偏低，之后总体偏高。1961—2012年，淮北市地表年平均气温日较差呈现显著的下降趋势，平均每10年下降0.3 ℃；1960年代—1980年代气温日较差总体较常年偏大，之后主要以常年值为中心做年际振荡变化；2000年代中期以来气温日较差变化幅度较小。

(2)降水

1961—2015年，淮北市平均年降水量无显著的线性变化趋势，但年际变化显著；排名前三位的高值年为1991年、1983年和2003年，排名前三位的低值年为1966年、2002年和2001年(图9.42)。

1961—2015 年，淮北市平均年降水日数和降水强度均无显著的线性变化趋势。

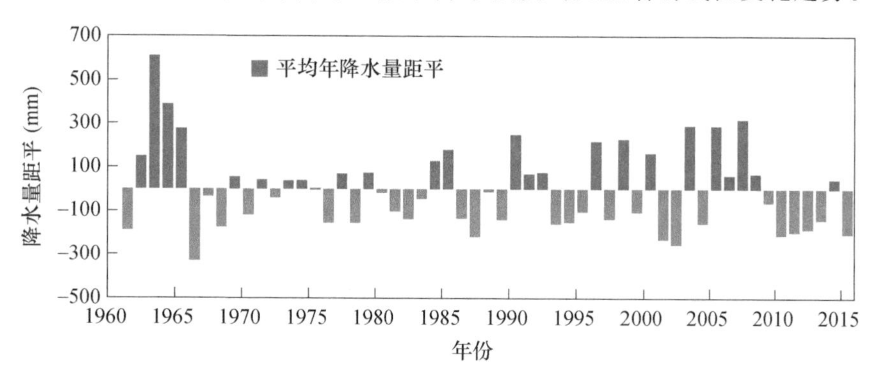

图 9.42　1961—2015 年淮北市平均年降水量距平变化

(3)蒸散

1961—2015 年，淮北市平均年蒸散量呈现显著的减少趋势，平均每 10 年减少 11.8 mm；1960 年代—1980 年代总体偏多，1990 年代偏少，2000 年代以来逐渐增加(图 9.43)。

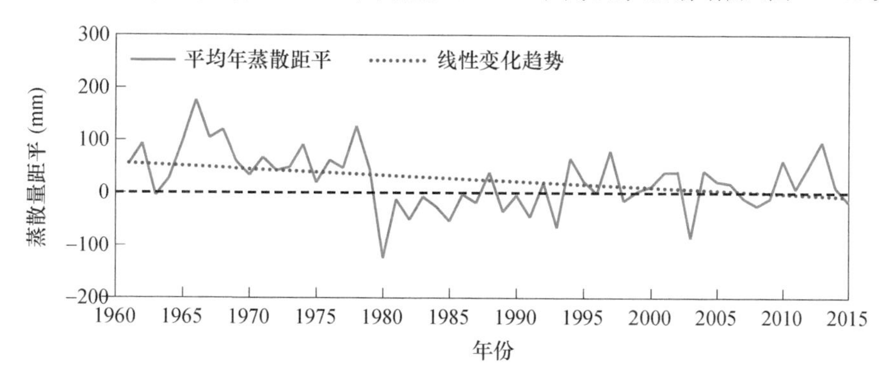

图 9.43　1961—2015 年淮北市平均年蒸散量距平变化

(4)相对湿度

1961—2015 年，淮北市平均相对湿度呈现显著的减小趋势，平均每 10 年减小 0.5%，其中 2008 年以来持续偏小。

(5)风速

1961—2015 年，淮北市平均风速呈现显著的减小趋势，平均每 10 年减小 0.23 m/s；1997 年以前风速总体较常年偏高，之后持续偏低(图 9.44)。

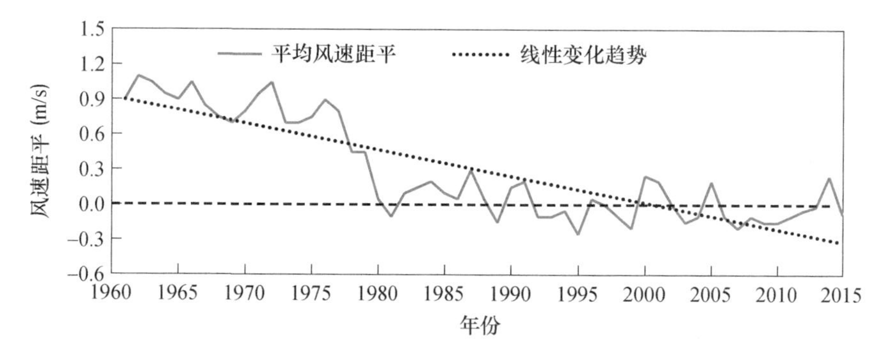

图 9.44　1961—2015 年淮北市平均风速距平变化

(6)日照时数

1961—2015 年,淮北市平均年日照时数呈现显著的减少趋势,平均每 10 年减少 24.3 h;1960 年代—1970 年代较常年总体偏多,1980 年代以后则以常年值附近的年际振荡变化为主(图 9.45)。

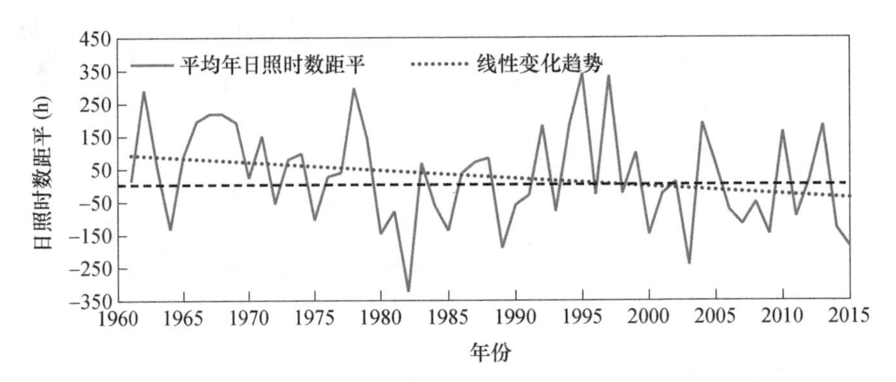

图 9.45　1961—2015 年淮北市平均年日照时数距平变化

(7)地面温度

1961—2015 年,淮北市年平均地面温度呈现显著的增加趋势,平均每 10 年增加 0.29 ℃;1960 年代—1990 年代初期地面温度总体较常年偏低,1990 年代中期以来以偏高为主(图 9.46)。

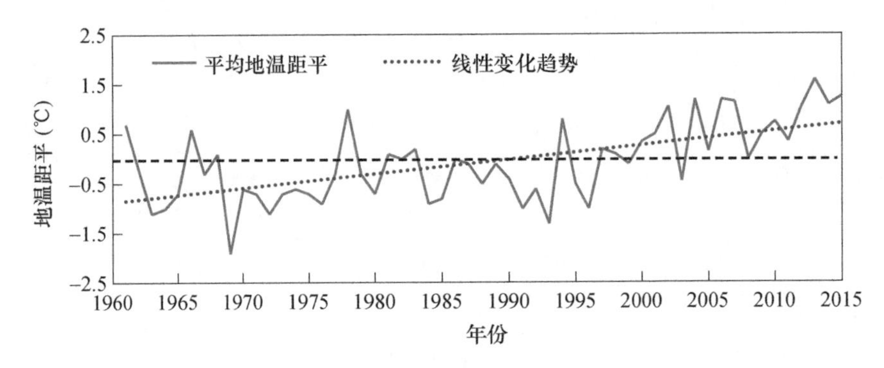

图 9.46　1961—2015 年淮北市年平均地面温度距平变化

(8)雾

1961—2015 年,淮北市平均年雾日数阶段性变化特征显著,存在显著的趋势转折点;1960 年代—1980 年代末呈显著的上升趋势,之后显著下降,1990—2015 年平均每 10 年减少 2.2 d。

(9)极端气候事件

干旱:1961—2015 年,淮北市平均年干旱日数无显著的线性变化趋势,但年际变化显著;排名前三位的高值年分别是 2011 年、1966 年和 2001 年。1961—2015 年淮北市单站最长持续干期和持续湿期均无显著的线性变化趋势。

极端降水:1961—2015 年,淮北市暴雨日数无显著的线性变化趋势,主要表现为年际波动特征;单站年 1 日最大降水量和 5 日最大降水量也均无显著的线性变化趋势。

极端暖事件:1961—2015 年,淮北市平均年高温日数无显著的线性变化趋势;但是从不同年代上来看,2000 年代后高温日数显著偏多。

极端冷事件:1961—2015 年,淮北市平均年霜冻日数呈现显著的减少趋势,平均每 10 年减少

6 d,2000年代中期以来普遍偏多。年极端低温呈现显著的上升趋势,平均每10年上升0.9 ℃。

冰雹发生次数:1961—2010年,淮北市年总冰雹日数无显著的线性变化趋势,1962年为冰雹最多年。

雷暴日数:1961—2013年,淮北市平均年雷暴次数呈现显著的下降趋势,平均每10年下降3.9 d;1980年以前年雷暴次数高于常年,之后则以常年值附近的年际振荡变化为主;排名前三位的高值年为1963年、1964年和1961年,排名前三位的低值年为2011年、1980年和1993年。

大风日数:1961—2015年,淮北市平均年大风次数呈现显著的下降趋势,平均每10年下降3.8 d;1980年代以前年大风次数高于常年,之后则以常年值附近的年际振荡变化为主;排名前三位的高值年为1972年、1971年和1973年。

(10)四季变化

1970—2015年,淮北市平均入秋时间显著推迟,平均每10年推迟2.2 d;入春、入夏和入冬时间的线性变化趋势不显著。

9.6.3　气候变化对淮北市的影响

9.6.3.1　对农业生产的影响

农业气候资源变化特征:1961—2015年,淮北市平均≥10 ℃的年活动积温呈现显著的增加趋势,平均每10年增加52.9 ℃·d;1960年代—1990年代中期总体较常年偏低,之后则以偏高为主(图9.47)。

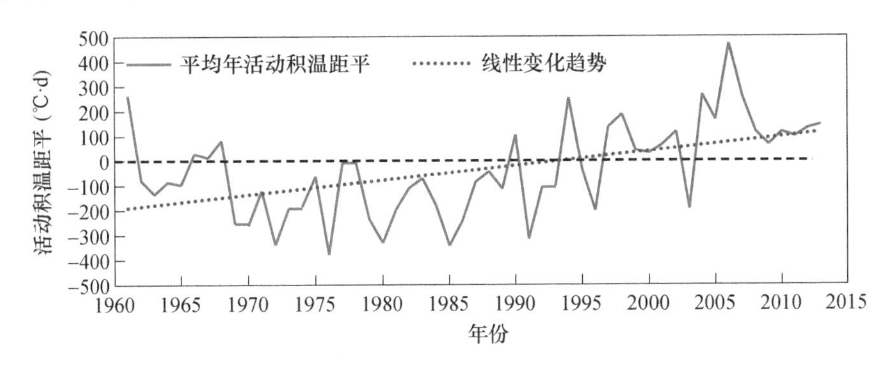

图9.47　1961—2015年淮北市平均年活动积温距平变化

气象灾害的影响:

2000年代中期以来旱涝灾害造成淮北市农田受灾面积平均在70万 hm^2 以上,成灾面积50万 hm^2 以上。淮北地区平均每年气象灾害的直接经济损失达80亿元以上,占GDP的8.2%,其中农业损失60亿元以上。

2000年代中期以来,淮北市旱涝灾害交替发生,经济损失严重。其中旱灾最严重的是2000年和2001年,受灾面积超过150万 hm^2,成灾面积为100～130万 hm^2,直接经济损失分别为45亿元和59亿元;水灾最严重的是2003年,受灾近300万 hm^2,成灾面积近250万 hm^2,直接经济损失203亿元;其次是1998年,受灾200万 hm^2,成灾面积近150万 hm^2,直接经济损失160亿元。水灾造成的直接经济损失和农业经济损失均远大于旱灾。

1960年代—1970年代初,淮北市几乎年年都有不同程度的冻害发生。1980年代以来,由于冬季温度升高显著，冻害次数减少，强度减轻，尤以1980年代中期至今，还未发生大面积的冻害。

对种植制度的影响：1980年代—1990年代，淮北地区复种指数没有太大变化，振幅很小，进入2000年代后，复种指数显著上升，近3年复种指数有减小的趋势。

对主栽作物品种类型的影响：

近年来淮北地区水果产业发展很快，特别是砀山酥梨、萧县葡萄、怀远石榴等特色产业在国内外的影响逐渐增大，气候变化所带来的水果品质提高对特色产业的发展和壮大有积极作用。淮北地区的粮食作物以其品质好、产量高而闻名，在气候变化背景下，研究并采用适当的耕作措施，减缓或消除不良影响是保证粮食品质的有效途径。

水稻按其生育期的长短可分为早、中、迟熟品种。生育期长的干物质积累多，产量高。水稻中熟品种生育期为115 d左右，早熟(迟熟)品种早(迟)10 d左右。≥10 ℃积温增加和持续日数增多，水稻生长期延长。对于原来只能种早中熟品种的淮北市可以种植中晚熟品种，提高产量。

根据冬小麦品种的冬春性，有4种类型强冬性品种、冬性品种、半冬性品种、春性品种。由于冬季气温升高显著，淮北市原来以冬性品种为主，现已过渡到半冬性品种。

对作物产量的影响：小麦气候产量无显著线性变化趋势，主要表现为年际变化特征。1990年代气候产量多为负值，说明气候变化对小麦生长不利；2000年代以来气候产量均为正值，表明气候对小麦生产有正面影响。

9.6.3.2 对地表水资源的影响

水资源现状：淮北市水资源总量无显著变化，但用水总量、农业用水量及工业用水量均呈现显著增加趋势，水资源供给矛盾加大。

可利用降水资源变化特征：1961—2015年全市可利用降水资源量无显著变化趋势，但年际波动较大，2010年代以来普遍偏少。最丰年为1963年，最少年为1966年。降水资源量年际分配不均，容易形成洪涝现象、不利于水资源的合理开发利用。

9.7 铜陵市气候变化评估

1961—2015年，铜陵市出现了以变暖为主要特征的气候变化，平均气温、最高气温和最低气温显著升高，平均相对湿度显著减小，平均风速显著减小，日照时数显著减少。年霜冻日数显著减少，极端低温显著升高，雷暴、大风日数显著减少。入春时间显著提前，入秋时间显著推迟，冬季日数显著减少。其中铜陵市平均风速降低速率为全省最高。

气候资源变化对铜陵市农业的影响总体上利大于弊，农作物的生长温度并没有受到负面影响，农业生产的热量条件得到改善；水资源与降水量密切相关，如果出现干旱则会导致水资源不足；大气环境容量不断减小，大气自净能力在不断减弱；城市热岛效应明显，秋冬季热岛强度要高于春夏季。

9.7.1 铜陵市地理特征概况

铜陵市因铜得名、以铜而兴，素有“中国古铜都，当代铜基地”之称。铜陵市位于安徽省中南部、长江下游，属北亚热带湿润季风气候，特点是季风明显，四季分明，全年气候温暖湿润，雨量丰沛，湿度较大，日照充足，雨热同季，无霜期长。

现辖枞阳县、铜官区、义安区、郊区，总面积 3008 km²，户籍人口 170 余万。

9.7.2　气候变化的观测事实

(1)气温

1961—2015 年，铜陵市地表年平均气温呈现明显的上升趋势，平均每 10 年上升 0.22 ℃；1994 年以前年平均气温大多低于常年，之后总体偏高；排名前三位的高值年为 2007 年、2013 年、1998 年，排名前三位的低值年为 1980 年、1984 年和 1969 年(图 9.48)。

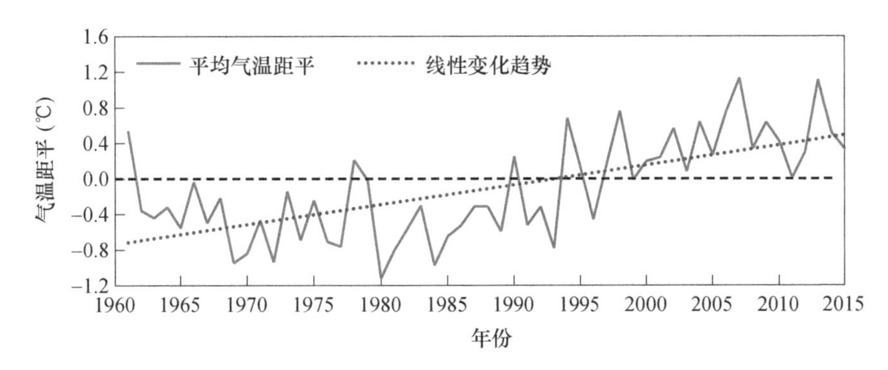

图 9.48　1961—2015 年铜陵市地表年平均气温距平变化

1961—2015 年，铜陵市年平均最高气温显著上升，平均每 10 年上升 0.2 ℃，1990 年代中期以前总体较常年偏低，之后总体偏高。年平均最低气温显著上升，平均每 10 年上升 0.3 ℃，1990 年代中期以前总体较常年偏低，之后总体偏高。年平均气温日较差无显著变化趋势，1960 年代—1970 年代总体较常年偏大，之后主要以常年值为中心做年际振荡变化；1996—2011 年气温日较差变化幅度较小，之后又有明显增大。

(2)降水

1961—2015 年，铜陵市年降水量无显著的线性变化趋势，但年际变化明显；排名前三位的高值年为 1983 年、1999 年和 1991 年，排名前三位的低值年为 1978 年、1968 年和 1967 年(图 9.49)。

1961—2015 年，铜陵市平均年降水日数和降水强度均无显著的线性变化趋势。

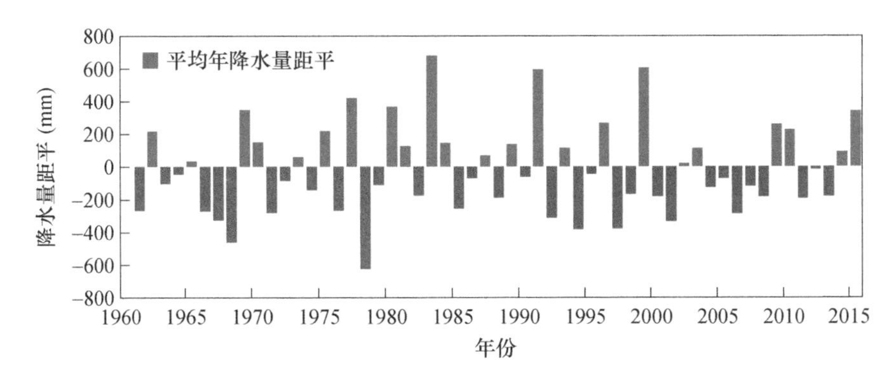

图 9.49　1961—2015 年铜陵市平均年降水量距平变化

(3)蒸散

1961—2015 年(1967 年缺测)，铜陵市年蒸散量减少趋势不显著，平均每 10 年仅减少

2.9 mm;1960 年代—1980 年代年蒸散量总体较常年偏多,1990 年代—2000 年代初期总体偏少,2004—2013 年偏多,之后两年又转为偏少(图 9.50)。

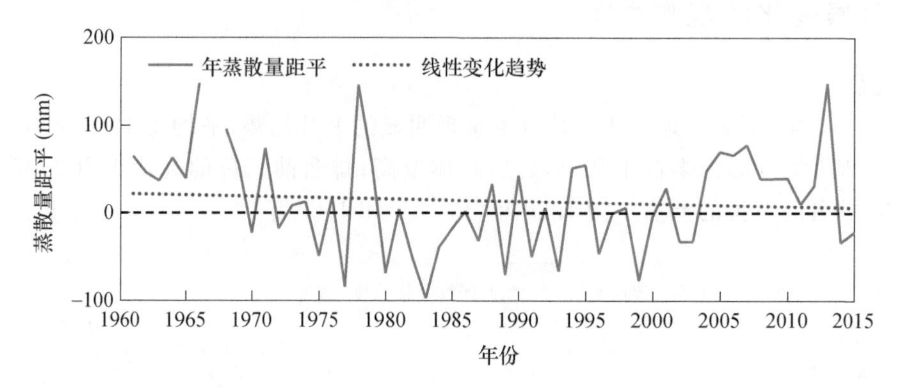

图 9.50 1961—2015 年铜陵市平均年蒸散量距平变化

(4)相对湿度

1961—2015 年(1967 年缺测),铜陵市年平均相对湿度呈现明显的减小趋势,平均每 10 年减小 0.9%;2004 年以前年平均相对湿度总体较常年偏高,2005—2011 年持续偏低,2012 年之后在常年值附近做年际振荡变化。

(5)风速

1961—2015 年(1967 年缺测),铜陵市年平均风速呈现明显的减小趋势,平均每 10 年减小 0.3 m/s;1992 年以前年平均风速总体较常年偏高,之后转为偏低,2003 年以后以常年值附近的年际振荡变化为主(图 9.51)。

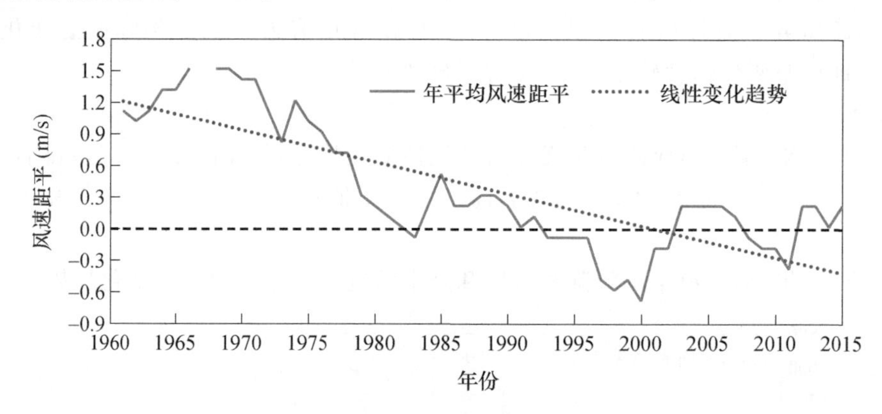

图 9.51 1961—2015 年铜陵市年平均风速距平变化

(6)日照时数

1961—2015 年,铜陵市年日照时数呈现明显的减少趋势,平均每 10 年减少 53.9 h;1960 年代—1970 年代年日照时数较常年总体偏多,1980 年代以后则以常年值附近的年际振荡变化为主(图 9.52)。

(7)地面温度

1961—2015 年(1967—1971 年缺测),铜陵市年平均地面温度增加趋势不显著,平均每 10 年增加 0.11 ℃;1970 年代—1990 年代初年平均地面温度总体较常年偏低,1990 年代中期以来以偏高为主(图 9.53)。

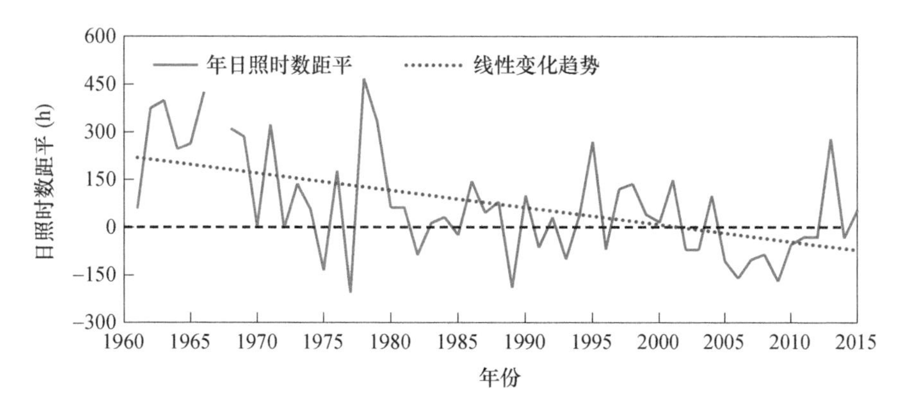

图 9.52　1961—2015 年铜陵市平均年日照时数距平变化

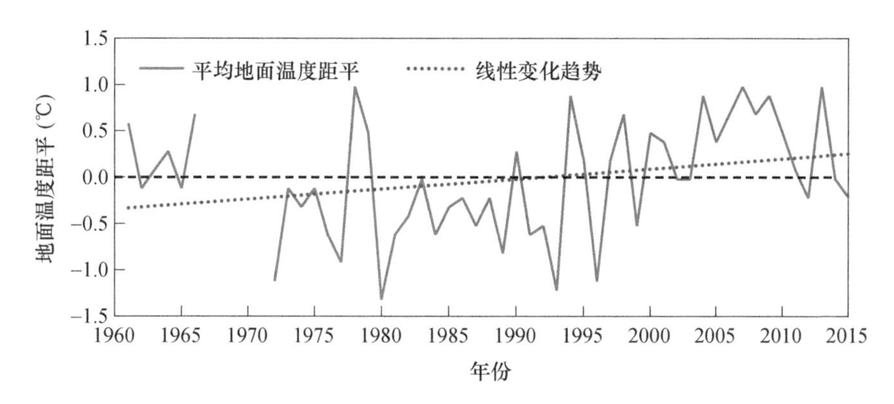

图 9.53　1961—2015 年铜陵市年平均地面温度距平变化

(8)雾

1961—2015 年,铜陵市年雾日数阶段性变化特征明显,存在明显的趋势转折点;1961—1989 年呈明显的上升趋势,平均每 10 年增加 2.9 d,之后有下降趋势,平均每 10 年减少 1.5 d。

(9)极端气候事件

干旱:1961—2015 年,铜陵市年干旱日数无显著的线性变化趋势,但年际变化明显;排名前三位的高值年分别是 1978 年、1997 年和 2001 年。1961—2015 年,铜陵市单站年最长持续干期无显著的线性变化趋势,排名前三位的高值年分别是 1987 年、2008 年和 1980 年。

极端降水:1961—2015 年,铜陵市暴雨日数无显著的线性变化趋势,主要表现为年际波动特征;单站年 1 日最大降水量和 5 日最大降水量也均无显著的线性变化趋势。

极端暖事件:1961—2015 年,铜陵市年高温日数增加趋势不显著,平均每 10 年增加 1.5 d;从不同年代上来看,1960 年代年高温日数在常年值附近做年际振荡变化,1970 年代—1980 年代高温日数较常年偏少,进入 2000 年代后高温日数开始显著增加。

极端冷事件:1961—2015 年,铜陵市年霜冻日数呈现明显的减少趋势,平均每 10 年减少 2.6 d;1960 年代—1980 年代年霜冻日数总体较常年偏多,2000 年代中期以来主要表现为常年值附近的年际振荡变化。年极端低温呈现显著的上升趋势,平均每 10 年上升 0.6 ℃,1960 年代—2000 年代总体较常年偏低,2005 年以后总体较常年偏高。

冰雹发生次数:1961—2015 年,铜陵市年冰雹日数无显著的线性变化趋势,但年际变化明显;高值年为 1974 年、1983 年、1988 年和 2005 年,均达到 2 次。

雷暴日数:1961—2013 年,铜陵市年雷暴日数呈现明显的减少趋势,平均每 10 年减少 3.4 d;1960 年代—1970 年代年雷暴日数总体较常年偏多,1992—2002 年年雷暴日数总体较常年偏少,2003—2013 年主要表现为常年值附近的年际振荡变化。

大风日数:1961—2015 年,铜陵市年大风日数呈现明显的下降趋势;1960 年代大风日数较常年明显偏多,年平均大风日数达到 21.8 d,远高于常年均值 2.1 d,1970 年代后年大风日数都在10 d以内;1970 年代—1990 年代中期年大风日数总体较常年偏多,1996—2011 年大风日数总体较常年偏少。

(10)四季变化

1961—2015 年,铜陵市平均入春时间呈现显著提前的趋势,平均每 10 年提前 2.1 d;入秋时间则显著推迟,平均每 10 年推迟 2 d;入夏和入冬时间的线性变化趋势不显著。

1961—2015 年,铜陵市平均冬季日数呈现显著缩短趋势,平均每 10 年减少 2.8 d,其他季节日数无显著变化趋势。

9.7.3 气候变化对铜陵市的影响

9.7.3.1 对农业生产的影响

农业气候资源变化特征:1961—2015 年(1967 年缺测),铜陵市≥10 ℃的年活动积温呈现明显的增加趋势,平均每 10 年增加 83.1 ℃ · d;1960 年代—1990 年代中期年活动积温总体较常年偏低,之后则以偏高为主(图 9.54)。

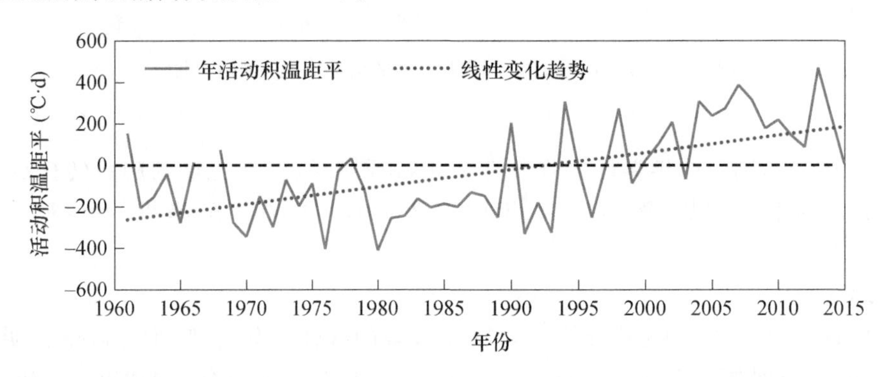

图 9.54 1961—2015 年铜陵市平均≥10 ℃的年活动积温距平变化

气候资源变化对铜陵市农业的影响总体上利大于弊。1961—2015 年,铜陵市年日照时数呈现明显的减少趋势,但因铜陵市总的气候变化还是以变暖为主要特征,≥10 ℃的年活动积温明显增加,无霜期平均每 10 年增长 2.5 d,昼夜温差平均每 10 年减少 0.04 ℃。农作物的生长温度并没有受到负面影响,农业生产的热量条件得到改善。

对种植面积的影响:

总体来说,1998—2014 年,农作物播种面积变化幅度不大,2007 年以前呈弱的减少趋势,2007 年以后为弱的增加趋势。粮食作物与谷物播种面积的变化趋势同农作物总播种面积相同。

具体到单个粮食作物,水稻播种面积 2004 年以前在常年值附近作年际振荡变化,之后呈减少趋势;小麦播种面积在 2006 年以前呈减少趋势,2007 年以后呈增加趋势。

对作物产量的影响：

1998—2014 年，铜陵市粮食产量呈明显上升趋势，平均每年增加 1754.4 t，谷物产量与粮食产量变化趋势相同；谷物中水稻产量 2007 年以前变化趋势同粮食、谷物产量变化趋势相同，2008 年以后有弱的下降趋势，但小麦、玉米产量均呈明显上升趋势；油类产量呈弱的上升趋势。

将产量分解为趋势产量和气候产量两部分，趋势产量是指技术和政策发展起来而带来的增产效应，气候产量则表示由气候条件造成产量的年际波动。总体来看，1998 年以后，气候产量呈波动变化。极端气候事件的发生，严重影响铜陵市农业生产的稳定。2003 年的大涝，2013 年的旱灾都导致严重减产。即极端气候事件的发生，会引起负的气候产量，导致减产。

从主要粮食作物的单产来看，水稻、小麦的气候产量均在零线附近呈波动变化，水稻气候产量的波动范围更大，小麦气候产量的波动范围相对小一些。2008 年以后小麦气候产量一直处于正值，说明 2008 年以后的气候变化对小麦生产有正面影响，对小麦生长有利。对于水稻，2010 年以后负值占 80%，说明 2010 年以后气候变化对水稻生产负面影响居多，对水稻生长不利。

9.7.3.2　对地表水资源的影响

铜陵市多年平均水资源总量（1999—2014 年）6.68 亿 m^3，其中地表水资源量 6.43 亿 m^3，地下水资源量 1.41 亿 m^3，人均水资源量 863.2 m^3。

铜陵市水资源总量、地表水资源量以及地下水资源量均无显著变化趋势，但年际波动明显。铜陵市水资源总量与地表水资源量演变曲线几乎重合，且与铜陵市年降水量变化趋势保持一致，即年降水量越多，该年水资源总量、地表水资源量就越多，反之亦然。

1961—2015 年，铜陵市年降水量增加趋势不显著（平均每 10 年仅增加 24 mm），年蒸散量减少趋势亦不显著（平均每 10 年仅减少 2.9 mm），对应水资源总量、地表水资源量无显著变化趋势。因为年降水量年际变化明显，水资源总量、地表水资源量年际变化明显。这样水资源受当年降水量影响很大，如果出现干旱，水资源会不足。

9.7.3.3　对大气环境的影响

1961—2016 年，铜陵市大气环境容量呈现显著下降趋势，大气自净能力在不断减弱，大气可容纳的污染物平均每 10 年下降 826.5 t/km^2，1990 年代中期至今呈现上升趋势（图 9.55）。

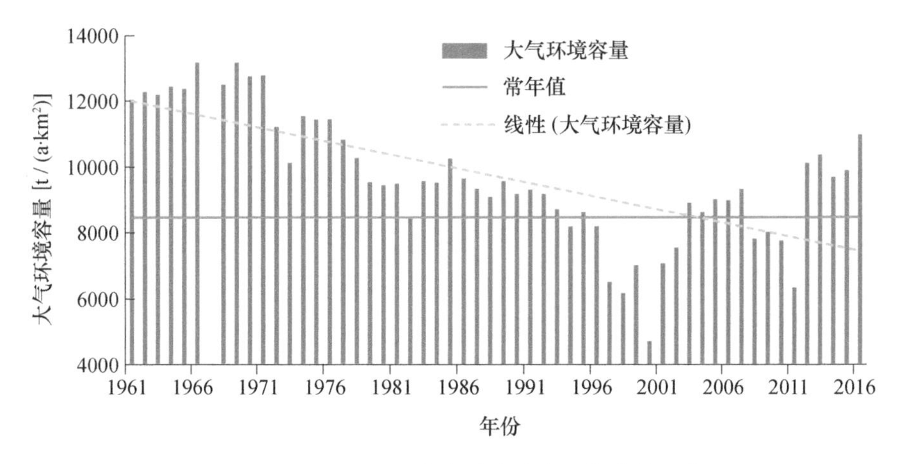

图 9.55　1961—2016 年铜陵市大气环境容量变化

9.7.3.4　城市热岛

将铜陵职业学院站作为城市站，铜陵市国家基本站作为郊区站，以城市站和郊区站平均的气温差作为城市热岛效应的强度，研究铜陵市的热岛效应特征。

2015—2016 年，除三个月(2015 年 6 月、7 月持平，2016 年 10 月略低)外，铜陵市城市站各月平均气温均高于郊区站，秋冬季城市热岛强度要高于春夏季节，分月城市热岛强度最强达到 1.1 ℃。

9.8　安庆市气候变化评估

1961—2015 年，安庆市出现了以变暖为主要特征的气候变化，平均气温、最高气温、最低气温和地面温度显著升高，年蒸散量显著减少，平均相对湿度显著减小，年霜冻日数显著减少，极端低温显著升高，入春时间显著提前，入秋时间显著推迟，冬季日数显著减少。其中安庆市地表年平均气温上升速率为全省最低。

气候变化导致安庆市农业生产的热量条件显著改善，病虫害增加，农业生产的不稳定性增加；水资源总量无显著变化，用水量显著增加导致水资源供需矛盾加大；城市热岛效应凸显；全市大气环境容量持续下降，不利于污染物扩散。

9.8.1　安庆市地理特征概况

安庆位于安徽省西南部，长江下游北岸，皖河入江处，西接湖北，南邻江西，西北靠大别山主峰，东南倚黄山余脉。长江流经市境 200 余千米。属北亚热带湿润季风气候，光热水资源丰富，有利于农作物生长发育，是安徽省重要的粮食产区。

现辖怀宁县、桐城市、望江县、太湖县、岳西县、宿松县、潜山市，迎江区、大观区、宜秀区，总面积 13589.99 km^2，其中市区面积 821 km^2，常住人口 470 余万。

9.8.2　气候变化的观测事实

(1)气温

1961—2015 年，安庆市地表年平均气温呈现显著的上升趋势，平均每 10 年上升 0.14 ℃；1994 年以前年平均气温大多低于常年，之后总体偏高；排名前三位的高值年为 2007 年、2006 年、1961 年，排名前三位的低值年为 1984 年、1980 年和 1969 年(图 9.56)。

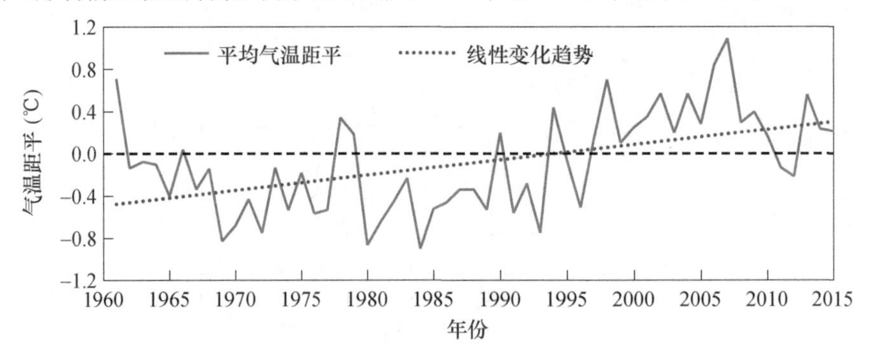

图 9.56　1961—2015 年安庆市地表平均气温距平变化

1961—2015 年,安庆市地表年平均最高气温显著上升,平均每 10 年上升 0.17 ℃,1995 年以后总体偏高,2007 年为最高。地表年平均最低气温显著上升,平均每 10 年上升 0.2 ℃,1995 年以前最低气温总体较常年偏低,1969 年为最低,之后总体偏高。地表年平均气温日较差无显著线性变化趋势,总体来看,1960 年代—1970 年代气温日较差总体较常年偏大,1980 年代总体较常年偏小,之后主要以常年值为中心呈年际振荡变化,且年际变化幅度较小。

(2)降水

1961—2015 年,安庆市平均年降水量年际变化显著,1961—1968 年和 2000—2008 年为少雨期;排名前三位的高值年为 1999 年、1983 年和 1977 年,排名前三位的低值年为 1978 年、1966 年和 2006 年(图 9.57)。

1961—2015,安庆市平均年降水日数和降水强度均无显著的线性变化趋势。

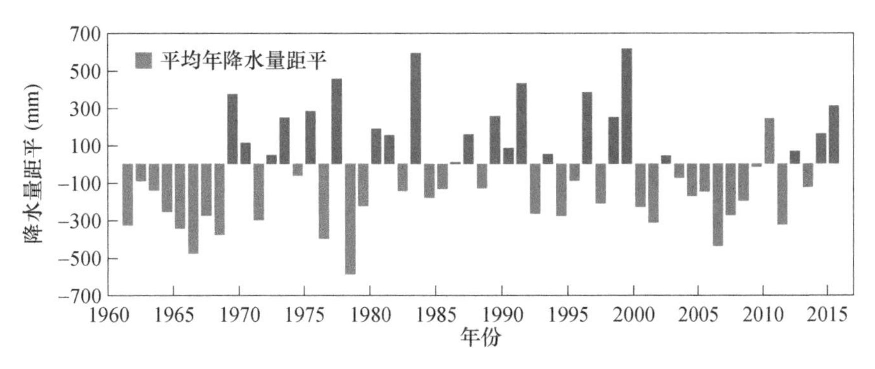

图 9.57　1961—2015 年安庆市平均年降水量距平变化

(3)蒸散

1961—2015 年,安庆市平均年蒸散量呈现显著的减少趋势,平均每 10 年减少 9.2 mm;1960 年代—1970 年代总体偏多,1980 年代—1990 年代总体偏少,2000 年代以来有增多趋势(图 9.58)。

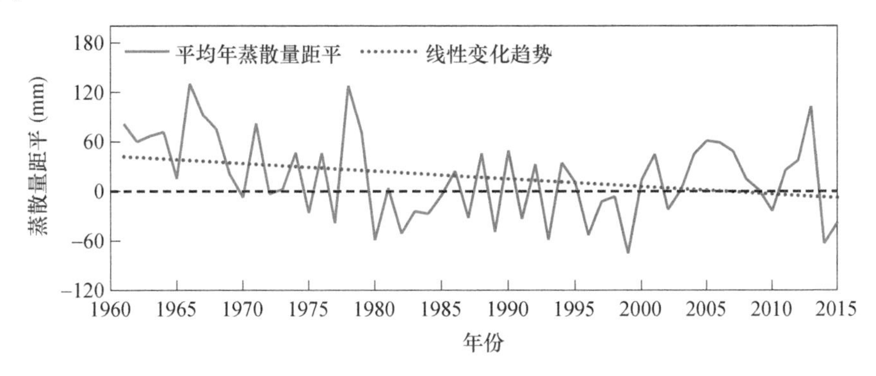

图 9.58　1961—2015 年安庆市平均年蒸散量距平变化

(4)相对湿度

1961—2015 年,安庆市平均相对湿度总体呈现减小趋势,其中 1960 年代多数年份偏小,1970 年代—2000 年代初期,相对湿度围绕常年值呈振荡趋势,2004 年以来持续偏小。

(5)风速

1961—2015 年,安庆市平均风速呈现显著减小趋势,平均每 10 年减小 0.17 m/s;1980 年以前风速总体较常年偏高,之后持续偏低;2012 年后有增大趋势,但平均风速仍在常年值以下(图 9.59)。

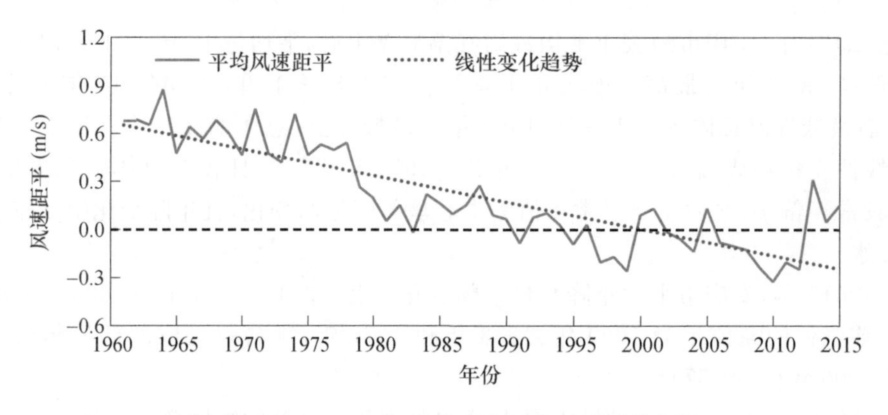

图 9.59　1961—2015 年安庆市平均风速距平变化

(6)日照时数

1961—2015 年，安庆市平均年日照时数呈现显著减少趋势，平均每 10 年减少 67.1 h；1960 年代—1970 年代总体较常年偏多，1980 年代—1990 年代中期则以常年值附近的年际振荡变化为主，1990 年代中期以后基本在常年值以下(图 9.60)。

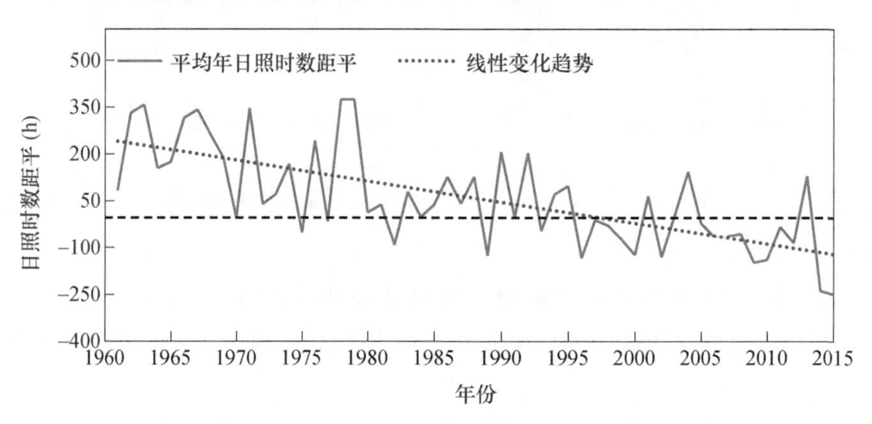

图 9.60　1961—2015 年安庆市平均年日照时数距平变化

(7)地面温度

1980—2015 年，安庆市年平均地面温度呈现显著上升趋势，平均每 10 年增加 0.46 ℃；1980 年代—1990 年代中期地面温度总体较常年偏低，1990 年代中期以后较常年偏高(图 9.61)。

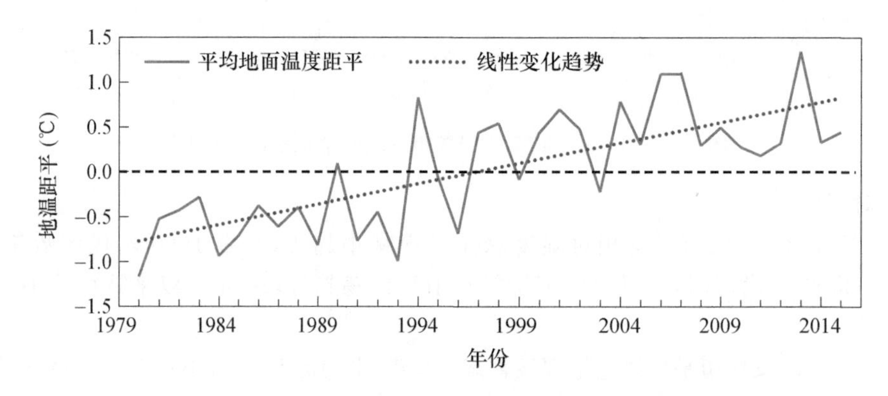

图 9.61　1961—2015 年安庆市年平均地面温度距平变化

(8)雾

1961—2015 年,安庆市平均年雾日数阶段性变化特征显著,存在显著的趋势转折点;1960 年代—1970 年代中期呈显著的上升趋势,1970 年代后期到 1900 年代处在高值区,而后显著下降,1990—2015 年平均每 10 年减少 0.6 d,2010 年来有增加趋势。

(9)极端气候事件

干旱:1961—2015 年,安庆市年干旱日数无显著线性变化趋势。年平均干旱日数 1961—1968 年间仅有 1 年低于常年值,1980—1991 年间仅有 2 年高于常年值,其余时段高低交替出现。排名前三位的高值年分别是 1978 年、2006 年和 1968 年,最少的为 1975 年、1987 年和 2015 年,没有出现干旱。1961—2015 年,安庆市年最长持续干期和持续湿期均无显著的线性变化趋势,但是最长持续干期的高值和低值差异较大,而持续湿期长短差异小,仅有两年超过 10 d。

极端降水:1961—2015 年,安庆市暴雨日数无显著的线性变化趋势,但是有两个阶段年平均暴雨日数处于低值区,分别为 1961—1968 年和 2000—2009 年。近几年来年际波动不显著,一直维持在常年值附近;年平均暴雨日数极值出现在 1999 年。

1961—2015 年,安庆市单站年 1 日最大降水量和 5 日最大降水量均无显著的线性变化趋势。单站 1 日最大降水量 1961—1968 年及 1985—1992 年均在常年值以下,近几年变化较小,一直维持在常年值附近;单站年 1 日最大降水量和 5 日最大降水量极值均出现在岳西县,分别出现在 2005 年和 1969 年。

极端暖事件:1961—2015 年,安庆市平均年高温日数无显著的线性变化趋势;但是从不同年代上来看,1960 年代—1970 年代高温日数振荡显著,并且振幅较大,1980 年代—1990 年代高温日数多数在常年值以下,进入 2000 年代后高温日数开始增多,均在常年值以上,但是年际振幅小。

1961—2015 年,安庆市年极端高温无显著的线性变化趋势;1968—1978 年有一段低值区,其余时段在常年值附近振荡,2000 年代以来大部分在常年值以上。极端高温最大值出现在 2003 年安庆市区,为 40.9 ℃,最低出现在 1982 年,为 35.4 ℃,该年仅有三个县出现高温天气。

极端冷事件:1961—2015 年,安庆市年极端低温呈现显著上升趋势,平均每 10 年上升 0.5 ℃,最低出现在 1969 年。

1961—2015 年,安庆市平均年霜冻日数呈现减少趋势,平均每 10 年减少 2.7 d;1960 年代—1980 年代中期总体较常年偏多,1980 年代后期到 1990 年代末总体较常年值偏少,2000 年代中期以来主要表现为常年值附近的年际振荡变化。

冰雹发生次数:1951—2015 年,安庆市年冰雹日数没有显著变化趋势,但 1964—1973 年连续 10 年冰雹日数高于常年值。年际振荡显著,最多的为 1969 年 15 次,有 12 年没有出现冰雹,尤其是 2011—2015 年连续 4 年没有出现冰雹天气。

雷暴日数:1961—2013 年,安庆市年雷暴次数呈现显著的减小趋势,平均每 10 年减少 3.3 d。

大风日数:1961—2015 年,安庆市年大风次数呈现显著减小趋势,平均每 10 年减少 4.7 d,1990 年代末以后基本处在常年值以下。

(10)四季变化

1961—2015 年,安庆市平均入春时间呈现显著提前的趋势,平均每 10 年提前 1.4 d;入秋时间则显著推迟,平均每 10 年推迟 1 d;入夏和入冬时间的线性变化趋势不显著。

安庆市四季分明,就常年来看,春、秋季较短,时长约为两个月;夏、冬季较长,各占四个月左右;春季和秋季最短分别为 40 d 和 41 d,夏季和冬季最长分别为 143 d 和 147 d。1961—2015 年,平均冬季日数呈现显著缩短趋势,平均每 10 年减少 2.1 d,其他季节日数的线性变化趋势不显著。

9.8.3 气候变化对安庆市的影响

9.8.3.1 对农业生产的影响

安庆是安徽省农业大市,农业资源丰富,多样性显著。现有耕地 29.8 万 hm^2、可养水面 14.867 万 hm^2、山场 56 万 hm^2,适宜于农林牧渔业全面发展。安庆市粮食作物主要为小麦、水稻、豆类、玉米、薯类和其他旱作粮,其中小麦、水稻产量占主要,油料作物主要是油菜、花生、芝麻。至 2015 年年底,全市有国家级优质米生产基地县 5 个、优质棉基地县 3 个、全国生猪调出大县 1 个、生猪基地县 5 个、省级水产大县 7 个,水产、油菜、棉花产业被列入国家优势产业带布局,主要农产品产量位居全省前列,是长江中下游重要的优质农产品生产基地。

农业气候资源变化特征:

安庆市多年平均太阳辐射总量为 4032～4212 MJ/m^2,空间分布特征为山区少,平原多。日照时数是表征太阳辐射强弱的气象要素之一。1961—2015 年,安庆市平均年日照时数呈现显著的减少趋势,平均每 10 年减少 67.1 h;1960 年代—1970 年代总体较常年偏多,1980 年代—1990 年代中期则以常年值附近的年际振荡变化为主,1990 年代中期以后基本在常年值以下。

1961—2015 年,安庆市出现了以变暖为主要特征的气候变化,农业生产的热量条件显著改善,全市平均≥10 ℃的年活动积温显著增加,平均每 10 年增加 55.2 ℃·d;1960 年代—1990 年代中期总体较常年偏低,之后则以偏高为主,尤其是 2000 年以后,每年的积温都高于常年值(图 9.62)。无霜期也呈现增长趋势,平均每 10 年增加 5 d,地表年平均最高、最低气温显著上升。

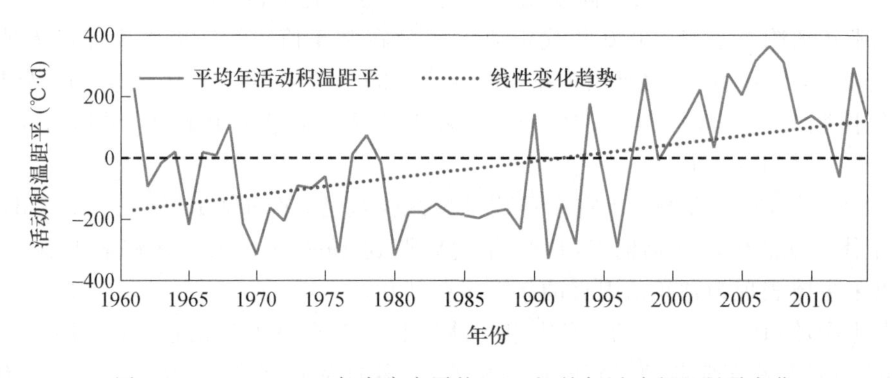

图 9.62 1961—2015 年安庆市平均≥10 ℃的年活动积温距平变化

旱涝灾害:1998—2015 年,安庆市因旱涝灾害受灾面积没有显著的线性变化趋势,2000 年代初旱涝灾害面积相对较小。1981—2010 年,安庆市水稻受灾面积呈现显著减少趋势,2000 年代以来受灾面积相对较小。

对种植面积的影响:1980 年代安庆市水稻种植面积维持在 38 万 hm^2 左右,比较稳定,1980 年代末开始持续下降,到 2003 年种植面积达到低谷,而后水稻种植面积呈现上升趋势。小麦种植面积也呈现先减少后逐渐增加的趋势,1980 年代末至 1990 年代初期安庆市小麦种植面积维持在5 万 hm^2 左右,而后种植面积开始减少,2000 年代初期仅有 2 万 hm^2 左右,而后虽然种植面积有所增加，但是基本上都没有超过4万hm^2/a。

对种植制度的影响：1980年代末至1990年代，安庆市复种指数没有太大变化，振幅很小，进入2000年代后，复种指数显著上升，近两年复种指数有减小的趋势。从每10年的变化可以看到，复种指数由1980年代—1990年代的2.3上升到2.6(2001—2009年平均)。

对病虫害的影响：气候变暖导致农业病虫害的发生区域不断扩大，这一点可以从农药使用量上得以体现。1990年至今，安庆市农药用量呈现显著的上升趋势，尤其是1990年代上升最为显著。

对作物发育期的影响：热量条件的增加及降水量的变化使得部分作物生育期发生改变。以安庆桐城市为例，从每10年的作物生育期来看，早稻生育期变化不大，双季晚稻的生育期显著缩短，油菜的生育期显著增长(表9.1)。

表9.1 各年代安庆桐城市主要粮食作物生育期天数(d)

作物	年代			
	1980	1990	2000	2010—2015年
早稻	105	107	107	/
双季晚稻	140	138	126	/
油菜	186	191	204	227

对作物产量的影响：

全市粮食单产的气候产量总体呈现显著的上升趋势，但是由气候条件造成的产量年际波动较大，尤其是1990年代年际波动最大。气候变化导致暴雨洪涝、旱灾等极端气候事件增加，对农业生产有着巨大影响。1991年大涝、1994年大旱、1996年大涝、1999年大涝、2013年高温热浪均导致了严重的减产。

从主要粮食作物的单产来看，安庆市水稻和小麦单产都呈现显著的上升趋势。1980年代水稻的气候产量维持在一个相对较小的波动范围内，并且以正值居多，表明气候对水稻生产有正面的影响；1990年代开始，气候产量正负值均有，近三年气候产量是逐年增加的。对油菜而言，1990年代以前，气候产量波动较小，尤其是1990年代均在0值附近，即气候变化对油菜影响较小，2000年至2009年这一阶段，气候产量多为正值，说明气候变化对油菜生长有利，2010年开始至2015年，气候产量均为负值，并且有减小的趋势，表明气候变化对油菜生产的负面影响已经显现。

对比温度和降水两个因子，气温显著升高但年际变率相对较小，对粮食单产波动影响不大，而降水虽然线性变化趋势不显著，但波动大，以桐城市气象局试验田的生育期代表大田生育期，计算出早稻单产与生育期内降水量呈线性负相关，降水量异常偏多的年份减产率较大，而降水量偏少时影响不显著。

9.8.3.2 对水资源的影响

水资源现状及变化特征：安庆市位于安徽省西南部，地处长江下游平原，支流甚为发育。北岸计有二郎河等12条支流，大多与湖泊相串通，从东南向流动，注入长江；南岸计有尧渡河至青通河等6条支流，呈南北流向，注入长江。此外，龙泉河、鹰山河向南注入江西省鄱阳湖和太白湖。发源于岳西县境的淠河向北注入淮河，杭埠河向东注入巢湖。安庆市降水量丰富、湖泊众多。水资源蕴含总量约680亿m^3，为全国排名的第20位，人均水资源占有率约为世界人均水资源占有量的四分之一。

安庆市多年平均水资源总量(1999—2015 年)99.5 亿 m^3,其中地表水资源量 97.6 亿 m^3,地下水资源量 18.5 亿 m^3,人均水资源量(2005—2015 年)1761.9 m^3。

安庆市水资源总量、地表水资源量及地下水资源量均无显著线性变化趋势,但年际波动显著,这与降水量总体变化有密切关系,1999 年安庆市降水量异常偏多,水资源总量也是最多的。安庆市用水总量、农业用水量及工业用水量均呈现显著增加趋势。水资源总量无显著变化,用水量的显著增加无疑将加大水资源供需矛盾。

可利用降水资源变化特征:1998—2015 年全市可利用降水量略有增长,但趋势未通过显著性水平。总的来看,安庆市可利用降水量年际波动较大,最丰沛的为 1999 年 1397.9 mm,最少的为 2006 年,仅为 50.8 mm。安庆市可利用降水量的空间分布特点是山区多于平原。这是因为受地形影响,山区降水量较为丰沛,并且平均气温较平原地区偏低,高温日数较平原地区偏少,因而蒸发量相对较小。

9.8.3.3 对大气环境的影响

1961—2015 年,安庆市平均大气环境容量呈现显著下降趋势,平均每 10 年下降 566.4 t/km^2,不利于大气污染物扩散。从年际变化来看,从 2001 年开始,安庆市大气环境容量呈现显著下降趋势,到 2011 年达到最低值,近两年大气环境容量虽然增多,但是仍然在常年值以下(图 9.63)。

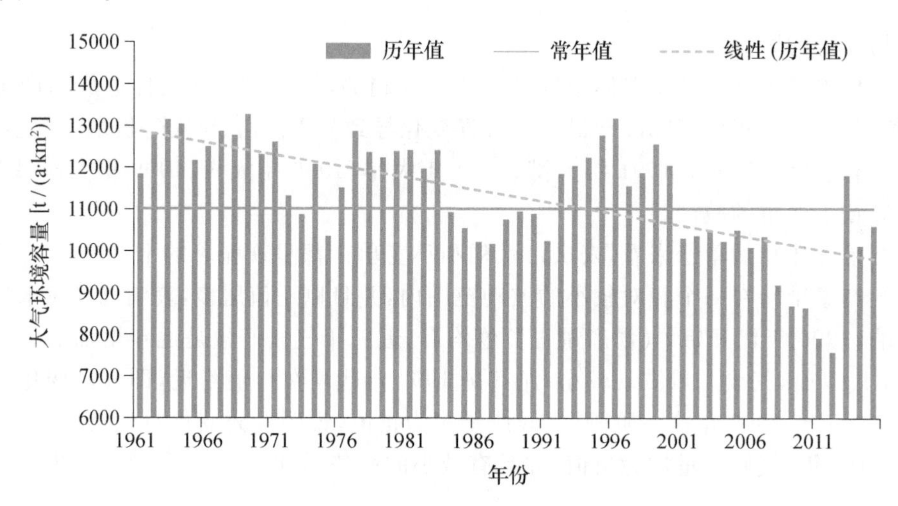

图 9.63 1961—2015 年安庆市大气环境容量变化

9.8.3.4 城市热岛

以安庆站作为城市站,怀宁站作为郊区站,以城市站和郊区站平均气温差作为城市热岛效应的强度,研究安庆市热岛效应特征。

从安庆站、怀宁站 1961—2015 年逐年平均气温变化来看,二者变化趋势相似,均呈现出显著的上升趋势,安庆站平均每 10 年上升 0.2 ℃,怀宁站平均每 10 年上升 0.1 ℃,怀宁站增温幅度小于安庆站。2012 年之前几乎所有年份安庆站平均气温均高于怀宁站;1960 年代,安庆站、怀宁站年平均气温差值很小,1970 年代开始两站年平均气温差开始增大,尤其是 1980 年代以后温度差达 0.5 ℃以上,2000 年代初更是达到 1 ℃左右,这与 1980 年后城市化进程加快相符合,快速城市化使得城市气温显著升高,城市热岛效应更加显著。

2013—2015 年安庆站年平均气温要小于怀宁站,并且温差变小,这是由于安庆观测站迁站所导致。2013年1月开始，安庆观测站搬迁到北部新城，远离城区。根据对比观测，新站平均气温较原站偏低1 ℃左右。

9.8.3.5 城市内涝

近年来，暴雨积涝屡有发生，显示安庆市内涝安全仍存在薄弱环节。内涝对城市造成较为严重的危害，公众和媒体普遍关注。根据新闻报道以及有关部门资料，2014年安庆市共查出58个积水点。

根据安庆站1951—2015年降水资料统计，安庆市区平均每年发生暴雨5～6次，大暴雨平均每年发生约1次，暴雨是造成安庆市区严重洪涝灾害的主要因素。

9.8.3.6 对森林生态系统的影响

安庆市平均森林面积(2005—2015年)54.56万 hm^2，呈现出明显增加趋势。森林覆盖率基本维持在35%以上，2015年达到了40.34%，为2005年以来的最高值。从造林面积来看，2007年以来明显增加，其中2009年、2013年达到了2.2万 hm^2 以上。

气候变暖有利于病虫害越冬、繁殖，使得病虫害为害时间延长，危害程度加重。2005—2015年，安庆市森林虫害呈现明显增加的趋势，平均每10年增加3.47万 hm^2，2013—2015年森林虫害发生面积均在5万 hm^2 以上。

9.9 黄山市气候变化评估

1961—2015年，黄山市出现了以变暖为主要特征的气候变化，平均气温、最高气温和最低气温显著升高，平均相对湿度显著减小，年平均风速显著降低，年霜冻日数显著减少，极端低温显著升高，雷暴和大风日数显著减少。

气候变化已影响黄山市农业生产的稳定。水资源丰富，与降水量总体变化有着密切的联系，但由于降水多集中在汛期，且年际波动大，暴雨洪涝等灾害常对社会经济发展和人民生命财产安全造成严重危害。快速城市化使得城市热岛效应凸显；大气环境容量总体保持稳定。

9.9.1 黄山市地理特征概况

黄山市位于安徽省最南端，处皖南山区，属北亚热带湿润季风气候，主要特点是四季分明，春秋短，夏冬长，热量丰富。黄山市地形地貌类型多种多样，以中、低山地和丘陵为主。

现辖歙县、黟县、休宁县、祁门县，屯溪区、徽州区、黄山区，总面积9807 km^2，常住总人口142.1万。

9.9.2 气候变化的观测事实

(1)气温

1961—2015年，黄山市地表年平均气温呈较显著的上升趋势，平均每10年上升0.16 ℃；1997年以前年平均气温大多低于常年，之后总体偏高；排名前三位的高值年为1994年、1998年和2007年，排名前三位的低值年为1976年、1980年和1984年(图9.64)。

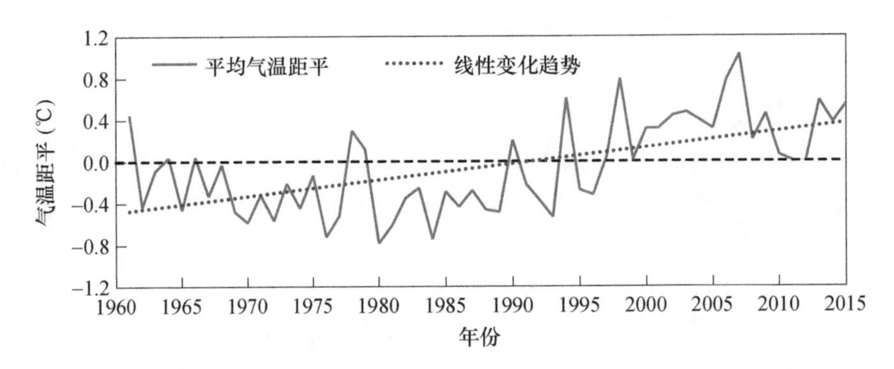

图 9.64　1961—2015 年黄山市地表年平均气温距平变化

1961—2015 年，黄山市地表年平均最高气温显著上升，平均每 10 年上升 0.15 ℃；1990 年代中期以后总体偏高；排名前三位的高值年为 1994 年、1998 年和 2007 年。地表年平均最低气温显著上升，平均每 10 年上升 0.25 ℃，1990 年代中期以前最低气温总体较常年偏低，之后总体偏高；排名前三位的高值年为 1998 年、2007 年和 2015 年。地表年平均气温日较差无显著线性变化趋势，1980 年代到 2000 年代初气温日较差总体在均值以下；近 5 年气温日较差变化幅度较大，极值差在正负 2 ℃左右。

(2)降水

1961—2015 年，黄山市平均年降水量无显著的线性变化趋势，但年际变化显著；1980 年代至 1990 年代末黄山市降水量基本在常年值以上；排名前三位的高值年为 1999 年、1983 年和 1973 年，排名前三位的低值年为 1978 年、1963 年和 2005 年(图 9.65)。

1961—2015 年，黄山市平均年降水日数和降水强度均无显著的线性变化趋势。

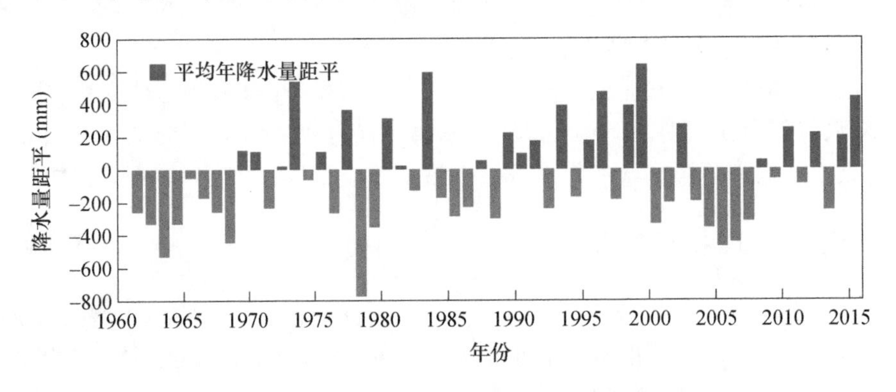

图 9.65　1961—2015 年黄山市平均年降水量距平变化

(3)蒸散

1961—2015 年，黄山市平均年蒸散量无显著变化趋势，1980 年代至 2000 年代初总体偏少，之后逐步增加；但近两年又有所下降(图 9.66)。

(4)相对湿度

1961—2015 年，黄山市平均相对湿度显著减小，平均每 10 年减少 0.4%，2003 年以前总体偏多，2003 年之后基本都在均值以下，2015 年为近 55 年中最低。

(5)风速

1961—2015 年，黄山市年平均风速呈现显著的减小趋势，平均每 10 年减小 0.05 m/s；

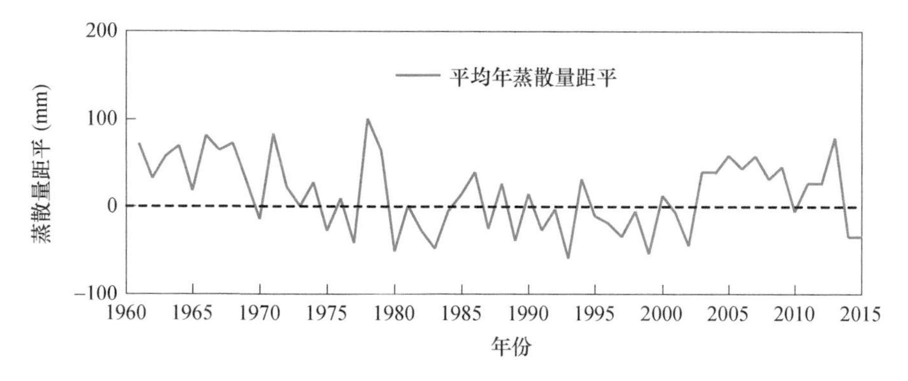

图 9.66 1961—2015 年黄山市平均年蒸散量距平变化

1960 年代到 1980 年代风速总体较常年偏高，之后至 2005 年之前持续偏低；2000 年代中期以来总体在均值以上，但有减小趋势(图 9.67)。

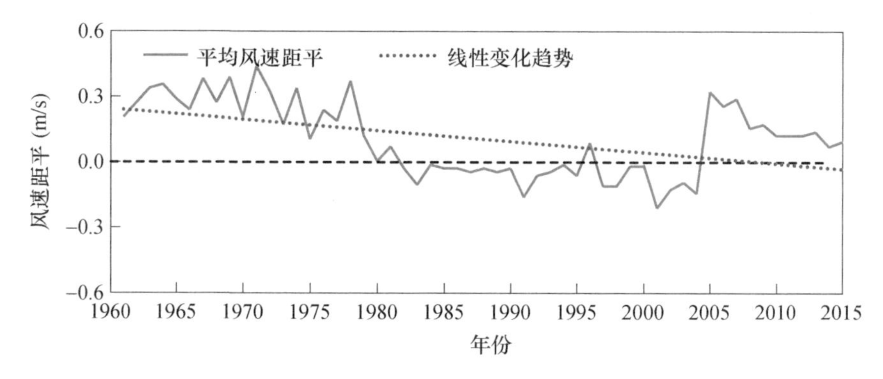

图 9.67 1961—2015 年黄山市年平均风速距平变化

(6)日照时数

1961—2015 年，黄山市平均年日照时数呈现显著的减少趋势，平均每 10 年减少 53.8 h；1960 年代—1970 年代较常年总体偏多，1980 年代以后则以常年值附近的年际振荡变化为主；2015 年平均日照时数为 1961 年以来的最低值(图 9.68)。

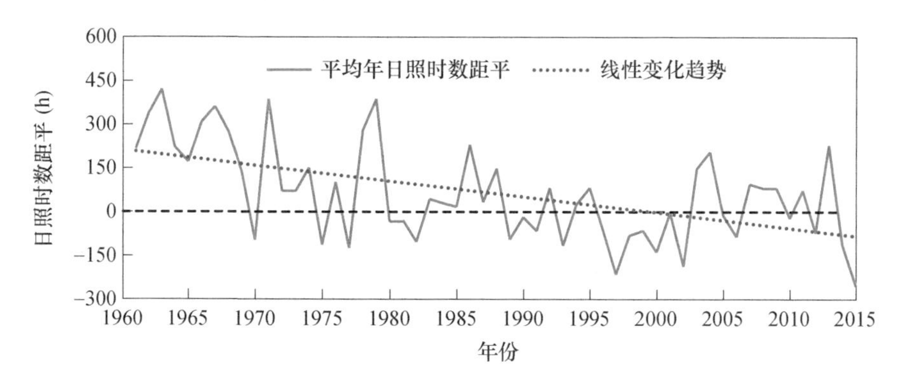

图 9.68 1961—2015 年黄山市平均年日照时数距平变化

(7)地面温度

1961—2015 年，黄山市年平均地面温度呈现先降后升的趋势；1970 年代末至 1990 年代末地面温度总体较常年偏低；2000 年代以来平均地面温度总体在常年值以上(图 9.69)。

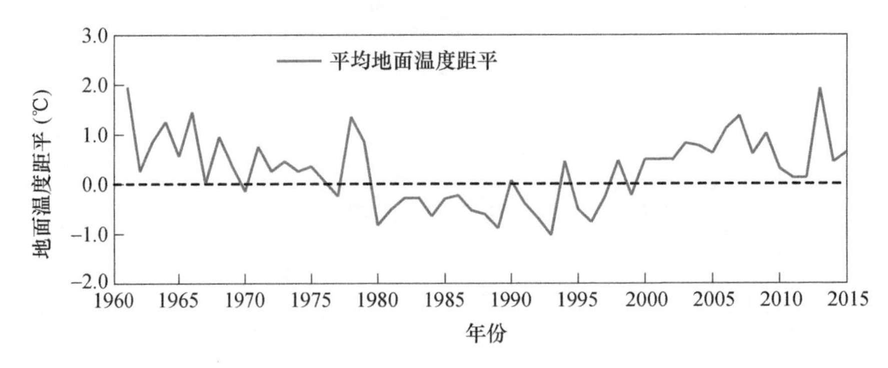

图 9.69　1961—2015 年黄山市年平均地面温度距平变化

(8)雾

1961—2015 年,黄山市平均年雾日数呈先增后减再增的阶段性变化特征;1960 年代至 1980 年代末呈显著的增加趋势,之后开始逐渐减少;2012 年开始有显著增加的趋势。

(9)极端气候事件

干旱:1961—2015 年,黄山市平均年干旱日数无显著的线性变化趋势,但年际变化显著,排名前三位的高值年分别是 1963 年、1968 年和 1978 年。1961—2015 年,黄山市单站年最长持续干期和持续湿期均无显著的线性变化趋势。进入 2000 年代以后多数年份年最长持续干期在常年值以下。1980 年代以后年最长持续湿期基本围绕常年值波动。

极端降水:1961—2015 年,黄山市暴雨日数无显著的线性变化趋势,主要表现为年际波动特征;进入 2000 年代之后大部分年份暴雨日数均在常年值左右。1961—2015 年,黄山市单站年 1 日最大降水量和 5 日最大降水量均无显著的线性变化趋势。年 1 日最大降水量年际振荡变化特征显著。进入 2000 年代以后多数年份年 5 日最大降水量在常年值以下。

极端暖事件:1961—2015 年,黄山市平均年高温日数无显著的线性变化趋势;但是从不同年代上来看,1980 年代至 1990 年代中期高温日数显著减少,进入 2000 年代后高温日数开始显著增加。1961—2015 年,黄山市年极端高温无显著的线性变化趋势;但是从不同年代上来看,1980 年代至 2000 年代初极端高温较常年值偏低;进入 2000 年代以后年极端高温基本都在常年值以上。

极端冷事件:1961—2015 年,黄山市年极端低温无显著变化趋势,1991 年为历年最低,为 −14.4 ℃。1961—2015 年,黄山市平均年霜冻日数呈现显著的减少趋势,平均每 10 年减少 3.5 d;1960 年代—1980 年代总体较常年偏多,2000 年代以来以低于常年值为主。

冰雹发生次数:1961—2009 年,黄山市冰雹日数无显著线性变化趋势。排名前两位的年份为 1979 年、1999 年,分别为 9 次、10 次。

雷暴日数:1961—2013 年,黄山市年雷暴日数现较显著减少的趋势,平均每 10 年减少 4 次;进入 2000 年代以后年雷暴次数基本都低于常年值。

大风日数:1961—2015 年,黄山市年大风日数呈显著的指数递减趋势。1980 年代以后年大风日数基本低于 6 次,1990 年代中期之后更是基本低于 4 次。

9.9.3　气候变化对黄山市的影响

9.9.3.1　对农业生产的影响

农业气候资源变化特征:1961—2015 年,黄山市平均≥10 ℃的年活动积温呈现显著的增加趋势，平均每10年增加55.5 ℃·d；1960年代—1990年代中期总体较常年偏低，之后则以偏高为主（图9.70）。

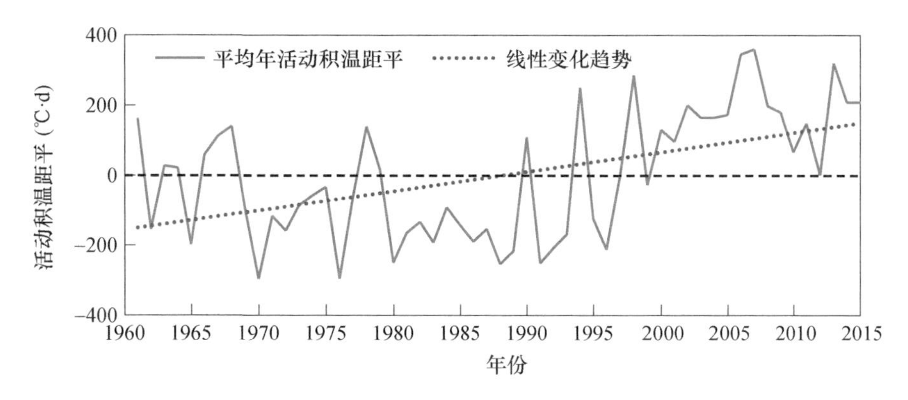

图9.70　1961—2015年黄山市平均≥10 ℃的年活动积温距平变化

旱涝灾害：2000年以后黄山市每年都会有不同程度的洪涝灾害，旱灾和涝灾受灾面积无显著的变化趋势，而2009年之后黄山市只有一年出现了旱灾，但造成的灾害面积比较大。

对病虫害的影响：黄山市最近几十年来因各类病虫害发生导致作物受灾的致灾面积大多呈显著上升趋势。

对作物产量的影响：

1961年以来，黄山市粮食总产量呈现显著的上升趋势，2000年以来由气候条件造成产量的年际波动较大，严重影响黄山市农业生产的稳定。

从主要作物单产来看，稻谷的气候产量变化趋势与粮食总产量的总体变化趋势一致，在2000年代初期以及近4年以负值为主，表明这段时期气候对稻谷的生长不利；而在中间基本无大旱大涝的时期为正值，表明气候对其生长是有利的。对油菜而言，2000年代以来大部分年份的气候产量都在均值左右，比较平稳。

从茶叶总产来看，茶叶的气候产量年际变化较为显著。1960年代至1980年代末期基本维持增长趋势，1990年代初至2000年代初则呈现下降趋势，随后又开始增加。从气候因素来看，1978年、1994年的大旱对茶叶的生长有很大的影响，气候产量均显著减少，而分析可知，在统计时期内的大涝年份与气候产量的变化没有较大关联。

9.9.3.2　对地表水资源的影响

水资源现状及变化特征：黄山市平均年降水量为1760 mm，是全省降水量最多的地区。多年平均水资源总量约为102.7亿 m^3，占全省水资源总量的14.9%，人均占有量7080 m^3，是全省的6倍。相应径流深1047.5 mm，径流主要集中在汛期，约占年径流总量的60%～70%。多年平均地下水资源为17.01亿 m^3。现有水库242座，小水电站108座，年发电量2.7亿 kW·h。

黄山市地表水资源总量及地下水资源总量均无显著线性变化趋势，但年际波动显著，这与黄山市降水量总体变化有着密切的联系。

新安江流域的屯溪水文站径流量的逐年变化表明，新安江流域的径流量呈现上升趋势。

可利用降水资源变化特征：1961—2015年全市可利用降水资源量无显著变化趋势。从整体上看，黄山市可利用降水资源量年际波动较大，最丰年为1999年1536.8 mm，最少年为1978年，年仅−30.8 mm，也是唯一一年可利用降水为负值。降水资源量年际分配不均，易发生旱涝灾害。1961—2015年黄山市可利用降水率的平均值为0.446，大部分年份都在0.4以上，水资源相对较为充沛，但由于降水多集中在汛期，且年际波动大，暴雨洪涝等灾害常对黄山市的社会经济发展和人民生命财产安全造成严重危害。

综上所述，近 50 年的气候变化对可利用水资源的空间和时间分配产生了一定的不利影响。

9.9.3.3 对大气环境的影响

1961—2015 年黄山市大气环境容量无显著的变化趋势，但 2000 年代以来整体低于常年值(图 9.71)。

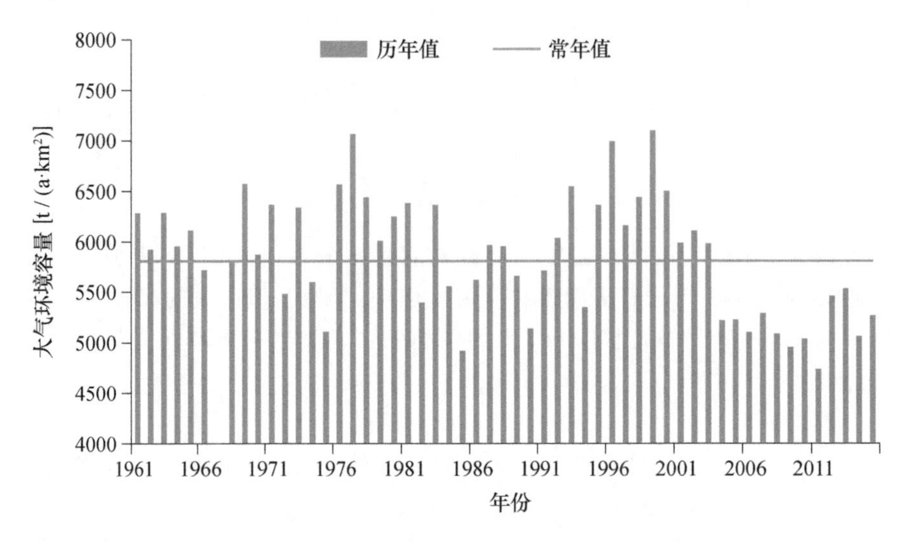

图 9.71 1961—2015 年黄山市大气环境容量变化

9.9.3.4 城市热岛

以屯溪站作为城市站，王村、潜口、源芳作为郊区站，以城市站和郊区站平均的气温差作为城市热岛效应的强度，研究黄山市的热岛效应特征。

2009—2015 年，黄山站平均气温 17.2 ℃，王村站 16.8 ℃，潜口站 16.6 ℃，源芳站 16.6 ℃，城市站显著高于郊区站。2009 年以来，4 个站中有 3 个站平均气温略有增加趋势，源芳站略有降低。而城市和郊区的温度差在 2010 年后有显著加大趋势，这与近几年城市化进程加快相符合，快速城市化使得城市气温显著升高，热岛效应更显著。

9.9.3.5 旅游气候

1980—2018 年黄山云海日数呈现明显的减少趋势，平均每 10 年偏少 14 d；1990 年代中期以前云海日数较常年偏多，之后明显偏少。云海日数年际变化明显，最多的是 1982 年 96 d，最少的是 2002 年和 2003 年均为 10 d，两者相差 86 d。2018 年云海日数为 41 d，较常年偏少 4 d (图 9.72a)。

1961—2018 年黄山避暑期日数没有明显的变化趋势。58 年中有 48 年整个夏季都是避暑日，避暑期日数长达 92 d，最少避暑期日数是 2003 年 82 d，即黄山为理想的避暑胜地。2018 年避暑期日数为 91 d。

1961—2018 年黄山平均气候舒适日数为 199 d，略高于全省平均。1961—2018 年黄山气候舒适日数有显著的增多趋势，平均每 10 年增加 4.7 d，增多速率明显高于全省，并表现出明显的年代际变化。1997 年以前气候舒适日数较常年偏少，之后则以偏多为主，表明随着气候的变暖，黄山在 1990 年代末期以后适合旅游的日数明显增多(图 9.72b)。

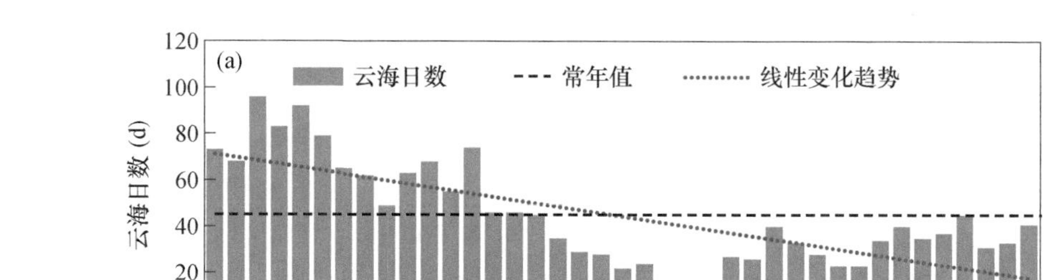

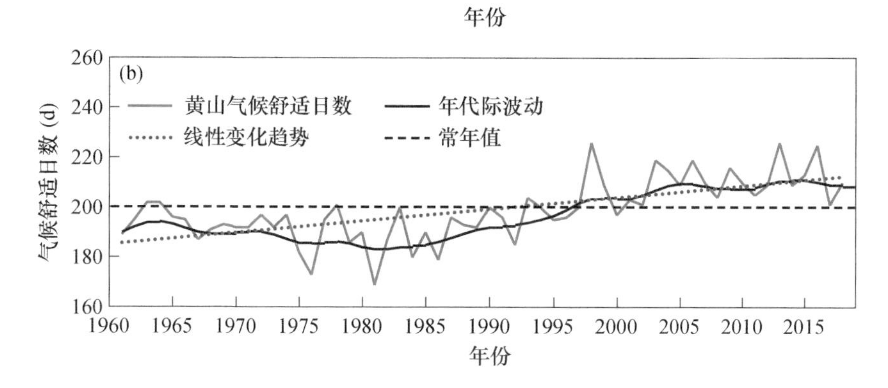

图 9.72　黄山光明顶云海(a)和气候舒适度(b)日数变化

9.10　阜阳市气候变化评估

1961—2015 年，阜阳出现了以变暖为主要特征的气候变化，平均气温、最高气温、最低气温明显升高，年霜冻日数和年蒸散量显著减少，年平均气温日较差、平均年日照时数和年平均风速显著减小，极端低温显著升高。其中阜阳市年蒸散量减少速率为全省最高。

气候变化改变阜阳市农业气候资源时空分布格局，在给农业带来生长季延长等正面影响的同时，也导致农业生产潜力下降，气象灾害频发，病虫害增加，农业生产的不稳定性增加等负面影响；阜阳市径流等水资源变化不显著，但干旱和极端降水的增加趋势加剧了极端水文事件的发生强度和频率，使得灾害损失加剧；城市热岛效应凸显，全市大气环境容量持续下降，不利于污染物扩散。

9.10.1　阜阳市地理特征概况

阜阳市地处皖西北的黄淮大平原南端，淮北平原的西部，属暖温带半湿润季风气候，气象灾害类多次频，植物和动物资源十分丰富而多样，也是我国粮食主产区和重要农产品基地之一。

现辖界首市、临泉县、太和县、阜南县、颍上县，颍州区、颍东区、颍泉区，总面积 10118 km^2，常住人口 1000 余万。

9.10.2　气候变化的观测事实

(1)气温

1961—2015 年,阜阳市地表年平均气温呈现明显的上升趋势,平均每 10 年上升 0.2 ℃;1994 年以前年平均气温大多低于常年,之后总体偏高;排名前三位的高值年为 2007 年、2006 年和 1998 年,排名前三位的低值年为 1969 年、1972 年和 1984 年(图 9.73)。

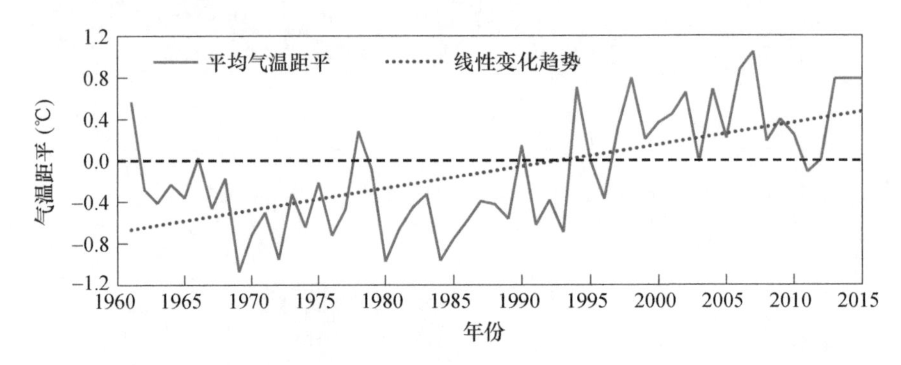

图 9.73　1961—2015 年阜阳市地表年平均气温距平变化

1961—2015 年,阜阳市地表年平均最高气温显著上升,平均每 10 年上升 0.1 ℃,1994 年之前偏低的年份居多,以后总体偏高,最高为 1966 年,最低为 1985 年。地表年平均最低气温显著上升,平均每 10 年上升 0.4 ℃,1994 年以前最低气温总体较常年偏低,之后总体偏高,最大值在 2007 年为 12.5 ℃,最小值在 1969 年为 9.2 ℃。年平均气温日较差呈现明显的下降趋势,平均每 10 年下降 0.3 ℃,1960 年代—1970 年代气温日较差总体较常年偏大,之后主要以常年值为中心做年际振荡变化,近 10 年气温日较差变化幅度较小,最大值在 1966 年为 11.8 ℃,最小值在 2003 年为 8.4 ℃。

(2)降水

1961—2015 年,阜阳市平均年降水量无显著的线性变化趋势,但年际变化明显;常年均值为 945.2 mm,排名前三位的高值年为 2003 年(1644.7 mm)、1984 年和 1991 年,排名前三位的低值年为 1976 年(488.3 mm)、1966 年和 2001 年(图 9.74)。

1961—2015 年,阜阳市平均年降水日数和降水强度均无显著的线性变化趋势。

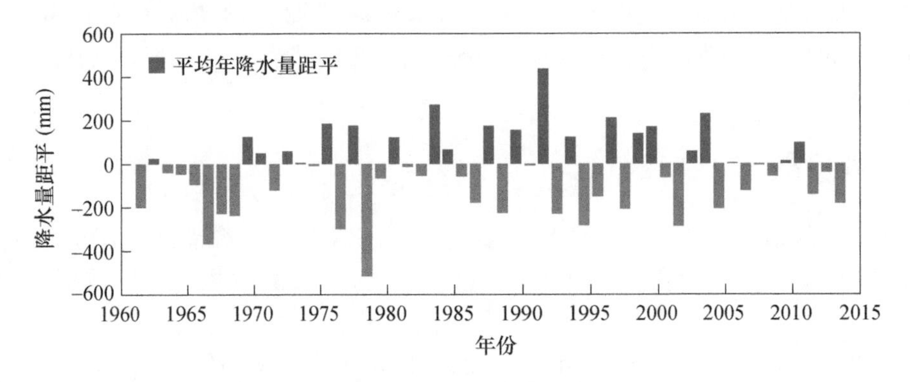

图 9.74　1961—2015 年阜阳市平均年降水量距平变化

(3)蒸散

1961—2015年,阜阳市平均年蒸散量呈现明显的减少趋势,平均每10年减少24.6 mm;1980年代之前总体偏多,之后整体偏少;常年平均蒸散量为964.4 mm,最多为1966年1168.9 mm,偏多204.5 mm,最少为2003年841.9 mm,较常年偏少122.6 mm(图9.75)。

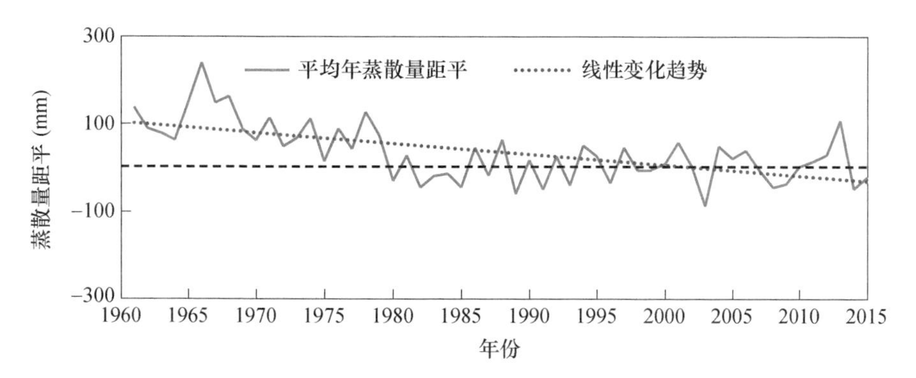

图9.75　1961—2015年阜阳市平均年蒸散量距平变化

(4)相对湿度

1961—2015年,阜阳市平均相对湿度无显著的线性变化趋势;但从不同年代来看,1970年代初之前波动较大,之后到2000年代初在均值附近波动,2005年之后以下降为主,均小于常年均值。年均相对湿度为74.7%,最大值是1985年,为78.8%,最小值是2011年,为66%。

(5)风速

1961—2015年,阜阳市平均风速呈现明显的减小趋势,平均每10年减小0.3 m/s;1993年以前风速总体较常年偏高,之后持续偏低;年最大值发生在1961年为3.4 m/s,比常年(2.2 m/s)偏大1.2 m/s,年最小值在2010年为1.6 m/s,比常年偏小0.6 m/s(图9.76)。

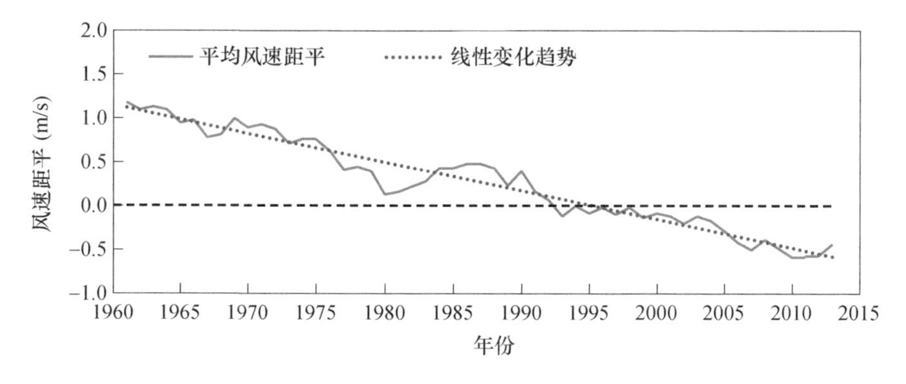

图9.76　1961—2015年阜阳市平均风速距平变化

(6)日照时数

1961—2015年,阜阳市平均年日照时数呈现明显的减少趋势,平均每10年减少115.3 h;1980年代初之前较常年总体偏多,1980年代初以后到2000年代初则以常年值附近的年际振荡变化为主,之后以偏少为主;常年均值为1990.3 h,最多的是1962年为2565.9 h,较常年偏多575.6 h,最少的是2014年为1649.4 h,较常年偏少340.9 h(图9.77)。

(7)地面温度

1961—2015年,阜阳市年平均地面温度无显著变化趋势;1960年代末至1990年代初地面

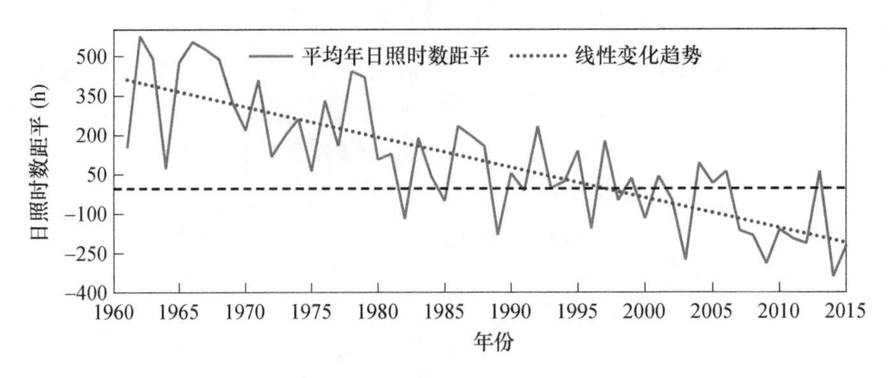

图 9.77 1961—2015 年阜阳市平均年日照时数距平变化

温度总体较常年偏低，1990 年代中期以来以偏高为主。常年均值为 17.5 ℃，最高值出现在 1978 年为 18.6 ℃，最低值出现在 1969 年为 16.2 ℃(图 9.78)。

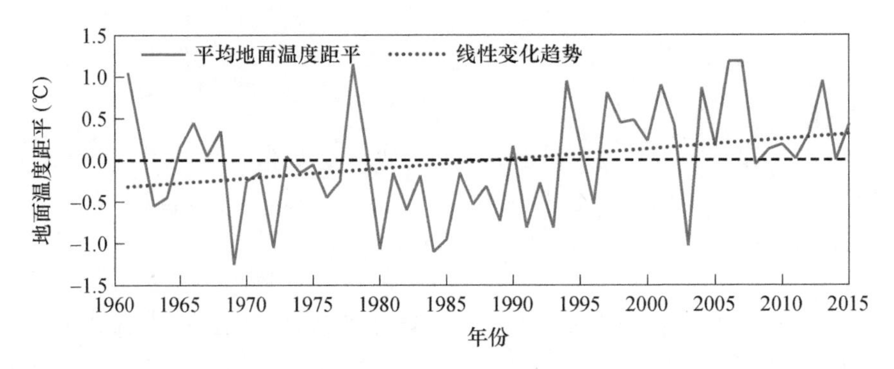

图 9.78 1961—2015 年阜阳市年平均地面温度距平变化

(8)雾

1961—2015 年，阜阳市平均年雾日数阶段性变化特征明显，存在明显的趋势转折点。1960 年代至 1980 年代末呈上升趋势，之后明显下降，1990—2015 年平均每 10 年减少 3.4 d；常年值为 24 d，最多出现在 2003 年有 37 d，最少出现在 2010 年有 9 d(图 9.79)。

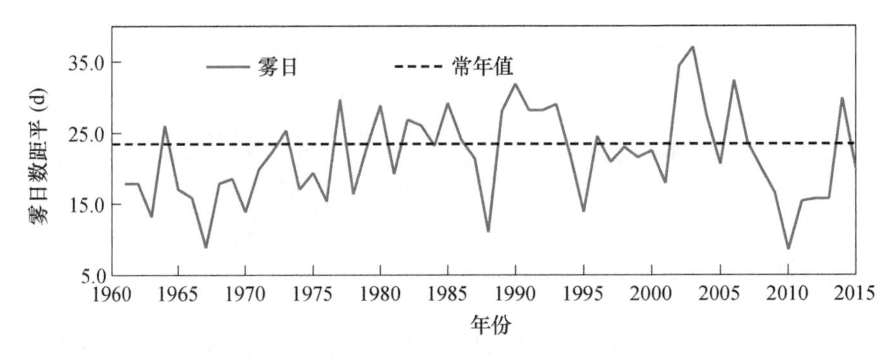

图 9.79 1961—2015 年阜阳市平均年雾日数变化

(9)极端气候事件

干旱：1961—2015 年，阜阳市平均年干旱日数无显著的线性变化趋势，但年际变化明显；年平均干旱日数为 87 d，排名前三位的高值年分别是 1976 年(239 d)、1966 年(238 d)和 2013 年(213 d)。1961—2015 年，阜阳市单站年最长持续干期和持续湿期均无显著的线性变化趋势。年最长持续干期出现在1988年为65 d,较常年偏多26 d;年最长持续湿期出现在2003年为8 d,较常年偏多3 d。

极端降水:1961—2015年,阜阳市平均年暴雨日数的线性变化趋势不显著;年均暴雨日为3.3 d,暴雨日最多的年份是2003年8.3 d,最少的是1976年0.3 d;排名前三位的高值年为2003年、2005年和1991年,排在后三位的1976年、1966年、2004年、1992年(2004年和1992年并列第三)。

1961—2015年,阜阳市年1日最大降水量和5日最大降水量均无显著的线性变化趋势。1日最大降水量最大出现在1984年为280.5 mm,较常年偏多175.3 mm;5日最大降水量最大出现在2005年为368.5 mm,较常年偏多194.9 mm。

极端暖事件:1961—2015年,阜阳市平均年高温日数无显著的线性变化趋势;从不同年代上来看波动较大。1980年代之前以偏多为主,1980年代到2007年在均值附近振荡,2009年以来又以增多为主。年均日数为13 d,最多1967年有50 d,最少2008年仅1 d。

1961—2015年,阜阳市年极端高温无显著的线性变化趋势;但是从不同年代上来看,1960年代至1980年代初期极端高温以偏高为主,1980年代中期到2000年代在常年值附近振荡;年极端高温均值为37.6 ℃,最高值出现在1967年为40.7 ℃。

极端冷事件:1961—2015年,阜阳市年极端低温呈现明显的上升趋势,平均每10年上升0.9 ℃;年均极端低温为−9.5 ℃,最低为1969年−20.9 ℃。

1961—2015年,阜阳市年霜冻日数呈减少趋势,平均每10年减少6 d;1980年代末期之前较常年偏多,1980年代末期到2000年代初以偏少为主,之后在常年值附近作年际振荡。常年均值为56 d,最大1969年68 d,最少是2007年34 d。

冰雹发生次数:1961—2009年,阜阳市年平均冰雹日数无显著线性变化趋势,1970年代中期之前以偏多为主,之后在常年均值附近波动,次数也明显减少。最多发生在1972年有23次,48年中有13年没有出现冰雹。

雷暴日数:1961—2013年,阜阳市平均年雷暴日数呈减少趋势,平均每10年减少3.6 d;1970年代中期较常年总体偏多,之后在均值附近振荡,但起伏不大。最多出现在1963年,达52.7 d,最少出现在1999年,仅9.5 d。

大风日数:1961—2015年,阜阳市平均年大风日数阶段性变化特征明显,存在明显的趋势转折点;1960年代至1980年代初较常年偏多,但呈明显的下降趋势,平均每10年减少3.4 d,之后在常年值附近小幅波动;常年均值为2.8 d,出现大风日数最多的是1966年有17.2 d,最少是2014年仅0.3 d。

(10)四季变化

1961—2015年,阜阳市平均入春、入夏、入秋和入冬时间的线性变化趋势不显著。

1961—2015年,阜阳市平均各季节日数均无显著线性变化趋势。

9.10.3　气候变化对阜阳市的影响

9.10.3.1　对农业生产的影响

阜阳市农业人口918.3万,农业从业人口202万,耕地面积57.433万 hm^2,常年农作物播种总面积在120万 hm^2 以上,是安徽省农业规模最大的市,地处我国粮食主产区内,农业资源丰富,农产品比重大。据农委统计,农产品品种较多,大宗粮食作物有小麦、玉米、大豆、稻谷、甘薯等，经济作物主要有蔬菜、瓜类、油料、棉花、中药材、园林水果、花卉苗木等，养殖产品主要有黄牛、山羊、生猪、禽类、水产品等。常年粮食总产 50 亿 kg 以上，占安徽省 1/6；肉蛋奶总产 75 万 t 以上；蔬菜瓜果总产 500 多万吨，占安徽省 1/5；水产品产量近 10 万 t，是国家大型商品粮、棉、油、肉生产基地。

农业气候资源变化特征：1961—2015 年，阜阳市平均≥10 ℃的年活动积温呈现明显的增加趋势，平均每 10 年增加 52.4 ℃ · d；1960 年代—1990 年代中期总体较常年偏低，之后则以偏高为主。常年均值为 5119.5 ℃ · d，2006 年最大为 5517.2 ℃ · d，1991 年最少为 4756.1 ℃ · d（图 9.80）。

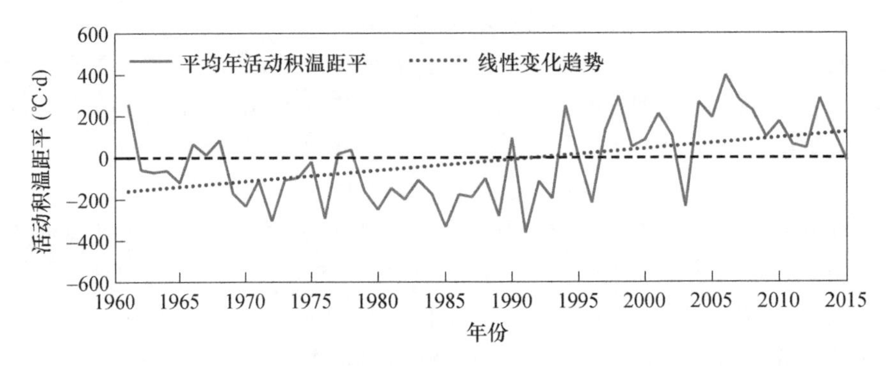

图 9.80　1961—2015 年阜阳市平均≥10 ℃的年活动积温距平变化

对病虫害的影响：阜阳市最近几十年来因各类病虫害发生导致作物受灾面积大多呈明显上升趋势。就小麦赤霉病而言，作为小麦重要的病虫害之一，近年来，阜阳市小麦赤霉病在面积上呈上升趋势，已经成为四月份需要着重要防范的小麦病虫害。

对作物产量的影响：

总体来看，1960 年代以来，阜阳市粮食单产呈现明显的上升趋势，但由气候条件造成产量的年际波动（气候产量）自 1990 年代以来不断增大，尤其是近 10 年气候产量均为负值，表明气候变化对粮食生产的负面影响已经显现。1969 年、1980 年、1991 年、2003 年和 2005 年的大涝，1978 年、1994 年的大旱，2013 年高温热浪等均导致减产。

从主要粮食作物的单产来看，1960 年代—1970 年代小麦气候产量维持在一个相对较小的波动范围，1980 年代—1990 年代波动加大，且以正值为主，表明总的气候对小麦生长有利，在 2010 年以来气候产量持续上升，表明气候对小麦生产有正面影响。

9.10.3.2　对地表水资源的影响

水资源现状及变化特征：阜阳辖区内河流属淮河水系，主要河流有淮河、颍河、洪河、谷河、润河、泉河、茨淮新河、黑茨河等，主要湖泊有八里河（湖）、焦岗湖、颍州西湖等，大中型闸共 50 余座。

淮河发源于河南省桐柏山，在阜阳境内河道长度 169 km。颍河是淮河的最大支流，发源于河南省伏牛山脉，流经河南省，于界首市进入阜阳市，经太和县、颍泉区、颍州区、颍东区、颍上县于沫河口汇入淮河，在阜阳市境内流域面积为 4112 km²，河道长 208 km。泉河是颍河的一条主要支流，发源于河南省郾城县邵陵岗附近，流经阜阳市的临泉县、界首市、颍州区、颍泉区，于阜阳城三里湾注入沙颍河，在阜阳市境内流域面积 1990 km²，河长 94 km。

阜阳市多年平均水资源总量 35.64 亿 m³，其中地表水资源量 21.05 亿 m³，地下水资源量

19.92亿 m^3,重复计算水量5.33亿 m^3;人均水资源量411 m^3,远低于国际公认的1700 m^3的用水紧张线;人均占有量仅为安徽省的三分之一,全国的五分之一。

阜阳市水资源总量、地表水资源量及地下水资源量均无显著线性变化趋势,但年际波动明显,这与阜阳市降水量总体变化有密切关系。

可利用降水资源变化特征:1961—2015年全市可利用降水量略有增长,但趋势未通过显著性水平。总的来看,阜阳市可利用降水资源量年际波动较大,趋势不显著,降水资源量年际分配不均,易发生旱涝灾害。

9.10.3.3 对大气环境的影响

1961—2015年阜阳市大气环境容量无显著变化趋势,呈现明显的年代际变化特征,1960年代至1990年代初大气自净能力在不断减弱,之后显著上升,2000年代中期至2015年一直在常年值附近振荡(图9.81)。

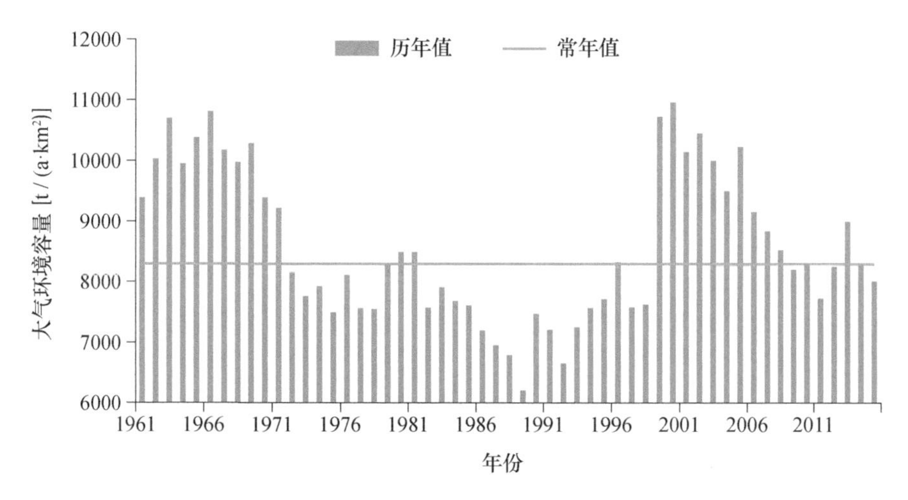

图9.81 1961—2015年阜阳市大气环境容量变化

9.10.3.4 城市热岛

以阜阳站作为城市站,阜南、界首、临泉作为郊区站,以城市站和郊区站平均的气温差作为城市热岛效应的强度,研究阜阳市的热岛效应特征。

1970—2015年,阜阳站平均气温15.35 ℃,阜南站15.29 ℃,界首站15.23 ℃,临泉站15.09 ℃,城市站明显高于郊区站;其中最低气温偏高最为明显,阜阳站较阜南站偏高0.2 ℃,较界首站偏高0.2 ℃,较临泉站偏高0.5 ℃。1970年以来,4个站平均气温均呈现明显的增加趋势,相较于1970年,2015年阜阳、阜南、界首、临泉平均气温分别增长0.9 ℃、0.8 ℃、1.0 ℃、1.1 ℃。1990年代之后,阜阳城市热岛效应较之前显著增强,这与1990年后城市化进程加快相符合,快速城市化使得城市气温显著升高,城市热岛效应更明显。

9.11 宿州市气候变化评估

1961—2015年,宿州市出现了以变暖为主要特征的气候变化,平均气温、最低气温和极端低温显著升高,气温日较差、平均风速、霜冻日数、日照时数、蒸散量显著下降,入春时间显著提前，入秋时间显著推迟。

1961—2015年，粮食、冬小麦和夏大豆的相对气候产量呈逐年衰减趋势，但夏玉米单产的相对气候产量呈阶段性波动态势。冬小麦综合气候适宜度未呈现显著变化趋势，但夏大豆与夏玉米综合气候适宜度显著下降，表明气候条件对宿州冬小麦生产的影响减弱，对夏大豆、夏玉米生产的影响增大。1961—2015年，酥梨气候适宜度呈波动变化趋势，但自2010年以来砀山酥梨相对气候产量波动呈减小趋势，特别是进入2013年以来相对气候产量均为正且较小。

1999—2015年，宿州市地表水资源总量未呈现趋势性变化，但自2009年以来，地表水资源总量持续少于常年值。1961—2015年，宿州市大气环境容量显著下降，下降速度高于全省平均水平。2012—2016年，宿州市秋季与春季热岛强度增加最显著，冬季次之，夏季最少。

1961—1989年和1990—2010年分别为气候适宜度偏高和偏低时段，但2011年以来气候适宜度呈增高趋势。降水和日照适宜度无显著趋势变化，但气温适宜度呈显著增大趋势。宿州城市存在显著的热岛效应，秋季与春季热岛强度最大，冬季热岛强度次之，夏季热岛强度最弱。

9.11.1 宿州市地理特征概况

宿州市位于安徽省淮北平原中部，地处安徽最北部，苏、鲁、豫、皖四省交界，襟临沿海、背依中原、北连古城徐州。

宿州市属暖温带半湿润季风气候，主要特点是气候温和，四季分明，雨热同季，光照充足，降雨适中，但往往因为降水集中，易造成洪涝灾害。地貌要素的差异较大，大体上可分为丘陵、台地、平原三大类型。

现辖萧县、泗县、砀山县、灵璧县、埇桥区，总面积9787 km^2，常住人口560余万。

9.11.2 宿州市气候变化的观测事实

(1)气温

1961—2015年，宿州市地表年平均气温呈现显著的上升趋势，平均每10年上升0.18 ℃；1994年以前年平均气温大多低于常年，之后总体偏高；排名前三位的高值年为1994年、1998年和2006年，排名前三位的低值年为1969年、1972年和1984年(图9.82)。

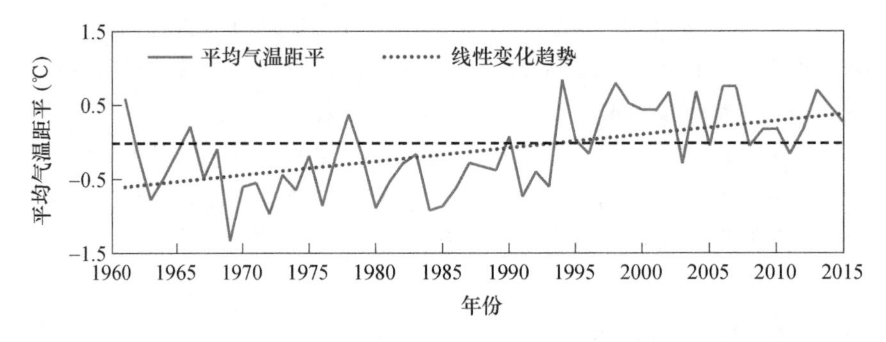

图9.82 1961—2015年宿州市地表年平均气温距平变化

1961—2015年，宿州市地表年平均最高气温变化趋势不显著，但自1990年代中期以后总体偏高；年平均最低气温显著上升，平均每10年上升0.3 ℃，1990年代中期以前最低气温总体较常年偏低，之后总体偏高；1995—2015年以来平均最低气温较常年偏高0.5 ℃。

(2)降水

1961—2015年,宿州市平均年降水量无显著的线性变化趋势,但年际变化显著;排名前三位的高值年为2013年、2000年和1963年,降水量分别为1380.8 mm、1163.6 mm和1144.5 mm;排名前三位的低值年为1966年、1988年和1968年,降水量分别为559.1 mm、616.3 mm和633.3 mm(图9.83)。

1961—2015年,宿州市平均年降水日数和降水强度均无显著的线性变化趋势。

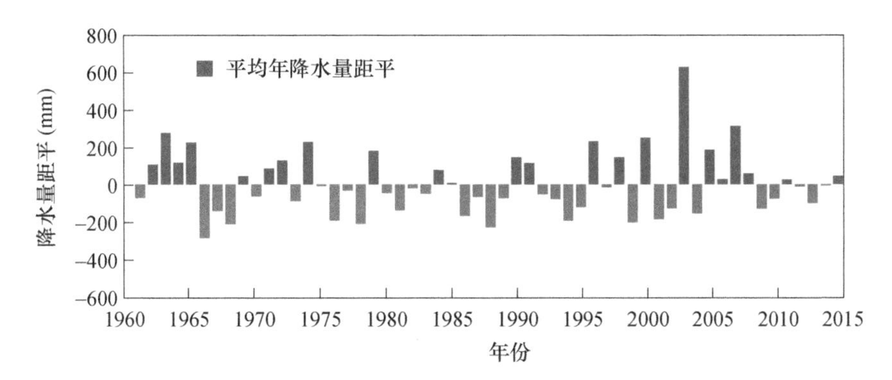

图9.83 1961—2015年宿州市平均年降水量距平变化

(3)蒸散

1961—2015年,宿州市平均年蒸散量呈现显著的减少趋势,平均每10年减少19.7 mm;1960年代—1980年代总体偏多,1990年代初期偏少、中期略有增加,2000年代以来以偏少为主(图9.84)。

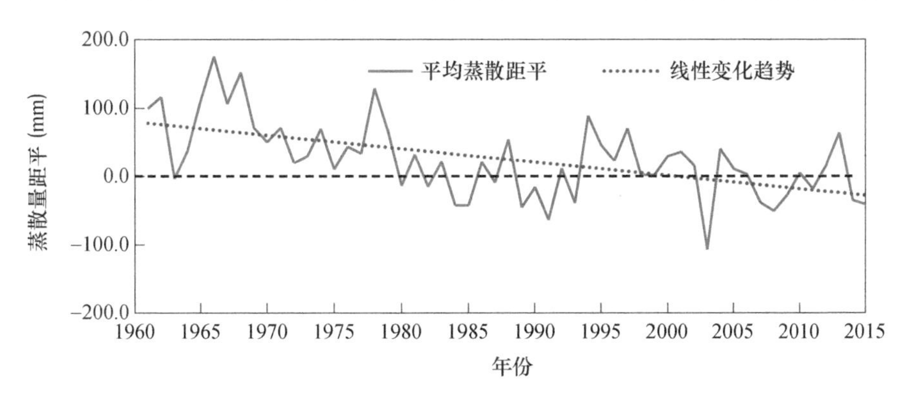

图9.84 1961—2015年宿州市平均年蒸散量距平变化

(4)相对湿度

1961—2015年,宿州市平均相对湿度变化趋势不显著,其中2004年以来持续偏小。

(5)风速

1961—2015年,宿州市平均风速呈现显著的减小趋势,平均每10年减小0.27 m/s;2000年以前风速总体较常年偏高,之后持续偏低(图9.85)。

(6)日照时数

1961—2015年,宿州市平均年日照时数呈现显著的减少趋势,平均每10年减少74.9 h;1960年代—1970年代较常年总体偏多,1980年代以后则以常年值附近的年际振荡变化为主(图9.86)。

(7)地面温度

1961—2015年,宿州市年平均地面温度无显著变化趋势;1960年代末至1990年代初地面

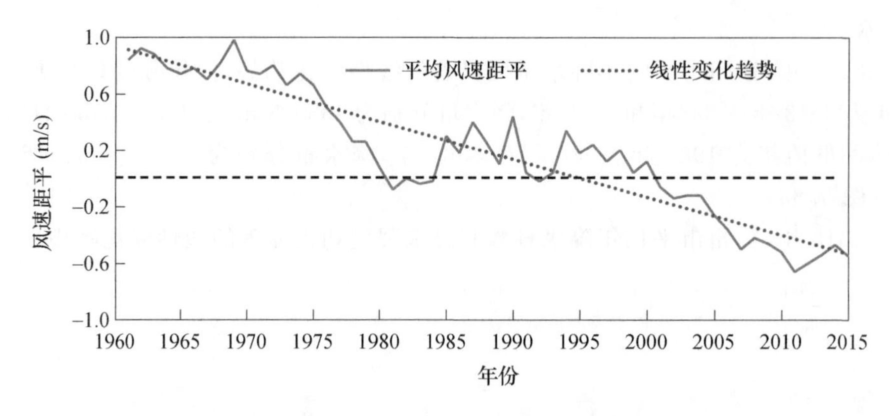

图 9.85 1961—2015 年宿州市平均风速距平变化

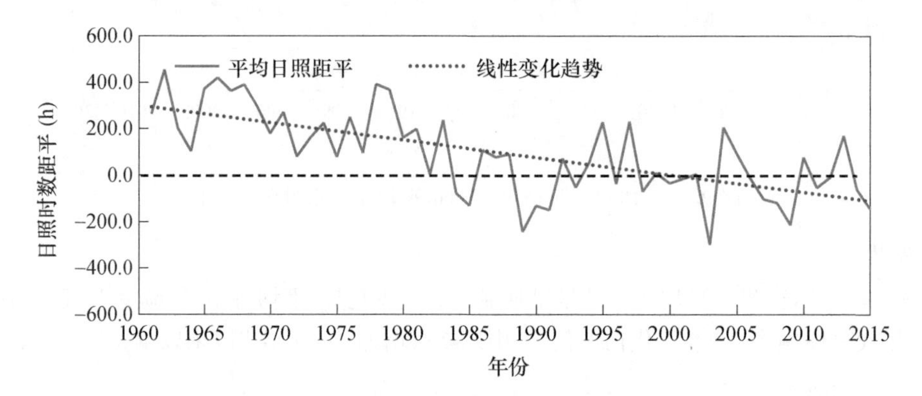

图 9.86 1961—2015 年宿州市平均年日照时数距平变化

温度总体较常年偏低，1990 年代中期以来以偏高为主（图 9.87）。

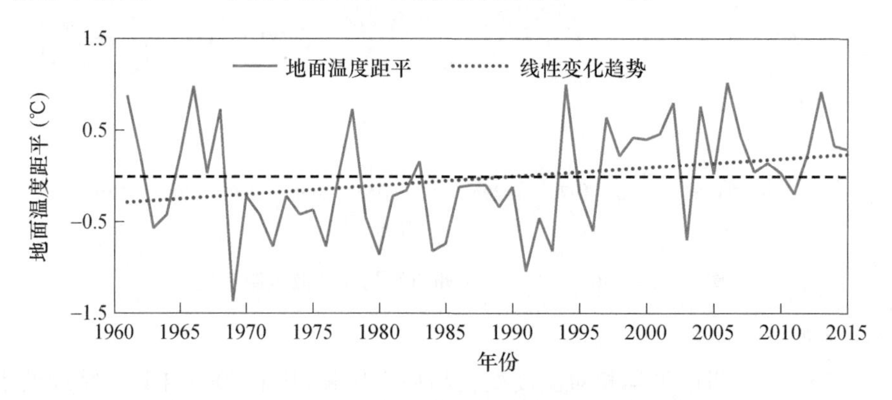

图 9.87 1961—2015 年宿州市年平均地面温度距平变化

（8）雾

1961—2015 年，宿州市平均年雾日数阶段性变化特征显著，存在显著的趋势转折点；1960 年代至 1990 年代初呈显著上升趋势，之后波动减少，转折点在 1993 年，比全省平均转折时间迟 3 年。

（9）极端气候事件

极端降水：1961—2015 年，宿州市暴雨日数、宿州市单站年 1 日最大降水量和 5 日最大降水量无显著的线性变化趋势。

冰雹发生次数：1961—2009年，宿州市冰雹发生次数呈显著减少趋势，平均每10年减少0.7次；1960年代和1970年代为冰雹多发期，年均发生5次以上。1980年代和1990年代发生次数减少，分别为2次和1.7次。2000—2009年发生次数呈多发态势，年均在4.2次。

极端暖事件：1961—2015年，宿州市平均年高温日数和年极端高温无显著的线性变化趋势。

极端冷事件：1961—2015年，宿州市平均年霜冻日数呈现显著的减少趋势，平均每10年减少5 d；1960年代—1980年代总体较常年偏多，1988—2004年为持续偏少期，之后略有增加，但始终较常年值偏少。1961—2015年，宿州市年极端低温呈现显著的上升趋势，平均每10年上升0.7 ℃。

雷暴日数：1961—2013年，宿州市雷暴发生日数呈显著减少趋势，每10年平均减少0.3 d；1960年代为雷暴多发期，平均发生次数在38.4 d；1970年代为30 d；1980年代以来，相对偏少，平均在20～27 d。55年间，四县一区中，泗县每10年的减少率最大，在0.5 d以上；其他县区在0.3 d以下。

大风日数：1961—2015年，宿州市大风日数呈显著减少趋势，每10年平均减少0.4 d；1960年代为大风多发期，平均发生次数在24 d；1970年代为11 d。进入1980年代、1990年代，大风日数逐渐减少，约在5 d。2000年代再次减少为2.9 d，2010—2015年仅为0.6 d，比常年少3.4 d。55年间，四县一区中，砀山、泗县和灵璧县每10年的减少率最大，在0.8 d以上。萧县、埇桥区减少率相对偏小，为0.2～0.3 d。

(10)四季变化

1961—2015年，宿州市平均入春时间呈现显著提前的趋势，入秋时间则显著推迟，入春(入秋)平均每10年提前(推迟)1.3 d；入夏和入冬时间的线性变化趋势不显著。

1961—2015年，宿州市各季节日数的线性变化趋势不显著。

9.11.3　气候变化对宿州市的影响

9.11.3.1　对农业生产的影响

农业气候资源变化特征：1961—2015年，宿州市年≥10 ℃的积温呈现明显的增加趋势，平均每10年增加45.1 ℃·d；1960年代—1990年代中期总体较常年偏低，之后则以偏高为主(图9.88)。

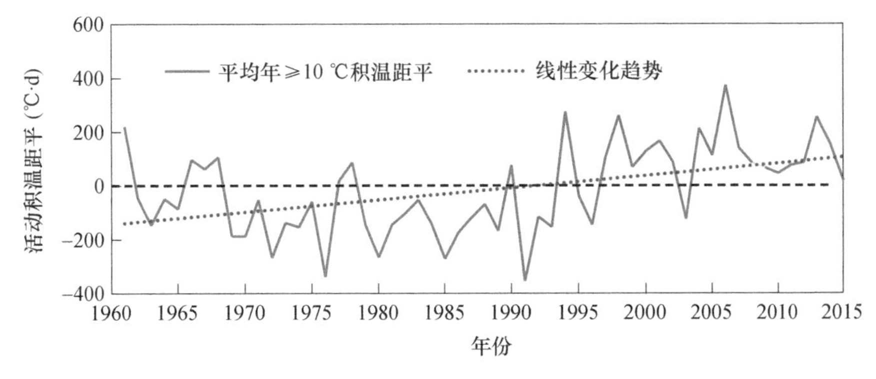

图9.88　1961—2015年宿州市年≥10 ℃的年活动积温距平变化

对种植制度的影响：1961—2017年麦-玉(豆)种植制度的综合气候适宜度无显著趋势性变化，表明光、温和水气候条件对两种作物种植制度尚无显著影响。自1961年以来，宿州市气候条件总体上对两种作物种植制度的生产有利，而降水条件是宿州市发展两种作物种植制度的主要限制因素。

对粮食产量的影响：

1949—2015年宿州市逐年粮食与冬小麦相对气象产量具有相同的演变趋势，即相对气象产量波动呈逐渐减小趋势，表明气候条件向利于粮食和冬小麦单产提高的方向发展。

1961—2010年宿州市逐年夏玉米相对气象产量呈两端波动大中间小的态势，即1980年代到2000年之间为相对气象产量波动较小期，在此期间前、后均呈波动较大趋势。

1954—2015年，宿州市逐年夏大豆相对气候产量波动呈逐渐减小态势，特别是2000年以来，相对气象产量为负值年份6年，少于为正值年份的10年，表明气候条件向利于夏大豆单产提高的方向演变。

1961—2015年，砀山酥梨相对气候产量呈明显的年代际变化特征，即2000—2010年正负相对气候产量波动最大，在其之前与之后，正负相对气候产量波动逐渐衰减，特别是进入2013年以来，相对气象产量为正且较小。

气候适宜度变化特征：

1954—2015年，宿州市冬小麦全生育期气候适宜度总体趋势未呈现显著变化。从年代际变化来看，1954—1960年为气候适宜度波动较大阶段。自1960年开始到1974年，气候适宜度变化平稳。1975年以来，气候适宜度又进入波动较大阶段。但进入2003年后，气候适宜度总体上呈降低趋势。由此可见，在全球气候变化影响下，近年来宿州气候对冬小麦生长发育产生的负效应正在增大，这在一定程度上增加了宿州市冬小麦生产的气候风险。

1954—2017年，宿州市夏玉米气候适宜度呈极显著下降趋势，下降速率为每10年减少0.013，表明夏玉米生产对气候条件的适宜程度趋于下降，尤其是自2008年以来一直呈下降趋势。

1954—2017年，宿州市夏大豆气候适宜度呈极显著下降趋势，下降速率为每10年减少0.014，表明气候条件对夏大豆生产的适宜程度呈下降趋势，气候条件对夏大豆生长发育的不利影响在增大。

1961—2015年砀山酥梨气候适宜度具有显著的年代际变化特征，1973年之前为负值期，其后气候适宜度累积距平转为正值，且逐年增加。至1987年，累积距平达最大值后开始减小，至2000年转为负值，并持续到2013年，表明2000—2010年间为气候条件对酥梨生产不利期，分析认为这段时间正是本地花期冻害、膨大期风灾、雹灾等气象灾害多发期。

9.11.3.2　对地表水资源的影响

1999—2015年，宿州市地表水资源总量未呈现趋势性变化，除2003年、2005年和2007年地表水资源总量显著偏多外，其他年份均在水资源总量常年值的30.37亿m^3以下。尤其是自2009年以来，每年的地表水资源总量都低于常年值，为持续枯水年。分析年降水量与地表水资源总量的相关系数表明，两者高度相关，可见降水量为地表水资源的主要贡献项。

2003年、2007年为典型丰水年，地表水资源总量分别为常年量的0.9倍和1.3倍。2001年、2004年和2009年为典型枯水年，地表水资源总量比常年偏低近30%。

9.11.3.3　对大气环境的影响

1961—2015年，宿州市平均大气环境容量呈现显著下降趋势，平均每10年下降678 t/km^2，较全省下降量的 505 t/km^2 多 173 t/km^2，不利于大气污染物扩散(图 9.89)。

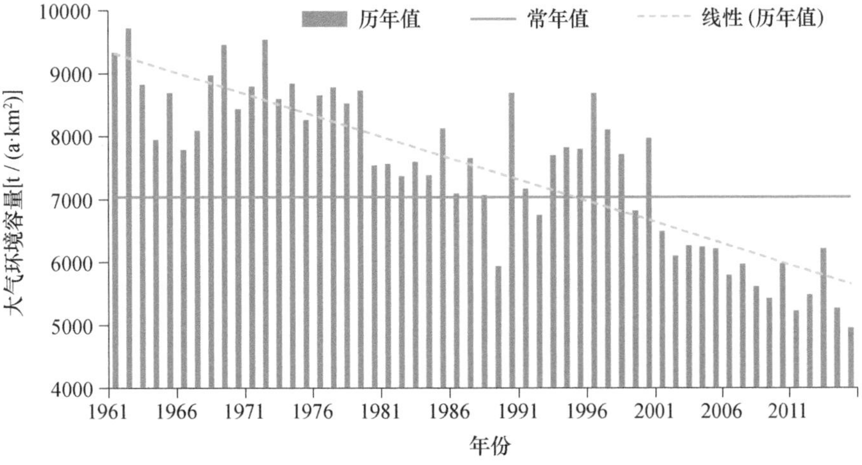

图 9.89　1961—2015 年宿州市大气环境容量变化

9.11.3.4　城市热岛

以宿州市国家气象观测站作为城市站，灰古、农业示范园和西二铺站作为郊区站，以城市站和郊区站的平均气温差作为城市热岛效应的强度，研究宿州市热岛效应特征。

2012—2016 年，宿州城市年平均气温 15.82 ℃、郊区 3 站年平均气温 15.13 ℃，城市站高于郊区站 0.69 ℃。各季节增温显著，其中秋季与春季增温量最大，分别为 0.82 ℃、0.79 ℃，冬季次之，为 0.67 ℃，夏季增温量最少，为 0.49 ℃。

2012—2016 年，宿州市城市各月气温均高于郊区气温，其中，4 月、5 月、9 月、10 月和 12 月的增温量超过年平均增温量，尤以 5 月和 9 月增温量最大，分别为 1.12 ℃和 1.07 ℃；1 月、2 月、6 月和 8 月的增温量为 0.5～0.7 ℃，其他 3 个月增温量低于 0.5 ℃，以 7 月增温量最少，为 0.24 ℃。

从以下三类分析热岛强度日变化特征。

(1)全天无雨天气

对不同年份无雨日，宿州城市热岛强度的日变化均呈现为白昼弱夜间强特征，即每日的 09 时到 17 时前后为热岛强度较弱时段，每日的 21 时到 09 时、15 时到 20 时为两个热岛强度较强时段，尤其是夜晚到次日 09 时前后热岛强度显著。同时，从不同时段热岛强度的增温幅度看，以 9 月增温量最多，7 月增温量偏少。3 月与 5 月的增温量不同年份之间存在一定差异。

(2)全天有雨天气

全天有雨时，城市热岛强度较弱，强度多在 0 ℃上下，且无显著波峰和波谷出现。表明全天有雨时，城市热岛效应较弱乃至消失。

(3)昼雨与夜雨型天气

无论是昼雨日还是夜雨日，城区热岛强度均降低。如 2014 年 7 月 12 日，昼雨期间，热岛强度降至 0.5 ℃以下；2015 年 9 月 5 日，夜雨的 21:00—06:00 期间，热岛强度在 0 ℃附近，且一直持续到 08 时日出；而无雨日时，这一时段正是热岛强度最强时段。由此可见，两种类型的降雨天气对城市热岛强度都有一定程度的削弱作用。

9.12 滁州市气候变化评估

1961—2015年,滁州市出现了以变暖为主要特征的气候变化,平均气温、最高气温、最低气温,地面温度和极端低温显著升高;平均相对湿度,年霜冻日数,平均雷暴日数,大风日数减少;年平均风速、平均日照时数、冰雹日数,雷暴日数显著减少;入春时间显著提前,入秋时间显著推迟;冬季日数显著减少。

气候变化导致滁州市农业气候资源时空分布格局发生变化,在给农业带来生长季延长等正面影响的同时,也导致农业生产潜力下降,气象灾害频发,病虫害增加,农业生产的不稳定性增加等负面影响;水资源年际变化波动增大,极端水文事件增加,水资源变化趋势不显著,但用水量逐年增加,导致水资源供需矛盾加大;对森林生态系统结构和物种组成造成影响,湿地生态脆弱性显著;城市热岛效应凸显,内涝风险不断加大;全市大气环境容量持续下降,不利于污染物扩散,使得近年来污染天气频发。

9.12.1 滁州市地理特征概况

滁州市地处江淮之间丘陵地带,地势西高东低,属北亚热带湿润季风气候,光热水资源丰富,有利于农作物生长发育,是安徽省重要的粮食产区。

现辖天长市、明光市、来安县、定远县、凤阳县、琅琊区、南谯区,总面积13398 km^2,户籍人口400余万。

9.12.2 气候变化的观测事实

(1)气温

1961—2015年,滁州市地表年平均气温呈现显著的上升趋势,平均每10年上升0.2 ℃;1996年以前年平均气温大多低于常年,之后总体偏高;排名前三位的高值年为2007年、2006年、2004年和1998年(其中2006年、2004年与1998年为并列第二),排名前三位的低值年为1969年、1972年和1980年(图9.90)。

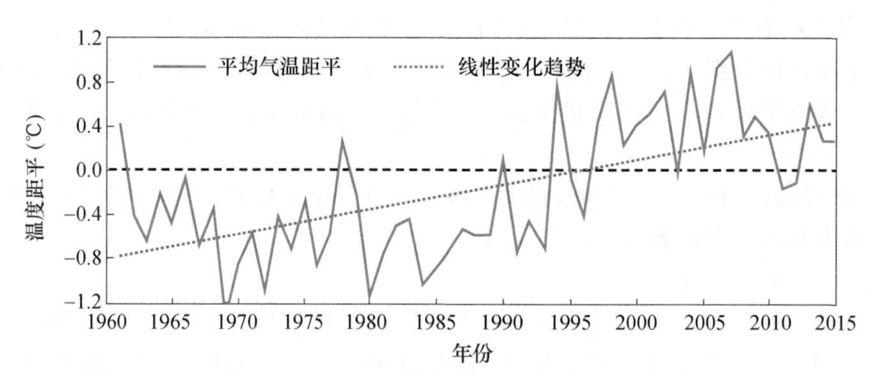

图9.90 1961—2015年滁州市地表年平均气温距平变化

1961—2015年,滁州市地表年平均最高气温显著上升,平均每10年上升0.2 ℃,1990年代中期以后总体偏高。地表年平均最低气温显著上升,平均每10年上升0.3 ℃,1990年代中期以前最低气温总体较常年偏低，之后总体偏高。地表年平均气温日较差呈现显著的下降趋势，平均每10年下降0.2 ℃，1960年代—1970年代气温日较差总体较常年偏大，近10年气温日较差变化幅度较小。

(2)降水

1961—2015年，滁州市平均年降水量无显著线性变化趋势，但年际变化显著；排名前三位的高值年为1991年、2003年和1975年，排名前三位的低值年为1978年、1966年和1994年(图9.91)。

1961—2015年，滁州市平均年降水日数和降水强度均无显著的线性变化趋势。

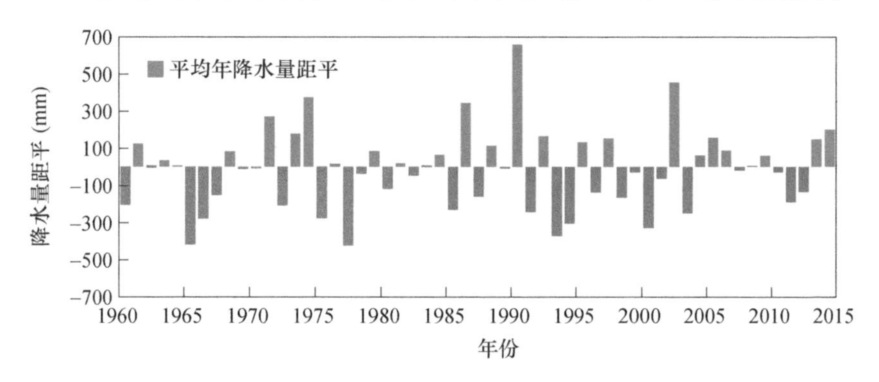

图9.91 1961—2015年滁州市平均年降水量距平变化

(3)蒸散

1961—2015年，滁州市平均年蒸散量呈现显著的减少趋势，平均每10年减少12.8 mm；1960年代—1980年代总体偏多，1990年代偏少，2000年代以来逐渐增加(图9.92)。

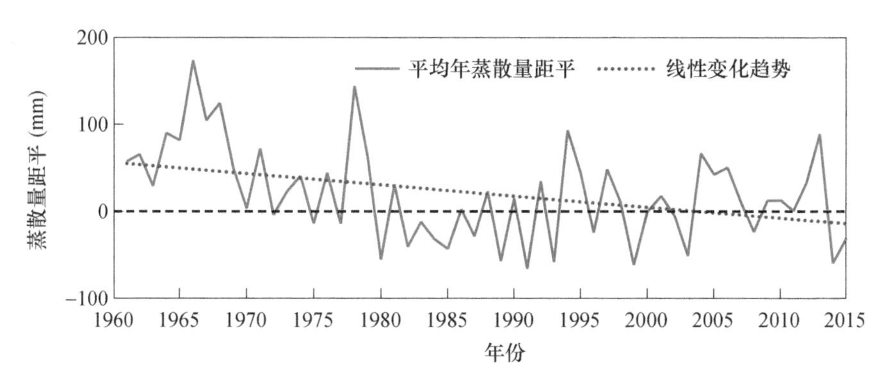

图9.92 1961—2015年滁州市平均年蒸散量距平变化

(4)相对湿度

1961—2015年，滁州市平均相对湿度呈现显著的减小趋势，平均每10年减小0.7%，其中2004年以来持续偏小。

(5)风速

1961—2015年，滁州市平均风速呈现显著的减小趋势，平均每10年减小0.28 m/s；1997年以前风速总体较常年偏高，之后持续偏低(图9.93)。

(6)日照时数

1961—2015年，滁州市平均年日照时数呈现显著的减少趋势，平均每10年减少88.1 h；1960

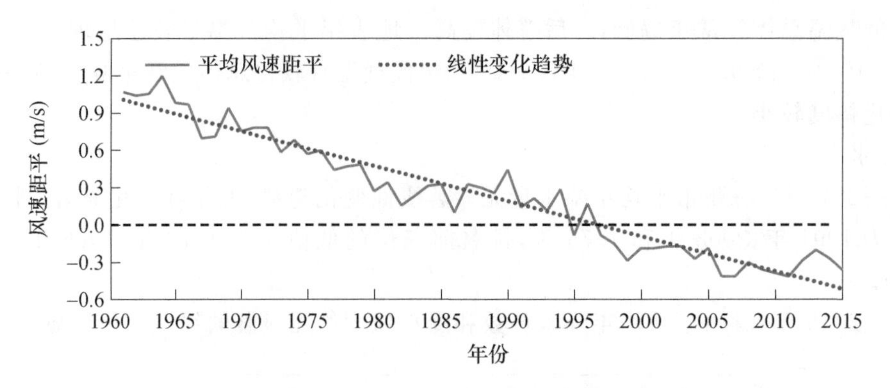

图 9.93 1961—2015 年滁州市平均风速距平变化

年代—1970 年代较常年总体偏多，1980 年代以后则以常年值附近的年际振荡变化为主(图 9.94)。

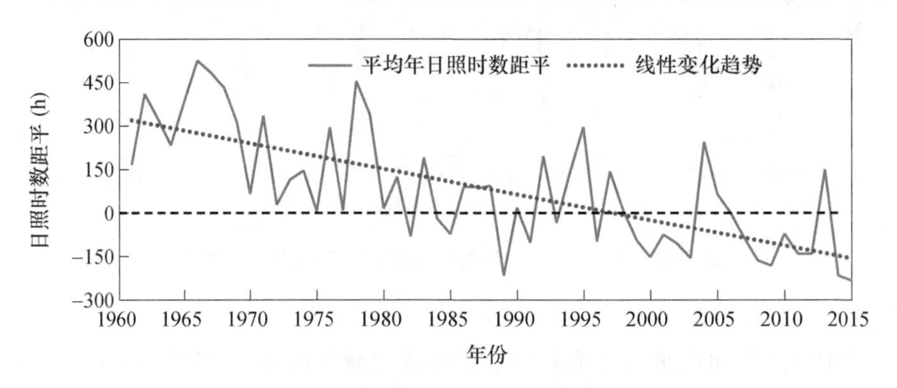

图 9.94 1961—2015 年滁州市平均年日照时数距平变化

(7)地面温度

1961—2015 年，滁州市年平均地面温度呈现显著的上升趋势，平均每 10 年上升 0.24 ℃；1960 年代末至 1990 年代初地面温度总体较常年偏低，1990 年代中期以来以偏高为主(图 9.95)。

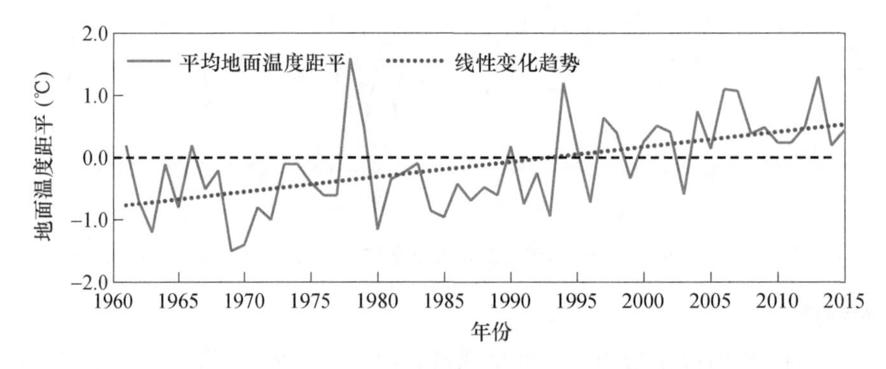

图 9.95 1961—2015 年滁州市年平均地面温度距平变化

(8)雾

1961—2015 年，滁州市平均年雾日数阶段性变化特征显著，存在显著的趋势转折点；1960 年代至 1980 年代末呈显著的上升趋势，之后显著下降，1990—2015 年平均每 10 年减少 0.7 d。

(9)极端气候事件

干旱：1961—2015 年，滁州市平均年干旱日数无显著的线性变化趋势，但年际变化显著；

排名前三位的高值年分别是1978年、1966年和2001年。1961—2015年滁州市单站最长持续干期和持续湿期均无显著的线性变化趋势。

极端降水：1961—2015年，滁州市暴雨日数无显著的线性变化趋势，主要表现为年际波动特征；单站年1日最大降水量和5日最大降水量也均无显著的线性变化趋势。

极端暖事件：1961—2015年，滁州市平均年高温日数无显著的线性变化趋势；但是从不同年代上来看，1960年代至1980年代中期高温日数显著减少，进入2000年代后高温日数开始显著增加。滁州市各地高温日数变化趋势有较为显著的差异，其中北部有较为显著的减少趋势，而南部则表现为增加趋势，天长高温日数增加趋势最为显著。

极端冷事件：1961—2015年，滁州市平均年霜冻日数呈现显著的减少趋势，平均每10年减少5 d，1960年代—1980年代总体较常年偏多，2000年代中期以来主要表现为常年值附近的年际振荡变化。年极端低温呈现显著的上升趋势，平均每10年上升0.4 ℃。

冰雹发生次数：1961—2010年，滁州市年总冰雹日数无显著的线性变化趋势。1990年以前年总冰雹日数高于常年，之后则以常年值附近的年际振荡变化为主，排名前三位的高值年为1971年、1972年和1964年。

雷暴日数：1961—2013年，滁州市平均年雷暴次数呈现显著的下降趋势，平均每10年下降3.4 d；1980年以前平均年雷暴次数高于常年，之后则以常年值附近的年际振荡变化为主；排名前三位的高值年为1963年、1964年和1961年，排名前三位的低值年为1999年、1996年和2013年。

大风日数：1961—2015年，滁州市平均年大风日数呈现显著的下降趋势，平均每10年下降5 d；1982年以前年大风日数高于常年，之后则以常年值附近的年际振荡变化为主；排名前三位的高值年为1966年、1965年和1963年，排名前三位的低值年为2014年、2012年和2007年。

（10）四季变化

1961—2015年，滁州市平均入春时间呈现显著提前的趋势，平均每10年提前1.8 d；入秋时间则显著推迟，平均每10年推迟2.2 d；入夏和入冬时间的线性变化趋势不显著。

1961—2015年，滁州市平均冬季日数呈现显著缩短趋势，平均每10年减少2.2 d，其他季节日数的线性变化趋势不显著；1990年代以来夏季日数多高于常年。

9.12.3 对滁州市的影响

9.12.3.1 对农业生产的影响

农业气候资源变化特征：滁州市多年平均太阳辐射总量为4579～4768 MJ/m^2，空间分布特征为山区少，平原多。日照时数是表征太阳辐射强弱的气象要素之一。

1961—2015年，滁州市平均≥10 ℃的年活动积温呈现显著的增加趋势，平均每10年增加72.4 ℃·d；1960年代至1990年代中期总体较常年偏低，之后则以偏高为主（图9.96）。

旱涝灾害：2005—2017年滁州市旱涝灾害受灾面积没有显著的线性变化趋势，2009年以来干旱灾害发生的频率较高。

对种植制度的影响：1990—2016年，滁州地区复种指数无显著变化趋势，进入2000年代后，复种指数显著上升，2013—2017年复种指数有减小的趋势。

对主栽作物品种类型的影响：滁州市粮食作物以小麦、水稻为主，油料作物主要是油菜、花

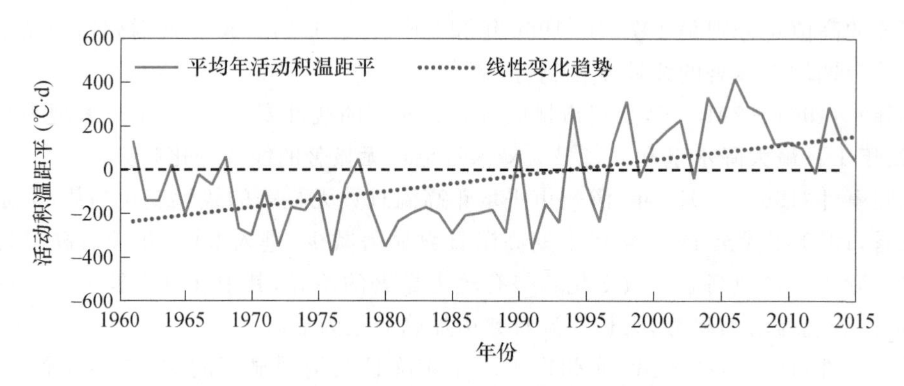

图 9.96 1961—2015 年滁州市平均≥10 ℃的年活动积温距平变化

生等。受气候变化影响，滁州市农作物种植面积发生了较显著的变化。

1990 年代滁州市稻谷种植面积维持在 26 万 hm^2 左右，比较稳定，受到近 20 年升温趋势的影响，自 2000 年代初开始稻谷种植面积呈现上升趋势。

对作物产量的影响：

1978—2016 年，全市粮食单产的气候产量无显著变化趋势，1990 年代年际波动最大。

从主要粮食作物的单产来看，1980 年代水稻的气候产量以正值居多，表明气候对水稻生产有正面的影响，2000 年代开始，气候产量正负值均有，最近 10 年均为负值，表明气候变化对水稻生产的负面影响已经显现。对小麦而言，1990 年代以前，气候产量波动较小，即气候变化对小麦影响较小；1999—2007 年，气候产量多为负值，说明气候变化对小麦生长不利；2008—2016 年，气候产量均为正值，且缓慢上升，表明气候对小麦生产有正面影响。

9.12.3.2 对地表水资源的影响

水资源现状及变化特征：

滁州市多年平均水资源总量(2004—2015 年)50.86 亿 m^3，其中地表水资源量 47.61 亿 m^3，地下水资源量 8.87 亿 m^3，人均水资源量 1243.9 m^3。

滁州市水资源总量、地表水资源量及地下水资源量均无显著线性变化趋势，但年际波动显著，这与滁州市降水量总体变化有密切关系。

滁州市多年平均用水总量(2004—2015 年)16.48 亿 m^3，其中农业用水量 8.44 亿 m^3，工业用水量 4.75 亿 m^3，人均用水量 456.5 m^3。

滁州市用水总量、农业用水量及工业用水量均呈现显著增加趋势。水资源总量无显著变化，用水量的显著增加无疑将加大水资源供需矛盾。

可利用降水资源变化特征：1961—2015 年全市可利用降水量略有增长，但趋势未通过显著性水平。总的来看，滁州市可利用降水资源量年际波动较大，最丰年为 1991 年 1295 mm，最少年为 1978 年仅 129 mm。

9.12.3.3 对大气环境的影响

全市大气环境容量显著下降。1961—2015 年滁州市大气环境容量呈现显著下降趋势，大气自净能力在不断减弱，大气可容纳的污染物全市平均每 10 年下降 736 t/km^2。从年际变化来看，从 1997 年开始，滁州市大气环境容量呈现显著下降趋势，到 2007 年达到最低值，近三年大气环境容量虽然增多，但是仍然在常年值以下(图 9.97)。

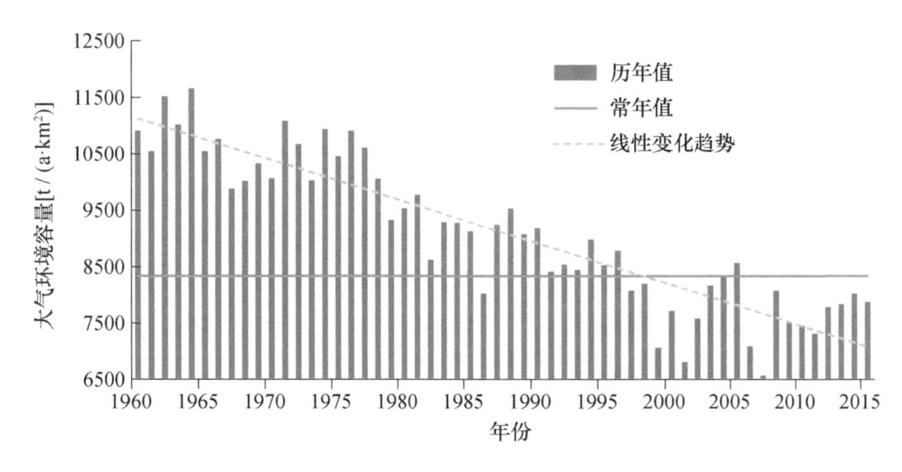

图 9.97 1961—2015 年滁州市大气环境容量变化

9.12.3.4 城市热岛

城市热岛效应：

以滁州站作为城市站，来安作为郊区站(两站直线距离约 19.9 km)，以城市站和郊区站平均气温差作为城市热岛效应的强度，研究滁州市的热岛效应特征。

1961—2015 年，滁州站平均气温 15.6 ℃，来安站 15.2 ℃，城市站显著高于郊区站；其中最低气温偏高最为显著，滁州站较来安站平均偏高 0.6 ℃。1960 年代—1980 年代，滁州、来安站年平均气温差值很小，1990 年代开始两站年平均气温差开始增大，温度差达到 0.5 ℃以上，其中 2004 年和 2005 年更是达到 1 ℃，这与 1990 年后城市化进程加快相符合，快速城市化使得城市气温显著升高，城市热岛效应更加显著。

此外，2011—2015 年滁州站年平均气温要小于来安站，这是由于滁州观测站迁站所导致。2011 年 1 月 1 日开始，滁州观测站搬迁到城郊，远离城区，根据对比观测，新站平均气温较原站偏低 1 ℃左右，这也从另一个侧面体现了城市的热岛效应。

形成原因：

人类活动和气候变化共同导致了滁州市区气温高于郊区的热岛现象。

城市建筑规模膨胀。城市中的建筑、广场和道路等大量增加。以公路里程为例，2008 年滁州市公路里程 3454 km，2014 年达到 16645 km，增加了近 5 倍；2007—2015 年滁州市建设用地共计 1271.99 km^2。城市扩张导致夜间表面温度下降缓慢，而绿地、林木和水体等却不断减少，缓解热岛效应的能力减弱。此外，城内大量高层建筑削弱了风速，使得热量平衡的水平输送相对困难。

城市温室气体排放增长。城市中机动车辆、工业生产等不断增加。以民用汽车为例，1995 年滁州市民用汽车拥有量为 15621 辆，而 2014 年上涨至 209217 辆，增加了 13.4 倍；1998 年滁州市每百户城镇居民拥有 17 台空调，到 2013 年增加到每百户城镇居民拥有 166.3 台空调。汽车运行产生的温室气体以及其他气溶胶和空调产生的人为热均加剧了热岛效应。

9.12.3.5 城市内涝

根据 1961—2015 年降水资料统计，滁州市区平均每年发生暴雨 3～4 次，大暴雨平均每两年约发生一次，暴雨是造成滁州市区严重洪涝灾害的主要因素。

近年来，暴雨积涝屡有发生，显示滁州市内涝安全仍存在薄弱环节。内涝对城市造成较为严重的危害，公众和媒体普遍关注。根据滁州市城乡建设委员会的资料，2015 年滁州市共查出 25 个积水点。

积涝原因分析：

以 2008 年 8 月 1—2 日强降雨为例，8 月 1 日、2 日滁州连降两场暴雨，量级达大暴雨到特大暴雨，48 h 降水量达 501.6 mm，超过滁州建站以来历史之最(2003 年 7 月 4—6 日 3 d 降水量为 408.3 mm)，最大小时雨量 77.1 mm。受强降雨影响，滁河干支流水位迅速上涨，干流全线超过保证水位，发生了有实测记录以来仅次于 1991 年的大洪水，洪水重现期超过 20 年。8 月 2 日 18 时，滁河干流襄河口闸洪峰水位达 14.19 m，超过历史实测最高水位 0.2 m，超过保证水位 0.69 m。滁城内涝严重，道路积水，一片汪洋，低洼处积水一米多，大部分道路被淹，交通受阻。超标降雨是引起此次积涝的直接和关键原因，降雨期间滁州市区 1 h 降雨量达到 77.1 mm，远高于城市排水设施的排水能力(30 mm/h)，内涝积水难以避免。此次积涝事件也反映出城市排水、排涝设施在规划、设计与运行管理中存在的缺陷和不足。

9.13 六安市气候变化评估

1961—2015 年，六安市地表年平均气温、最高气温和最低气温显著上升；日照时数、相对湿度和风速均明显减小；平均年霜冻日数明显减少；平均入春时间明显提前，夏季、冬季日数明显减少。

气候变化对六安市小麦和水稻生产正面影响开始显现，但极端气候事件增加，农业生产的不稳定性增加；城市热岛效应凸显；大气环境容量持续下降，不利于污染物扩散，使得近年来污染天气频发。

9.13.1 六安市地理特征概况

六安市位于安徽省西部，地势西南高峻，东北低平，呈梯形分布，形成了山地、丘陵、平原三大自然区域。六安市属北亚热带湿润季风气候，季风显著，四季分明。

现辖霍邱县、金寨县、霍山县、舒城县、金安区、裕安区、叶集区，总面积 15451 km^2，户籍人口 580 余万。

9.13.2 气候变化的观测事实

(1)气温

1961—2015 年，六安市地表年平均气温呈现明显的上升趋势，平均每 10 年上升 0.2 ℃；1992 年以前平均气温大多低于常年值，之后总体偏高；排名前三位的高值年为 2006 年、2007 年和 2013 年，排名前三位的低值年为 1969 年、1984 年和 1972 年(图 9.98)。

1961—2015 年，六安市地表年平均最高气温明显上升，平均每 10 年上升 0.2 ℃；1990 年代中期以后总体偏高。地表年平均最低气温显著上升，平均每 10 年上升 0.3 ℃，1990 年代以前最低气温总体较常年偏低，之后总体偏高。地表年平均气温日较差呈现下降趋势，平均每 10 年下降 0.06 ℃；1960 年代—1970 年代气温日较差总体较常年偏大，之后主要以常年值为中心做年际振荡变化。

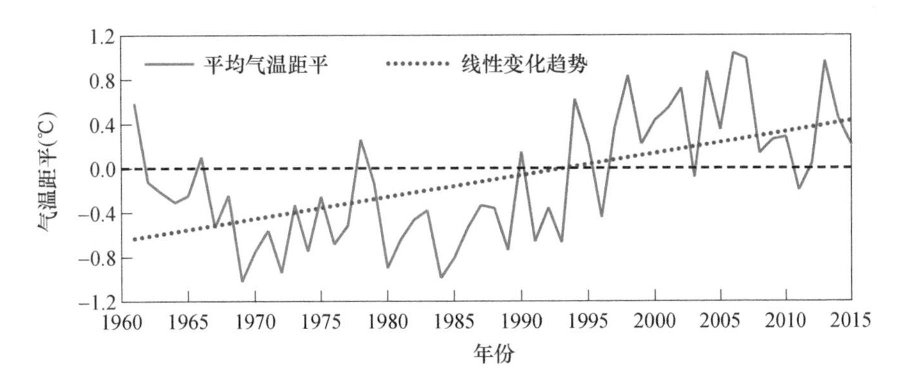

图 9.98　1961—2015 年六安市地表年平均气温距平变化

(2)降水

1961—2015 年,六安市平均年降水量无显著的线性变化趋势,但年际变化明显;排名前三位的高值年为 1991 年、2003 年和 1975 年,排名前三位的低值年为 1978 年、1966 年和 1976 年(图 9.99)。

1961—2015 年,六安市平均年降水日数和降水强度均无显著的线性变化趋势。降水日数排名前三位的高值年为 1964 年、2003 年和 1989 年,排名前三位的低值年为 1978 年、1995 年和 2013 年。

1961—2015 年,六安市平均年降水强度的线性变化趋势不明显;排名前三位的高值年为 1991 年、1987 年和 1983 年。

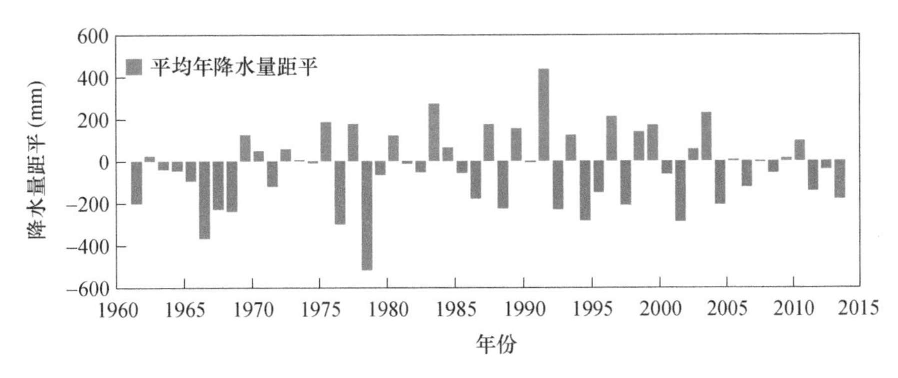

图 9.99　1961—2015 年六安市平均年降水量距平变化

(3)蒸散

1961—2015 年,六安市平均年蒸散量无显著变化趋势;1960 年代—1980 年代总体偏多,1990 年代偏少,2000 年以后逐渐增加;2015 年平均蒸散量为 886.5 mm,较常年偏少 25.4 mm(图 9.100)。

(4)相对湿度

1961—2015 年,六安市平均相对湿度呈现明显的减小趋势,平均每 10 年减小 0.8%,其中 2004 年以来持续偏小。

(5)风速

1961—2015 年,六安市平均风速呈现明显的减小趋势,平均每 10 年减小 0.18 m/s;1995 年以前风速总体较常年偏高,之后持续偏低(图 9.101)。

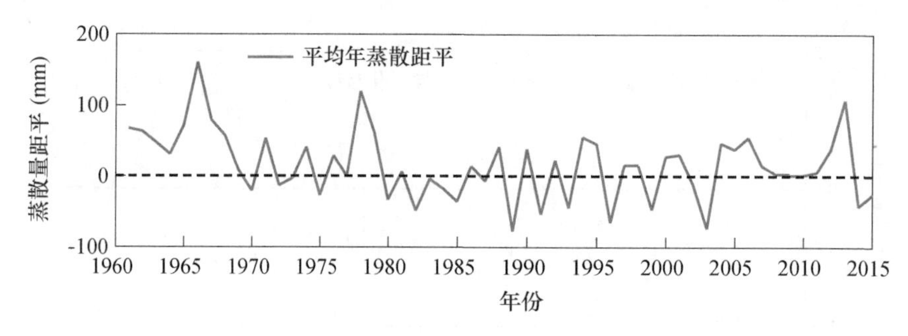

图 9.100　1961—2015 年六安市平均年蒸散量距平变化

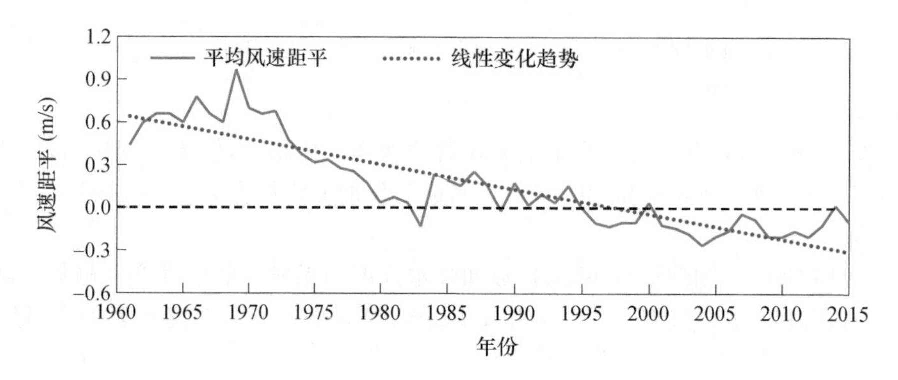

图 9.101　1961—2015 年六安市平均风速距平变化

(6)日照时数

1961—2015 年，六安市平均年日照时数呈现明显的减少趋势，平均每 10 年减少 68.9 h；1960 年代和 1970 年代较常年总体偏多，1980 年代以后则以常年值为中心的年际振荡变化为主(图 9.102)。

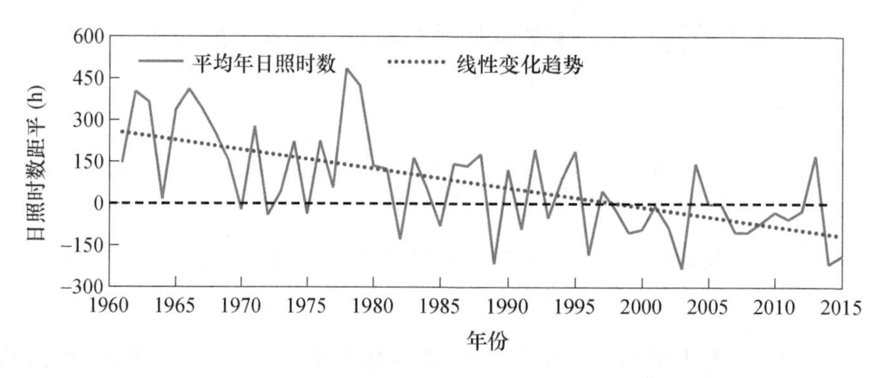

图 9.102　1961—2015 年六安市平均年日照时数距平变化

(7)地面温度

1961—2015 年(1969 年缺测)，六安市年平均地面温度呈现明显的增加趋势，平均每 10 年增加 0.19 ℃；1960 年代末至 1990 年代初地面温度总体较常年偏低，1990 年代中期以来以偏高为主(图 9.103)。

(8)雾

1961—2015 年，六安市平均年雾日数阶段性变化特征明显，存在明显的趋势转折点；1960 年代至 1980 年代中期呈明显的上升趋势，之后明显下降。

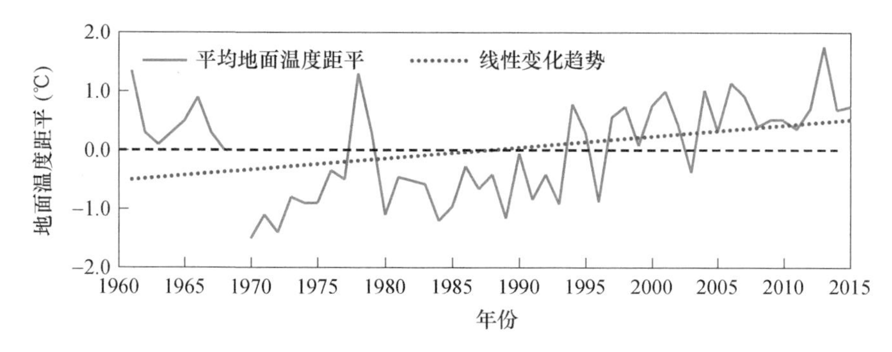

图 9.103　1961—2015 年六安市年平均地面温度距平变化

(9)极端气候事件

干旱：1961—2015 年，六安市平均年干旱日数无显著的线性变化趋势，但年际变化明显；排名前三位的高值年分别是 1978 年、1966 年和 2001 年；排名后三位的低值年分别是 2015 年、2003 年和 1989 年。1961—2015 年，六安市单站年最长持续干期和持续湿期均无显著的线性变化趋势。

极端降水：1961—2015 年，六安市暴雨日数无显著的线性变化趋势，主要表现为年际波动特征。单站年 1 日最大降水量和 5 日最大降水量均无显著的线性变化趋势。

极端暖事件：1961—2015 年，六安市平均年高温日数无显著的线性变化趋势；但是从不同年代来看，1960 年代至 1980 年代中期高温日数显著减少，进入 2000 年代后高温日数有所回升。

1961—2015 年，六安市年极端高温无显著的线性变化趋势；但是从不同年代来看，1960 年代至 1980 年代中期极端高温持续下降，1980 年代后期极端高温开始显著上升。

极端冷事件：1961—2015 年，六安市年极端低温呈现明显的上升趋势，平均每 10 年上升 0.8 ℃。

1961—2015 年，六安市平均年霜冻日数呈现明显的减少趋势，平均每 10 年减少 4 d；1960 年代—1980 年代总体较常年偏多，近 10 年主要表现为常年值附近的年际振荡变化。

(10)四季变化

1961—2015 年，六安市平均入春时间呈现明显提前趋势，平均每 10 年提前 2.1 d；入秋和入冬时间也呈现出显著提前趋势，平均每 10 年分别提前 1.9 d 和 1.1 d；入夏时间年际变化较大，但无明显的趋势变化。

六安四季分明，就常年来看，春、秋季较短，时长约为两个月；夏、冬季较长，各占四个月左右。1961—2015 年，春季日数呈现明显增长趋势，平均每 10 年增长 2.4 d；夏季日数呈现明显缩短趋势，平均每 10 年减少 2.2 d；冬季日数呈现明显缩短趋势，平均每 10 年减少 1.2 d；秋季日数的线性变化趋势不显著。

9.13.3　气候变化对六安市的影响

9.13.3.1　对农业生产的影响

六安市是农业大市，农业资源丰富，是国家重点商品粮生产基地，盛产 110 多种名特优稀农副产品，粮、油、麻、栗、茶、茧、肉、禽、水产等农副产品产量居安徽省前列。

农业气候资源变化特征：1961—2015 年，六安市平均≥10 ℃的年活动积温呈现明显的增加趋势,平均每 10 年增加 65.5 ℃·d,1960 年代至 1990 年代初期总体较常年偏低,之后则以偏高为主(图 9.104)。

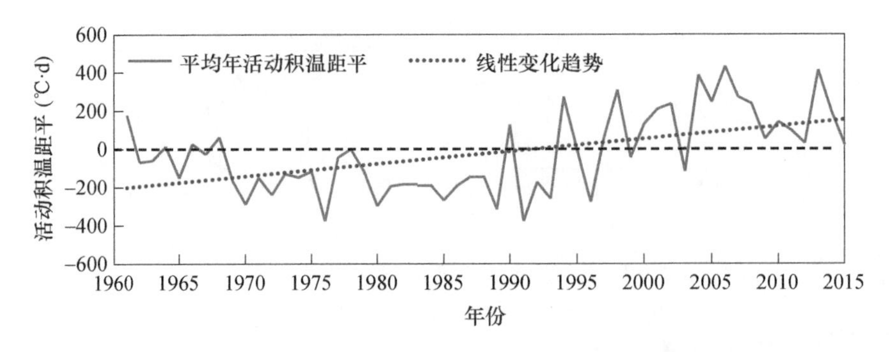

图 9.104 1961—2015 年六安市平均≥10 ℃的年活动积温距平变化

对种植面积的影响:1970 年代末至 2010 年代六安市稻谷种植面积呈下降趋势,其中 1990 年代下降最为显著,但 2000 年代初开始稻谷种植面积缓慢回升。小麦的种植面积自 1990 年代至 2000 年代初持续下降,但 2001 年以来小麦种植面积有所回升。经济作物油菜籽的种植面积存在显著的年代际变化特征,1999 年以前呈显著增加趋势,其后呈显著的减少趋势。茶叶的种植面积显著增加,每 10 年增加 2933.33 hm^2,2007 年以来上升趋势更为显著。总体而言,除油菜籽外,2000 年后其他作物的种植面积均呈增加趋势,油菜籽种植面积的减少主要归因于收益低、机械化程度低等因素在一定程度上影响了农户种植的积极性。

对作物产量的影响:

1977 年以来,从单产看,六安市粮食总产量、水稻、小麦均呈现明显的上升趋势。从气候产量看,无论是全市稻谷单产还是小麦、油菜籽和茶叶的气候产量均没有明显的趋势变化,但 1990 年代以来年际波动不断增大,尤其是 1990 年代—2010 年代气候产量多为负值,表明气候变化对粮食生产的负面影响已经显现。

从主要粮食作物的单产来看,对小麦而言,1970 年代末至 1980 年代初波动较大,且以正值为主,表明此时期气候对小麦生长有利;1980 年代末到 2000 年代初以负值为主,表明气候对小麦生长不利;最近几年气候产量持续上升,表明气候对小麦生产有正面影响。对水稻而言,1970 年代末到 1990 年代初,水稻的气候产量波动大,且以负值为主,表明气候对水稻生产不利;1990 年代末以正值为主,说明气候对水稻生长有利;1990 年代末到 2000 年代初气候产量持续下降,又以负值为主;2006 年以后则均为正值。

9.13.3.2 对地表水资源的影响

水资源现状及变化特征:六安市位于安徽省大别山北麓,地处北亚热带的北缘,属湿润季风气候。四季分明,雨量适中。多年平均蒸发量 840.3 mm,多年平均降水量 1163 mm。暖冷气流交汇频繁,年际间季风强弱程度不同,进退早迟不一,因而造成气候多变,常受涝、旱灾害威胁。境内的杭埠河、丰乐河由西向东流经巢湖注入长江,流域面积占全市总面积 17%;除淮河干流从西往东在境内北缘穿过外(境内河长 125 km),史河、沣河、汲河、淠河、东淝河由南向北分别汇入淮河,流域面积占全市总面积 83%,市内一级河流 15 条。

六安市水资源总量、地表水资源量及地下水资源量均无显著线性变化趋势,但年际波动明显,这与六安市降水量总体变化有密切关系。

可利用降水资源变化特征:1984—2015 年六安市可利用降水量略有下降,但趋势未通过显著性水平。总的来看，六安市可利用降水资源量年际波动较大，最丰年为 1991 年 1354 mm，最少年为 2001 年仅 792 mm。1984—2015 年六安市可利用降水率以波动变化为主，趋势不显著，最大年与最小年的差距较大。

六安市可利用降水量呈现明显的南北分布差异。1981—2010 年六安市可利用降水量平均为 309 mm，呈现从南向北递减、山区较大的空间格局，金寨山区可达 490 mm 以上，是霍邱的 5 倍；同时可以看出在同纬度下，山区可利用降水量显著高于平原，一方面山区受地形影响，降水相较而言比平原地区充沛，另一方面根据气温垂直递减率，山区气温较低，蒸发量相对较小。

1981—2010 年六安的可利用降水率平均为 0.26，沿淮地区可利用降水率基本在 0.1 以下，降水资源的大部分以陆面蒸发的形式损耗，可利用降水资源较为紧张，易发生干旱，同时考虑到上述地区人口分布较为密集，水资源问题已成为制约这些地区发展的重要因素之一。对于大别山区，可利用降水率基本在 0.3 以上，水资源相对较为充沛，但是由于降水多集中在汛期，并且年际波动大，暴雨洪涝等灾害常对这些地区的社会经济发展和人民生命财产安全造成严重危害。

从近 30 年线性演变趋势空间分布来看，除霍山和霍邱外，全市可利用降水量基本为下降趋势，需要注意的是六安市北部沿淮地区水资源本身较为欠缺，而南部山区水资源则相对较为充沛，但是气候变化趋势不完全有利于水资源的空间分配，即有些地方少的更少，有些区域多的更多。全市可利用降水率变化特征基本相同，金寨、六安和舒城略呈下降趋势。

9.13.3.3　对大气环境的影响

1961—2016 年，六安市大气环境容量呈现显著下降趋势，大气自净能力在不断减弱，大气可容纳的污染物全市平均每 10 年下降 649 t/km^2（图 9.105）。南部山区的大气环境容量在全市中相对较高，但是全市各地各季节的大气环境容量均表现为持续地减少。

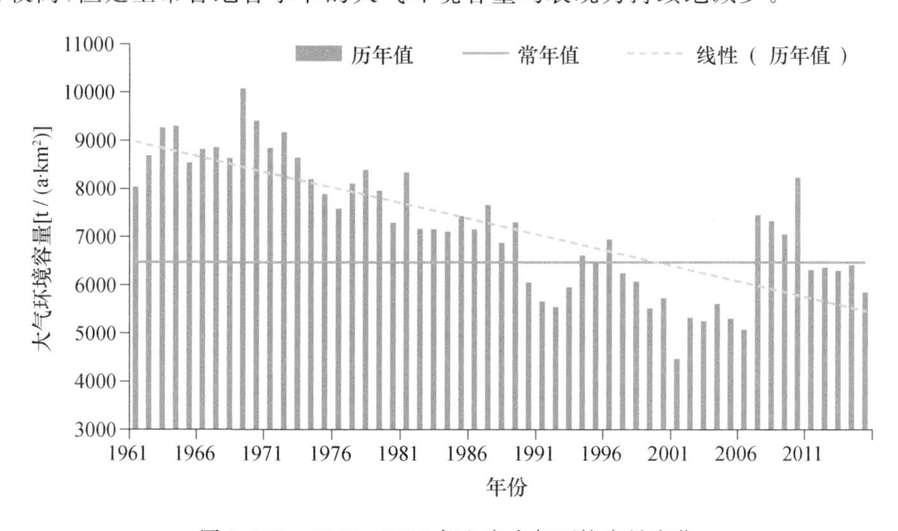

图 9.105　1961—2016 年六安大气环境容量变化

9.13.3.4　城市热岛

以六安站作为城市站，中林果园、徐集、城南、平桥作为郊区站，以城市站和郊区站平均的气温差作为城市热岛效应的强度，研究六安市的热岛效应特征。

2007—2016 年，六安站平均气温 16.3 ℃；2009—2016 年，中林果园站 15.6 ℃；2013—

2016 年，徐集站 15.8 ℃，城南站 16.2 ℃，平桥站 15.7 ℃，可见城市站明显高于郊区站；其中最高气温偏高最为明显，六安站较中林果园站平均偏高 0.9 ℃，较徐集站偏高 0.2 ℃，较平桥站偏高 0.4 ℃。2007 年以来，六安站平均气温均呈现明显的增加趋势，每 10 年增加 0.3 ℃；中林果园、徐集、城南、平桥站平均气温均呈现明显的减少趋势，城市和郊区的温度差进一步加大。

9.14 宣城市气候变化评估

1961—2015 年，宣城市出现了以变暖为主要特征的气候变化，平均气温、最高气温、最低气温和地面温度显著升高，气温日较差显著减小，平均年日照时数和年蒸散量显著减少，平均风速和平均相对湿度显著减小，年霜冻日数显著减少，极端低温显著升高。

气候变化对宣城市的影响显著，稻谷受气候变化影响不大，但对小麦和经济作物产生了负面影响；森林病虫害加剧，植物和树木生长期发生改变；大气环境容量显著下降，不利于大气污染物扩散。

9.14.1 宣城市地理特征概况

宣城市地处安徽省东南部，地貌复杂多样，大致分为山地、丘陵、盆（谷）地、岗地、平原五大类型。属北亚热带湿润季风气候，四季分明，气候温和，雨量适中。

现辖宁国市、广德市、郎溪县、泾县、旌德县、绩溪县、宣州区，总面积 12340 km^2，常住人口 264.8 万。

9.14.2 气候变化的观测事实

（1）气温

1961—2015 年，宣城市年平均气温呈现显著升高趋势，平均每 10 年上升 0.18 ℃。1960 年代至 1990 年代中期以偏低为主，1990 年代后期以来以偏高为主；其中排名前三位的高值年为 2007 年、2006 年、1998 年，排名前三位的低值年份为 1980 年、1984 年、1981 年（图 9.106）。

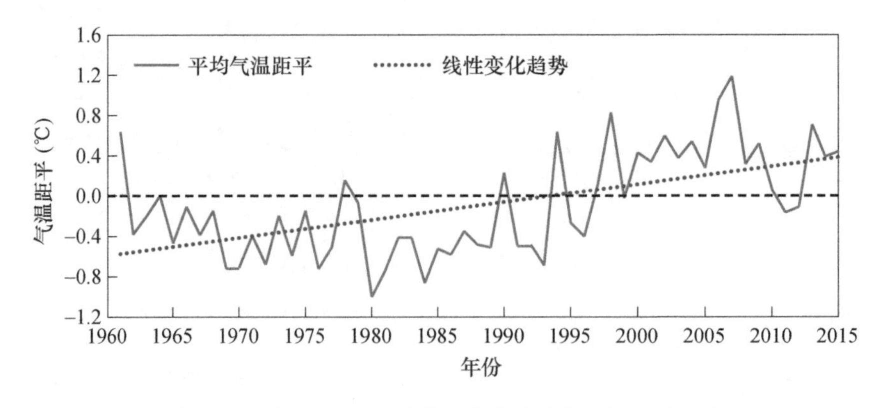

图 9.106 1961—2015 年宣城市地表平均气温距平变化

1961—2015年，宣城市年平均最高气温显著上升，平均每10年上升0.2 ℃；1990年代中期以来总体偏高。年平均最低气温显著上升，平均每10年上升0.2 ℃；1990年代中期以前以偏低为主，1990年代后期以来以偏高为主。

(2)降水

1961—2015年，宣城市年平均降水量无显著的线性变化趋势，但年际变化显著；排名前三位的高值年份为1999年、1983年、1977年，排名前三位的低值年份为1978年、1997年、1988年(图9.107)。

1961—2015年，宣城市年平均降水日数无显著的线性变化趋势，但年际变化显著；排名前三位的高值年份为1975年、1970年、1977年，排名前三位的低值年份为2013年、1995年、1971年、2004年(1995年与1971年并列为历史第二少年)。

1961—2015年，宣城市平均年降水强度无显著的变化趋势；排名前三位的高值年份为1999年、1995年、1983年。

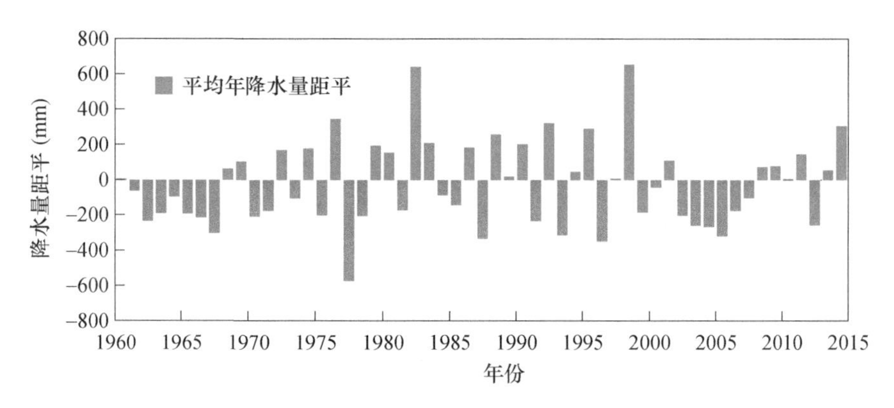

图9.107　1961—2015年宣城市平均年降水量距平变化

(3)蒸散

1961—2015年，宣城市平均年蒸散量呈现显著的减少趋势，平均每10年减少13 mm；1960年代—1980年代总体偏多，1990年代偏少，2000年以来偏多(图9.108)。

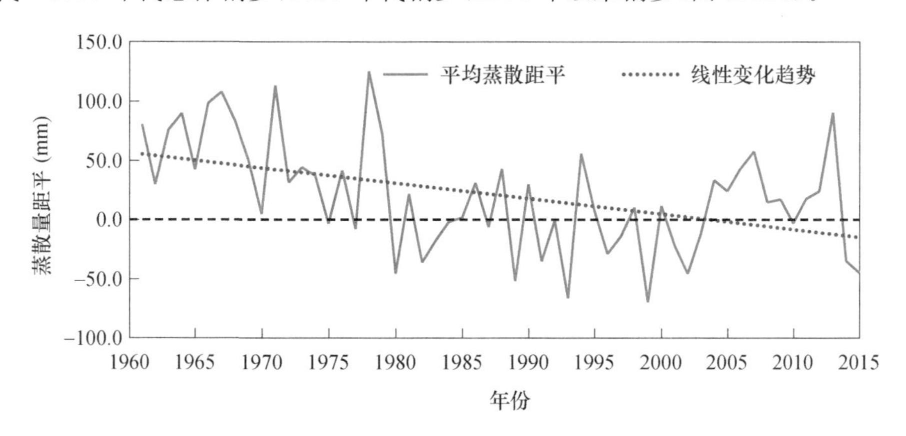

图9.108　1961—2015年宣城市平均年蒸散量距平变化

(4)相对湿度

1961—2015年，宣城市平均相对湿度呈现显著的减小趋势，平均每10年减少约0.6%，其中 2001 年以来持续偏小。

(5)风速

1961—2015 年,宣城市平均风速呈现显著的减小趋势,平均每 10 年减少约 0.11 m/s;1990 年代中期以前较常年总体偏高,1990 年代中期至 2000 年代初偏低,2005 年以来总体偏高(图 9.109)。

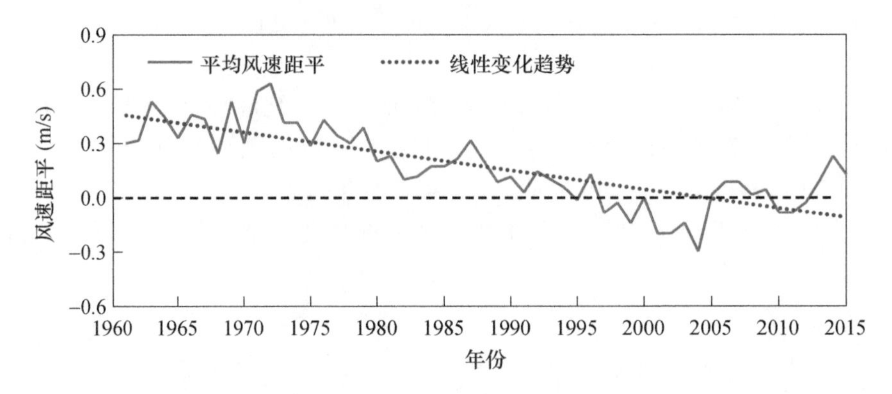

图 9.109 1961—2015 年宣城市平均风速距平变化

(6)日照时数

1961—2015 年,宣城市平均年日照时数呈现显著减少趋势,平均每 10 年减小 95 h;1960 年代—1980 年代较常年总体偏多,1990 年代呈现以常年值附近的年际振荡变化特征为主,2000 年代以来总体偏少(图 9.110)。

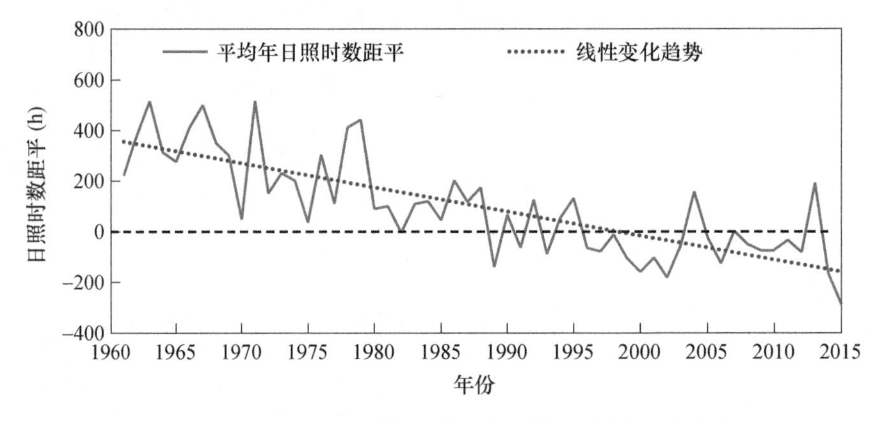

图 9.110 1961—2015 年宣城市平均年日照时数距平变化

(7)地面温度

1961—2015 年,宣城市平均地面温度呈显著上升趋势,平均每 10 年上升 0.21 ℃;1960 年代末至 1990 年代初地面温度较常年总体偏低,1990 年代中期以后以偏高为主(图 9.111)。

(8)雾

1961—2015 年,宣城市平均年雾日数呈增加趋势,平均每 10 年增加 1 d。

(9)极端气候事件

干旱:1961—2015 年,宣城市平均年干旱日数无显著线性变化趋势,但年际变化显著;排名前三位的高值年份分别为 1997 年、1978 年、1968 年。1961—2015 年,宣城市单站年最长持续干期和持续湿期均无显著的线性变化趋势。

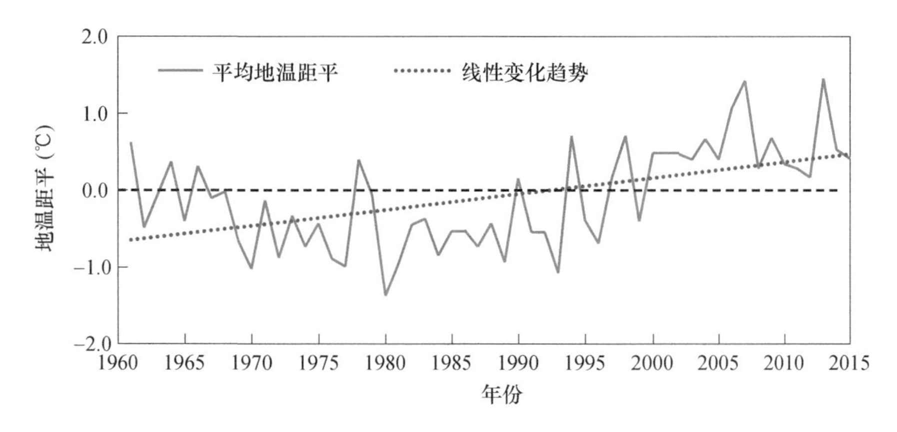

图 9.111　1961—2015 年宣城市年平均地面温度距平变化

极端降水:1961—2015 年,宣城市暴雨日数无显著的线性变化趋势,主要表现为年际波动特征。单站 1 日最大降水量和 5 日最大降水量均无显著的线性变化趋势,主要表现为年际波动特征。

极端暖事件:1961—2015 年,宣城市平均年高温日数无显著的线性变化趋势,但从不同年代来看,1960 年代—1980 年代中期高温日数显著减少,而 1980 年代后期以来显著增加。

1961—2015 年,宣城市平均年极端高温无显著的线性变化趋势,但从年代变化来看,1960 年代—1980 年代极端高温持续下降,而 1990 年代以来显著上升。

极端冷事件:1961—2015 年,宣城市平均年极端低温呈现显著的上升趋势,平均每 10 年升高 0.6 ℃。1961—2015 年,宣城市平均年霜冻日数呈显著的减少趋势,平均每 10 年减少 3 d,1960 年代—1980 年代总体偏多,而近 10 年主要表现为常年值附近的年际振荡变化。

雷暴日数:1961—2015 年,宣城市平均年雷暴日数呈现显著的减少趋势,平均每 10 年减少 3 d;2000 年以前减少趋势较显著,并且以偏多为主,2000 年以后以平均值附近的波动为主。

大风日数:1961—2015 年,宣城市平均年大风日数呈现显著的减少趋势,平均每 10 年减少 2 d;1960 年代至 1990 年代后期,以偏多为主,1990 年代后期以来以偏少为主。

冰雹日数:1961—2010 年,宣城市年冰雹日数的线性变化趋势不显著,但 1960 年代以来呈显著减少趋势;从年代际变化来看 1950 年代—1960 年代显著增多,1970 年代减少,1980 年代以平均值附近的年际波动为主,1990 年代增加,2000 年代以来也为增加。

(10)四季变化

1961—2015 年,宣城市平均入秋时间呈现显著提前的趋势,平均每 10 年提前 2.3 d;入春、入夏和入冬时间的线性变化趋势不显著。

1961—2015 年,宣城市平均夏季日数呈现显著增加趋势,平均每 10 年增加 3.1 d,其他季节日数的线性变化趋势不显著。

9.14.3　气候变化对宣城市的影响

9.14.3.1　对农业生产的影响

农业气候资源变化特征:1961—2015 年,宣城市≥10 ℃的积温呈显著增加的趋势,平均每 10 年增加 60.7 ℃·d,1960 年代至 1990 年代初期较常年总体偏低,之后则以偏高为主(图 9.112)。由此可见,宣城市农业生产的热量条件已得到显著改善。

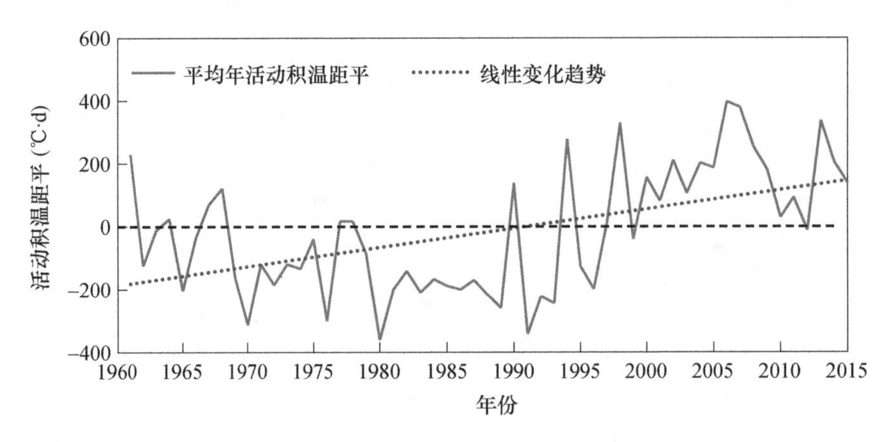

图 9.112 1961—2015 年宣城市平均≥10 ℃的年活动积温距平变化

对作物生育期的影响：热量条件的增加使得水稻生育期缩短，但越冬作物油菜生育期延长(表 9.2)。双季早稻自 1980 年代营养生长期显著缩短，平均每 10 年缩短 6.5 d，而生殖生长期在 2000 年代以前年际变化较大，但 2000 年代以来显著延长，其中播种-三叶提前，而分蘖推后，孕穗-成熟年际变化较大。双季晚稻生育期以 2005 年为一个分水岭，1990 年代至 2005 年营养生长期和生殖生长期缩短，而 2005 年至今，营养生长期和生殖生长期显著延长，且 2005 年之后，播种一成熟均呈推后趋势。但是，越冬作物生长期普遍提前，增加了遭遇春季低温冻害的概率。

表 9.2 各年代宣城市主要作物生育期天数(d)

作物	年代			
	1980	1990	2000	2010—2015 年
早稻	109	103	98	107
晚稻	134	122	111	124
油菜	211	211	219	214

对种植面积的影响：1980 年代以来，主要粮食作物稻谷的种植面积呈持续减少趋势，而小麦的种植面积自 1990 年代至 2000 年代初持续下降，但 2003 年以来小麦种植面积增加明显。经济作物茶叶、棉花的种植面积显著增加，其中茶叶每 10 年增加 3200 hm^2，棉花每 10 年增加 2200 hm^2，但棉花的种植面积在 2008 年后减少明显；而油菜的种植面积自 1980 年代至 2000 年代初持续增加，但 2004 年以后显著减少。

对作物产量的影响：1980 年代以来，宣城市主要粮食作物(水稻、小麦)和经济作物(油菜、棉花、茶叶)单产都呈现显著的上升趋势，但气候因素造成作物产量的年际波动较大(稻谷除外)。1990 年代后期以来，气候因素对稻谷产量的变化影响较小，而对小麦、棉花、油菜、茶叶的影响较大。尤其是小麦，2002—2006 年 5 年间气候产量迅速上升，而 2007 年以后又迅速下滑，而棉花气候产量自 2009 年以后呈显著下滑趋势，小麦、棉花近 4 年气候产量均为负值。可见，近 10 年气候变化对小麦的负面影响已经呈现。

9.14.3.2 对大气环境的影响

以宣城市下辖宁国市(县级市)为例，1961—2016 年宁国市大气环境容量显著下降，平均每 10 年下降 743 t/km^2，不利于大气污染物扩散(图 9.113)。

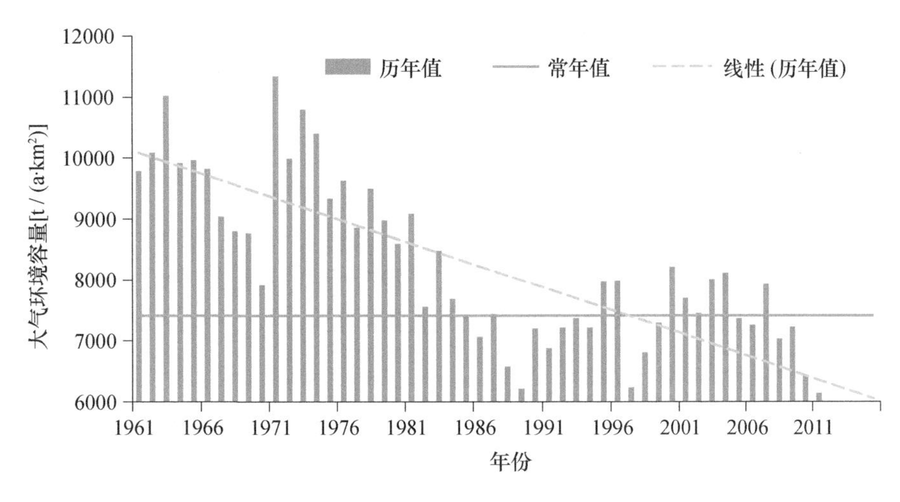

图 9.113　1961—2016 年宣城市(宁国市)大气环境容量变化

9.14.3.3　对森林生态系统的影响

自 1990 年代以来,宣城市有林地面积逐年增长(图 9.114),平均每 10 年增加 8960 hm^2,2016 年有林地面积 69.567 万 hm^2,为 1990 年代以来最高值。森林覆盖率也呈逐年增加的趋势,从 1990 年代的平均 48.48%增长到 2010 年以后平均 57.18%,2016 年宣城市森林覆盖率为 58.37%。

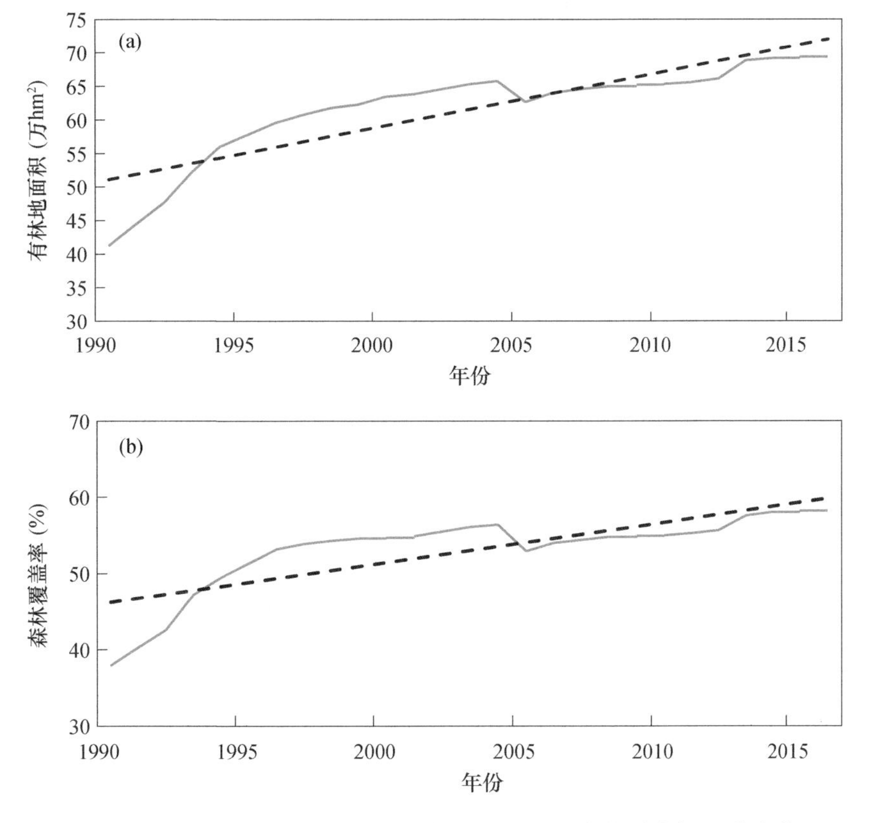

图 9.114　宣城市 1990—2016 年有林地面积(a)和森林覆盖率(b)的变化

气候变化对森林病虫害的影响较为显著，1980 年代至 2000 年代前，森林病虫害发生面积呈下滑趋势，而 2000 年代以来显著增加，2016 年发生森林病虫害面积为 3.886 万 hm^2，为 1992 年以来最高值。

随着气温升高，森林火灾风险不断加大，但因风险管理得当，宣城市发生森林火灾面积及受害森林面积近 10 年来呈减少趋势，受害森林面积 2005 年为 290.1 hm^2，为 1987 年以来峰值，之后逐渐减少(图 9.115)。发生的一般性森林火灾在 2007 年、2008 年两年较多，分别为 50 起、74 起，发生较大森林火灾 2005 年 141 起，为 1987 年以来最多，但自 2005 年以后发生较大森林火灾起数显著减少，2016 年发生较大森林火灾 2 起，而 2015 年全市未发生森林火灾。

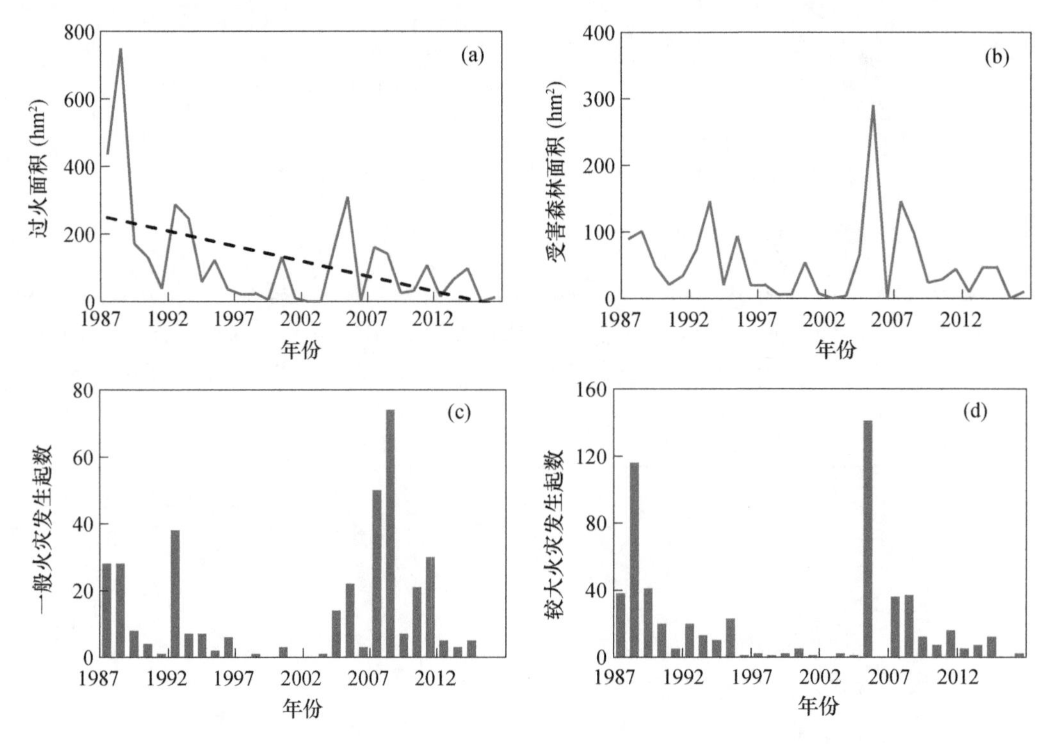

图 9.115　宣城市 1987—2016 年森林过火面积(a)、受害森林面积(b)、一般性森林火灾发生起数(c)和较大森林火灾发生起数(d)

气候变化使得宣城市植物生长期年际变化显著。侧柏的营养生长期和生殖生长期均显著延长，其中营养生长期每 10 年延长约 10.7 d(表 9.3)；楝树的营养生长期自 1990 年代开始显著缩短，生殖生长期每 10 年延长 21.2 d；而刺槐的生殖生长期自 2000 年代以来显著缩短(表 9.4)。由于气候变暖的影响，树木的秋季物候期自 1990 年代后期开始逐渐推后。

表 9.3　各年代宣城市树木营养生长期天数(d)

植物	年代			
	1980	1990	2000	2010—2015 年
侧柏	19	32	44	49
刺槐	17	20	17	49
楝树	12	26	15	17

表 9.4 各年代宣城市树木生殖生长期天数(d)

植物	年代			
	1980	1990	2000	2010—2015 年
侧柏	152	166	162	179
刺槐	109	137	148	133
楝树	174	173	198	238

9.15 池州市气候变化评估

1961—2015 年,池州出现了以变暖为主要特征的气候变化,平均气温、最高气温、最低气温、极端低温、地面温度显著升高,气温日较差减小,年霜冻日数显著减少;年蒸散量和日照时数显著减少,平均相对湿度和平均风速显著减小,雷暴、大风日数显著减少;入春时间显著提前,入秋时间显著推迟,冬季日数显著减少。

气候变化导致池州市农业生产的不稳定性增加;水资源总量年际波动大;城市热岛效应凸显;大气环境容量持续下降,不利于污染物扩散。

9.15.1 池州市地理特征概况

池州市位于安徽省南部,地形为东南高、西北低,中国佛教四大名山之一的九华山位于境内。属北亚热带湿润季风气候,季风明显,四季分明,气候温和,雨量适中。

现辖东至县、石台县、青阳县、贵池区,总面积 8272 km^2,常住人口 147.4 万。

9.15.2 气候变化的观测事实

(1)气温

1961—2015 年池州市平均气温呈显著上升趋势,平均每 10 年上升 0.19 ℃。1970 年代中期之前池州市年平均气温呈下降趋势,1980 年代开始呈现波动上升趋势。1990 年代中期之前平均气温大多低于常年平均,之后则正好相反。排名前三位的高值年为 2007 年、2006 年、1998 年,排名前三位的低值年为 1980 年、1969 年和 1984 年(图 9.116)。

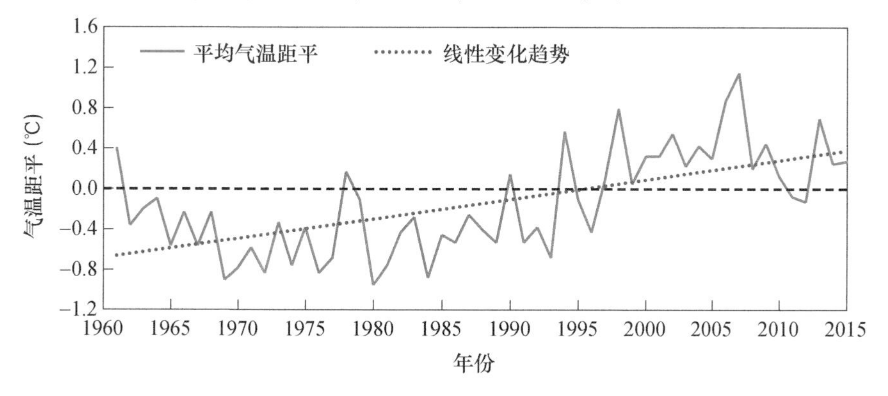

图 9.116 1961—2015 年池州市地表平均气温距平变化

1961—2015 年，池州市地表年平均最高气温显著上升，平均每 10 年上升 0.23 ℃；1970 年代初之前表现为下降趋势，1980 年代中期以来（尤其是 1990 年代初）则表现为较显著的上升趋势。地表年平均最低气温显著上升，平均每 10 年上升 0.28 ℃，1970 年代开始呈现波动上升的趋势；最高年平均最低气温出现在 2007 年，最低年平均最低气温出现在 1971 年。地表年平均气温日较差无显著变化趋势，1960 年代气温日较差总体较常年平均偏大；1970 年代—2000 年代初主要以常年平均值为中心做振荡变化，其中在 1970 年代末及 1980 年代末变化幅度较大，其余均较小；2000 年代以来日较差基本较常年平均偏大，但变化幅度总体较小，且近两年略减小。

（2）降水

1961—2015 年池州市平均降水量无显著变化趋势，但年际变化显著，年平均降水量最大出现在 1999 年（2367.6 mm），最小出现在 1978 年（1004.3 mm）。从年际变化看，1960 年代年平均降水量基本较常年偏少；1970 年代以常年值为中心作振荡变化；1980 年代年平均降水量以偏多为主；1990 年代年平均降水量与 1980 年代较相似；进入 2000 年代后，降水量显著偏少，但近 5 年年平均降水量开始回升（图 9.117）。

1961—2015 年池州市平均降水日数无显著变化趋势，年平均降水日数最多为 175.3 d（1970 年），最少为 122.5 d（2013 年）。其中，1960 年代降水日数基本处于平均值以下，1970 年代—1990 年代总体偏多，2000 年代以偏少为主；2010 年以来年际变化幅度增大，1961 年以来最少年份（2013 年）及第二多年份（2012 年）都出现在这一阶段。

1961—2015 年池州市平均降水强度无显著变化趋势；1960 年代和 1970 年代降水强度以偏弱为主，1980 年代和 1990 年代以常年平均为中心作振荡变化，但总体比常年平均偏强；2000 年代总体偏弱（仅 1 年偏强）；2010 年后则以偏强为主，但是变幅较平稳。

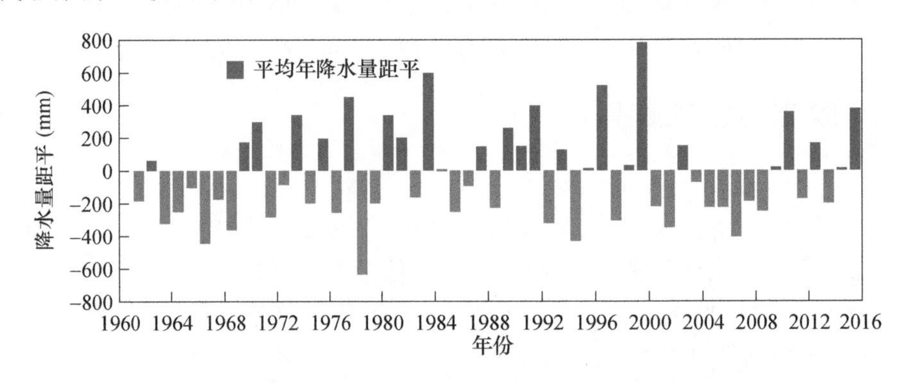

图 9.117　1961—2015 年池州市平均年降水量距平变化

（3）蒸散

1961—2015 年，池州市平均年蒸散量呈现显著的减少趋势，平均每 10 年减少 11.5 mm；1960 年代—1970 年代中后期总体偏多，但减少最显著，1980 年代—1990 年代基本围绕常年平均作振荡变化，2000 后蒸散量有所回升，但 2014 年和 2015 年有所减少（图 9.118）。

（4）相对湿度

1961—2015 年，池州市平均相对湿度呈现显著的减小趋势，平均每 10 年减小 0.5%，1960 年代相对湿度围绕常年平均作振荡变化，且变幅较小；1970 年代至 2000 年代初总体较常年平均偏高；2003 年以来，相对湿度持续偏小，其中 1961 年以来相对湿度排名最少的前五年分别为 2007 年、2006 年、2011 年、2005 年和 2015 年。

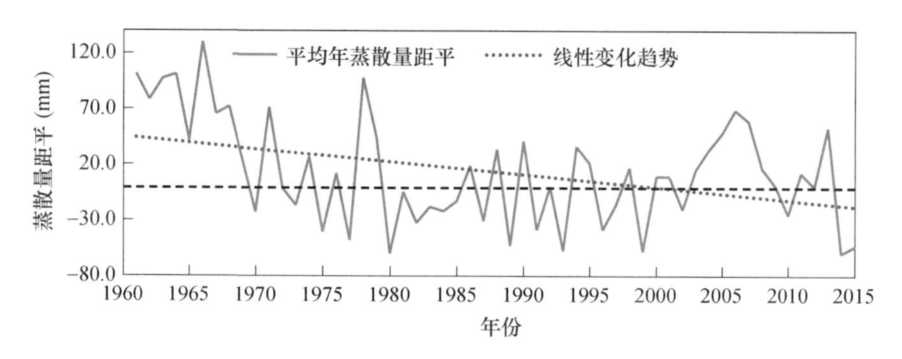

图 9.118　1961—2015 年池州市平均年蒸散量距平变化

(5)风速

1961—2015 年,池州市平均风速呈现显著的减小趋势,平均每 10 年减小 0.19 m/s;从年际变化看,其显著的减小趋势从 1960 年代一直持续到 2004 年左右,1990 年代之前平均风速全部处于常年平均值以上,之后持续偏小;2004 年以后减小趋势有所减弱,但风速值仍多处于平均值以下(图 9.119)。

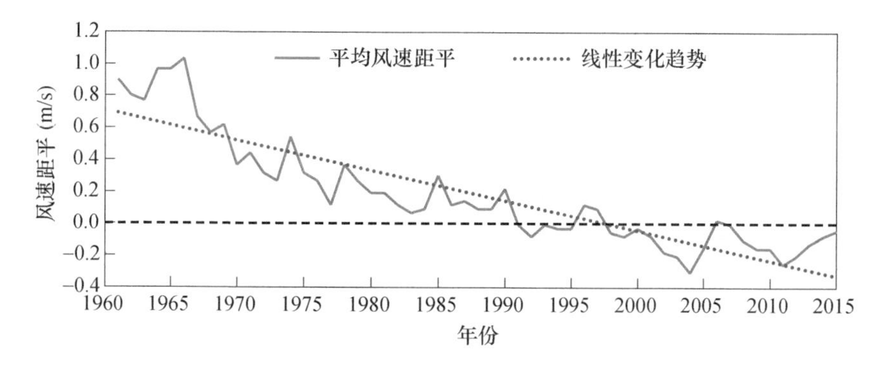

图 9.119　1961—2015 年池州市平均风速距平变化

(6)日照时数

1961—2015 年,池州市平均年日照时数呈现显著的减少趋势,平均每 10 年减少 69.7 h。1960 年代和 1970 年代总体较常年平均偏多(仅 3 年低于常年平均);1980 年代以后主要以常年平均为中心作振荡变化,其中 1990 年代中期以来日照时数以偏少为主,2015 年和 2014 年为 1961 年以来年日照时数最少的两年(图 9.120)。

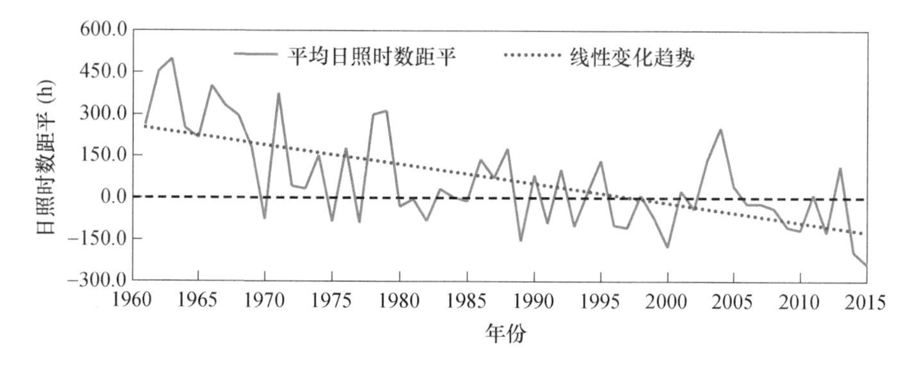

图 9.120　1961—2015 年池州市平均年日照时数距平变化

(7)地面温度

1961—2015 年,池州市年平均地面温度呈现显著上升趋势,平均每 10 年增加 0.39 ℃。1993 年之前,年平均地面温度基本处于常年平均以下,之后则正好相反(图 9.121)。

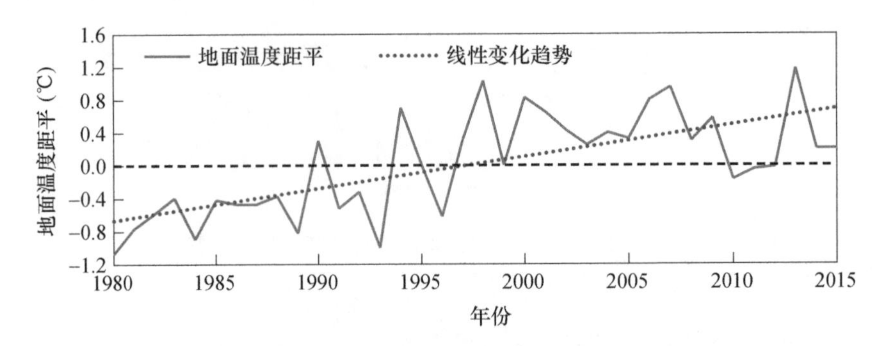

图 9.121　1961—2015 年池州市年平均地面温度距平变化

(8)雾

1961—2015 年池州市平均年雾日数阶段性变化特征显著,存在显著的趋势转折;1960 年代至 1980 年代中期呈现显著的上升趋势,1980 年代中期至 2012 年前后呈显著下降趋势,之后则又转为上升趋势。

(9)极端气候事件

干旱:1961—2015 年池州市平均年干旱日数总体呈下降趋势,年际变化显著。1960 年代干旱日数较常年平均偏多;1970 年代总体围绕常年平均值作振荡变化;1980 年代到 1990 年代中期以偏少为主;1990 年代中后期至 2008 年总体偏多;但 2009 年以后又以偏少为主。

1961—2015 年池州市单站年最长持续干期和持续湿期均无显著的线性变化趋势,但 2000 年代以来,二者均以偏少为主。

极端降水:

1961—2015 年池州市平均年暴雨日数无显著线性变化趋势,但年际变化显著。1960 年代初至 1970 年代末,暴雨日数总体较常年平均偏少;1970 年代末至 1990 年代初,暴雨日数则明显偏多;1990 年代初至 2000 年代初主要围绕常年平均作振荡变化;之后基本以偏少为主。

1961—2015 年池州市单站年 1 日最大降水量和 5 日最大降水量均呈波动上升趋势,其中 1 日最大降水上升趋势更显著。从年代际看,1 日最大降水量在 1960 年代和 1970 年代总体偏少;1980 年代后主要围绕常年平均为中心作振荡变化,其中 1990 年代中期至 2000 年代振荡幅度较大。5 日最大降水量在 1960 年代、1970 年代、1980 年代中期至 1990 年代中期以及 2000 年代以偏少为主;其他时段则正好相反。

极端暖事件:1961—2015 年,池州市平均年高温日数无显著的线性变化趋势。1980 年代—1990 年代中前期高温日数以偏少为主;2000 年以后转为显著增加,但 2014 年和 2015 年出现罕见“凉夏”,高温日数较常年平均偏少较显著。

1961—2015 年,池州市极端高温呈波动上升趋势,但上升趋势不显著。显著上升从 1990 年代前期开始,2000 年以来,极端高温显著偏高,其中 2003 年和 2013 年出现 1961 年内以来的极端高温第一、第二高值,分别为 42.4 ℃和 42.3 ℃。

极端冷事件:1961—2015 年,池州市年极端低温呈现显著的上升趋势,平均每 10 年上升 0.64 ℃,其中 1960 年代末至 1980 年代中后期上升最显著。从距平看,1960 年代—1980 年代初极端低温总体低于常年平均;1990 年以来,极端低温则基本围绕常年平均作年际振荡变化,且振幅较小。

1961—2015 年,池州市平均年霜冻日数呈显著减少趋势,每 10 年减少 3.8 d,其中在 1960 年代中后期至 1990 年代下降最为显著。从距平看,1960 年代—1980 年代,霜冻日数普遍多于常年平均;之后基本围绕常年平均作年际振荡变化。

雷暴日数:1961—2013 年,池州市平均年雷暴日数呈显著下降趋势,平均每 10 年减少 2.8 d。1960 年代初至 1980 年代中后期,年雷暴日数基本较常年平均偏多;2000 年以来雷暴日数减少显著。

大风日数:1961—2015 年,池州市平均年大风日数总体下降显著,主要变化分两个阶段:1960 年代中期至 1980 年代中期大风日数直线下降;之后基本稳定在 1 d 左右。最多值出现在 1995 年(3.3 d),最少值出现在 1999 年(全市均未出现大风天气)。

冰雹日数:1952—2008 年,池州市年冰雹日数无显著线性变化趋势,但年际变化显著;期间全市共有 19 个年份未出现冰雹,最多年为 1967 年。从年代际看,1950 年代冰雹日数较常年平均偏少;1960 年代中前期至 1970 年代初,冰雹日数则显著偏多。

(10)四季变化

1961—2015 年,池州市平均入春时间显著提前,平均每 10 年提前 2.2 d;入秋时间则显著推迟,平均每 10 年推迟 2.3 d;入夏和入冬时间的线性变化趋势不显著。

1961—2015 年,平均冬季日数呈现显著缩短趋势,平均每 10 年减少 3.3 d,其他季节日数的线性变化趋势不显著。

9.15.3 气候变化对池州市的影响

9.15.3.1 对农业生产的影响

池州是农业大市,农业资源丰富多样。现有耕地面积为 13.8 万 hm^2,园地面积为 1.8 万 hm^2,林地面积为 53.5 万 hm^2,水域面积 4.9 万 hm^2,适宜于农林牧渔业全面发展。池州市粮食作物主要为稻谷、豆类、薯类、小麦、玉米和其他旱作粮,其中水稻产量占粮食总产的 90%左右,油料作物主要是油菜、芝麻、花生。

农业气候资源变化特征:1961—2015 年池州市平均≥10 ℃的年活动积温呈明显增加趋势,平均每 10 年增加 69.0 ℃ · d。1960 年代—1980 年代活动积温总体较常年平均偏低,且变化趋势不明显;之后开始波动上升,且从 1990 年代中后期起,上升趋势明显(图 9.122)。

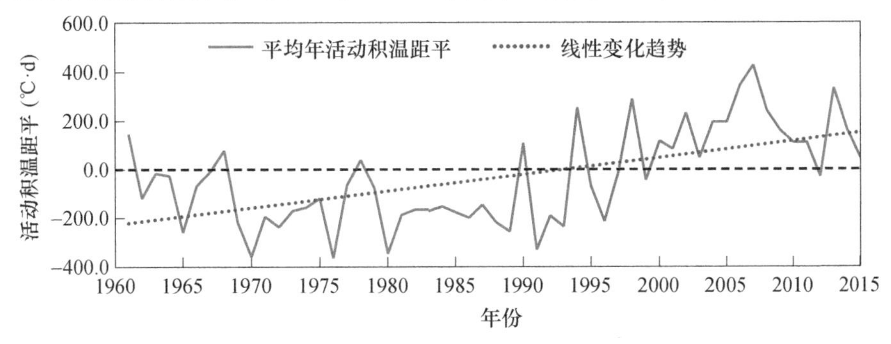

图 9.122 1961—2015 年池州市平均≥10 ℃的年活动积温距平变化

旱涝灾害:影响池州市的气象灾害种类繁多,其中旱涝灾害是影响池州市农业生产最严重的气象灾害。同一年内可以即发生旱灾又发生涝灾,也可能只发生一种灾害。1998—2016年,池州市涝灾影响面积呈现先减少后增多的趋势,旱灾影响面积则没有明显的线性变化趋势,其中2000年代初期旱涝灾害影响面积都相对较小。

对病虫害的影响:病虫害也对作物产量有着明显的负面影响。随着气候变暖,昆虫生长发育速度明显加快,农业病虫害的发生区域不断扩大。1990年至今,池州市农药用量呈现明显的上升趋势,近十年来变化较平稳。

对种植面积的影响:池州市粮食作物以水稻为主,油料作物以油菜为主。受气候变化影响,池州市农作物种植面积发生了较明显的变化。1990年代池州市水稻种植面积较稳定地维持在10.5万hm^2左右,2000年以后持续下降,2003年种植面积达到最低谷,而后回升并稳定地维持在10万hm^2左右。

对作物产量的影响:

全市粮食单产的气候产量总体呈现振荡趋势,其中2012年以后全部为负值。而稻谷和油菜单产则呈现明显的上升趋势。气候产量负值主要归因于暴雨洪涝、旱灾等极端气候事件的频繁发生,如1991年、1996年、1998年、1999年和2016年大涝、1994年大旱和2013年高温热浪等均导致了不同程度的减产。

就水稻而言,1990年代稻谷的气候产量波动较大,其中1997年产量在该时期最大,表明该年的气候对水稻生长有利,而其余年以负值居多;2000—2011年,气候产量基本为正值;而2012—2016年,气候产量又转为负值。对油菜而言,1990年代末以前气候产量波动较小,均在0值附近振荡,即气候变化对油菜影响较小;1990年代末至2000年左右气候产量波动较剧烈;2013年起气候产量又逐渐下降,表明气候变化对油菜生产的负面影响有所增加。

9.15.3.2 对地表水资源的影响

水资源现状及变化特征:池州市江河湖水面348.4 m^2,占总面积的4%。长江流经池州145 km,岸线长162 km。境内有三大水系十条河流,长江水系有尧渡河、黄湓河、秋浦河、白洋河、大通河、九华河;青弋江水系有清溪河、陵阳河、喇叭河;鄱阳湖水系有龙泉河。流域面积在500 m^2以上的有七条河流,河长618 km,其中秋浦河为境内流域中最长的一条河,流域面积3019 m^2,河长149 km。池州市地表水资源丰富,人均水资源量分别是安徽省和全国平均水平的4倍和2倍。

池州市多年平均水资源总量(1999—2016年)72.2亿m^3,其中地表水资源量71.6亿m^3,地下水资源量11.5亿m^3,人均水资源量(2005—2015年)5107.8 m^3。池州市水资源总量、地表水资源量及地下水资源量均无显著线性变化趋势,但受降水量变化的影响呈现出明显的年际波动,如1999年、2016年池州市降水量异常偏多,对应年水资源总量偏多。

池州市多年平均用水总量(2010—2015年)10.3亿m^3,其中农业用水量5.3亿m^3,工业用水量3.9亿m^3,人均用水量727.2 m^3。池州市用水总量、农业用水量及工业用水量无明显变化趋势,水资源供大于求。

可利用降水资源变化特征:池州市可利用降水量具有东部多西部少的空间分布特征。1961—2013年全市可利用降水量无显著变化趋势,但年际波动较大,最丰沛的为1999年的1189.0 mm,最少的为1978年,仅为−638.9 mm。可利用降水率以波动变化为主,没有明显的趋势。但降水资源量年际分配不均,易发生旱涝灾害。

9.15.3.3　对大气环境的影响

1961—2015 年，池州市平均大气环境容量呈现显著下降趋势，平均每 10 年下降 1142.8 t/km²，不利于大气污染物扩散；尤其是 1997 年以来，大气环境容量处于持续偏少状态(图 9.123)。

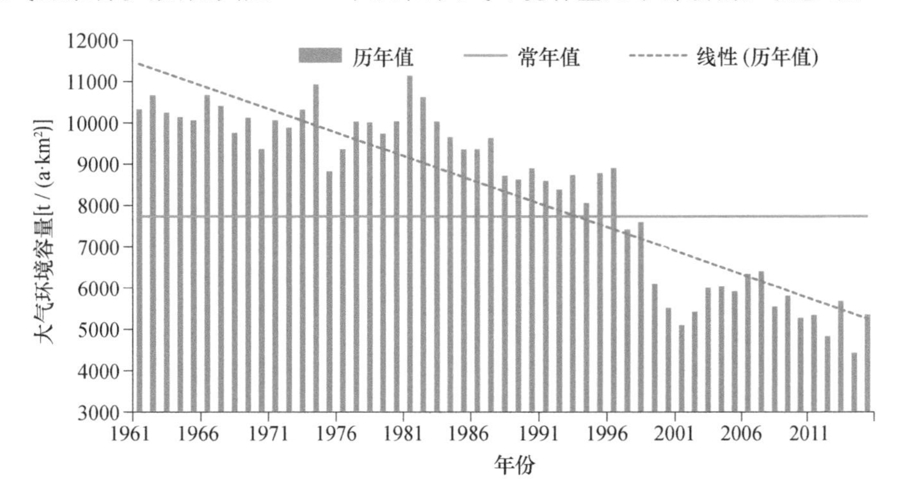

图 9.123　1961—2015 年池州市大气环境容量变化

9.15.3.4　城市热岛

以池州站作为城市站，青阳站作为郊区站，以城市站和郊区站平均气温差作为城市热岛效应的强度，研究池州市热岛效应特征。

从池州和青阳站 1961—2011 年逐年平均气温变化来看，二者变化趋势相似，均呈现出明显的增长趋势，池州站平均每 10 年增长 0.27 ℃，青阳站平均每 10 年增长 0.14 ℃，青阳站增温幅度小于池州站，使得气温差逐渐加大。1960 年代，青阳站年平均气温高于池州站，而 1970 年代和 1980 年代池州站气温升高加快并超过青阳站，1990 年代池州站与青阳站之间的气温差进一步增大，2000 年代更是达到 0.5 ℃左右，这与 1990 年代后城市化进程加快相符合。

9.16　亳州市气候变化评估

1961—2015 年，亳州市出现了以变暖为主要特征的气候变化，平均气温、最低气温、地面温度和极端低温明显升高，气温日较差明显减小，年日照时数、年蒸散量和年霜冻日数明显减少，入秋时间明显推迟。其中亳州市年日照时数减少速率为全省最高。

气候变化背景下，亳州市气象灾害频发，病虫害增加，农业生产潜力下降、粮食产量不稳定性增加；水资源年际波动明显；城市热岛效应凸显；大气环境容量持续下降，不利于污染物扩散。

9.16.1　亳州市地理特征概况

亳州市位于安徽省西北部，地处华北平原南段，属暖温带半湿润季风气候，季风显著，四季分明，气候温和，雨量适中，光照充足，植物和动物资源丰富多样，是我国粮食主产区和重要的农产品基地，同时还是全球最大的中药材集散中心。

现辖涡阳县、蒙城县、利辛县、谯城区，总面积 8374 km²，常住人口 520 余万。

9.16.2 气候变化的观测事实

(1)气温

1961—2015 年,亳州市地表年平均气温呈现明显的上升趋势,平均每 10 年上升 0.2 ℃;1995 年以前年平均气温大多低于常年,之后总体偏高;排名前三位的高值年为 2007 年、2006 年和 1994 年,排名前三位的低值年为 1969 年、1972 年和 1984 年(图 9.124)。

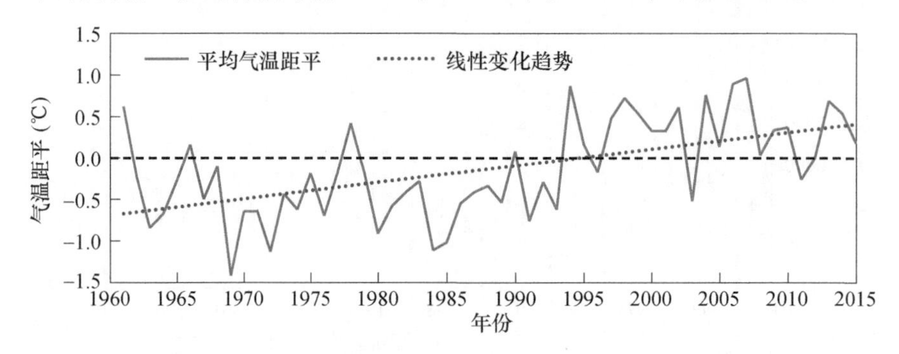

图 9.124 1961—2015 年亳州市地表年平均气温距平变化

1961—2015 年,亳州市地表年平均最高气温无显著的线性变化趋势,但 1990 年代中期以后总体偏高。地表年平均最低气温则显著上升,1990 年代中期以前总体较常年偏低,之后总体偏高。地表年平均气温日较差表现为明显的下降趋势,平均每 10 年下降 0.3 ℃;1960 年代—1980 年代气温日较差总体较常年偏大,之后主要以常年值为中心呈年际振荡变化,2005 年以后变化幅度较小。

(2)降水

1961—2015 年,亳州市平均年降水量无显著的线性变化趋势,但年际变化明显;排名前三位的高值年为 2003 年、1963 年和 2007 年,排名前三位的低值年为 1978 年、1966 年和 1986 年(图 9.125)。

1961—2015 年,亳州市平均年降水日数和降水强度均无显著的线性变化趋势。

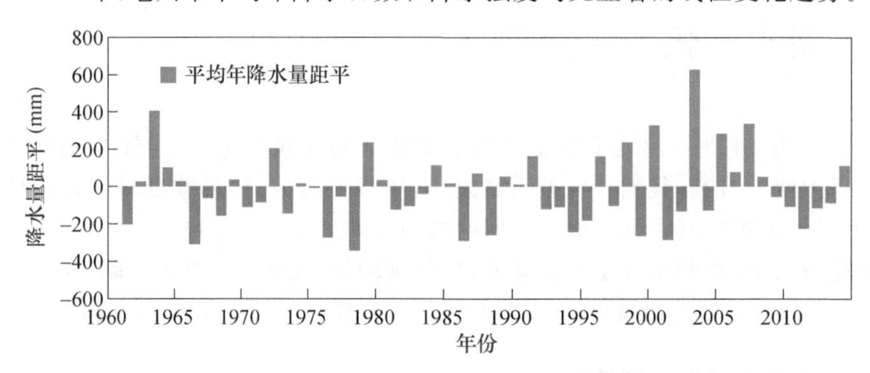

图 9.125 1961—2015 年亳州市平均年降水量距平变化

(3)蒸散

1961—2015 年,亳州市平均年蒸散量呈现明显的减少趋势,平均每 10 年减少 22.9 mm;1960 年代—1970 年代总体偏多,1980 年代—1990 年代主要以常年值为中心做年际振荡变化,但 2000 年以来有所回升(图 9.126)。

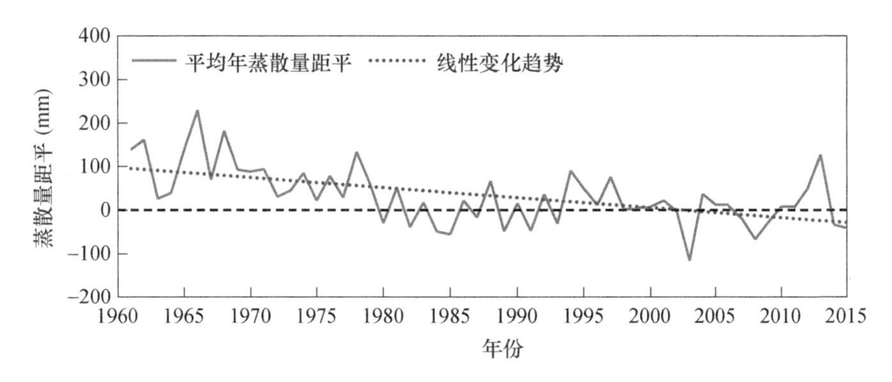

图 9.126　1961—2015 年亳州市平均年蒸散量距平变化

(4)相对湿度

1961—2015 年,亳州市平均相对湿度无明显的线性变化趋势,但 2004 年以来持续偏小。

(5)风速

1961—2015 年,亳州市平均风速呈现明显的减小趋势,平均每 10 年减小 0.21 m/s;1997 年以前风速总体较常年偏高,之后持续偏低(图 9.127)。

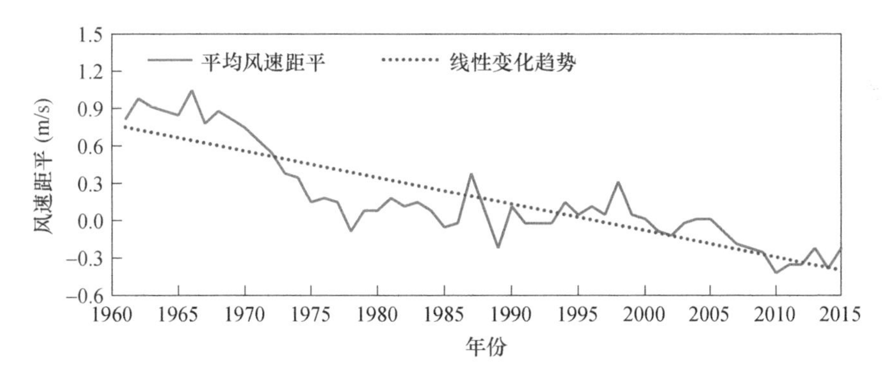

图 9.127　1961—2015 年亳州市平均风速距平变化

(6)日照时数

1961—2015 年,亳州市平均年日照时数呈现明显减少趋势,平均每 10 年减少 120.5 h;1960 年代和 1970 年代较常年总体偏多,1980 年代—1990 年代则以常年值附近的年际振荡变化为主,2000 年代之后年际波动加剧(图 9.128)。

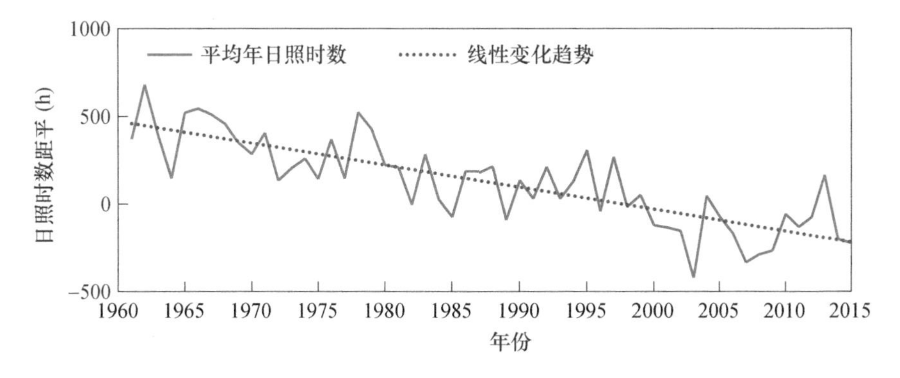

图 9.128　1961—2015 年亳州市平均年日照时数距平变化

(7)地面温度

1961—2015 年,亳州市年平均地面温度呈现明显增加趋势,平均每 10 年增加 0.18 ℃;1960 年代至 1990 年代初地面温度总体较常年偏低,1990 年代中期以来以偏高为主(图 9.129)。

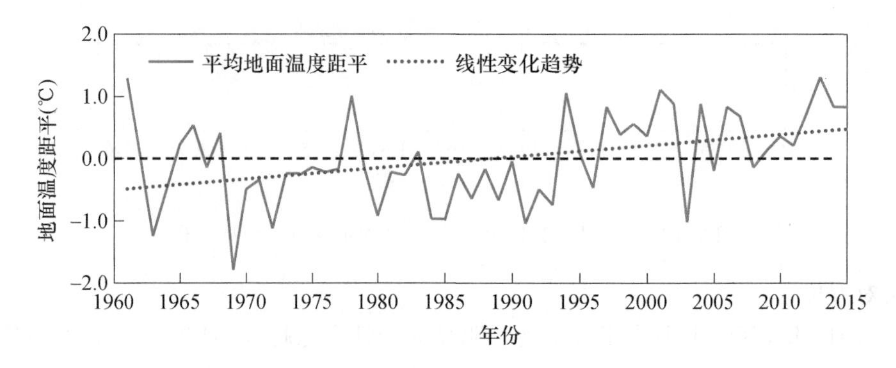

图 9.129　1961—2015 年亳州市年平均地面温度距平变化

(8)雾

1961—2015 年,亳州市平均年雾日数呈现出明显的增加趋势,平均每 10 年增加 2.4 d,2000 年代之前总体较常年偏低,之后则以偏高为主。

(9)极端气候事件

干旱:1961—2015 年,亳州市平均年干旱日数无显著的线性变化趋势,但年际变化明显;排名前三位的高值年分别是 2011 年、1966 年和 1978 年。1961—2015 年,亳州市年最长持续干期和持续湿期均无显著的线性变化趋势。

极端降水:1961—2015 年,亳州市暴雨日数无显著的线性变化趋势,主要表现为年际波动特征。暴雨日数排名前三位的高值年为 2003 年、2000 年和 1996 年,排名前三位的低值年为 1966 年、1999 年和 2011 年。

1961—2015 年,亳州市单站年 1 日最大降水量和 5 日最大降水量均无显著的线性变化趋势。1 日最大降水量排名前三位的高值年为 1997 年、2005 年和 1972 年,排名前三位的低值年为 1964 年、1992 年和 1976 年;5 日最大降水量排名前三位的高值年为 2003 年、2005 年和 2007 年,排名前三位的低值年为 1961 年、1964 年和 1985 年。

极端暖事件:1961—2015 年,亳州市平均年高温日数线性变化趋势并不明显;但是从不同年代上来看,1960 年代至 1980 年代中期高温日数显著减少,2000 年代后高温日数有所回升。亳州市年平均高温日数排名前三位的高值年为 1967 年、1966 年和 1994 年,排名前三位的低值年为 2008 年、1987 年和 1989 年。

1961—2015 年,亳州市年极端高温无显著的线性变化趋势;但是从不同年代上来看,1960 年代至 1980 年代中期极端高温持续下降,之后则有所回升。亳州市年极端高温日数排名前三位的高值年为 1966 年、1967 年和 1972 年,排名前三位的低值年为 2008 年、1989 年和 1983 年。

极端冷事件:1961—2015 年,亳州市平均年霜冻日数呈现明显减少趋势,平均每 10 年减少 6 d;1960 年代—1990 年代总体较常年偏多,2000 年以后主要表现为常年值附近的年际振荡变化。亳州市平均年霜冻日数排名前三位的高值年为 1969 年、1967 年和 1963 年,排名前三位的低值年为 2007 年、2002 年和 2004 年。

1961—2015 年，亳州市年极端低温呈现明显上升趋势，平均每 10 年上升 0.9 ℃。亳州市年极端低温排名前三位的高值年为 2006 年、2007 年和 2015 年，排名前三位的低值年为 1969 年、1991 年和 1964 年。

(10)四季变化

1961—2015 年，亳州市平均入秋时间显著推迟，平均每 10 年推迟 2.7 d，其他季节的起始时间无显著变化趋势。亳州市各季节的长度无显著线性变化趋势。

9.16.3 气候变化对亳州市的影响

9.16.3.1 对农业生产的影响

亳州市地处我国粮食主产区内，农业资源丰富，第一产业比重大。据农委统计，亳州市粮食作物主要为小麦、玉米、薯类和其他旱作粮，其中小麦产量占粮食总产的 80%左右，油料作物主要是油菜、花生、芝麻。目前，全市粮食作物种植面积 89.03 万 hm^2，其中优质专用小麦面积 41.2 万 hm^2，油料种植面积 0.98 万 hm^2，棉花种植面积 0.6 万 hm^2，蔬菜种植面积 10.29 万 hm^2，中药材种植面积 5.65 万 hm^2。

农业气候资源变化特征：1961—2015 年，亳州市平均≥10 ℃的年活动积温呈现明显增加趋势，平均每 10 年增加 49.6 ℃·d；1960 年代至 1990 年代中期总体较常年偏低，之后则以偏高为主(图 9.130)。

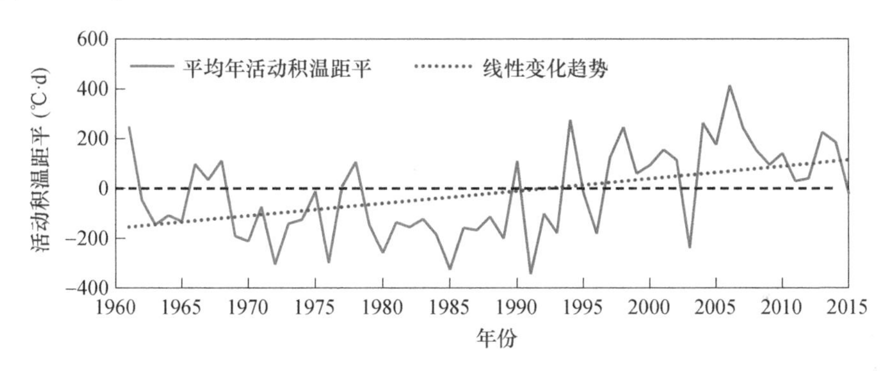

图 9.130 1961—2015 年亳州市平均≥10 ℃的年活动积温距平变化

气候生产潜力：

亳州市气候生产潜力在省内属于中等水平，境内气候生产潜力的高值区与当前粮食主产区的分布较为一致，气候生产潜力与土地耕种条件配合较好，有利于发挥气候生产潜力。

1961—2015 年，亳州市农业气候生产潜力呈减少趋势。从年代际变化来看，1960 年代最大、2010 年代最小，2010 年代较 1960 年代减少了约 10%。农业气候生产潜力的减少，主要归因于太阳辐射的减少；虽然气候变暖、无霜期变长一定程度上抵消了该负面作用，但不改其总体下降的趋势。另一方面，降水年际变化大，还使得气候生产潜力表现出明显的年际波动。

农业气象灾害：春霜冻是亳州市冬小麦生产中遭遇的主要农业气象灾害之一。1981—2010 年，冬小麦轻度春霜冻害以 1990 年代次数最多，1980 年代次之，2000 年代最少；重度春霜冻害则是 1990 年代发生次数最多，2000 年代次之，1980 年代最少。

对病虫害的影响：亳州市最近几十年来因各类病虫害导致作物受灾面积明显上升。其中，赤霉病已经成为 4 月份亳州市需要着重防范的小麦病虫害。

对作物产量的影响:1960 年代以来,亳州市粮食单产呈现明显上升趋势;从主要粮食作物小麦来看,1960 年代和 1970 年代小麦的气候产量维持在一个相对较小的波动范围;1980 年代和 1990 年代以正值为主,虽然波动加大,但整体对小麦生长有利;最近几年气候产量持续上升。另一方面,暴雨洪涝、干旱和风雹等农业气象灾害仍严重影响亳州市农业生产的稳定。2003 年、2007 年的大涝,1978 年、2011 年的大旱等均导致粮食作物一定程度的减产。

9.16.3.2　对地表水资源的影响

水资源现状及变化特征:

亳州市辖区内河流属淮河水系,主要干流河道有涡河、西淝河、茨淮新河、北淝河、芡河等。涡河自谯城区安溜镇入境,东南流经涡阳县至蒙城县移村集出境入怀远县,境内长 173 km,流域面积 4039 km^2;西淝河自谯城区淝河镇入境,东南流经涡阳县,至利辛县展沟镇出境入凤台、颍上县界,境内长 123.4 km,流域面积 1871 km^2;茨淮新河自利辛县大李集镇入境,向东流经利辛县境南部,至蒙城县邹楼出境入怀远,境内长 66 km,流域面积 1404 km^2。

亳州市多年平均水资源总量(2000—2014 年)26.9 亿 m^3,其中地表水资源量 17.6 亿 m^3,地下水资源量 16.1 亿 m^3,人均水资源量 538 m^3,人均水资源量不足全国平均水平的 50%,全球的 15%。

亳州市水资源总量、地表水资源量及地下水资源量均无显著线性变化趋势,但年际波动明显,这与亳州市降水量总体变化有密切关系。

可利用降水资源变化特征:可利用降水由降水减去蒸发来表示。1981—2010 年亳州市的可利用降水率基本在 0.4 以下,可利用降水资源较为紧张;加之人口密集,水资源问题已成为制约该地发展的重要因素之一。1961—2015 年亳州市可利用降水资源量线性变化趋势不显著,但年际波动较大,易发生旱涝灾害。

9.16.3.3　对大气环境的影响

1961—2015 年亳州市大气环境容量无显著变化趋势,但 2000 年代以来持续减少,大气自净能力减弱,全市大气可容纳量平均每 10 年下降 155 t/km^2(图 9.131)。

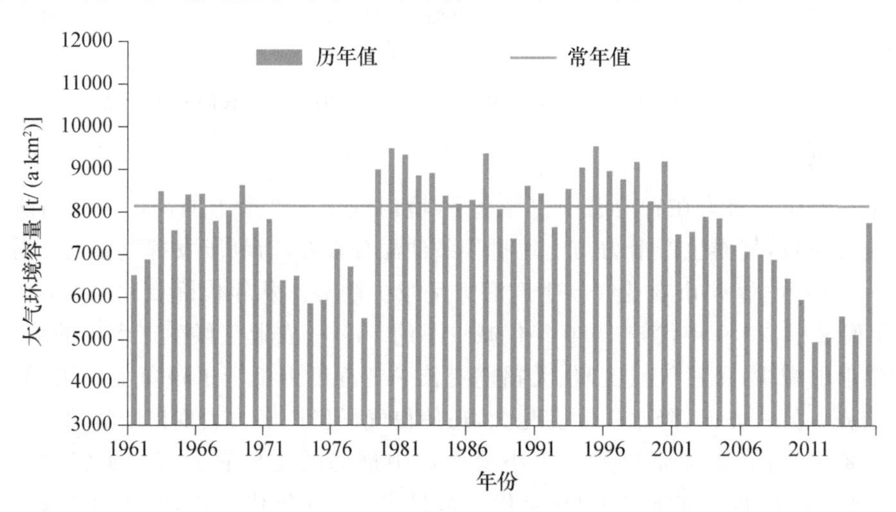

图 9.131　1961—2015 年亳州市平均大气环境容量历年演变

参考文献

安徽省统计局,2019. 安徽统计年鉴(2019) [M]. 北京:中国统计出版社.

安徽省志水利志编委会,1994. 安徽省水利志(水文志)[M]. 合肥:黄山书社.

安徽省志水利志编委会,2013. 安徽省水利志(水文志)[M]. 合肥:黄山书社.

曹丽娟,鞠晓慧,刘小宁,2010. PMFT 方法对我国年平均风速的均一性检验[J]. 气象,**36**(10):52-56.

陈静林,杜尧东,孙卫国,2013. 城市化进程对珠江三角洲地区气温变化的影响[J]. 气候变化研究进展,**9**(2):123-131.

陈正洪,王海军,任国玉,等,2005. 湖北省城市热岛强度变化对区域气温序列的影响[J]. 气候与环境研究,**10**(4):771-779.

初子莹,任国玉,2005. 北京地区城市热岛强度变化对区域温度序列的影响[J]. 气象学报,**63**(4):534-540.

褚荣浩,申双和,吕厚荃,等,2015. RegCM3 下 1951—2100 年江苏省热量资源及一季稻气候生产潜力[J]. 江苏农业学报,**31**(4):779-785.

丁一汇,张莉,2008. 青藏高原与中国其他地区气候突变时间的比较[J]. 大气科学,**32**(4):794-805.

杜鸿,夏军,曾思栋,等,2012. 淮河流域极端径流的时空变化规律及统计模拟[J]. 地理学报,**67**(3):398-409.

方锋,白虎志,赵红岩,等,2007. 中国西北地区城市化效应及其在增暖中的贡献率[J]. 高原气象,**26**:579-585.

付桂琴,赵春生,张杏敏,等,2015. 1961—2010 年河北省地面风变化特征及成因探讨[J]. 干旱气象,**33**(5):815-821.

高歌,陈德亮,徐影,2008. 未来气候变化对淮河流域径流的可能影响[J]. 应用气象学报,**19**(6):741-748.

高素华,1995. 中国三北地区农业气候生产潜力及开发利用对策[M]. 北京:气象出版社.

韩宇平,王朋,王富强,2013. 气候变化下淮河区主要作物需水量变化特征[J]. 灌溉排水学报,**32**(5):114-117.

花子昌,王德蓉,1980. 农学基础与农业气象[M]. 南京:南京气象学院.

华东区域气象中心,等,2012. 华东区域气候变化评估报告[M]. 北京:气象出版社.

华丽娟,马柱国,曾昭美,2006. 中国东部地区大城市和小城镇极端温度及日较差变化对比分析[J]. 大气科学,**30**(1):80-92.

黄丹青,钱永甫,2009. 极端温度事件区域性的分析方法及其结果[J]. 南京大学学报,**45**(6):715-723.

黄璜,1996. 中国红黄壤地区作物生产的气候生态适应性研究[J]. 自然资源学报,**11**(4):341-345.

江滢,罗勇,赵宗慈,2007. 近 50 年中国风速变化及原因分析[C]//. 中国气象学会 2007 年年会论文集. 北京:中国气象学会.

江滢,2009. 中国风和风能变化研究[D]. 南京:南京信息工程大学.

金巍,任国玉,曲岩,2012. 1971—2010 年东北三省平均地面风速变化[J]. 干旱区研究,**29**(4):648-653.

李娇,任国玉,战云健,2013. 浅谈极端气温事件研究中阈值确定方法[J]. 气象科技进展,**3**(5):36-40.

林而达,许吟隆,蒋金荷,等,2006. 气候变化国家评估报告(II):气候变化的影响与适应[J]. 气候变化研究进展,**2**(2):168-176.

刘树华,李洁,文平辉,2002. 城市及乡村大气边界层结构的数值模拟[J]. 北京大学学报(自然科学版),**38**(1):91-97.

刘学锋,江滢,任国玉,等,2009. 河北城市化和观测环境改变对地面风速观测资料序列的影响[J]. 高原气象,**28**(2):433-139.

刘学锋，梁秀慧，任国玉，等，2012. 台站观测环境改变对我国近地面风速观测资料序列的影响[J]. 高原气象，**31**(6)：1645-1652.

龙爱华，邹松兵，许宝荣，等，2012. SWAT2009 理论基础 [M]. 郑州：黄河水利出版社 .

马芹，张晓萍，万龙，等，2012. 1957—2009 年黄土高原地区风速变化趋势分析[J]. 自然资源学报，**27**(12)：2123-2133.

马树庆，1994. 吉林农业气候研究[M]. 北京：气象出版社 .

马晓群，吴文玉，张辉，2009. 农业旱涝指标及在江淮地区监测预警中的应用[J]. 应用气象学报，**20**(2)：186-194.

毛留喜，魏丽，2015. 大宗作物气象服务手册[M]. 北京：气象出版社 .

梅雪英，严平，王凤文，等，2002. 安徽省小麦生育期水分盈亏状况分析[J]. 安徽农业科学，**30**(6)：840-842.

潘愉德，Melillp J M，等，2001. 大气 CO_2 升高及气候变化对中国陆地生态系统结构与功能的制约和影响[J]. 植物生态学报，**25**(2)：175-189.

彭少麟，刘强，2002. 森林凋落物动态及其对全球变暖的响应[J]. 生态学报，**22**(9)：164-174.

任春燕，吴殿廷，董锁成，2006. 西北地区城市化对城市气候环境的影响[J]. 地理研究，**25**(2)：233-241.

任国玉，郭军，徐铭志，2005. 近 50 年中国地面气候变化基本特征[J]. 气象学报，**63**(6)：942-95.

任国玉，张爱英，初子莹，等，2010. 我国地面气温参考站点遴选的依据、原则和方法[J]. 气象科技，**38**(1)：78-85.

上海市农业局，上海市农业科学院，上海市气象局，1979. 农业生产技术手册[M]. 上海：上海科学技术出版社 .

石春娥，王喜全，李元妮，等，2016. 1980—2013 年安徽霾天气变化趋势及可能原因[J]. 大气科学，**40**(2)：357-370.

石涛，杨元建，蒋跃林，等，2011. 城市热岛强度变化对安徽省气温序列的影响[J]. 气候与环境研究，**16**(6)：779-788.

史培军，张钢锋，孔锋，等，2015. 中国 1961—2012 年风速变化区划[J]. 气候变化研究进展，**11**(6)：387-394.

孙敏，汤剑平，许春艳，2011. 中国东部地区城市化及土地用途改变对区域温度的影响[J]. 南京大学学报(自然科学版)，**47**：679-691.

孙秀邦，严平，黄勇，等，2007. 淮北地区土壤墒情动态预测[J]. 合肥工业大学学报(自然科学版)，**30**(9)：1144-1147.

唐红玉，翟盘茂，王振宇，2005. 1951—2002 年中国平均最高、最低气温及日较差变化[J]. 气候与环境研究，**10**(4)：728-735.

唐为安，田红，卢燕宇，等，2015. 1961—2010 年降水和土地利用变化对淮河干流上中游径流的影响[J]. 生态环境学报，**24**(10)：1647-1653.

田红，2012. 淮河流域气候变化影响评估报告[M]. 北京：气象出版社 .

王国强，刘洋，吴道祥，等，2002. 淮南矿区的环境地质问题[J]. 煤田地质与勘探，**30**(1)：33-35.

王君，严中伟，李珍，等，2013. 近 30 年城市化对北京极端温度的影响[J]. 科学通报，**58**(33)：3464-3470.

王朋，2014. 气候变化对黄淮海地区农业需水影响研究[D]. 郑州：华北水利水电大学 .

王胜，田红，党修伍，等，2017. 安徽淮北平原冬小麦气候适宜度分析及作物年景评估[J]. 气候变化研究进展，**13**(3)：253-261.

王胜，田红，徐敏，等，2012. 1961—2008 年淮河流域主汛期极端降水事件分析[J]. 气象科技，**40**(1)：87-91.

王胜，许红梅，高超，等，2015. 基于 SWAT 模型分析淮河流域中上游水量平衡要素对气候变化的响应[J]. 气候变化研究进展，**11**(6)：402-411.

王石立，娄秀荣，1996. 气候变化对华北地区冬小麦水分亏缺状况及生长的影响[J]. 应用气象学报，**7**(3)：308-315.

王晓煜，杨晓光，孙爽，等，2015. 气候变化背景下东北三省主要粮食作物产量潜力及资源利用效率比较[J].

应用生态学报,**26**(10):3091-3102.
王遵娅,丁一汇,何金海,等,2004. 近年来中国气候变化特征的再分析[J]. 气象学报,**62**(2):228-236.
魏凤英,2007. 现代气候统计诊断与预测技术[M]. 北京:气象出版社.
吴婕,徐影,师宇,2015. 华南地区城市化对区域气候变化的影响[J]. 气候与环境研究,**20**(6):654-662.
吴培任,张炎斋,胡裕明,2006. 淮河流域湿地现状及保护对策[J]. 治淮,(2):16-17.
吴息,吴文倩,王彬滨,2016a. 城市化对近地层风速概率分布及参数的影响[J]. 气象学报,**74**(4):623-632.
吴息,吴文倩,2016b. 南京地面风速概率分布律的城乡差异[J]. 气候与环境研究,**21**(2):134-140.
夏军,朱一中,2002. 水资源安全的度量:水资源承载力的研究与挑战[J]. 自然资源学报,**17**(3):262-269.
谢云,王晓岚,林燕,2003. 近40年中国东部地区夏秋粮作物农业气候生产潜力时空变化[J]. 资源科学,**25**(2):7-13.
谢志清,杜银,曾燕,等,2007. 长江三角洲城市带扩展对区域温度变化的影响[J]. 地理学报,**62**(7):717-727
徐邦斌,2005. 淮河流域水资源开发利用的现状、问题及对策[J]. 中国水利,**22**:26-27.
徐阳阳,刘树华,胡非,等,2009. 北京城市化发展对大气边界层特性的影响[J]. 大气科学,**33**(4):859-867
许昌燊,2004. 农业气象指标大全[M]. 北京:气象出版社.
许迪,李益农,龚时宏,等,2019. 气候变化对农业水管理的影响及应对策略研究[J]. 农业工程学报,**35**(14):79-89.
许艳,濮励杰,于雪,等,2015. 沿海滩涂围垦区土地生产潜力模型构建与应用[J]. 地理科学进展,**34**(7):862-870.
杨帆,陈波,张超,等,2015. 新气象干旱综合监测指数(MCI)在黔东南本地化应用[J]. 高原山地气象研究,**35**(3):56-61.
杨海蛟,2006. 河南林业发展现状与可持续发展战略研究[J]. 河南农业大学学报,**40**(5):498-502.
杨续超,张镱锂,刘林山,等,2009. 中国地表气温变化对土地利用/覆被类型的敏感性[J]. 中国科学:地球科学,**36**:638-646.
杨元建,石涛,荀尚培,等,2011. 基于遥感资料研究合肥城市化对气温的影响[J]. 气象,**37**(11):1423-1430.
叶正伟,2007. 淮河流域洪水资源化的理论与实践探讨[J]. 水文,**27**(4):15-20.
易雪,王建林,宋迎波,2010. 气候适宜指数在早稻产量动态预报上的应用[J]. 气象,**36**(6):85-89.
于波,2013. 安徽农业气象业务服务手册[M]. 北京:气象出版社.
于宏敏,徐永清,张洪玲,2014. 黑龙江省的城市化对近地面风速变化的影响[J]. 太阳能学报,**35**(9):1797-1802.
于沪宁,赵丰收,1982. 光热资源和农作物的光热生产潜力:以河北省栾城县为例[J]. 气象学报,**40**(3):327-334.
袁彬,郭建平,冶明珠,等,2012. 气候变化下东北春玉米品种熟型分布格局及其气候生产潜力[J]. 科学通报,**57**(14):1252-1262.
张雷,任国玉,刘江,等,2011. 城市化对北京气象站极端气温指数趋势变化的影响[J]. 地球物理学报,**54**(5):1150-1159.
张明军,周立华,2004. 气候变化对中国森林生态系统服务价值的影响[J]. 干旱区资源与环境,**18**(2):40-43.
赵长森,夏军,王纲胜,等,2008. 淮河流域水生态环境现状评价与分析[J]. 环境工程学报,**2**(12):1698-1704.
赵峰,千怀遂,焦士兴,2003. 农作物气候适宜度模型研究—以河南省冬小麦为例[J]. 资源科学,**25**(6):77-82.
赵娜,刘树华,虞海燕,2011. 近48年城市化发展对北京区域气候的影响分析[J]. 大气科学,**35**(2):373-385.
赵宗慈,罗勇,黄建斌,2012. 城市热岛对未来气候变化有影响吗?[J]. 气候变化研究进展,**8**(6):469-472.
郑景云,葛全胜,郝志新,2002. 气候增暖对我国近40年植物物候变化的影响. 科学通报,**47**(20):1582-1587.
郑祚芳,高华,刘伟东,2014. 北京地区近地层风能资源的气候变异及下垫面改变的影响[J]. 太阳能学报,**35**(5):881-886.
中国气象局,2007. 地面气象观测规范(QX/T51-2007),第7部分:风向和风速观测[S]. 北京:气象出版社.

周雅清,任国玉,2014. 城市化对华北地区极端气温事件频率的影响[J]. 高原气象,**33**(6):1589-1598.

周雅清,任国玉,2009. 城市化对华北地区最高、最低气温和日较差变化趋势的影响[J]. 高原气象,**28**(5):1158-1166.

周雅清,任国玉,2005. 华北地区地表气温观测中城镇化影响的检测和订正[J]. 气候与环境研究,**10**(4):734-753.

朱静萍, 2018. 气候变化对合肥市粮食产量影响研究[D]. 合肥:安徽省农业大学.

Bonsal B R,Zhang X,Vincent L,et al,2001. Characteristics of daily and extreme temperatures over Canada[J]. *Journal of Climate*,**14**:1959-1976.

Coutts A M,Beringer J,Tapper N J,2007. Impact of increasing urban density on local climate:spatial and temporal variations in the surface energy balance in Melbourne,Australia [J]. *Journal of Applied Meteorology and Climatology*,**46**(4):477-493,doi:10. 1175/JAM2462. 1.

Davis J R,2008. Guidance for rural watershed calibration with EPA SWMM[D]. Colorado:Colorado State University,21-26.

Gassman P W,Reyes M R,Green C H,et al,2007. The soil and water assessment tool:Historical development, applications,and future research directions[J]. *Transactions of the ASABE*,**50**(4):1211-1250.

Hargreaves G L,Hargreaves,G H,Riley J P,1985. Agricultural benefits for Senegal River basin [J]. *Journal of Irrigation & Drainage Engineering*,**111**(2):113-124.

Hempel S,Frieleler K,Warszawski L,et al,2013. A trend-preserving bias correction the ISI-MIP approach [J]. *Earth System Dynamics*,**4**(2):219-236.

Houghton J T,Ding Y,Griggs D J,et al,2001. Climate Change 2001:The scietific basis [D]. United Kingdom and New York:Cambridge University Press,473,476,536-543,585,617.

Hu X M,Liu S H,Liang F M,et al,2005a. Observational study of wind fields,temperature fields over Beijing area in summer and winter[J]. *Acta Sci. Natur. Uni. Pek.*,**41**(3):399-407.

Hu X M,Liu S H,Wang Y C,et al,2005b. Numerical simulation of wind field and temperature field over Beijing area in summer[J]. *Acta Meteorologica Sinica*,**19**(1):120-127.

IPCC,2013. Climate Change 2013:the physical science basis[M/OL]. Cambridge:Cambridge University Press.

Jiang Ying,Luo Yong,Zhao Zongci et al,2010. Changes in wind speed over China during 1956—2004[J]. *Theoretical Applied Climatology*,**99**(3):421-430. DOI:10. 1007/s00704-009-0152-7.

Jones P D,Lister D H,Li Q,2008. Urbanization effects in large-scale temperature records,with an emphasis on China[J]. *J. Geophys. Res.*,**113**:D16122.

Kalnay E,Cai M,2003. Impact of urbanization and land-use change on climate[J]. *Nature*,**423**:528-531.

Li Q X,Li W,Si P,et al,2010. Assessment of surface air warming in northeast China,with emphasis on the impacts of urbanization[J]. *Theor. Appl. Climatol.*,**99**:469-478.

Li Q,Zhang H,Liu X,et al,2004. Urban heat island effect on annual mean temperature during the last 50 years in China[J]. *Theor. Appl. Climatol.*,**79**:165-174.

Li Y B,Shi T,Yang Y J,et al,2015. Satellite-based investigation and evaluation of the observational environment of meteorological stations in Anhui Province, China [J]. *Pure and Applied Geophysics*, **172** (6): 1735-1749.

Liu L L,Xu H M,Wang Y,et al,2017. Impacts of 1. 5 and 2°C global warming on water availability and extreme hydrological events in Yiluo and Beijiang River catchments in China [J]. *Climatic Change*,**145**(10):1-14.

Mcweeney C F,Jones R G,2016. How representative is the spread of climate projections from the 5 CMIP5 GCMs used in ISI-MIP [J]. *Climate Services*,**1**(C):24-29.

Neitsch S L,Arnold J U,Kiniry J R,et al,2011. Soil and water assessment tool theoretical documentation version 2009[R]. Texas:Texas A&M University system,2011.

Peterson T C, 2003. Assessment of urban versus rural in situ surface temperature in the contiguous United States:No difference found[J]. *J. Clim.* ,**16**:2941-2959.

Ren G Y,Chu Z Y,Chen Z H,et al,2007. Implications of temporal change in urban heat island intensity observed at Beijing and Wuhan stations[J]. *Geophys. Res. Lett.* ,**34**:L05711.

Ren G Y,Zhou Y Q,Chu Z Y,et al,2008. Urbanization effects on observed surface air temperature trends in North China[J]. *J. Clim.* ,**21**:1333-1348.

Ren G Y,Zhou Y Q,2014. Urbanization effect on trends of extreme temperature indices of national stations over mainland China,1961—2008[J]. *J. Clim.* ,**27**:2340-2360.

Ren Y Y,Ren G Y,2011. A remote-sensing method of selecting reference stations for evaluating urbanization effect on surface air temperature trends[J]. *J. Clim.* ,**24**:3179-3189.

Sun Landong,Tian Zhan,Huang Zou,et al,2019. An index-based assessment of perceived climate risk and vulnerability for the urban cluster in the Yangtze River delta region of China[J]. *Sustainability*,**11**,2099;doi:10.3390/su11072099.

USDA-ARS,2004. Chapter 10 Estimation of direct runoff from storm rainfall [C]//SCS National Engineering Handbook,Part 630:Hydrology. Washington,D C,USA:1-22.

Yang Y J,Wu B W,Shi C E,et al,2013. Impacts of urbanization and station-relocation on surface air temperature series in Anhui Province[J]. *Pure and Applied Geophysics*,**170**:1969-1983.

Zhai P,Pan X H,2003. Trends in temperature extremes during 1951—1999 in China[J]. *Geophys. Res. Lett.* , **30**(17):1913-1916.

Zhang X,Gabriele H,Francis W Z,et al,2005. Avoiding inhomogeneity in percentile-based indices of temperature extremes[J]. *Journal of Climate*,**18**:1641-1651.

Zhou Y,Ren G Y,2011. Change in extreme temperature event frequency over mainland China,1961—2008[J]. *Climate. Res.* ,**50**:125-139.

附录　术语表

地表平均气温:指某一段时间内,各站点地面气象观测规定高度(1.5 m)上的空气温度值的平均值。

气温日较差:气温在一昼夜间最高值与最低值之差。

平均年降水量:各站点一年降水量总和(单位:mm)的平均值。

平均年降水日数:各站点一年中降水量大于等于 0.1 mm 日数的平均值。

平均年暴雨日数:各站点一年中达到暴雨以上量级的降水日数的平均值。

降水强度:日降水量大于等于 1.0 mm 的总降水量与降水日数的比值。

蒸散:本书中蒸散量采用的计算方法为世界粮农组织推荐的 Penman-Monteith 公式。

气象干旱日数:当逐日综合气象干旱指数(MCI)连续 10 d 为轻旱以上等级,则确定为发生一次气象干旱过程。干旱过程的开始日为第一天 MCI 达到轻旱以上等级的日期。在干旱发生期,当 MCI 连续 10 d 为无旱等级时干旱解除,同时干旱过程结束,结束日期为最后一次 MCI 达到无旱等级的日期。干旱过程开始到结束期间的时间为干旱持续时间(即干旱日数)。

连阴雨日数:连阴雨过程指的是连续 5 d 内有大于等于 4 d 雨日或连续 10 d 内有大于等于 7 d 雨日,无降水日日照小于 2 h,或允许有微量降水,但该日日照应小于 4 h。

持续干期:日降水量小于 1.0 mm 的最大连续日数。

1 h 最大降水量:在 1 h 内实测到的降水量极大值。

1 日最大降水量:在 1 日内实测到的降水量极大值。

5 日最大降水量:在连续 5 日内实测到的降水量极大值。

高温日数:日最高气温大于等于 35 ℃的天数。

霜冻日数:日最低气温低于 0 ℃的天数。

年极端高温:每年某地区极端最高气温的最大值。

年极端低温:每年某地区极端最低气温的最小值。

大风日数:瞬时最大风速大于等于 17.2 m/s 的日数。

破纪录事件:当某站平均最高气温(或降水量)超过之前的历史最大纪录定义为一次破纪录事件,每年出现破纪录事件的次数与总样本数的比值定义为破纪录的频次。

四季划分:入夏日期,5 日滑动平均气温稳定通过 22 ℃的连续时期。入冬日期,5 日滑动平均气温稳定低于 10 ℃以下的连续时期。入春和入秋日期,5 日滑动平均气温稳定介于 10～22 ℃的时期。

低频滤波:使滤波后的序列主要含低频振动分量的滤波。本报告中低频滤波值是指剔除年际变化后保留 9 年以上年代际变化特征。